普通高等教育"十三五"应用型规划教材

建筑工程概预算

主　编　赵三青　汪　楠
副主编　罗　罡　游　姗

东南大学出版社
·南京·

内 容 提 要

本教材以国家及地方最新标准《建设工程工程量清单计价规范》(GB 50500—2013)、《湖北省房屋建筑与装饰工程消耗量定额及基价表》(公用、建筑装饰 2013)、《湖北省建筑安装工程费用定额》(2013 版)、《建筑工程建筑面积计算规范》(GB/T 50353—2013)、《建筑工程施工质量验收统一标准》(GB 50300—2013)为依据,系统介绍了建筑工程概预算的基本理论与编写方法。具体内容包括建设工程概预算概述、工程造价费用构成、工程建设定额、定额工程量计算规则、工程量清单计价、建设工程项目设计概算、工程结算和竣工决算、计算机辅助软件介绍。教材从工程概预算出发,着重介绍了施工图预算的编制方法及工程量清单计价,同时也简单阐述了工程建设不同阶段中的概预算文件,比如初步设计阶段编制的设计概算文件、施工阶段编制的工程结算文件和竣工验收阶段编制的竣工决算文件等。

本教材内容强调实用性与实践性,理论联系实际,以实用、实践为重点,可作为应用型本科高校工程管理、工程造价、土木工程专业学习预算课程的教材和教学参考书,也可作为从事工程造价、咨询工作人员的参考用书。

图书在版编目(CIP)数据

建筑工程概预算/ 赵三青,汪楠主编. —南京:
东南大学出版社,2017.8(2020.8 重印)
ISBN 978 - 7 - 5641 - 7326 - 5

Ⅰ.①建⋯ Ⅱ.①赵⋯②汪⋯ Ⅲ.①建筑概算
定额 - 高等学校 - 教材②建筑预算定额 - 高等学校 - 教材
Ⅳ.①TU723.3

中国版本图书馆 CIP 数据核字(2017)第 171945 号

建筑工程概预算

出版发行: 东南大学出版社
社　　址: 南京市四牌楼 2 号　　邮编:210096
出 版 人: 江建中
责任编辑: 史建农　戴坚敏
网　　址: http://www.seupress.com
电子邮箱: press@ seupress.com
经　　销: 全国各地新华书店
印　　刷: 丹阳兴华印务有限公司印刷
开　　本: 787mm×1092mm　1/16
印　　张: 20.75
字　　数: 544 千字
版　　次: 2017 年 8 月第 1 版
印　　次: 2020 年 8 月第 2 次印刷
书　　号: ISBN 978 - 7 - 5641 - 7326 - 5
印　　数: 3001 - 4000 册
定　　价: 56.00 元

---

* 本社图书若有印装质量问题,请直接与营销部联系。电话:025 - 83791830。

前　言

　　《建筑工程概预算》是按照最新计价规范《建设工程工程量清单计价规范》(GB 50500—2013)、《湖北省房屋建筑与装饰工程消耗量定额及基价表》(公用、建筑装饰 2013)、《湖北省建筑安装工程费用定额》(2013 版)、《建筑工程建筑面积计算规范》(GB/T 50353—2013)、《建筑工程施工质量验收统一标准》(GB 50300—2013)等有关新规范、新标准编写而成,本书结合民办高校办学特点,强调实用性与实践性,理论联系实际,以实用、实践为重点。

　　本教材主要内容包括建设工程概预算概述、工程造价费用构成、工程建设定额、定额工程量计算规则、工程量清单计价、建设工程项目设计概算、工程结算和竣工决算、计算机辅助软件介绍。教材从工程概预算出发,着重介绍了施工图预算的编制方法及工程量清单计价,同时也简单阐述了工程建设不同阶段中的概预算文件,比如初步设计阶段编制的设计概算文件、施工阶段编制的工程结算文件和竣工验收阶段编制的竣工决算文件等。

　　本教材编写的目标是让学习者懂得建筑工程投资的构成,掌握具体建筑工程概预算的方法及文件编制,核心任务是帮助学习者建立现代科学工程造价管理的思维观念和方法,具有工程造价管理的初步能力。本教材按 60 学时编写,讲课时,可结合本地区情况对教学内容做取舍。为方便教学,每章后面附有练习题供学习者练习,便于加深对内容的理解和掌握。

　　参与编写本教材的人员均具有多年的实践教学经验。本教材由赵三青、汪楠担任主编,罗罡、游姗担任副主编。其中第 3、4 章及附录由赵三青编写;第 5、6 章由汪楠编写;第 1、7 章由罗罡编写;第 2、8 章由游姗编写。特别感谢范成伟老师在教材编写中提供了很多宝贵意见,编者在此表示衷心感谢。本教材在编写过程中还得到了软件公司的支持,同时参考了一些公开出版和发表的文献,在此一并感谢。

　　限于编者的理论水平和实践经验,加之时间仓促,教材中难免有不当之处,恳请读者批评指正。

编者

2017 年 5 月

目　录

1 建设工程概预算概述

1.1 工程建设项目概述

1.1.1 建设项目概念

基本建设工程项目,亦称建设项目(Construction Project),是指按一个总体设计组织施工,建成后具有完整的系统,可以独立地形成生产能力或者使用价值的建设工程。

建设项目是一个建设单位在一个或几个建设区域内,根据上级下达的计划任务书和批准的总体设计和总概算书,经济上实行独立核算,行政上具有独立的组织形式,严格按基建程序实施的基本建设工程。一般指符合国家总体建设规划,能独立发挥生产功能或满足生活需要,其项目建议书经批准立项和可行性研究报告经批准的建设任务。如工业建设中的一座工厂、一个矿山,民用建设中的一个居民区、一幢住宅、一所学校等,均为一个建设项目。包括基本建设项目(新建、扩建等扩大生产能力的建设项目)和技术改造项目。

1) 建设项目的基本特征

(1) 在一个总体设计或初步设计范围内,由一个或若干个互相有内在联系的单项工程所组成,建设中实行统一核算、统一管理。

(2) 在一定的约束条件下,以形成固定资产为特定目标。约束条件有时间约束即建设工期目标,资源约束即投资总量目标,质量约束即一个建设项目都有预期的生产能力(如公路的通行能力)、技术水平(如使用功能的强度、平整度、抗滑能力等)或使用效益目标。

(3) 需要遵循必要的建设程序和特定的建设过程。即一个建设项目从提出建设的设想、建议、方案选择、评估、决策、勘察、设计、施工一直到竣工、投入使用,均有一个有序的全过程。

（4）按照特定的任务,具有一次性特点的组织形式。其表现是投资的一次性投入,建设地点的一次性固定,设计单一,施工单件。

（5）具有投资限额标准。即只有达到一定限额投资的才作为建设项目,不满限额标准的称为零星固定资产购置。

2）建设项目的特点

（1）具有明确的建设目标。每个项目都具有确定的目标,包括成果性目标和约束性目标。成果性目标是指对项目的功能性要求,也是项目的最终目标;约束性目标是指对项目的约束和限制,如时间、质量、投资等量化的条件。

（2）具有特定的对象。任何项目都具有具体的对象,它决定了项目的最基本特性,是项目分类的依据。

（3）一次性。项目都是具有特定目标的一次性任务,有明确的起点和终点,任务完成即告结束,所有项目没有重复。

（4）生命周期性。项目的一次性决定了项目具有明确的起止点,即任何项目都具有诞生、发展和结束的时间,也就是项目的生命周期。

（5）有特殊的组织和法律条件。项目的参与单位之间主要以合同作为纽带相互联系,并以合同作为分配工作、划分权力和责任关系的依据。项目参与方之间在此建设过程中的协调主要通过合同、法律和规范实现。

（6）涉及面广。一个建设项目涉及建设规划、计划、土地管理、银行、税务、法律、设计、施工、材料供应、设备、交通、城管等诸多部门,因而项目组织者需要做大量的协调工作。

（7）作用和影响具有长期性。每个建设项目的建设周期、运行周期、投资回收周期都很长,因此其影响面大、作用时间长。

（8）环境因素制约多。每个建设项目都受建设地点的气候条件、水文地质、地形地貌等多种环境因素的制约。

1.1.2　建设项目分类

为了计划和管理的需要,建设项目可以从不同角度进行分类:

（1）按项目的建设阶段,分为筹建项目、施工（在施）项目、建成投产项目、收尾项目和停缓建项目。

① 筹建项目,指尚未开工,正在进行选址、规划、设计等施工前各项准备工作的建设项目。

② 施工项目,指报告期内实际施工的建设项目,包括报告期内新开工的项目、上期跨入报告期续建的项目、以前停建而在本期复工的项目、报告期施工并在报告期建成投产或停建的项目。

③ 建成投产项目,指报告期内按设计规定的内容,形成设计规定的生产能力（或效益）并投入使用的建设项目,包括部分投产项目和全部投产项目。

④ 收尾项目,指已经建成投产和已经组织验收,设计能力已全部建成,但还遗留少量尾工需继续进行扫尾的建设项目。

⑤ 停缓建项目,指根据现有人财物力和国民经济调整的要求,在计划期内停止或暂缓建设的项目。

（2）按建设的性质,分为新建项目、扩建项目、改建项目、迁建项目和恢复项目。

① 新建项目,是指从无到有、"平地起家"、新开始建设的项目。有的建设项目原有基础很小,经扩大建设规模后,其新增的固定资产价值超过原有固定资产价值3倍以上的,也算新建项目。

② 扩建项目,是指原有企业、事业单位,为扩大原有产品生产能力(或效益),或增加新的产品生产能力,而新建主要车间或工程项目。

③ 改建项目,是指原有企业,为提高生产效率,增加科技含量,采用新技术,改进产品质量,或改变新产品方向,对原有设备或工程进行改造的项目。有的企业为了平衡生产能力,增建一些附属、辅助车间或非生产性工程,也算改建项目。

④ 迁建项目,是指原有企业、事业单位,由于各种原因经上级批准搬迁到另地建设的项目。迁建项目中符合新建、扩建、改建条件的,应分别作为新建、扩建或改建项目。迁建项目不包括留在原址的部分。

⑤ 恢复项目,是指企业、事业单位因自然灾害、战争等原因,使原有固定资产全部或部分报废,以后又投资按原有规模重新恢复起来的项目。在恢复的同时进行扩建的,应作为扩建项目。

(3) 按建设规模和对国民经济的重要性,分为大型、中型、小型项目。

基本建设项目可分为大型项目、中型项目、小型项目;更新改造项目分为限额以上项目、限额以下项目。

基本建设大中小型项目是按项目的建设总规模或总投资来确定的。习惯上将大型和中型项目合称为大中型项目。新建项目按项目的全部设计规模(能力)或所需投资(总概算)计算;扩建项目按扩建新增的设计能力或扩建所需投资(扩建总概算)计算,不包括扩建以前原有的生产能力。但是,新建项目的规模是指经批准的可行性研究报告中规定的建设规模,而不是指远景规划所设想的长远发展规模。明确分期设计、分期建设的,应按分期规模计算。基本建设项目大中小型划分标准,是国家规定的,按总投资划分的项目,能源、交通、原材料工业项目5 000万元以上,其他项目3 000万元以上的为大中型项目,在此标准以下的为小型项目。

(4) 按项目在国民经济中的作用划分,分为生产性项目和非生产性项目。

① 生产性项目,指直接用于物质生产或直接为物质生产服务的项目,主要包括工业项目(含矿业)、建筑业、地质资源勘探及农林水有关的生产项目、运输邮电项目、商业和物资供应项目等。

② 非生产性项目,指直接用于满足人民物质和文化生活需要的项目,主要包括文教卫生、科学研究、社会福利、公用事业建设、行政机关和团体办公用房建设等项目。

(5) 按隶属关系,分为主管部直属项目和地方项目。

(6) 按其投资效益,可分为竞争性项目、基础性项目、公益性项目。

① 竞争性项目,是指投资回报率比较高、竞争性比较强的工程项目。如:商务办公楼、酒店、度假村、高档公寓等工程项目。其投资主体一般为企业,由企业自主决策、自担投资风险。

② 基础性项目,是指具有自然垄断性、建设周期长、投资额大而收益低的基础设施和需要政府重点扶持的一部分基础工业项目,以及直接增强国力的符合经济规模的支柱产业项目。如:交通、能源、水利、城市公用设施等。政府应集中必要的财力、物力通过经济实体投资建设这些工程项目,同时,还应广泛吸收企业参与投资,有时还可吸收外商直接投资。

③ 公益性项目,是指为社会发展服务、难以产生直接经济回报的工程项目。包括:科技、文教、卫生、体育和环保等设施,公、检、法等政权机关以及政府机关、社会团体办公设施,国防建设等。公益性项目的投资主要由政府用财政资金安排。

此外,建设项目还可按管理系统或国民经济部门划分,前者不论其建设内容是属于哪一国民经济部门,只按项目的所在单位在行政上(或业务上)属于哪个主管部门管理而定;后者是按项目建成投产后的主要产品种类或工程的主要用途划分,而不论其隶属于哪个管理系统。例如,冶金工业部建设的冶金机械厂和学校,按管理系统划分,属于冶金工业部系统;按国民经济部门分类,则分别属于机械工业项目和教育事业项目。

1.1.3　建设项目的分解

建设项目的分解,是指以科学管理项目建设、合理确定项目造价为目的,根据构成项目的各工程要素之间的从属关系,对建设项目进行分解。它包括:单项工程、单位工程、分部工程和分项工程。其中,分项工程是建设项目总体最基本的、单位的工程构造要素。

建设项目按照它的组成内容,从大到小可以划分为单项工程、单位工程、分部工程和分项工程。

(1) 单项工程是指在一个建设项目中具有独立的设计文件和相应的概(预)算,建成后可以单独发挥生产能力或使用效益的工程。

(2) 单位工程是指具有独立的设计文件,可以独立组织施工,建成后不能独立发挥生产能力和使用效益的工程。

(3) 分部工程是指由不同工种的操作者利用不同的工具和材料完成的部分工程,是根据工程部位、施工方式、材料和设备种类来划分的建筑中间产品。

(4) 分项工程是指经过较为简单的综合施工过程就能生产出来的,而且可以用某种单位计算的建筑安装工程的假定产品。

1.1.4　工程项目建设程序

1.1.4.1　建设程序的含义和内容

工程项目建设程序是指工程项目从策划、评估、决策、设计、施工到竣工验收、投入生产或交付使用的整个建设过程中,各项工作必须遵循的先后工作次序,可以进行合理交叉,但不能任意颠倒次序。以世界银行贷款项目为例,其建设周期包括项目选定、项目准备、项目评估、项目谈判、项目实施和项目总结评价 6 个阶段。

1.1.4.2　决策阶段的工作内容

1) 编报项目建议书

(1) 项目提出的必要性和依据。

(2) 产品方案、拟建规模和建设地点的初步设想。

(3) 资源情况、建设条件、协作关系和设备技术引进国别、厂商的初步分析。

(4) 投资估算、资金筹措及还贷方案设想。

(5) 项目进度安排。

(6) 经济效益和社会效益的初步估计。

（7）环境影响的初步评价。

对于政府投资项目,项目建议书按要求编制完成后,应根据建设规模和限额划分报送有关部门审批。项目建议书经批准后,可进行可行性研究工作,但并不表明项目非上不可,批准的项目建议书不是项目的最终决策。

2）编报可行性研究报告

（1）可行性研究的工作内容:①进行市场研究,以解决项目建设的必要性问题;②进行工艺技术方案的研究,以解决项目建设的技术可行性问题;③进行财务和经济分析,以解决项目建设的经济合理性问题。

凡经可行性研究未通过的项目,不得进行下一步工作。

（2）可行性研究报告的内容:①项目提出的背景、项目概况及投资的必要性;②产品需求、价格预测及市场风险分析;③资源条件评价(对资源开发项目而言);④建设规模及产品方案的技术经济分析;⑤建厂条件与厂址方案;⑥技术方案、设备方案和工程方案;⑦主要原材料、燃料供应;⑧总图、运输与公共辅助工程;⑨节能、节水措施;⑩环境影响评价;⑪劳动安全卫生与消防;⑫组织机构与人力资源配置;⑬项目实施进度;⑭投资估算及融资方案;⑮财务评价和国民经济评价;⑯社会评价和风险分析;⑰研究结论与建议。

3）项目投资决策管理制度

政府投资项目实行审批制;非政府投资项目实行核准制或登记备案制。

（1）政府投资项目

① 对于采用直接投资和资本金注入方式的政府投资项目,政府需要从投资决策的角度审批项目建议书和可行性研究报告,除特殊情况外不再审批开工报告,同时还要严格审批其初步设计和概算。

② 对于采用投资补助、转贷和贷款贴息方式的政府投资项目,则只审批资金申请报告。

（2）非政府投资项目

① 核准制:企业投资建设《政府核准的投资项目目录》中的项目时,仅需向政府提交项目申请报告,不再经过批准项目建议书、可行性研究报告和开工报告的程序。

② 备案制:由企业按照属地原则向地方政府投资主管部门备案。

1.1.4.3 建设实施阶段的工作内容

1）工程设计

工程项目的设计工作一般划分为两个阶段,即初步设计和施工图设计。重大项目和技术复杂项目,可根据需要增加技术设计阶段。

（1）初步设计。根据可行性研究报告的要求所作的具体实施方案,目的是为了阐明在指定的地点、时间和投资控制数额内,拟建项目在技术上的可行性和经济上的合理性,并通过对工程项目所作出的基本技术经济规定,编制项目总概算。初步设计不得随意改变被批准的可行性研究报告所确定的建设规模、产品方案、工程标准、建设地址和总投资等控制目标。如果初步设计提出的总概算超过可行性研究报告总投资的10%或其他主要指标需要变更时,应说明原因和计算依据,并重新向原审批单位报批可行性研究报告。

（2）技术设计。应根据初步设计和更详细的调查研究资料编制,以进一步解决初步设计中的重大技术问题,如:工艺流程、建筑结构、设备选型及数量确定等,使工程项目的设计更加具体、完善,技术指标更好。

(3) 施工图设计。根据初步设计或技术设计的要求,结合现场实际情况,完整地表现建筑物外、内部空间分割、结构体系、构造状况以及建筑群的组成和周围环境的配合。它还包括各种运输、通信、管道系统、建筑设备的设计。在工艺方面,应具体确定各种设备的型号、规格及各种非标准设备的制造加工图。

施工图设计文件的审查内容:①是否符合工程建设强制性标准;②地基基础和主体结构的安全性;③勘察设计企业和注册执业人员以及相关人员是否按规定在施工图上加盖相应的图章和签字;④其他。

任何单位或者个人不得擅自修改审查合格的施工图。确需修改的,凡涉及上述审查内容的,建设单位应当将修改后的施工图送原审查机构审查。

2) 建设准备

建设准备工作内容:

(1) 征地、拆迁和场地平整。

(2) 完成施工用水、电、通讯、道路等接通工作。

(3) 组织招标选择工程监理单位、承包单位及设备、材料供应商。

(4) 准备必要的施工图纸。

(5) 办理工程质量监督和施工许可手续。

① 工程质量监督手续的办理。建设单位在办理施工许可证之前应当到规定的工程质量监督机构办理工程质量监督注册手续,办理时提供以下资料:施工图设计文件审查报告和批准书;中标通知书和施工、监理合同;建设单位、施工单位和监理单位的项目负责人和机构组成;施工组织设计和监理规划;其他。

② 施工许可证的办理。建设单位在开工前应向工程所在地的县级以上人民政府建设行政主管部门申请领取施工许可证。投资额 30 万元以下或建筑面积 300 万 m² 以下的工程可不申请。

3) 施工安装

项目新开工时间,是指工程项目设计文件中规定的任何一项永久性工程第一次正式破土开槽开始施工的日期。不需开槽的工程,正式开始打桩的日期就是开工日期。铁路、公路、水库等需要进行大量土、石方工程的,以开始进行土方、石方工程的日期作为正式开工日期。

施工安装活动应按照工程设计要求、施工合同及施工组织设计,在保证工程质量、工期、成本及安全、环保等目标的前提下进行,达到竣工验收标准后,由施工单位移交给建设单位。

4) 生产准备

对生产性项目而言,生产准备是项目投产前由建设单位进行的一项重要工作。它是衔接建设和生产的桥梁,是项目建设转入生产经营的必要条件。建设单位应适时组成专门机构做好生产准备工作,确保项目建成后能及时投产。

5) 竣工验收

当工程项目按设计文件的规定内容和施工图纸的要求全部建完后,便可组织验收。竣工验收是投资成果转入生产或使用的标志,也是全面考核工程建设成果、检验设计和工程质量的重要步骤。

竺工验收的准备工作:①整理技术资料;②绘制竣工图;③编制竣工决算。

1.1.4.4 项目后评价

工程项目竣工验收或通过销售交付使用,只是工程建设完成的标志,而不是工程项目管理的终结。项目后评价的基本方法是对比法。

1)效益后评价

效益后评价是项目后评价的重要组成部分。具体包括经济效益后评价、环境效益和社会效益后评价、项目可持续性后评价及项目综合效益后评价。

2)过程后评价

过程后评价是指对工程项目的立项决策、设计施工、竣工投产、生产运营等全过程进行系统分析。

1.2 工程概预算

1.2.1 工程概预算

工程概预算是指在工程建设过程中,根据不同设计阶段设计文件的具体内容和有关定额、指标及取费标准,预先计算和确定建设项目的全部工程费用的技术经济文件。

由于工程概预算费用具有大额性、个别性和差异性、动态性、层次性及兼容性等特点,所以工程概预算的内容、方法及表现形式也就各不相同。业主或其委托的咨询单位编制的工程项目投资估算、设计概算、咨询单位编制的标底、承包商编制的投标报价等,都是工程概预算的不同表现形式。

工程概预算的作用主要是:

(1)限额领料、实行经济核算的依据。

(2)企业加强施工计划管理、编制作业计划的依据。

(3)实行计件工资、按劳分配的依据。

1.2.2 工程概预算计价原理

建设项目是兼具单件性与多样性的集合体。每一个建设项目的建设都需要按业主的特定需要进行单独设计、单独施工,不能批量生产和按整个项目确定价格,只能采用特殊的计价程序和计价方法,即将整个项目进行分解,划分为可以按有关技术经济参数测算价格的基本构造单元(如定额项目、清单项目),这样就可以计算出基本构造单元的费用。一般来说,分解结构层次越多,基本子项也越细,计算也更精确。

任何一个建设项目都可以分解为一个或几个单项工程,任何一个单项工程都是由一个或几个单位工程所组成。作为单位工程的各类建筑工程和安装工程仍然是一个比较复杂的综合实体,还需要进一步分解。单位工程可以按照结构部位、路段长度及施工特点或施工任务分解为分部工程。分解成分部工程后,从工程计价的角度,还需要把分部工程按照不同的施工方法、材料、工序及路段长度等,加以更为细致的分解,划分为更为简单细小的部分,即分项工程。分解到分项工程后还可以根据需要进一步划分或组合为定额项目或清单项目,这样就可以得到基本构造单元了。

工程造价计价的主要思路就是将建设项目细分至最基本的构造单元,找到了适当的计量单位及当时当地的单价,就可以采取一定的计价方法,进行分部组合汇总,计算出相应工程造价。工程计价的基本原理就在于项目的分解与组合。

1.2.3　工程概预算计价特征及分类

由工程项目的特点决定,工程计价具有以下特征:

1) 计价的单件性

建筑产品的单件性特点决定了每项工程都必须单独计算造价。

2) 计价的多次性

工程项目需要按一定的建设程序进行决策和实施,工程计价也需要在不同阶段多次进行,以保证工程造价计算的准确性和控制的有效性。多次计价是个逐步深化、逐步细化和逐步接近实际造价的过程。

3) 计价的组合性

工程造价的计算是分步组合而成的,这一特征与建设项目的组合性有关。一个建设项目是一个工程综合体,它可以按单项工程、单位工程、分部工程、分项工程等不同层次分解为许多有内在联系的工程。建设项目的组合性决定了确定工程造价的逐步组合过程。工程造价的组合过程是:分部分项工程造价、单位工程造价、单项工程造价、建设项目总造价。

4) 计价方法的多样性

工程项目的多次计价有其各不相同的计价依据,每次计价的精确度要求也各不相同,由此决定了计价方法的多样性。例如,投资估算方法有设备系数法、生产能力指数估算法等;概预算方法有单价法和实物法等。不同方法有不同的适用条件,计价时应根据具体情况加以选择。

5) 计价依据的复杂性

由于影响工程造价的因素较多,决定了计价依据的复杂性。计价依据主要可分为以下7类:

(1) 设备和工程量计算依据。包括项目建议书、可行性研究报告、设计文件等。

(2) 人工、材料、机械等实物消耗量计算依据。包括投资估算指标、概算定额、预算定额等。

(3) 工程单价计算依据。包括人工单价、材料价格、材料运杂费、机械台班费等。

(4) 设备单价计算依据。包括设备原价、设备运杂费、进口设备关税等。

（5）措施费、间接费和工程建设其他费用计算依据。主要是相关的费用定额和指标。

（6）政府规定的税、费。

（7）物价指数和工程造价指数。

1.2.4　工程概预算的分类

建设项目建设周期长、规模大、造价高，这就要求在工程建设的各个阶段多次性计价，并对其进行监督和控制，以保证工程概预算计算的准确性和控制的有效性。按照建设项目建设程序阶段多次性计价的特征，工程概预算可以分为：

1）投资估算

投资估算是建设单位向国家申请拟定建设项目或国家对拟定项目进行决策时，确定建设项目在规划、项目建议书、设计任务书等不同阶段的相应投资总额而编制的经济文件。

作用：①国家决定拟建项目是否继续进行研究的依据；②国家批准项目建议书的依据；③国家批准设计任务书的重要依据；④国家编制中长规划，保持合理比例和投资结构的重要依据。

2）设计概算

设计概算是初步设计文件的重要组成部分，是在投资估算的控制下由设计单位根据初步设计或扩大设计的图纸及说明，利用国家或地区颁发的概算指标、概算定额或综合预算定额、设备材料预算价格等资料，按照设计要求，概略地计算建筑物或构筑物造价的文件。

作用：①编制建设项目投资计划、确定和控制建设项目投资的依据；②签订建设工程合同和贷款合同的依据；③控制施工图设计和施工图预算的依据；④衡量设计方案技术经济合理性和选择最佳设计方案的依据；⑤考核建设项目投资效果的依据，通过设计概算与竣工决算对比，可以分析和考核投资效果的好坏，同时可以验证设计概算的准确性，有利于加强设计概算管理和建设工程的造价管理工作。

3）修正概算

修正概算是指采用三阶段设计，在技术设计阶段随着设计内容的深化，可能会发现建设规模、结构性质、设备类型和数量等内容与初步设计内容相比有出入，为此设计单位根据技术设计图纸，概算指标或概算定额，各项费用取费标准，建设地区自然、技术经济条件和设备预算价格等资料，对初步设计总概算进行修正而形成的经济文件。

作用：与初步设计概算作用基本相同。

4）施工图预算

施工图预算是指在施工图设计阶段，当工程设计完成后，在单位工程开工之前，施工单位根据施工图纸计算工程量、施工组织设计和国家规定的现行工程预算定额、单位估价表及各项费用的取费标准、建筑材料预算价格、建设地区的自然和计算经济条件等资料，预先计算和确定单位工程或单项工程建设费用的经济文件。

作用：①经过有关部门的审查和批准，就正式确定了该工程的预算造价，即工程造价；②签订工程施工承包合同、实行工程预算包干、进行工程竣工结算的依据；③业主支付工程款的依据；④施工企业加强经营管理、搞好经济核算的基础；⑤施工企业编制经营计划或施工技术财务计划的依据;⑥单项工程、单位工程进行施工准备的依据;⑦施工企业进行"两算"对比的依据;⑧施工企业进行投标报价的依据;⑨反映施工企业经营管理效果的依据。

5) 施工预算

施工预算是施工单位在施工图预算的控制下,根据施工图纸、施工组织设计、企业定额、施工现场条件等资料,考虑工程的目标利润等因素,计算编制的单位工程(或分项、分部工程)所需的资源消耗量及其相应费用的文件。

作用:①企业对单位工程实行计划管理,编制施工作业计划的依据;②企业对内部实行工程项目经营目标承包,进行项目成本全面管理与核算的重要依据;③企业向班组推行限额用工、用料,并实行班组经济核算的依据;④企业开展经济活动分析,进行施工计划成本与施工图预算造价对比的依据,以便预测工程超支或节约的情况,进行科学的控制。

6) 工程结算

工程结算是在一个单项工程、单位工程、分部工程或分项工程完工,并经建设单位及有关部门验收后,由施工单位以施工图预算为依据,并根据设计变更通知书、现场签证、预算定额、材料预算价格和取费标准及有关结算凭证等资料,按规定编制向建设单位办理结算工程价款的文件。工程结算一般有定期结算、阶段结算、竣工结算。

7) 竣工决算

竣工决算是建设单位编制的反映建设项目实际造价和投资效果的文件,是竣工验收报告的重要组成部分,是基本建设经济效果的全面反映,是核定新增固定资产价值,办理其交付使用的依据。

1.2.5 工程概预算计价基本原理

建设项目是兼具单件性与多样性的集合体。每一个建设项目的建设都需要按业主的特定需要进行单独设计、单独施工,不能批量生产和按整个项目确定价格,只能采用特殊的计价程序和计价方法,即将整个项目进行分解,划分为可以按有关技术经济参数测算价格的基本构造单元(如定额项目、清单项目),这样就可以计算出基本构造单元的费用。一般来说,分解结构层次越多,基本子项也越细,计算也更精确。

任何一个建设项目都可以分解为一个或几个单项工程,任何一个单项工程都是由一个或几个单位工程所组成。作为单位工程的各类建筑工程和安装工程必然是一个比较复杂的综合实体,还需要进一步分解。单位工程可以按照结构部位、路段长度及施工特点或施工任务分解为分部工程。分解成分部工程后,从工程计价的角度,还需要把分部工程按照不同的施工方法、材料、工序及路段长度等加以更为细致的分解,划分为更为简单细小的部分,即分项工程。分解到分项工程后还可以根据需要进一步划分或组合为定额项目或清单项目,这样就可以得到基本构造单元了。

工程造价计价的主要思路就是将建设项目细分至最基本的构造单元,找到了适当的计量单位及当时当地的单价,就可以采取一定的计价方法,进行分部组合汇总,计算出相应工程造价。工程计价的基本原理就在于项目的分解与组合。

工程计价的基本原理可以用公式的形式表达如下:

分部分项工程费 $= \sum$ [基本构造单元工程量(定额项目或清单项目×相应单价)]

工程造价的计价分为工程计量(本书第4章)和工程计价(本书第5章)两个环节。

1.2.6　工程概预算计价方法

1) 投资估算

投资估算是对建筑工程的全部造价进行估算,以满足项目建议书、可行性研究和方案设计的需要。

(1) 投资估算编制依据

① 设计方案。

② 投资估算指标、概算指标、技术经济指标。

③ 造价指标(包括单项工程和单位工程的)。

④ 类似工程概算。

⑤ 设计参数(或称设计定额指标),包括各种建筑面积指标、能源消耗指标等。

⑥ 概算定额。

⑦ 当地材料、设备预算价格及市场价格(包括材料、设备价格及专业分包报价等)。

⑧ 有关部门规定的取费标准。

⑨ 调价系数及材料差价计算办法等。

⑩ 现场情况,如地理位置、地质条件、交通、供水、供电条件等。

⑪ 其他经验参考数据,如材料、设备运杂费率、设备安装费率、零星工程及辅材等的比率(%)等。

以上资料越具体、越完备,编制投资估算的准确程度就越高。

(2) 投资估算编制方法

投资估算是在建设前期编制的,其编制的主要依据还可能不十分具体,故编制时要从大处着眼,根据不同阶段的条件,做到粗中有细,尽可能达到应有的准确性。

投资估算的常用方法如下:

① 采用投资估算指标、概算指标、技术经济指标编制

a. 工业建筑主要生产项目,目前各专业部,如钢铁、纺织、轻工等以不同规模的年生产能力(如若干吨钢、若干纱锭、若干吨啤酒等)编制了投资估算指标,其中包括工艺设备、建筑安装工程、其他费用等的实物消耗量指标、造价指标、取费标准、价格水平等。编制投资估算时,根据年生产能力套用对口的指标,对某些应调整、换算的内容进行调整后,即为所需的投资估算。

辅助项目及构筑物等则一般以 100 m² 建筑面积或"座""m³"等为单位,包括的内容相同,套用及调整方法也同上。

b. 民用建筑:目前编制的各种指标大都是以 100 m² 建筑面积为单位,指标内容包括工程特征、主要工程量指标、主要材料、人工实物消耗量指标及造价指标(含直接费、间接费、单方造价等各项造价),其使用方法基本上同工业建筑。各种指标目前大都以单项工程编制,其中包括配套的土建、水、暖、空调、电气等单位工程的内容。

② 采用单项工程造价指标编制。主要适用于项目建议书或规划阶段较粗的投资估算或用于建设项目中的附属配套项目,目前各地都有每平方米建筑面积的各类建筑的有一定幅度的单项工程造价指标(包括土建、水、暖、电气等),如北京市 1995 年多层砖混一般标准住宅约为 $750\sim850$ 元/m^2 等。采用时只需根据结构类型套用即可,如需调整、换算,也只能根据年份、地区间差异,按当地规定系数调整。

③ 采用类似工程概、预算编制。其前提是要有建设规模与标准相类似的已建工程的概、预算(或标底),其中尤以后者较为可靠,套用时对局部不同用料标准或做法加以必要的换算和对不同年份间在造价水平上的差异加以调整。

④ 采用近似(匡算)工程量估算法编制。这种方法基本与编制概、预算方法相同,即采用匡算主要子目工程量后(不一定太精确),套上概、预算定额单价和取费标准,加上一定的配套子目系数,即为所需投资。这种方法适用于无指标可套的单位工程,如构筑物、室外工程等,也可供换算或调整局部不相同的构配件分项工程和水、暖、电气等工程用。

⑤ 采用市场询价加系数办法编制。这种方法主要适用于建筑设备安装工程和专业分包工程,如电梯、电话总机等,不论进口或国产,在向生产厂商询价后,再加运杂费及安装费后即为所需的估算投资。又如保龄球、桑拿浴等设备,一般由专业厂商分包承包报价后,再另加总包管理费(或称施工交叉作业费,一般按 $2\%\sim5\%$ 计算)即可。

⑥ 采用民用建筑快速投资估算法编制。这种方法解决了当前量大、标准差别悬殊、建筑功能齐全的各类民用建筑的单位工程投资估算。其方法是积累和掌握较广泛的各种单位工程造价指标,估计工程量指标和设计参数(如各类民用建筑的单位耗热、耗冷、耗电量指标(W/m^2),锅炉蒸发量指标(t/h)等),根据各单位工程的特点,分别以不同的合理的计量单位(改变采用单一的以建筑面积为计量单位的不合理性),结合工程实际灵活快速地估算出所需投资。

2) 建筑工程设计概算造价

建筑工程概算造价也叫初步设计概算造价。

初步设计概算文件包括概算编制说明、总概算书、单项工程综合概算书、单位工程概算书、其他工程和费用概算书以及钢材、木材、水泥等主要材料表。

(1) 编制依据

① 批准的建设项目的可行性研究报告和主管部门的有关规定。

② 能满足编制设计概算的各专业经过校审的设计图纸(或内部作业草图)、文字说明和主要设备及材料表,其中包括:

a. 土建工程:建筑专业提交建筑平、立、剖面图和初步设计文字说明(应说明或注明装修标准、门窗尺寸);结构专业提交平面布置草图、构件截面尺寸和特殊构件配筋率。

b. 给排水、电气、弱电、采暖通风、空气调节、动力(锅炉、煤气等)等专业提交各单位工程的平面布置图、系统图(或内部作业草图)、文字说明和主要设备及材料表,如无材料表则应提交主要材料估算量。

c. 室外工程:有关各专业提交的平面布置图。总图专业提交的土石方工程量和道路、挡土墙、围墙等构筑物的断面尺寸。如无图纸的应提交工程量。

③ 当地和主管部门的现行建筑工程和专业安装工程概、预算定额,单位估价表,地区材料、构配件预算价格(或市场价格),间接费用定额和有关费用规定等文件。

④ 现行的有关设备原价(出厂价或市场价)及运杂费率。

⑤ 现行的有关其他费用定额、指标和价格。

⑥ 建设场地的自然条件和施工条件。

⑦ 类似工程的概、预算及技术经济指标。

（2）编制方法

单位工程概算是指一个独立建筑物中分专业工程计算造价的概算，如土建工程、给排水工程、电气工程以及采暖、通风、空调工程等的建筑设备购置费概算，设备和管线安装工程费的概算。

① 土建工程概算的编制方法

A. 主要工程项目按照当地和主管部门规定的概算定额、扩大单位估价表和取费标准等文件，根据初步设计图纸计算主要工程量进行编制。编制程序如下：

a. 熟悉定额的内容及其使用方法。概算定额的项目划分和包括工程内容有较大的扩大和综合。如带型砖基础，砖基础项目中包括了挖运土方、加固钢筋、混凝土圈梁、防潮层、回填土等项目，因此，在计算概算工程量时，必须先熟悉概算定额中每一个项目包括的工程内容，以便计算出正确的概算工程量，避免重复或遗漏。

b. 在计算概算工程量时，对一些次要零星项目可以省略不计，最后以占直接费的百分比计算。特别在初步设计或扩大初步设计时，许多细部做法未表示出来，因此，对这些次要零星工程只能以百分比表示。

c. 套用概算定额计算工程直接费。

d. 以工程直接费为基数乘以综合费率，计算出工程造价。

e. 分析概算书中的人工、主要材料、机械台班数量，为调整差价提供依据。

f. 编制竣工期的定额基价与市场价格的总差价。

概算定额的执行期到某一项工程竣工使用要相隔一段时间，这一期间存在价格变动因素。人工、主要材料、机械可分别测定调整系数，对次要材料测定综合系数。最后相加形成预调工程造价。

B. 建设项目的辅助、附属或小型建筑工程（包括土建、水、电、暖等）可按各种指标编制，但应结合设计及当地的实际情况进行必要的调整。采用概算指标编制概算的方法是：

a. 设计的工程项目只要基本符合概算指标所列各项条件和结构特征，可直接使用概算指标编制概算。

根据初步设计图纸及设计资料编制概算时，须首先按设计的要求和结构特征，如结构类型、檐高、层高、基础、内外墙、楼板、屋架、屋面、地坪、门窗、内外部装饰用料做法等，与概算指标中的"简要说明"和"结构特征"对照，选择相应的指标进行计算。

b. 新设计的建筑物在结构特征上与概算指标有部分出入时，须加以换算。

c. 从原指标的单位造价中减去与新设计不同的结构构件工程量，乘以相应的扩大结构定额的单价所得的金额，换上所需结构构件的工程量乘以相应的扩大结构定额的单价所得的金额。

d. 从原指标的工料数量中减去与新设计不同的结构构件工程量，乘以相应的扩大结构定额所得的人工、材料及机械使用费，换上所需的结构构件工程量乘以相应的扩大结构定额所得的人工、材料和机械使用费。

e. 调整差价并计取综合费用，算出工程造价。

② 水、暖、电气等工程概算的编制方法

A. 设备购置费按设备原价(出厂价)、运杂费(运杂费率)及主要设备表编制。

B. 设备及管线的安装工程按当地和主管部门规定的概预算定额、单位估价表、概算指标、安装费指标、类似工程概预算、技术经济指标、取费标准及调价规定等资料,根据主要设备表和初步设计图纸计算主要工程量或主要材料表进行编制。

③ 室外工程(包括土方、道路、管线、构筑物等)概算编制方法同土建和水、暖、电气等工程。

④ 综合概算是单项工程建设费用的综合。一个单项建筑工程概算,一般包括土建、给排水、电气、采暖、通风、空调工程等单位工程概算。如作为独立建设项目时,还应列入其他费用和预备费(不可预见费)、主要建筑材料表及编制说明。

单项工程概算的编制方法只是各单位工程概算的汇总。

⑤ 工程建设其他费用是指未纳入建筑安装工程和设备及工器具购置费两项内容,由项目投资支付的为保证工程建设顺利完成和交付使用后能够正常发挥效用而发生的各项费用的总和,包括:土地征用及迁移补偿费,土地使用权出让金、建设单位管理费、勘察设计费、研究试验费、建设单位临时设施费、工程监理费、工程保险费、供电贴费、施工机构迁移费、引进技术和进口设备其他费用、工程总承包费、联合试运转费、生产准备费、办公和生活家具购置费、基本预备费、涨价预备费、建设期贷款利息等。其概算编制方法按当地和主管部门规定的指标、费率以及由建设单位提供的资料编制。

⑥ 建设项目总概算。工程建设项目总概算,即全部主要工程项目,辅助、附属工程项目,室外工程,工程建设其他费用等综合概算的汇总后所确定的整个工程建设项目的总投资。其概算文件应包括全部单位工程、单项工程的概算表以及主要建筑材料、设备表和编制说明。

3) 建筑工程施工图预算造价

施工图设计阶段应编制施工图预算,其造价应控制在批准的初步设计概算造价之内,如超过时,应分析原因并采取措施加以调整或上报审批。施工图预算是当前进行工程招标的主要基础,其工程量清单是招标文件的组成部分,其造价是标底的主要依据,是工程直接发包价格的计价依据。

1.3 施工图预算

1.3.1 施工图预算的概念及其编制内容

1.3.1.1 施工图预算的含义及作用

1) 施工图预算的含义

施工图预算是以施工图设计文件为依据,按照规定的程序、方法和依据,在工程施工前对工程项目的工程费用进行的预测与计算。施工图预算的成果文件称作施工图预算书,也简称施工图预算,它是在施工图设计阶段对工程建设所需资金作出较精确计算的设计文件。施工图预算价格既可以是按照政府统一规定的预算单价、取费标准、计价程序计算得到的属于计划或预期性质的施工图预算价格,也可以是通过招标投标法定程序后施工企业根据自身的实力,即企业定额、资源市场单价以及市场供求及竞争状况计算得到的反映市场性质的施工图预算价格。

2)施工图预算的作用

施工图预算作为建设工程建设程序中一个重要的技术经济文件,在工程建设实施过程中具有十分重要的作用,可以归纳为以下几个方面:

(1)施工图预算对投资方的作用

① 施工图预算是设计阶段控制工程造价的重要环节,是控制施工图设计不突破设计概算的重要措施。

② 施工图预算是控制造价及资金合理使用的依据。施工图预算确定的预算造价是工程的计划成本,投资方按施工图预算造价筹集建设资金,合理安排建设资金计划,确保建设资金的有效使用,保证项目建设顺利进行。

③ 施工图预算是确定工程招标控制价的依据。在设置招标控制价的情况下,建筑安装工程的招标控制价可按照施工图预算来确定。招标控制价通常是在施工图预算的基础上考虑工程的特殊施工措施、工程质量要求、目标工期、招标工程范围以及自然条件等因素进行编制的。

④ 施工图预算可以作为确定合同价款、拨付工程进度款及办理工程结算的基础。

(2)施工图预算对施工企业的作用

① 施工图预算是建筑施工企业投标报价的基础。在激烈的建筑市场竞争中,建筑施工企业需要根据施工图预算,结合企业的投标策略,确定投标报价。

② 施工图预算是建筑工程预算包干的依据和签订施工合同的主要内容。在采用总价合同的情况下,施工单位通过与建设单位协商,可在施工图预算的基础上,考虑设计或施工变更后可能发生的费用与其他风险因素,增加一定系数作为工程造价一次性包干价。同样,施工单位与建设单位签订施工合同时,其中工程价款的相关条款也必须以施工图预算为依据。

③ 施工图预算是施工企业安排调配施工力量、组织材料供应的依据。施工企业在施工前,可以根据施工图预算的工、料、机分析,编制资源计划,组织材料、机具、设备和劳动力供应,并编制进度计划,统计完成的工作量,进行经济核算并考核经营成果。

④ 施工图预算是施工企业控制工程成本的依据。根据施工图预算确定的中标价格是施工企业收取工程款的依据,企业只有合理利用各项资源,采取先进技术和管理方法,将成本控制在施工图预算价格以内,才能获得良好的经济效益。

⑤ 施工图预算是进行“两算”对比的依据。施工企业可以通过施工图预算和施工预算的对比分析,找出差距,采取必要的措施。

(3)施工图预算对其他方面的作用

① 对于工程咨询单位而言,尽可能客观、准确地为委托方做出施工图预算,不仅体现出其水平、素质和信誉,而且强化了投资方对工程造价的控制,有利于节省投资,提高建设项目的投资效益。

② 对于工程项目管理、监督等中介服务企业而言,客观准确的施工图预算是为业主方提供投资控制的依据。

③ 对于工程造价管理部门而言,施工图预算是其监督和检查执行定额标准、合理确定工程造价、测算造价指数以及审定工程招标控制价的重要依据。

④ 如在履行合同的过程中发生经济纠纷,施工图预算还是有关仲裁、管理、司法机关按照法律程序处理、解决问题的依据。

1.3.1.2 施工图预算的编制内容

1）施工图预算文件的组成

施工图预算由建设项目总预算、单项工程综合预算和单位工程预算组成。建设项目总预算由单项工程综合预算汇总而成,单项工程综合预算由组成本单项工程的各单位工程预算汇总而成,单位工程预算包括建筑工程预算和设备及安装工程预算。施工图预算根据建设项目实际情况可采用三级预算编制或二级预算编制形式。当建设项目有多个单项工程时,应采用三级预算编制形式,三级预算编制形式由建设项目总预算、单项工程综合预算、单位工程预算组成。当建设项目只有一个单项工程时,应采用二级预算编制形式,二级预算编制形式由建设项目总预算和单位工程预算组成。

采用三级预算编制形式的工程预算文件包括:封面、签署页及目录、编制说明、总预算表、综合预算表、单位工程预算表、附件等内容。采用二级预算编制形式的工程预算文件包括:封面、签署页及目录、编制说明、总预算表、单位工程预算表、附件等内容。

2）施工图预算的内容

按照预算文件的不同,施工图预算的内容有所不同。建设项目总预算是反映施工图设计阶段建设项目投资总额的造价文件,是施工图预算文件的主要组成部分,由组成该建设项目的各个单项工程综合预算和相关费用组成。具体包括:建筑安装工程费、设备及工器具购置费、工程建设其他费用、预备费、建设期利息及铺底流动资金。施工图总预算应控制在已批准的设计总概算投资范围以内。

单项工程综合预算是反映施工图设计阶段一个单项工程(设计单元)造价的文件,是总预算的组成部分,由构成该单项工程的各个单位工程施工图预算组成。其编制的费用项目是各单项工程的建筑安装工程费、设备及工器具购置费和工程建设其他费用总和。

单位工程预算是依据单位工程施工图设计文件、现行预算定额以及人工、材料和施工机械台班价格等,按照规定的计价方法编制的工程造价文件。包括单位建筑工程预算和单位设备及安装工程预算。单位建筑工程预算是建筑工程各专业单位工程施工图预算的总称,按其工程性质分为一般土建工程预算,给排水工程预算,采暖通风工程预算,煤气工程预算,电气照明工程预算,弱电工程预算,特殊构筑物如烟囱、水塔等工程预算,以及工业管道工程预算等。安装工程预算是安装工程各专业单位工程预算的总称,安装工程预算按其工程性质分为机械设备安装工程预算、电气设备安装工程预算、工业管道安装工程预算和热力设备安装工程预算等。

1.3.2 施工图预算的编制

1.3.2.1 施工图预算的编制依据、要求及步骤

1）施工图预算的编制依据

(1) 国家、行业和地方政府有关工程建设和造价管理的法律、法规和规定。

（2）经过批准和会审的施工图设计文件，包括设计说明书、标准图、图纸会审纪要、设计变更通知单及经建设主管部门批准的设计概算文件。

（3）施工现场勘察地质、水文、地貌、交通、环境及标高测量资料等。

（4）预算定额（或单位估价表）、地区材料市场与预算价格等相关信息以及颁布的材料预算价格、工程造价信息、材料调价通知、取费调整通知等；工程量清单计价规范。

（5）当采用新结构、新材料、新工艺、新设备而定额缺项时，按规定编制的补充预算定额，也是编制施工图预算的依据。

（6）合理的施工组织设计和施工方案等文件。

（7）工程量清单、招标文件、工程合同或协议书。它明确了施工单位承包的工程范围，应承担的责任、权利和义务。

（8）项目有关的设备、材料供应合同、价格及相关说明书。

（9）项目的技术复杂程度，以及新技术、专利使用情况等。

（10）项目所在地区有关的气候、水文、地质地貌等自然条件。

（11）项目所在地区有关的经济、人文等社会条件。

（12）预算工作手册、常用的各种数据、计算公式、材料换算表、常用标准图集及各种必备的工具书。

2）施工图预算的编制原则

（1）严格执行国家的建设方针和经济政策的原则。施工图预算要严格按照党和国家的方针、政策办事，坚决执行勤俭节约的方针，严格执行规定的设计和建设标准。

（2）完整、准确地反映设计内容的原则。编制施工图预算时，要认真了解设计意图，根据设计文件、图纸准确计算工程量，避免重复和漏算。

（3）坚持结合拟建工程的实际，反映工程所在地当时价格水平的原则。编制施工图预算时，要求实事求是地对工程所在地的建设条件、可能影响造价的各种因素进行认真的调查研究。在此基础上，正确使用定额、费率和价格等各项编制依据，按照现行工程造价的构成，根据有关部门发布的价格信息及价格调整指数，考虑建设期的价格变化因素，使施工图概算尽可能地反映设计内容、施工条件和实际价格。

3）施工图预算的编制程序

施工图预算编制的程序主要包括三大内容：单位工程施工图预算编制、单项工程综合预算编制、建设项目总预算编制。单位工程施工图预算是施工图预算的关键。

1.3.2.2 单位工程施工图预算的编制

1）建筑安装工程费计算

单位工程施工图预算包括建筑工程费、安装工程费和设备及工器具购置费。单位工程施工图预算中的建筑安装工程费应根据施工图设计文件、预算定额（或综合单价）以及人工、材料及施工机械台班等价格资料进行计算。主要编制方法有单价法和实物量法。其中单价法分为定额单价法和工程量清单单价法，在单价法中，使用较多的还是定额单价法。定额单价法是用事先编制好的分项工程的单位估价表来编制施工图预算的方法。工程量清单单价法是指根据招标人按照国家统一的工程量计算规则提供工程数量，采用综合单价的形式计算工程造价的方法。实物量法是依据施工图纸和预算定额的项目划分及工程量计算规则,先计算出分部分项工程量,然后套用预算定额(实物量定额)来编制施工图预算的方法。

(1)定额单价法。定额单价法又称工料单价法或预算单价法,是指分部分项工程的单价为工料单价,将分部分项工程量乘以对应分部分项工程单价后的合计作为单位人、材、机费,人、材、机费汇总后,再根据规定的计算方法计取企业管理费、利润、规费和税金,将上述费用汇总后得到该单位工程的施工图预算造价。定额单价法中的单价一般采用地区统一单位估价表中的各分项工程工料单价(定额基价)。

其计算步骤如下:

① 准备资料,熟悉施工图。准备的资料包括施工组织设计、预算定额、工程量计算标准、取费标准、地区材料预算价格等。

② 计算工程量。首先要根据工程内容和定额项目,列出分项工程目录;其次根据计算顺序和计算规划列出计算式;第三,根据图纸上的设计尺寸及有关数据,代入计算式进行计算;第四,对计算结果进行整理,使之与定额中要求的计量单位保持一致,并予以核对。

③ 查定额单价(基础单价与基价),与相对应的分项工程量相乘,得出各分项工程和单价措施项目的人工费、材料费、施工机具使用费和合计费用,再将各分项工程的上述费用相加,得出分部工程和单位工程的人工费、材料费、施工机具使用费。

④ 编制分项工程、分部工程及单位工程的人工、材料和机械台班量。

⑤ 计算企业管理费、利润、总价措施项目费、规费和税金,将上述各项费用相加,即可得出单位工程的价格。

⑥ 复核。由有关人员(如造价工程师)对计算的结果进行复核,对项目填列、单价、计算方法和公式、计算结果、采用的取费标准、数字的精确度等进行全面、认真的复核。

⑦ 编制说明。在说明中,向施工图预算审核者和使用者交代编制依据、预算所包括的工程内容范围、不包括的内容、承包人情况、调价文号和其他需要说明的问题。还要编写封面。

现在编制施工图预算时特别要注意,所用的工程量和人工、材料量是采用统一的计算方法和基础定额;所用的单价是地区性的(定额、价格信息、价格指数和调价方法)。由于在市场条件下价格是变动的,因此要特别重视定额价格的调整。

2)工程量清单计价模式(见第5章)

工程量清单计价模式是建设工程招投标中按照国家统一的工程量清单计价规范,招标人或其委托的有资质的咨询机构编制反映工程实体消耗和措施消耗的工程量清单,并作为招标文件的一部分提供给投标人,由投标人依据工程量清单,根据各种渠道所获得的工程造价信息和经验数据,结合企业定额自主报价的计价方式。清单计价法中的综合单价是指完成分部分项工程所包含的人工费、材料费、施工机具使用费、企业管理费、利润,也包括合同约定的所有工料价格变化风险等一切费用,应用综合单价计价的工程量清单计价模式是一种国际上通行的计价方式。

投标报价计价步骤应当是:

(1)准备资料,熟悉施工图纸。

(2)核实清单工程量。

(3)划分项目,计算定额工程量,套用定额,计算人工、材料和机械费用。

(4)按照费用定额标准,计算各分项工程的企业管理费、利润,形成综合单价。

(5) 清单工程量和综合单价相乘得分部工程造价。

(6) 各分部工程造价汇总后,计算规费和税金,汇总计算单位工程造价。

(7) 复核。

(8) 编写说明。

"综合单价"的产生是使用该方法的关键。显然,编制全国统一的综合单价是不现实或不可能的,而由地区编制较为可行。理想的是由企业编制"企业定额"产生综合单价。

小　结

本章主要介绍了建设项目及其分类方式,工程项目建设程序;工程概预算的特点、分类及计算方式,特别是施工图预算的两种计算方式,定额计价及清单计价方式。

练习题

单项选择题

1. 工程项目的多次计价是一个(　　)的过程。

A. 逐步分解和组合,逐步汇总概算造价　　　B. 逐步深化和细化,逐步接近实际造价

C. 逐步分析和测算,逐步确定投资估算　　　D. 逐步确定和控制,逐步积累竣工结算价

2. 建设程序的初步设计阶段所做的造价为(　　)。

A. 投资估算　　　　B. 设计概算　　　　C. 施工图预算　　　　D. 竣工结算

3. 某新建酒店项目的通风空调工程是一个(　　)。

A. 建设项目　　　　B. 单项工程　　　　C. 单位工程　　　　D. 分部工程

4. 学校的一栋教学楼是一个(　　)。

A. 建设项目　　　　B. 单项工程　　　　C. 单位工程　　　　D. 分部工程

5. 在项目建议书和可行性研究阶段编制的造价文件为(　　)。

A. 投资估算　　　　B. 初步设计概算　　　　C. 施工图预算　　　　D. 竣工决算

6. 采用工程量清单计价时,要求投标报价根据(　　)编制得出。

A. 业主提供的工程量,按照现行概算指标

B. 业主提供的工程量,结合企业自身掌握的各种信息、资料及企业定额

C. 承包商自行计算工程量,参照现行预算定额规定

D. 承包商自行计算工程量,结合企业自身掌握的各种信息、资料及企业定额

2 工程造价费用构成

学习目标

● 掌握工程造价两重含义、组成
● 熟悉设备及工器具购置费的组成及计算方式
● 掌握建筑安装工程费的组成、清单计价和定额计价模式下的计价程序
● 熟悉工程建设其他费、预备费、建设期贷款利息的计算方法

2.1 工程造价概述

2.1.1 工程造价的含义

工程造价的第一种含义是从投资者(业主)的角度分析,指工程项目全部建设所预计开支和实际支出的建设费用,是工程项目按规定的要求全部建成并验收合格交付使用所需的全部固定资产投资费用。

工程造价的主要构成部分是建设投资,建设投资是指完成工程项目建设,在建设期内投入且形成现金流出的全部费用。根据国家发改委和原建设部发布的《建设项目经济评价方法与参数》(第三版)发改投资〔2006〕1325 号的规定,建设投资由工程费用、工程建设其他费用和预备费三部分组成。工程费用是指建设期内直接用于工程建造、设备购置及其安装的建设投资,包括建筑安装工程费、设备及工器具购置费;工程建设其他费用是指建设期发生的与土地使用权取得、整个工程项目建设以及未来生产经营有关的构成建设投资,但不包括在工程费用中的费用;预备费是在建设期内为各种不可预见因素的变化而预留的可能增加的费用,包括基本预备费和价差预备费。建设项目总投资的具体构成如图 2-1 所示。

工程造价的第二种含义是从市场交易角度分析,指为建成一项工程,预计或实际在土地市场、设备市场、技术劳务市场以及承包市场等交易活动中所形成的建筑安装工程价格和建设工程总价格。

显然,工程造价的第二种含义是以社会主义商品经济和市场经济为前提。它以建设工程这种特定的商品形式作为交易对象,通过招投标、承发包或其他交易形成,在进行多次性预估

的基础上,最终由市场形成的价格。通常是把工程造价的第二种含义认定为工程承发包价格。承发包价格是工程造价中一种重要的,也是最典型的价格形式,它是建筑市场通过招投标,由需求主体(投资者)和供给主体(承包商)共同认可的价格。

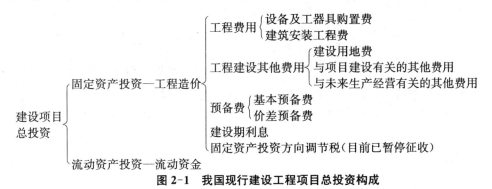

图 2-1 我国现行建设工程项目总投资构成

2.1.2 工程计价特征

1) 计价的单价性

任何一个工程项目都有自己特定的用途、功能、规模和所处的气候状况、地理位置,所以每一个工程项目的结构、造型、设备配置、内外装饰等都会有不同的要求。建筑产品的差异性决定了每项工程都必须单独计算造价。

2) 计价的多次性

建设工程生产周期长、规模大、造价高,而且需要分阶段进行、逐步深化,因此,工程计价也需要在不同阶段多次进行,以保证工程造价计算的准确性和控制的有效性,多次计价是一个由粗到细、由浅到深,最后逐步接近实际造价的工程。

3) 计价的组合性

一个工程项目是一个工程综合体,可以按单项工程、单位工程、分部工程、分项工程等不同层次分解为许多有内在联系的工程。工程项目的组合性决定了工程造价的计算是分步组合而成的,其组合过程为:分部分项工程造价→单位工程造价→单项工程造价→工程项目总造价。

4) 计价方法的多样性

工程项目多次计价有各不相同的计价依据,对造价的精确要求也不同,这就决定了计价方法的多样性。例如:计算投资估算的方法有设备系数法、生产能力指数法等;计算概预算造价有单价法和实物法等。不同工程项目有不同的适用条件,计价时应根据具体情况加以选择。

5) 计价依据的复杂性

由于影响工程造价的因素较多,使得工程计价依据复杂、种类繁多,主要可以分为7类:计算设备和工程数量的依据,计算人工、材料、机械等实物消耗量的依据,计算工程单价的依据,计算设备单价的依据,计算措施项目费、企业管理费、工程建设其他费用的依据,政府规定的税费,物价指数和工程造价的指数。

例题 2-1 下列费用中,不属于工程造价构成的是( )。

A. 用于支付项目所需土地而发生的费用

B. 用于建设单位自身进行项目管理所支出的费用

C. 用于购买安装施工机械所支付的费用

D. 用于委托工程勘察设计所支付的费用

答案:C

解题要点:该题考核工程造价构成。考核的关键是工程造价基本构成。工程造价基本构成包括用于购买工程项目所含各种设备的费用,用于建筑施工和安装施工所需支出的费用,用于委托工程勘察设计应支付的费用,用于购置土地所需的费用,也包括用于建设单位自身进行项目筹建和项目管理所花费的费用等。而选项 C 不属于项目的设备费,也不属于建安工程费,它是施工企业所发生的费用,不属于工程造价的内容,故选 C。

2.2 设备及工、器具购置费

设备及工、器具购置费用是固定资产投资中的积极部分,是由设备购置费和工具、器具及生产家具购置费组成的。在生产性工程建设中,设备及工、器具购置费用占工程造价比重的增大,意味着生产技术的进步和资本有机构成的提高。

设备及工、器具购置费包括两部分:设备购置费;工具、器具及生产家具购置费。

2.2.1 设备购置费用的组成与计算

设备购置费是指为建设项目购置或自制的达到固定资产标准的各种国产或进口设备、工具、器具的购置费用。

$$设备购置费 = 设备原价 + 设备运杂费 \qquad (2-1)$$

式中,设备原价指国产设备或进口设备的原价;设备运杂费指原价中包括的关于采购、运输、途中包装及仓库保管等方面支出费用的总和。

1) 国产设备原价的构成及计算

国产设备原价分为国产标准设备原价和国产非标准设备原价。

(1) 国产标准设备原价。国产标准设备是指按照主管部门颁布的标准图纸和技术要求,由我国设备生产厂批量生产的,符合国家质量检测标准的设备。国产设备原价一般指的是设备制造厂的交货价,或订货合同价。国产标准设备原价有两种,即带有备件的原价和不带有备件的原价。在计算时,一般按带有备件的原价计算。

(2) 国产非标准设备原价。国产非标准设备原价是指国家尚无定型标准,各设备生产厂不可能在工艺过程中采用批量生产,而只能按订货的要求并根据具体的设计图纸制造的设备。非标准设备原价有多种不同的计算方法,如成本计算估价法、系列设备插入估价法、分部组合估价法、定额估价法等。但无论采用哪种方法都应该使非标准设备计价的准确度接近实际出厂价,并且计算方法要力求简便。

成本计算估价法是一种比较常用的估算非标准设备原价的方法。按成本计算估价法,非标准设备的原价由以下费用组成:

① 材料费。包括材料净重费和材料损耗费。

$$材料费 = 材料净重 \times (1 + 加工损耗系数) \times 每吨材料综合价 \qquad (2-2)$$

② 加工费。包括生产工人工资和工资附加费、燃料动力费、设备折旧费、车间经费等。

$$加工费 = 设备总重量(吨) \times 设备每吨加工费 \qquad (2-3)$$

③ 辅助材料费(简称辅材费)。包括焊条、焊丝、氧气、氩气、氮气、油漆、电石等费用,按设备单位重量的辅材费指标计算。

$$辅助材料费 = 设备总重量 \times 辅助材料费指标 \qquad (2-4)$$

④ 专用工具费。按①~③项之和乘以一定百分比计算。

$$专用工具费 = (材料费 + 加工费 + 辅助材料费) \times 专用工具费费率 \qquad (2-5)$$

⑤ 废品损失费。按①~④项之和乘以一定百分比计算。

$$废品损失费 = (材料费 + 加工费 + 辅助材料费 + 专用工具费) \times 废品损失费率 \qquad (2-6)$$

⑥ 外购配套件费。按设备设计图纸所列的外购配套件的名称、型号、规格、数量、重量,根据相应的价格加运杂费计算。

$$外购配套件费 = 外购配套件价格 + 运杂费 \qquad (2-7)$$

⑦ 包装费。按①~⑥项之和乘以一定百分比计算。

$$包装费 = [① + ② + ③ + ④ + ⑤ + ⑥] \times 包装费率 \qquad (2-8)$$

⑧ 利润。指设备制造商制造设备应获得的利润。按①~⑤项加上第⑦项之和乘以一定的利润率计算。

$$利润 = [① + ② + ③ + ④ + ⑤ + ⑦] \times 利润率 \qquad (2-9)$$

⑨ 税金。主要指增值税。

$$增值税 = 当期销项税额 - 进项税额 \qquad (2-10)$$

$$当期销项税额 = 销售额 \times 适用增值税税率 \qquad (2-11)$$

⑩ 非标准设备设计费。按国家规定的设计费收费标准计算。

综上所述,单台非标准设备原价可用下面的公式表示:

单台非标准设备原价 = {[(材料费 + 加工费 + 辅助材料费) × (1 + 专用工具费率) × (1 + 废品损失费率) + 外购配套件费] × (1 + 包装费率) − 外购配套件费} × (1 + 利润率) + 销项税金 + 非标准设备设计费 + 外购配套件费

$$\qquad (2-12)$$

例题 2-2 某工厂采购一台国产非标准设备,制造厂生产该台设备所用材料费 20 万元,辅助材料费 4 000 元,制造厂为制造该设备,在材料采购过程中发生进项增值税额 3.5 万元,专用工具费率 1.5%,废品损失率 10%,外购配套件费 5 万元,包装费率 1%,利润率为 7%,增值税率为 17%,非标准设备设计费 2 万元,求该国产非标准设备的原价。

解答 专用工具费 $= (20 + 2 + 0.4) \times 1.5\% = 0.336$(万元)

废品损失费 $= (20 + 2 + 0.4 + 0.336) \times 10\% = 2.274$(万元)

包装费 $= (22.4 + 0.336 + 2.274 + 5) \times 1\% = 0.300$(万元)

利润 $= (22.4 + 0.336 + 2.274 + 0.3) \times 7\% = 1.772$(万元)

销售税额 $= (22.4 + 0.336 + 2.274 + 5 + 0.3 + 1.772) \times 17\% = 5.454$(万元)

该国产非标准设备的原价 $= 22.4 + 0.336 + 2.274 + 0.3 + 1.772 + 5.454 + 2 + 5$
$= 39.536$(万元)

2) 进口设备原价的构成及计算

进口设备的原价是指进口设备的抵岸价,即抵达买方边境、港口或边境车站,且交完各种手续费、税费后形成的价格。

$$抵岸价 = 进口设备到岸价(CIF) + 进口从属费用 \tag{2-13}$$

$$进口从属费用 = 银行财务费 + 外贸手续费 + 进口关税 + 消费税 + 进口环节增值税 \tag{2-14}$$

(1) 进口设备的交易价格

在国际贸易中,较为广泛使用的交易价格术语有装运港船上交货价(FOB)、运费在内价(CFR)和运费、保险费在内价(CIF)。

① FOB(Free on Board),也称为离岸价,按离岸价进行的交易指当货物在合同约定的装运港越过船舷,卖方即完成交货义务,风险即由卖方转移至买方。

在 FOB 条件下,卖方的责任:负责办理出口手续;领取出口许可证及其他官方文件;负责在合同约定的装运港口和规定的期限内,将货物装上买方指定的船只,并及时通知买方;负责向买方提供有关装运单据;承担货物在装运港越过船舷之前的一切费用和风险。

买方的责任:负责租船订舱,按时派船到合同约定的装运港接运货物,支付运费,并将船期、船名及装船地点及时通知卖方;承担货物在装运港越过船舷后的各种费用以及货物灭失或损坏的一切风险;负责取得进口许可证或其他官方文件,以及办理货物入境手续;接受卖方提供的有关单据,受领货物,并按合同规定支付货款。

② CFR(Cost and Freight),即成本加运费,也称运费在内价。CFR 指卖方须负担货物至指定目的港为止所需的费用及运费,但货物灭失或毁损的风险及货物在船上交付后由于事故而产生的任何额外费用,则自货物在装船港越过船舷时起,由卖方移转给买方负担。

$$运费在内价 = 离岸价格(FOB) + 国际运费 \tag{2-15}$$

③ CIF(Cost Insurance and Freight),即成本加保险费、运费,也称到岸价格。卖方除负有与 CFR 相同的义务外,还应办理货物在运输途中最低险别的海运保险,并应支付保险费。如买方需要更高的保险险别,则需要与卖方明确地达成协议,或者自行做出额外的保险安排。

(2) 进口设备到岸价的构成及计算

$$进口设备到岸价(CIF) = 离岸价格(FOB) + 国际运费 + 运输保险费 \quad (2-16)$$
$$= 运费在内价(CFR) + 运输保险费$$

① 货价,即装运港船上交货价(FOB)。设备货价分为原币货价和人民币货价,原币货价一律折算成美元表示。当采用人民币货价时,采用下列公式计算:

$$货价 = 原币货价(FOB) \times 人民币外汇率 \quad (2-17)$$

② 国际运费,即从设备出口国装运港到达我国目的港的费用。我国进口设备大部分采用海洋运输,小部分采用铁路运输,个别采用航空运输。

$$国际运费(海、陆、空) = 原币货价(FOB) \times 运费率$$
$$(或) = 运量 \times 单位运价 \quad (2-18)$$

式中,运费率或单位运价参照有关部门或进出口公司的规定执行。

③ 运输保险费。对外贸易货物运输保险是由保险人(保险公司)与被保险人(出口人或进口人)订立保险契约,在被保险人交付议定的保险费后,保险人根据保险契约的规定对货物在运输过程中发生的承保责任范围内的损失给予经济上的补偿,属于财产保险。

$$运输保险费 = \frac{(原币货价 + 国际运费) \times 保险费率}{1 - 保险费率} \quad (2-19)$$

式中,保险费率按保险公司规定的进口货物保险费率计算。

(3) 进口设备从属费用的构成及计算

进口设备从属费用=银行财务费+外贸手续费+进口关税+进口环节增值税

$$+ 消费税 + 车辆购置税 \quad (2-20)$$

① 银行财务费,一般指中国银行在国际贸易结算中,为进口商提供金融结算服务所收取的手续费。

$$银行财务费 = FOB \times 人民币外汇率 \times 银行财务费率 \quad (2-21)$$

② 外贸手续费,一般是指按商务部门规定的外贸手续费率计取的费用。

$$外贸手续费 = 到岸价格(CIF) \times 人民币外汇率 \times 外贸手续费率(一般取 1.5\%)$$
$$(2-22)$$

③ 进口关税,一般是指由海关对进出国境的货物和物品征收的一种税。

$$进口关税 = 到岸价(CIF) \times 人民币外汇率 \times 进口关税税率 \quad (2-23)$$

④ 消费税,仅对部分进口设备(轿车、摩托车等)征收的一种税。

$$应纳消费税税额 = \frac{到岸价(CIF) \times 人民币外汇汇率 + 关税}{1 - 消费税税率} \times 消费税税率 \quad (2-24)$$

⑤ 进口环节增值税,一般指我国政府对从事进口贸易的单位和个人,在进口商品报关进口后征收的税种。我国增值税条例规定,进口应税产品均按组成计税价格和增值税税率计算

应纳税额。

$$进口产品增值税额 = 组成计税价格 \times 增值税税率 \qquad (2-25)$$
$$组成计税价格 = 关税完税价格 + 关税 + 消费税 \qquad (2-26)$$

式中,增值税税率根据规定的税率计算。

⑥ 车辆购置税,进口车辆需缴进口车辆购置税。

$$进口车辆购置税 = (关税完税价格 + 关税 + 消费税) \times 车辆购置税税率 \qquad (2-27)$$

例题 2-3 某公司拟从国外进口一套机电设备,重量 1 500 t,装运港船上交货价,即离岸价(FOB 价)为 600 万美元。其他有关费用参数为:国际运费标准为 320 美元/t,海上运输保险费率为 0.3%,中国银行财务费率为 0.5%,外贸手续费率为 1.5%,关税税率为 22%,增值税的税率为 17%,消费税率为 10%,1 美元的银行牌价为 6.3 元人民币,试计算该进口设备原价。

解答 根据上述各项费用的计算公式,则有

进口设备货价 = 600 × 6.3 = 3 780(万元)

国际运费 = 1 500 × 320 × 6.3 = 302.40(万元)

运输保险费 = (3 780 + 302.40)/(1 − 0.3%) × 0.3% = 12.28(万元)

到岸价(CIF) = 3 780 + 302.4 + 12.28 = 4 094.68(万元)

进口关税 = 4 094.68 × 22% = 900.83(万元)

增值税 = (3 308 + 446.6 + 10 + 828.2) × 17% = 780.8(万元)

银行财务费 = 3 780 × 0.5% = 18.90(万元)

外贸手续费 = 4 094.68 × 1.5% = 61.42(万元)

消费税 = (4 094.68 + 900.83)/(1 − 10%) × 10% = 555.06(万元)

进口设备从属费用 = 18.90 + 61.42 + 900.83 + 555.06 + 943.60 = 2 479.81(万元)

进口设备原价 = 4 094.68 + 2 479.81 = 6 574.49(万元)

3) 设备运杂费的计算

设备运杂费是指国内采购设备从来源地、进口设备自到岸港口运到工地堆放地点发生的采购、运输、运输保险、保管、装卸等费用。

$$设备运杂费 = 设备原价 \times 设备运杂费率 \qquad (2-28)$$

式中,设备运杂费率按各部门及省、市有关规定计取。

2.2.2 工具、器具及生产家具购置费用的组成与计算

工具、器具及生产家具购置费是指新建或扩建项目初步设计规定的,保证初期正常生产必须购置的没有达到固定资产标准的设备、仪器、工卡模具、器具、生产家具和备品备件的购置费用。一般以设备购置费的一定比例计算。

$$工具、器具及生产家具购置费 = 设备购置费 \times 定额费率 \qquad (2-29)$$

2.3　建筑安装工程费

为适应深化工程计价改革的需要,住房和城乡建设部根据国家有关法律、法规及相关政策,印发了《建筑安装工程费用项目组成》(建标〔2013〕44 号),规定建筑安装工程费用项目的组成。

2.3.1　建筑安装工程费用组成

2.3.1.1　按费用构成要素划分

建筑安装工程费按照费用构成要素划分:由人工费、材料(包含工程设备,下同)费、施工机具使用费、企业管理费、利润、规费和税金组成。其中人工费、材料费、施工机具使用费、企业管理费和利润包含在分部分项工程费、措施项目费、其他项目费中。见图 2-2。

1）人工费

人工费是指按工资总额构成规定,支付给从事建筑安装工程施工的生产工人和附属生产单位工人的各项费用。内容包括:

(1)计时工资或计件工资:是指按计时工资标准和工作时间或对已做工作按计件单价支付给个人的劳动报酬。

(2)奖金:是指对超额劳动和增收节支支付给个人的劳动报酬。如节约奖、劳动竞赛奖等。

(3)津贴补贴:是指为了补偿职工特殊或额外的劳动消耗和因其他特殊原因支付给个人的津贴,以及为了保证职工工资水平不受物价影响支付给个人的物价补贴。如流动施工津贴、特殊地区施工津贴、高温(寒)作业临时津贴、高空津贴等。

(4)加班加点工资:是指按规定支付的在法定节假日工作的加班工资和在法定日工作时间外延时工作的加点工资。

(5)特殊情况下支付的工资:是指根据国家法律、法规和政策规定,因病、工伤、产假、计划生育假、婚丧假、事假、探亲假、定期休假、停工学习、执行国家或社会义务等原因按计时工资标准或计时工资标准的一定比例支付的工资。

2）材料费

材料费是指施工过程中耗费的原材料、辅助材料、构配件、零件、半成品或成品、工程设备的费用。内容包括:

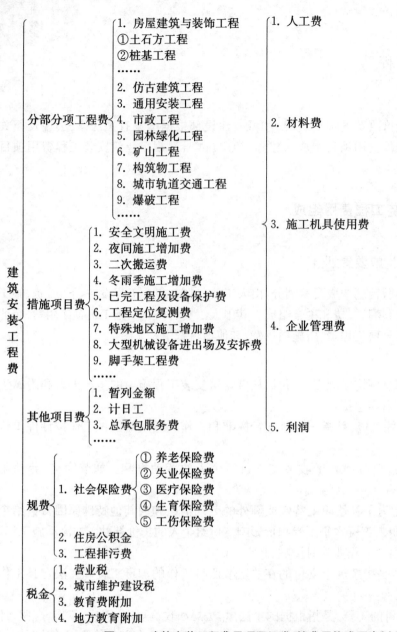

图 2-2　建筑安装工程费用项目组成（按费用构成要素划分）

（1）材料原价：是指材料、工程设备的出厂价格或商家供应价格。

（2）运杂费：是指材料、工程设备自来源地运至工地仓库或指定堆放地点所发生的全部费用。

（3）运输损耗费：是指材料在运输装卸过程中不可避免的损耗。

（4）采购及保管费：是指为组织采购、供应和保管材料、工程设备的过程中所需要的各项费用。包括采购费、仓储费、工地保管费、仓储损耗。

工程设备是指构成或计划构成永久工程一部分的机电设备、金属结构设备、仪器装置及其他类似的设备和装置。

3）施工机具使用费

施工机具使用费是指施工作业所发生的施工机械、仪器仪表使用费或其租赁费。

（1）施工机械使用费：以施工机械台班耗用量乘以施工机械台班单价表示，施工机械台班单价应由下列7项费用组成。

① 折旧费：指施工机械在规定的使用年限内，陆续收回其原值的费用。

② 大修理费：指施工机械按规定的大修理间隔台班进行必要的大修理，以恢复其正常功能所需的费用。

③ 经常修理费：指施工机械除大修理以外的各级保养和临时故障排除所需的费用。包括为保障机械正常运转所需替换设备与随机配备工具附具的摊销和维护费用，机械运转中日常保养所需润滑与擦拭的材料费用及机械停滞期间的维护和保养费用等。

④ 安拆费及场外运费：安拆费指施工机械（大型机械除外）在现场进行安装与拆卸所需的人工、材料、机械和试运转费用以及机械辅助设施的折旧、搭设、拆除等费用；场外运费指施工机械整体或分体自停放地点运至施工现场或由一施工地点运至另一施工地点的运输、装卸、辅助材料及架线等费用。

⑤ 人工费：指机上司机（司炉）和其他操作人员的人工费。

⑥ 燃料动力费：指施工机械在运转作业中所消耗的各种燃料及水、电等。

⑦ 税费：指施工机械按照国家规定应缴纳的车船使用税、保险费及年检费等。

（2）仪器仪表使用费：指工程施工所需使用的仪器仪表的摊销及维修费用。

4）企业管理费

企业管理费是指建筑安装企业组织施工生产和经营管理所需的费用。内容包括：

（1）管理人员工资：是指按规定支付给管理人员的计时工资、奖金、津贴补贴、加班加点工资及特殊情况下支付的工资等。

（2）办公费：是指企业管理办公用的文具、纸张、账表、印刷、邮电、书报、办公软件、现场监控、会议、水电、烧水和集体取暖降温（包括现场临时宿舍取暖降温）等费用。

（3）差旅交通费：是指职工因公出差、调动工作的差旅费、住勤补助费，市内交通费和误餐补助费，职工探亲路费，劳动力招募费，职工退休、退职一次性路费，工伤人员就医路费，工地转移费以及管理部门使用的交通工具的油料、燃料等费用。

（4）固定资产使用费：是指管理和试验部门及附属生产单位使用的属于固定资产的房屋、设备、仪器等的折旧、大修、维修或租赁费。

（5）工具用具使用费：是指企业施工生产和管理使用的不属于固定资产的工具、器具、家具、交通工具和检验、试验、测绘、消防用具等的购置、维修和摊销费。

（6）劳动保险和职工福利费：是指由企业支付的职工退职金、按规定支付给离休干部的经费，集体福利费、夏季防暑降温、冬季取暖补贴、上下班交通补贴等。

（7）劳动保护费：是企业按规定发放的劳动保护用品的支出。如工作服、手套、防暑降温饮料以及在有碍身体健康的环境中施工的保健费用等。

（8）检验试验费：是指施工企业按照有关标准规定，对建筑以及材料、构件和建筑安装物进行一般鉴定、检查所发生的费用，包括自设试验室进行试验所耗用的材料等费用。不包括新结构、新材料的试验费，对构件做破坏性试验及其他特殊要求检验试验的费用和建设单位委托检测机构进行检测的费用,对此类检测发生的费用,由建设单位在工程建设其他费用中列支。但对施工企业提供的具有合格证明的材料进行检测不合格的,该检测费用由施工企业支付。

(9)工会经费:是指企业按《工会法》规定的全部职工工资总额比例计提的工会经费。

(10)职工教育经费:是指按职工工资总额的规定比例计提,企业为职工进行专业技术和职业技能培训,专业技术人员继续教育、职工职业技能鉴定、职业资格认定以及根据需要对职工进行各类文化教育所发生的费用。

(11)财产保险费:是指施工管理用财产、车辆等的保险费用。

(12)财务费:是指企业为施工生产筹集资金或提供预付款担保、履约担保、职工工资支付担保等所发生的各种费用。

(13)税金:是指企业按规定缴纳的房产税、车船使用税、土地使用税、印花税等。

(14)其他:包括技术转让费、技术开发费、投标费、业务招待费、绿化费、广告费、公证费、法律顾问费、审计费、咨询费、保险费等。

5)利润

利润是指施工企业完成所承包工程获得的盈利。

6)规费

规费是指按国家法律、法规规定,由省级政府和省级有关权力部门规定必须缴纳,应计入建筑安装工程造价的费用。内容包括:

(1)社会保险费

① 养老保险费:是指企业按照规定标准为职工缴纳的基本养老保险费。

② 失业保险费:是指企业按照规定标准为职工缴纳的失业保险费。

③ 医疗保险费:是指企业按照规定标准为职工缴纳的基本医疗保险费。

④ 生育保险费:是指企业按照规定标准为职工缴纳的生育保险费。

⑤ 工伤保险费:是指企业按照规定标准为职工缴纳的工伤保险费。

(2)住房公积金:是指企业按规定标准为职工缴纳的住房公积金。

(3)工程排污费:是指企业按规定缴纳的施工现场工程排污费。

其他应列而未列入的规费,按实际发生计取。

7)税金

税金是指国家税法规定的应计入建筑安装工程造价内的营业税(3%)、城市维护建设税、教育费附加以及地方教育费附加(2%)。

若实行营业税改增值税时,按纳税地点调整的税率另行计算。

2.3.1.2 按工程造价形式划分

建筑安装工程费按照工程造价形成由分部分项工程费、措施项目费、其他项目费、规费、税金组成,分部分项工程费、措施项目费、其他项目费包含人工费、材料费、施工机具使用费、企业管理费和利润。见图2-3。

1)分部分项工程费

分部分项工程费是指各专业工程的分部分项工程应予列支的各项费用。

分部分项工程费 $= \sum ($分部分项工程量 $\times$ 相应分部分项综合单价$)$ (2-30)

（1）专业工程：是指按现行国家计量规范划分的房屋建筑与装饰工程、仿古建筑工程、通用安装工程、市政工程、园林绿化工程、矿山工程、构筑物工程、城市轨道交通工程、爆破工程等各类工程。

（2）分部分项工程：指按现行国家计量规范对各专业工程划分的项目。如房屋建筑与装饰工程划分的土石方工程、地基处理与桩基工程、砌筑工程、钢筋及钢筋混凝土工程等。

各类专业工程的分部分项工程划分见现行国家或行业计量规范。

2）措施项目费

措施项目费：是指为完成建设工程施工，发生于该工程施工前和施工过程中的技术、生活、安全、环境保护等方面的费用。内容包括：

（1）安全文明施工费

① 环境保护费：是指施工现场为达到环保部门要求所需要的各项费用。

② 文明施工费：是指施工现场文明施工所需要的各项费用。

③ 安全施工费：是指施工现场安全施工所需要的各项费用。

④ 临时设施费：是指施工企业为进行建设工程施工所必须搭设的生活和生产用的临时建筑物、构筑物和其他临时设施费用。包括临时设施的搭设、维修、拆除、清理费或摊销费等。

（2）夜间施工增加费：是指因夜间施工所发生的夜班补助费、夜间施工降效、夜间施工照明设备摊销及照明用电等费用。

（3）二次搬运费：是指因施工场地条件限制而发生的材料、构配件、半成品等一次运输不能到达堆放地点，必须进行二次或多次搬运所发生的费用。

（4）冬雨季施工增加费：是指在冬季或雨季施工需增加的临时设施、防滑、排除雨雪，人工及施工机械效率降低等费用。

（5）已完工程及设备保护费：是指竣工验收前，对已完工程及设备采取的必要保护措施所发生的费用。

（6）工程定位复测费：是指工程施工过程中进行全部施工测量放线和复测工作的费用。

（7）特殊地区施工增加费：是指工程在沙漠或其边缘地区、高海拔、高寒、原始森林等特殊地区施工增加的费用。

（8）大型机械设备进出场及安拆费：是指机械整体或分体自停放场地运至施工现场或由一个施工地点运至另一个施工地点，所发生的机械进出场运输及转移费用及机械在施工现场进行安装、拆卸所需的人工费、材料费、机械费、试运转费和安装所需的辅助设施的费用。

（9）脚手架工程费：是指施工需要的各种脚手架搭、拆、运输费用以及脚手架购置费的摊销（或租赁）费用。

措施项目及其包含的内容详见各类专业工程的现行国家或行业计量规范。

3）其他项目费

其他项目费 $=$ 暂列金额 $+$ 暂估价 $+$ 计日工 $+$ 总承包服务费 (2-31)

（1）暂列金额：是指建设单位在工程量清单中暂定并包括在工程合同价款中的一笔款项。用于施工合同签订时尚未确定或者不可预见的所需材料、工程设备、服务的采购，施工中可能发生的工程变更、合同约定调整因素出现时的工程价款调整以及发生的索赔、现场签证确认等的费用。

（2）暂估价：是指招标人在工程量清单中提供的用于支付必然发生但暂时不能确定价格的材料、工程设备的单价以及专业工程的金额。

（3）计日工：是指在施工过程中，承包人完成发包人提出的工程合同范围以外的零星项目或工作，按合同中约定的单价计价的一种方式。

（4）总承包服务费：是指总承包人为配合、协调建设单位进行的专业工程发包，对建设单位自行采购的材料、工程设备等进行保管以及施工现场管理、竣工资料汇总整理等服务所需的费用。

4）规费

与按费用构成要素划分的规费定义相同。

5）税金

与按费用构成要素划分的税金定义相同。

建筑安装工程报价 ＝ 分部分项工程费＋措施项目费＋其他项目费＋规费＋税金

$$(2-32)$$

2.3.2　一般性规定及说明

（1）《湖北省建筑安装工程费用定额》（2013 版）（以下简称本定额），是根据国家标准《建设工程工程量清单计价规范》（GB 50500—2013）、《房屋建筑与装饰工程工程量计算规范》等专业工程量计算规范、《建筑安装工程费用项目组成》（建标〔2013〕44 号）、《建筑工程安全防护、文明施工措施费用及使用管理规定》（建办〔2005〕89 号）、《湖北省建设工程造价管理办法》（湖北省人民政府令第 311 号）等文件规定，结合湖北省实际情况编制的。

（2）本定额适用于湖北省境内房屋建筑工程、装饰工程、通用安装工程、市政工程、园林绿化工程、土石方工程施工发包与承包及实施阶段的计价活动，本定额适用于工程量清单计价和定额计价。

① 各专业工程的适用范围如下。

a. 房屋建筑工程：适用于工业与民用临时性和永久性的建筑物、构筑物。包括各种房屋、设备基础、钢筋混凝土、砖石砌筑、木结构、钢结构及零星金属构件、烟囱、水塔、水池、围墙、挡土墙、化粪池、窨井、室内外管道沟砌筑等。

b. 装饰工程：适用于新建、扩建和改建工程的建筑装饰装修。包括楼地面工程、墙柱面装饰工程、天棚装饰工程、门窗和玻璃幕墙工程及油漆、涂料、裱糊工程等。

c. 通用安装工程：适用于机械设备安装工程，热力设备安装工程，静置设备与工艺金属结构制作安装工程，电气设备安装工程，建筑智能化工程，自动化控制仪表安装工程，通风空调工程，工业管道工程，消防工程，给排水、采暖、燃气工程，通信设备及线路工程，刷油、防腐蚀、绝热工程等。

d. 市政工程：适用于城镇管辖范围内的道路工程、桥涵工程、隧道工程、管网工程、水处理工程、生活垃圾处理工程、钢筋工程、拆除工程。

　　e. 园林绿化工程:适用于新建、扩建的园林建筑及绿化工程。内容包括:绿化工程、园路、园桥工程、园林景观工程。

　　f. 大型土石方工程:适用于各专业工程的土石方工程。

　　② 各专业工程的计费基础:以人工费与施工机具使用费之和为计费基数。

　　(3) 本定额是编制投资估算、设计概算的基础,是编制招标控制价、施工图预算的依据,供投标报价、工程结算时参考。

　　(4) 总价措施费中的安全文明施工费、规费和税金是不可竞争性费用,应按规定计取。

　　(5) 工程排污费是指施工企业按环境保护部门的规定,对施工现场超标准排放的噪音污染缴纳的费用,应按实际缴纳金额计取。

　　(6) 费率实行动态管理。本定额费率是根据消耗量定额及基价表(单位估价,下同)编制期人工、材料、机械价格水平进行测算的,省造价管理机构应根据人工、机械台班价格的变化,适时调整总价措施项目费、企业管理费、利润、规费等费率。

　　(7) 下列情势下,承包人可调整施工措施项目费:

　　① 工程变更引起施工方案改变并使措施项目发生变化时。

　　② 合同履行期间,由于招标工程量清单缺项,新增分部分项工程量清单项目的。

　　③ 合同履行期间,当应予计算的实际工程量与招标工程量清单出现增减超过 15% 时。

　　第①、②种情势下,由承包人提出调整措施项目费,并提交发包人确认。措施项目费按照下列规定调整:

　　a. 安全文明施工费应按照实际发生变化的措施项目依据现行规定计算。

　　b. 单价措施项目费,应按照实际发生变化的措施项目,按现行规定确定单价。

　　c. 总价措施项目费,按照实际发生变化的措施项目调整,但应考虑承包人报价浮动因素,即实际调整金额乘以现行规范规定的承包人报价浮动率。

　　如果承包人未事先将拟实施的方案提交给发包人确认,则应视为工程变更不引起措施项目费的调整或承包人放弃调整措施项目费的权利。

　　第③种情势下,引起相关措施项目费发生变化时,按系数或单一总价方式计算的,工程量增加的措施项目费调增,工程量减少的措施项目费调减。

　　(8) 总包服务费。总承包服务费应依据招标人在招标文件中列出的分包专业工程内容和供应材料、设备情况,按照招标人提出协调、配合和服务要求及施工现场管理需要自主确定,也可参照下列标准计算。

　　① 招标人仅要求对分包的专业工程进行总承包管理和协调时,按分包的专业工程造价的1.5%计算。

　　② 招标人要求对分包的专业工程进行总承包管理和协调,并同时要求提供配合服务时,根据招标文件中列出的配合服务内容和提出的要求,按分包的专业工程造价的 3%～5% 计算。配合服务的内容包括:对分包单位的管理、协调和施工配合等费用;施工现场水电设施、管线敷设的摊销费用;共用脚手架搭拆的摊销费用;共用垂直运输设备,加压设备的使用、折旧、维修费用等。

　　③ 招标人自行供应材料的,按招标人供应材料价值的1%计算。

　　(9) 税金采用综合税率,各地税务部门有其他规定时,由当地造价管理部门根据税务部门的规定进行补充,并报省建设工程标准定额管理总站备查。

(10) 人工单价。见表 2-1。

表 2-1　人工工日单价表　　　　　　　　　　　　　　　　单位:元/工日

人工级别	普工	技工	高级技工
工日单价	60	92	138

注:(1)此价格为 2013 版定额编制期的人工发布价。
(2)普工的技术等级为 1—3 级,技工的技术等级为 4—7 级,高级技工的技术等级为 7 级以上。

2.3.3　费率标准

依据《湖北省建设工程计价管理办法》的有关规定,表 2-2～表 2-7 为建筑安装工程计价的费率。

1) 总价项目措施费

(1) 安全文明施工费

表 2-2　安全文明施工费费率表　　　　　　　　　　　　　　单位:%

专业	房屋建筑工程			装饰工程	通用安装工程	土石方工程
建筑划分	12 层以下（或檐高≤40 m）	12 层以下（或檐高＞40 m）	工业厂房			
计费基数	人工费＋施工机具使用费					
费率	13.28	12.51	10.68	5.81	9.05	3.46
其中	安全施工费	7.2	7.41	4.94	3.29	3.57	1.06
	文明施工费						
	环境保护费	3.68	2.47	3.19	1.29	1.97	1.44
	临时设施费	2.40	2.63	2.55	1.23	3.51	0.96

(2) 其他总价措施项目费

表 2-3　其他总价措施项目费费率表　　　　　　　　　　　　单位:%

计费基数	人工费＋施工机具使用费
费率	0.65
其中	夜间施工增加费	0.15
	二次搬运费	按施工组织设计
	冬雨季施工增加费	0.37
	工程定位复测费	0.13

2）企业管理费

表 2-4　企业管理费费率表　　单位：%

专业	房屋建筑工程	装饰工程	通用安装工程	土石方工程
计费基数	人工费＋施工机具使用费			
费率	23.84	13.47	17.50	7.60

3）利润

表 2-5　利润率表　　单位：%

专业	房屋建筑工程	装饰工程	通用安装工程	土石方工程
计费基数	人工费＋施工机具使用费			
费率	18.17	15.80	14.91	4.96

4）规费

表 2-6　规费费率表　　单位：%

专 业		房屋建筑工程	装饰工程	通用安装工程	土石方工程
计费基数		人工费＋施工机具使用费			
费率		24.72	10.95	11.66	6.11
社会保险费		18.49	8.18	8.71	4.57
其中	养老保险费	11.68	5.26	5.60	2.89
	失业保险费	1.17	0.52	0.56	0.29
	医疗保险费	3.70	1.54	1.64	0.91
	工伤保险费	1.36	0.61	0.65	0.34
	生育保险费	0.58	0.25	0.26	0.14
住房公积金		4.87	2.06	2.20	1.20
工程排污费		1.36	0.71	0.75	0.34

5）税金

表 2-7　综合税率表　　单位：%

纳税人地区	纳税人所在地在市区	纳税人所在地在县城、镇	纳税人所在地不在市区、县城或镇
计税基数			
综合税率	3.48	3.41	3.28

注：(1) 不分国营或集体企业，均以工程所在地税率计取。

(2) 企事业单位所属的建筑修缮单位，承包本单位建筑、安装和修缮业务不计取税金(本单位的范围只限于从事建筑安装和修缮业务的企业单位本身，不能扩大到本部门各个企业之间或总分支机构之间)。

(3) 建筑安装企业承包工程实行分包形式的，税金由总承包单位统一缴纳。

2.3.4 工程量清单计价

1）说明

（1）工程量清单指载明建设工程分部分项工程项目、措施项目、其他项目的名称和相应数量以及规费、税金项目等内容的明细清单。

（2）工程量清单计价指投标人完成由招标人提供的工程量清单所需的全部费用，包括分部分项工程费、措施项目费、其他项目费和规费、税金。

（3）综合单价是指完成一个规定清单项目所需的人工费、材料和工程设备费、施工机具使用费和企业管理费、利润以及一定范围内的风险费用。

（4）措施项目清单包括总价措施项目清单和单价措施项目清单。单价措施项目清单计价的综合单价，按消耗量定额，结合工程的施工组织设计或施工方案计算。总价措施项目清单计价按本定额中规定的费率和计算方法计算。

（5）发包人提供的材料和工程设备（简称甲供材）应计入相应项目的综合单价中，支付工程价款时，发包人应按合同的约定扣除甲供材料款，不予付款。

（6）采用工程量清单计价招投标的工程，在编制招标控制价时，应按本定额规定的费率计算各项费用。

2）计算程序

（1）分部分项工程及单价措施项目综合单价计算程序

表 2-8　综合单价计算程序表　　　　　　　　　　　　　　　　单位：元

序号	费用项目	计算方法
1	人工费	$\sum$（人工费）
2	材料费	$\sum$（材料费）
3	施工机具使用费	$\sum$（施工机具使用费）
4	企业管理费	（1＋3）×费率
5	利润	（1＋3）×费率
6	风险因素	按招标文件或约定
7	综合单价	1＋2＋3＋4＋5＋6

（2）总价措施项目费计算程序

表 2-9　总价措施项目费计算程序　　　　　　　　　　　　　　单位：元

序号	费用项目	计算方法
1	分部分项工程费	$\sum$（分部分项工程费）

续表 2-9

序号		费用项目	计算方法
1.1	其中	人工费	$\sum$（人工费）
1.2		施工机具使用费	$\sum$（施工机具使用费）
2		单价措施项目费	$\sum$（单价措施项目费）
2.1	其中	人工费	$\sum$（人工费）
2.2		施工机具使用费	$\sum$（施工机具使用费）
3		总价措施项目费	3.1＋3.2
3.1		安全文明施工费	（1.1＋1.2＋2.1＋2.2）×费率
3.2		其他总价措施项目费	（1.1＋1.2＋2.1＋2.2）×费率

（3）其他项目费计算程序

表 2-10　其他项目费计算程序表　　　　　　　　单位：元

序号		费用项目	计算方法
1		暂列金额	按招标文件
2		暂估价	2.1＋2.2
2.1	其中	材料暂估价/结算价	$\sum$（材料暂估价×暂估数量）/$\sum$（材料结算价×结算数量）
2.2		专业工程暂估价/结算价	按招标文件/结算价
3		计日工	3.1＋3.2＋3.3＋3.4＋3.5
3.1		人工费	$\sum$（人工价格×暂定数量）
3.2		材料费	$\sum$（材料价格×暂定数量）
3.3	其中	施工机具使用费	$\sum$（机械台班价格×暂定数量）
3.4		企业管理费	（3.1＋3.3）×费率
3.5		利润	（3.1＋3.3）×费率
4		总承包服务费	4.1＋4.2
4.1	其中	发包人发包专业工程	$\sum$（项目价值×费率）
4.2		发包人提供材料	$\sum$（项目价值×费率）
5		索赔与现场签证	$\sum$（价格×数量）/$\sum$费用
6		其他项目费	1＋2＋3＋4＋5

（4）单位工程造价计算程序表

表 2-11 单位工程造价计算程序表 单位：元

序号		费用项目	计算方法
1		分部分项工程费	$\sum$（分部分项工程费）
1.1	其中	人工费	$\sum$（人工费）
1.2		施工机具使用费	$\sum$（施工机具使用费）
2		单价措施项目费	$\sum$（单价措施项目费）
2.1	其中	人工费	$\sum$（人工费）
2.2		施工机具使用费	$\sum$（施工机具使用费）
3		总价措施项目费	$\sum$（总价措施项目费）
4		其他项目费	$\sum$（其他项目费）
4.1	其中	人工费	$\sum$（人工费）
4.2		施工机具使用费	$\sum$（施工机具使用费）
5		规费	（1.1＋1.2＋2.1＋2.2＋4.1＋4.2）×费率
6		税金	（1＋2＋3＋4＋5）×费率
7		含税工程造价	1＋2＋3＋4＋5＋6

例题 2-4 某县城内 7 层房屋建筑工程分部分项工程费为 623 500 元，其中人工费与施工机具使用费之和为 180 000 元；单价措施项目费为 260 000 元，其中人工费与施工机具使用费之和为 72 000 元，无二次搬运费，其他项目费为 90 000 元，其中人工费与施工机具使用费之和为 8 500 元。试计算清单计价模式下含税工程造价。

解答 查《湖北省建筑安装工程费用定额》(2013 版)可知，安全文明施工费率为 13.28%，其他总价措施项目费率为 0.65%，规费费率为 24.72%，税率为 3.41%，则清单计价模式下含税工程造价计算程序如下表。

表 2-12 清单计价模式下含税工程造价计算程序表

序号	费用项目	计算方法	计算结果（元）
1	分部分项工程费	$\sum$（分部分项工程费）	623 500
1.1	其中：人工费与施工机具使用费之和		180 000
2	措施项目费	2.1＋2.2	295 104
2.1	单价措施项目费		260 000
2.1.1	其中：人工费与施工机具使用费之和		72 000
2.2	总价措施项目费	2.2.1＋2.2.2	35 104

续表 2-12

序号		费用项目	计算方法	计算结果(元)
2.2.1	其中	安全文明施工费	(1.1+2.1.1)×13.28%	33 466
2.2.2		其他总价措施项目费	(1.1+2.1.1)×0.65%	1 638
3		其他项目费		90 000
3.1		其中:人工费与施工机具使用费之和		8 500
4		规费	(1.1+2.1.1+3.1)×24.72%	64 396
5		不含税工程造价	1+2+3+4	1 073 000
6		税金	5×3.41%	36 589
7		含税工程造价	5+6	1 109 589

2.3.5 定额计价

1) 说明

(1) 定额计价是以湖北省基价表中的人工费、材料费(含未计价材,下同)、施工机具使用费为基础,依据本定额计算工程所需的全部费用,包括人工费、材料费、施工机具使用费、企业管理费、利润、规费和税金。

(2) 材料市场价格是指发、承包人双方认定的价格,也可以是当地建设工程造价管理机构发布的市场信息价格。双方应在相关文件上约定。

(3) 人工发布价、材料市场价格、机械台班价格进入定额基价。

(4) 包工不包料工程、计时工按定额计算出的人工费的 25% 计取综合费用。费用包括总价措施项目费、管理费、利润和规费。施工用的特殊工具,如手推车等,由发包人解决。综合费用中不包括税金,由总包单位统一支付。

(5) 施工过程中发生的索赔与现场签证费用,发承包双方办理竣工结算时,以实物量形式表示的索赔与现场签证,按基价表(或单位估价表)金额,计算总价措施项目费、企业管理费、利润、规费和税金;以费用形式表示的索赔与现场签证,列入不含税工程造价,另有说明的除外。

(6) 由发包人供应的材料,按当期信息价进入定额基价,按计价程序计取各项费用及税金。支付工程价款时扣除下列费用:

$$费用 = \sum(当期信息价 \times 发包人提供的材料数量) \qquad (2-33)$$

(7) 二次搬运费按施工组织设计计取,计入总价措施项目费。

2）计算程序

表 2-13　定额价计算程序表　　　　　　　　　　　单位:元

序号	费用项目		计算方法
1	分部分项工程费		1.1+1.2+1.3
1.1	其中	人工费	∑（人工费）
1.2		材料费	∑（材料费）
1.3		施工机具使用费	∑（施工机具使用费）
2	措施项目费		2.1+2.2
2.1	单价措施项目费		2.1.1+2.1.2+2.1.3
2.1.1	其中	人工费	∑（人工费）
2.1.2		材料费	∑（材料费）
2.1.3		施工机具使用费	∑（施工机具使用费）
2.2	总价措施项目费		2.2.1+2.2.2
2.2.1	其中	安全文明施工费	(1.1+1.3+2.1.1+2.1.3)×费率
2.2.2		其他总价措施项目费	(1.1+1.3+2.1.1+2.1.3)×费率
3	总承包服务费		项目价值×费率
4	企业管理费		(1.1+1.3+2.1.1+2.1.3)×费率
5	利润		(1.1+1.3+2.1.1+2.1.3)×费率
6	规费		(1.1+1.3+2.1.1+2.1.3)×费率
7	索赔与现场签证		索赔与现场签证费用
8	不含税工程造价		1+2+3+4+5+6+7
9	税金		8×费率
10	含税工程造价		8+9

注:表中"索赔与现场签证"是指以费用形式表示的不含税费用。

例题 2-5　某市区内 5 层房屋建筑工程分部分项工程费为 950 000 元,其中人工费与施工机具使用费之和为 320 000 元;单价措施项目费为 350 000 元,其中人工费与施工机具使用费之和为 100 000 元。无二次搬运费,不计总承包服务费,试计算定额计价模式下含税工程造价。

解答　查《湖北省安装工程费用定额》(2013 版)可知,安全文明施工费率为 13.28%,其他总价措施项目费为 0.65%,企业管理费费率为 23.84%,利润率为 18.17%,规费费率为 24.72%,税率为 3.48%,则定额计价模式下含税工程造价计算程序如下表所示。

序号		费用项目	计算方法	计算结果(元)
1		分部分项工程费	$\sum$(分部分项工程费)	950 000
1.1		其中:人工费与施工机具使用费之和		320 000
2		措施项目费	2.1+2.2	408 506
2.1		单价措施项目费		350 000
2.1.1		其中:人工费与施工机具使用费之和		100 000
2.2		总价措施项目费	2.2.1+2.2.2	58 506
2.2.1	其中	安全文明施工费	(1.1+2.1.1)×13.28%	557 766
2.2.2		其他总价措施项目费	(1.1+2.1.1)×0.65%	2 730
3		企业管理费	(1.1+2.1.1)×23.84%	100 128
4		利润	(1.1+2.1.1)×18.17%	76 314
5		规费	(1.1+2.1.1)×24.72%	103 824
6		不含税工程造价	1+2+3+4+5	1 638 772
7		税金	6×3.48%	57 029
8		含税工程造价	6+7	1 695 801

2.4　工程建设其他费用

工程建设其他费用,是指从工程筹建起到工程竣工验收交付使用止的整个建设期间,除建筑安装工程费用和设备及工、器具购置费用以外的,为保证工程建设顺利完成和交付使用后能够正常发挥效用而发生的各项费用。大体可分为 3 类:建设用地费、与项目建设有关的其他费用、与未来企业生产经营有关的其他费用。

2.4.1　建设用地费

建设用地费是指为获得工程项目建设土地的使用权而在建设期内发生的各项费用。

1) 土地补偿费用

(1) 土地补偿费。土地补偿费是建设用地单位为取得土地使用权,应向农村集体经济组织支付有关开发、投入的补偿。土地补偿费标准同土地质量及年产值有关,根据规定,征收耕地的土地补偿费,为该耕地被征收前 3 年平均产值的 6～10 倍。征收其他土地的土地补偿费,由省、自治区、直辖市参照征收耕地的土地补偿费的标准规定。

(2) 青苗补偿费和地上附着物补偿费。青苗补偿费是对被征用的土地上的农作物受到损害而做出的一种赔偿。在农村实行承包责任制后,农民自行承包土地的青苗补偿费应付给本人,属于集体种植的青苗补偿费可归集体所有。凡在协商征地方案后抢种的农作物、树木等,一律不予补偿。

地上附着物是指房屋、水井、树木、涵洞、桥梁、公路、水利设施、林木等地面建筑物、构筑物、附着物等。地上附着物和青苗的补偿标准,由省、自治区、直辖市规定。

征收城市郊区的菜地时,还应按照有关规定向国家缴纳新菜地开发建设基金。

(3)安置补助费。安置补助费应支付给被征地单位和安置劳动力的单位,作为劳动力安置于培训的支出,以及作为不能就业人员的生活补助。

① 征用耕地的安置补助费。征用耕地的安置补助费标准按照需要安置的农业人口计算。需要安置的农业人口数,按照被征用的耕地数量除以征地前被征用单位平均每人占有耕地的数量计算。

每一个需要安置的农业人口的安置补助费标准,为该耕地被征用前 3 年平均年产值的4~6 倍。但是,每公顷被征用耕地的安置补助费,最高不超过被征用前 3 年平均年产值的 15 倍。

② 征用其他土地的安置补助费。征用其他土地的安置补助费标准,由省、自治区、直辖市参照征用耕地的安置补助费标准规定。

③ 按照以上规定计算支付的安置补助费,尚不能使需要安置的农民保持原有生活水平的,经省、自治区、直辖市人民政府批准,可以增加安置补助费,但是土地补偿费和安置补助费的总和不得超过土地被征用前 3 年平均年产值的 30 倍。

国务院根据社会、经济发展水平,在特殊情况下,可以提高征收耕地的土地补偿费和安置补助费的标准。

(4)耕地占用税。根据《中华人民共和国耕地占用税暂行条例》规定,占用耕地建房或者从事非农业建设的单位或者个人,为耕地占用税的纳税人。耕地占用税征收范围,不仅包括占用耕地,还包括占用鱼塘、园地、菜地及其农业用地建房或者从事其他非农业建设,均按实际占用的面积和规定的税额一次性征收。其中,耕地是指用于种植农作物的土地。占用前 3 年曾用于种植农作物的土地也视为耕地。

(5)土地管理费。土地管理费是指我国土地管理部门从征地费中提取的用于征地事务性工作的专项费用。该项费用专款专用,主要用于:征地、拆迁、安置工作的办公、会议费;招聘人员的工资、差旅、福利费;培训、宣传、经验交流和其他必要的费用。

收费标准一般是在土地补偿费、青苗费、地面附着物补偿费、安置补助费 4 项费用之和的基础上提取 2%~4%;如果是征地包干,还应在 4 项费用之和上再加上粮食价差、副食补贴、不可预见费等费用,在此基础上提取 2%~4%作为土地管理费。

2)拆迁补偿费用

拆迁补偿费用,是指拆迁人遵循等价原则,对被拆除房屋及其附属物的所有人因拆迁所受的损失给予合理弥补。拆除违章建筑和超过批准期限的临时建筑,不予补偿;拆除未超过批准期限的临时建筑,应当给予适当补偿。

(1)拆迁补偿。拆迁补偿的方式可以实行货币补偿,也可以实行房屋产权调换。

① 货币补偿的金额,根据被拆迁房屋的区位、用途、建筑面积等因素,以房地产市场评估价格确定。具体办法由省、自治区、直辖市人民政府制定。

② 实行房屋产权调换的,拆迁人与被拆迁人应按计算被拆迁房屋的补偿金额和所调换房屋的价格,结清产权调换的差价。

（2）拆迁、安置补助费。拆迁人应当对被拆迁人或者房屋承租人支付搬迁补助费。

① 在过渡期内，被拆迁人或者房屋承租人自行安排住处的，拆迁人应当支付临时安置补助费；被拆迁人或者房屋承租人使用拆迁人提供的周转房的，拆迁人不支付临时安置补助费。搬迁补助费和临时安置补助费的标准，由省、自治区、直辖市人民政府规定。

② 拆迁人不得擅自延长过渡期限，周转房的使用人应当按时腾退周转房。因拆迁人的责任延长过渡期限的，对自行安排住处的被拆迁人或者房屋承租人，应当自逾期之月起增加临时安置补助费；对周转房的使用人，应当自逾期之月起付给临时安置补助费。

3）土地出让金

土地出让金是国家以土地所有者的身份，将土地使用权在一定年限内让与土地使用者，按照相关标准所收取的费用。土地出让金标准一般参考城市基准地价并结合其他因素制定。

（1）土地使用权出让可以采取协议、招标和拍卖的方式，具体程序和步骤，由省、自治区、直辖市人民政府规定。

（2）土地使用权出让最高年限按下列用途确定：①居民用地 70 年；②工业用地 50 年；③教育、科技、文化、卫生、体育用地 50 年；④商业、旅游、娱乐用地 40 年；⑤综合或者其他用地 50 年。

2.4.2 与项目建设相关的其他费用

1）建设管理费

建设管理费是指建设单位为组织完成工程项目建设，从项目筹建开始到工程竣工验收合格或交付使用为止发生的各类管理性费用。

（1）建设单位管理费。建设单位管理费是指建设单位发生的管理性质的开支。包括：工作人员工资、工资性补贴、施工现场津贴、职工福利费、住房基金、基本养老保险费、基本医疗保险费、失业保险费、工伤保险费、办公费、差旅交通费、劳动保护费、工具用具使用费、固定资产使用费、必要的办公及生活用品购置费、必要的通信设备及交通工具购置费、零星固定资产购置费、招募生产工人费、技术图书资料费、业务招待费、设计审查费、工程招标费、合同契约公证费、法律顾问费、咨询费、完工清理费、竣工验收费、印花税和其他管理性质开支。

$$建设单位管理费 ＝ 工程费用 × 建设单位管理费费率 \tag{2-34}$$

（2）工程监理费。工程监理费是指建设单位委托工程监理单位实施工程监理的费用。此项费用应按国家发改委与建设部联合发布的《建设工程监理与相关服务收费管理规定》（发改价格〔2007〕670 号）计算。建设工程监理与相关服务收费根据建设项目性质不同情况，分别实行政府指导价或市场调节价。依法必须实行监理的建设工程施工阶段的监理收费实行政府指导价；其他建设工程施工阶段的监理收费和其他阶段的监理与相关服务收费实行市场调节价。

2）可行性研究费

可行性研究费是指在工程项目投资决策阶段，因进行可行性研究工作而发生的费用。此项费用应依据前期研究委托合同计列，或参照《国家计委关于印发〈建设项目前期工作咨询收费暂行规定〉的通知》（计投资〔1999〕1283 号）规定计算。

3）研究试验费

研究试验费是指为建设项目提供或验证设计数据、资料等进行必要的研究试验及按照相关规定在建设过程中必须进行试验、验证所需的费用。包括自行或委托其他部门研究试验所需人工费、材料费、试验设备及仪器使用费等。这项费用按照设计单位根据本工程项目的需要提出的研究试验内容和要求计算。在计算时要注意不应包括以下项目：

（1）应由科技 3 项费用（即新产品试制费、中间试验费和重要科学研究补助费）开支的项目。

（2）应在建筑安装费用中列支的施工企业对建筑材料、构件和建筑物进行一般鉴定、检查所发生的费用及技术革新的研究试验费。

（3）应由勘察设计费或工程费用中开支的项目。

4）勘察设计费

勘察设计费是指委托勘察设计单位对工程项目进行工程水文地质勘察、工程设计所发生的费用。包括：工程勘察费、初步设计费（基础设计费）、施工图设计费（详细设计费）、设计模型制作费。

勘察设计费依据勘察设计委托合同计列，或参照《国家计委、建设部关于发布〈工程勘察设计收费管理规定〉的通知》（计价格〔2002〕10 号）规定计算。

5）环境影响评价费

环境影响评价费是指按照《中华人民共和国环境保护法》《中华人民共和国环境影响评价法》等规定，为全面、详细评价本工程项目对环境可能产生的污染或造成重大影响所需的费用。包括编制环境影响报告书（含大纲）、环境影响报告表以及对环境影响报告书（含大纲）、环境影响报告表进行评估等所需的费用。

环境影响评价费根据环境影响评价委托合同计列，或参照国家计委、国家环境保护总局《关于规范环境影响咨询收费有关问题的通知》（计价格〔2002〕125 号）的规定计算。

6）劳动安全卫生评价费

劳动安全卫生评价费是指按照原劳动部《建设项目（工程）劳动安全卫生监察规定》和《建设项目（工程）劳动安全卫生预评价管理办法》的规定，对建设项目存在职业危险、危害因素的种类和危险危害程度进行预评价，提出明确的防范措施所需的费用，包括编制建设项目劳动安全卫生预评价大纲和劳动安全卫生预评价报告书，以及为编制上述文件所进行的工程分析和环境现状调查等所需费用。

劳动安全卫生评价费根据劳动安全卫生预评价委托合同计列，或按照建设项目所在省（市、自治区）劳动行政部门规定计算。

7）场地准备及临时设施费

（1）场地准备及临时设施费的内容

① 建设项目场地准备费是指为达到工程开工条件，由建设单位组织进行的场地平整等准备工作而发生的费用。

② 建设单位临时设施费是指建设单位为满足工程项目建设、生活、办公的需要，用于临时设施建设、维修、租赁、使用所发生或摊销的费用。此项费用不包括已列入建筑安装工程费用中的施工单位临时设施费。

（2）场地准备及临时设施费的计算

① 场地准备及临时设施应尽量与永久性工程统一考虑。建设场地的大型土石方工程应进入工程费用中的总图运输费用中。

② 新建项目的场地准备和临时设施费应根据实际工程量估算,或按工程费用的比例计算。改扩建项目一般只计拆除清理费。

$$场地准备和临时设施费 = 工程费用 \times 费率 + 拆除清理费 \qquad (2-35)$$

③ 发生拆除清理费时可按新建同类工程造价或主材费、设备费的比例计算。凡可回收材料的拆除工程采用以料抵工方式冲抵拆除清理费。

8) 引进技术和进口设备其他费

引进技术和进口设备其他费是指引进技术和设备发生的但未计入设备购置费中的费用。内容包括以下几点。

(1) 引进项目图纸资料翻译复制费、备品备件测绘费。可根据引进项目的具体情况计列或按引进货价(FOB)的比例估列;引进项目发生备品备件测绘费时按具体情况估列。

(2) 出国人员费用。包括买方人员出国设计联络、出国考察、联合设计、监造、培训等所发生的差旅费、生活费等。依据合同或协议规定的出国人次、期限以及相应的费用标准计算。生活费按照财政部、外交部规定的现行标准计算,差旅费按中国民航公布的票价计算。

(3) 来华人员费用。包括卖方来华工程技术人员的现场办公费用、往返现场交通费用、接待费用等。依据引进合同或协议有关条款及来华技术人员派遣计划进行计算。来华人员接待费用可按每人次费用指标计算。引进合同价款中已包括的费用内容不得重复计算。

(4) 银行担保及承诺费。银行担保及承诺费是指引进项目由国内外金融机构出面承担风险和责任担保所发生的费用,以及支付贷款机构的承诺费用,应按担保或承诺协议计取,投资估算和概算编制时可以担保金额或承诺金额为基数乘以费率计算。

9) 工程保险费

工程保险费是指建设项目在建设期间内,根据国家规定,对建筑工程、安装工程、机械设备和人身安全进行投保而缴纳的费用。包括建筑安装工程一切险、引进设备财产保险和人身意外伤害险等。

根据不同的工程类别,分别以其建筑、安装工程费乘以建筑、安装工程保险费率计算。民用建筑(住宅楼、综合性大楼、商场、旅馆、医院、学校)占建筑工程费的 2‰～4‰;其他建筑(工业厂房、仓库、道路、码头、水坝、隧道、桥梁、管道等)占建筑工程费的 3‰～6‰;安装工程(农业、工业、机械、电子、电器、纺织、矿山、石油、化学及钢铁工业、钢结构桥梁)占建筑工程费的 3‰～6‰。

10) 特殊设备安全监督检验费

特殊设备安全监督检验费是指安全监察部门对在施工现场组装的锅炉及压力容器、压力管道、消防设备、燃气设备、电梯等特殊设备和设施,由安全监察部门进行安全检验而收取的费用。

该项费用按照建设项目所在省(市、自治区)安全监察部门的规定标准计算。无具体规定的,在编制投资估算和概算时可按受检设备现场安装费的比例估算。

11) 市政公用设施费

市政公用设施费是指我国政府为加快城市基础设施建设,加强对综合开发建设的管理,规定使用市政公用设施建设的建设工程项目,按照所在地省级人民政府规定缴纳的市政公用设施建设配套费用,以及绿化工程补偿费用。

该项费用按工程所在地人民政府规定标准计列;未发生或按规定免征的项目则不计取。

2.4.3 与未来企业生产经营有关的其他费用

1）联合试运转费

联合试运转费是指新建或新增生产能力的工程项目，在交付生产之前，按照设计规定的工程质量标准和技术要求，进行整个生产线或装置的有负荷联合试运转发生的费用支出大于试运转收入的亏损部分。

费用支出一般包括试运转所需的原料、燃料及动力消耗，低值易耗品、其他物料消耗、工具用具使用费、机械使用费、保险金、施工单位参加试运转人员工资以及专家指导费等；试运转收入包括试运转产品销售和其他收入。

联合试运转费不包括应由设备安装工程费开支的调试费及试车费用，以及在试运转中暴露出来的因施工原因或设备缺陷等发生的处理费用。

2）专利及专有技术使用费

专利及专有技术使用费包括国外设计及技术资料费，引进有效专利、专有技术使用费和技术保密费，国内有效专利、专有技术使用费，商标权、商誉和特许经营权费等。

该项费用按专利使用许可协议和专有技术使用合同的规定计列；专有技术的界定应以省、部级鉴定批准为依据；项目投资只计算需在建设期支付的专利及专有技术使用费。协议或合同规定在生产期支付的使用费应在生产成本中核算。

3）生产准备及开办费

生产准备及开办费是指新建企业或新增生产能力的企业，为保证建设项目竣工交付后的正常使用而发生的费用。具体包括以下内容：

（1）生产人员培训费及提前进厂费。包括自行组织培训或委托其他单位培训的人员工资、工资性补贴、职工福利费、差旅交通费、劳动保护费、学习资料费等。

（2）为保证初期正常生产（或营业、使用）所必须而购置的办公和生活家具的费用。

（3）为保证初期正常生产（或营业、使用）必须购置的第一套不够固定资产标准的生产工具、器具、用具的费用。不包括备品备件费。

生产准备及开办费可采用综合的生产准备费指标进行计算，也可以按费用内容的分类指标计算。

2.5 预备费及建设期贷款利息

2.5.1 预备费

预备费包括基本预备费和价差预备费。

1) 基本预备费

基本预备费是指项目实施过程中可能发生难以预料的支出,需要事先预留的费用,又称工程建设不可预见费,主要指设计变更及施工过程中可能增加工程量的费用,计算公式如下:

$$基本预备费 = (设备及工器具购置费 + 建筑安装工程费 + 工程建设其他费用) \times 基本预备费率$$
(2-36)

基本预备费费率的取值应执行国家及部门的有关规定。

2) 价差预备费

价差预备费是指工程项目在建设期内由于利率、汇率或价格等因素变化而需要事先预留的可能增加的费用,也称为价格变动不可预见费。价差预备费的内容包括:人工、设备、材料、施工机械的价差费,建筑安装工程费及工程建设其他费用调整,利率、汇率调整等增加的费用。价差预备费一般根据国家规定的投资综合价格指数,按估算年份价格水平的投资额为基数,采用复利方法计算,计算公式如下:

$$PF = \sum_{t=1}^{n} I_t \left[(1+f)^m (1+f)^{0.5} (1+f)^{t-1} - 1 \right]$$
(2-37)

式中:PF——涨价预备费;

　　n——建设期年份数;

　　I_t——建设期中第 t 年的投资计划额,包括设备及工器具购置费、建筑安装工程费、工程建设其他费用及基本预备费,即第 t 年的静态投资计划额;

　　f——年均投资价格上涨率;

　　m——建设前期年限(从编制估算到开工建设)。

2.5.2　建设期利息

建设期利息是指工程项目在建设期间发生并计入固定资产的利息,主要是建设期发生的支付银行贷款、出口信贷、债券等的债务资金利息和融资费用。建设期利息实行复利计算。

当年贷款是分年均衡发放时,建设期利息的计算可按当年借款在年中支用考虑,即当年贷款按半年计息,上年贷款按全年计息,计算公式如下:

$$q_j = \left(P_{j-1} + \frac{1}{2} A_j \right) i$$
(2-38)

式中:q_j——建设期第 j 年应计利息;

　　P_{j-1}——建设期第 $(j-1)$ 年末累计贷款本金与利息之和;

　　A_j——建设期第 j 年贷款金额;

　　i——年利率。

国外贷款利息的计算中,还应包括国外贷款银行根据贷款协议向贷款方以年利率的方式收到的手续费、管理费、承诺费,以及国内代理机构经国家主管部门批准的以年利率的方式向贷款单位收取的转贷费、担保费、管理费等。

小　结

本章主要介绍工程造价的第一种含义和第二种含义。工程造价的主要构成部分是建设投资,建设投资由工程费用、工程建设其他费用和预备费三部分组成。本章详细地讲解了设备及工器具购置费的组成及计算方式;建筑安装工程费的组成、定额计价和清单计价模式下的计算程序;建设工程其他费的组成;预备费和利息的计算方法等。

练习题

一、单项选择题

1. 某建设项目建筑工程费 2 000 万元,安装工程费 700 万元,设备购置费 1 100 万元,工程建设其他费 450 万元,预备费 180 万元,建设期贷款利息 120 万元,流动资金 500 万元,则该项目的工程造价为(　　)万元。

　　A. 4 250　　　　　　B. 4 430　　　　　　C. 4 550　　　　　　D. 5 050

2. 某建设项目工程费用为 7 200 万元,工程建设其他费用为 1 800 万元,基本预备费为 400 万元,项目前期年限 1 年,建设期 2 年,各年度完成静态投资额的比例分别为 60% 与 40%,年均投资价格上涨率为 6%,则该项目建设期第二年涨价预备费为(　　)万元。

　　A. 444.96　　　　　　B. 464.74　　　　　　C. 564.54　　　　　　D. 589.63

3. 根据我国现行工程造价构成,下列属于固定资产投资中积极部分的是(　　)。

　　A. 建筑安装工程费　　　　　　　　　B. 设备及工器具购置费
　　C. 建设用地费　　　　　　　　　　　D. 可行性研究费

4. 某进口设备通过海洋运输,到岸价 972 万元,国际运费 88 万元,海上运输保险费率为 0.3%,则离岸价为(　　)万元。

　　A. 881.08　　　　　　B. 883.74　　　　　　C. 1 063.18　　　　　　D. 1 091.90

5. 下列费用中属于生产准备费的是(　　)。

　　A. 人员培训费　　　　　　　　　　　B. 竣工验收费
　　C. 联合试运转费　　　　　　　　　　D. 完工清理费

6. 关于工程建设其他费用中场地准备及临时设施费的内容,下列说法中正确的是(　　)。

　　A. 场地准备费是指建设项目为达到开工条件进行的场地平整和土方开挖费用
　　B. 建设单位临时建设费用包括了施工期间专用公路的养护、维护等费用
　　C. 新建和改扩建项目的场地准备和临时设施费可按工程费用的比例计算
　　D. 建设场地的大型土石方工程计入场地准备费

7. 下列费用项目中,属于工器具及生产家具购置费计算内容的是(　　)。

　　A. 未达到固定资产标准的设备购置费　　　B. 达到固定资产标准的设备购置费
　　C. 引进设备时备品备件的测绘费　　　　　D. 引进设备的专利使用费

8. 关于规费的计算,下列说法正确的是(　　)。

A. 规费虽具有强制性,但根据其组成又可以细分为可竞争性的费用和不可竞争性的费用

B. 规费由社会保险费和工程排污费组成

C. 社会保险费由养老保险费、失业保险费、医疗保险费、生育保险费、工伤保险费组成

D. 规费由意外伤害保险费、住房公积金、工程排污费组成

9. 根据《建筑安装工程费用项目组成》(建标〔2013〕44号文),施工企业按照有关标准规定,对建筑以及材料、构件和建筑安装物进行一般鉴定、检查所发生的检验试验费属于(　　)。

A. 人工费　　　　　　　　　　　　　B. 材料费

C. 施工机具使用费　　　　　　　　　D. 企业管理费

10. 在下列费用中属于与未来企业生产经营有关的其他费用的有(　　)。

A. 建设单位管理费　　　　　　　　　B. 勘察设计费

C. 供电费　　　　　　　　　　　　　D. 生产准备费

E. 办公和生活家具购置费

二、简答题

1. 工程造价的两种含义有何区别?

2. 工程造价的特征主要表现在哪些方面?

3. 工程项目在各阶段有哪些经济文件?

4. 如何计算进口设备购置费?

5. 建筑安装工程费用按照构成要素划分由哪些内容组成? 按造价形式划分由哪些内容组成?

6. 如何计算工程量清单计价模式下的单位工程含税工程造价?

7. 如何计算定额计价模式下的单位工程含税工程造价?

8. 工程建设其他费用包含哪些内容?

9. 如何计算预备费和建设期利息?

三、计算题

1. 已知某市房屋建筑工程项目,分部分项工程费1 250万元,其中人工费与施工机具使用费之和为195万元,措施项目费680万元,其中人工费与施工机具使用费之和为238万元,其他项目费350万元,其中人工费与施工机具使用费之和为25万元,规费按人工费与施工机具使用费之和为基数计算,规费费率为24.72%,税金为3.48%,试计算该房屋建筑工程项目含税工程造价。

2. 某建设项目建安工程费1 500万元,设备购置费400万元,工程建设其他费用300万元。已知基本预备费费率为5%,项目建设前期年限是0.5年。建设期为2年,每年完成投资的50%,年均投资价格上涨率为7%,试计算该项目的预备费。

3

工程建设定额

学习目标

● 了解定额的概念、特点,掌握定额的分类
● 掌握施工定额的编制原理,包括劳动定额时间的分类、材料消耗定额的理论计算法、机械台班定额的时间分类
● 掌握预算定额的编制原理和预算定额的应用,能够熟练应用建筑装饰定额
● 熟悉概算定额与概算指标的概念

3.1 概述

3.1.1 工程建设定额概念

工程定额是完成规定计量单位的合格建筑安装产品所消耗资源的数量标准。工程定额是一个综合概念,是建设工程造价计价和管理中各类定额的总称,包括许多种类的定额,可以按照不同的原则和方法对它进行分类。

3.1.2 工程建设定额特点

1) 科学性特点

工程建设定额的科学性包括两重含义。一重含义是指工程建设定额和生产力发展水平相适应,反映出工程建设中生产消费的客观规律。另一重含义,是指工程建设定额管理在理论、方法和手段上适应现代科学技术和信息社会发展的需要。

工程建设定额的科学性,首先表现在用科学的态度制定定额,尊重客观实际,力求定额水平合理;其次表现在制定定额的技术方法上,利用现代科学管理的成就,形成一套系统的、完整的、在实践中行之有效的方法;第三表现在定额制定和贯彻的一体化。制定是为了提供贯彻的依据,贯彻是为了实现管理的目标,也是对定额的信息反馈。

2) 系统性特点

工程建设定额是相对独立的系统,它是由多种定额结合而成的有机的整体。它的结构复

杂,有鲜明的层次,有明确的目标。

工程建设定额的系统性是由工程建设的特点决定的。按照系统论的观点,工程建设就是庞大的实体系统。工程建设定额是为这个实体系统服务的,因而工程建设本身的多种类、多层次就决定了以它为服务对象的工程建设定额的多种类、多层次。从整个国民经济来看,进行固定资产生产和再生产的工程建设,是一个有多项工程集合体的整体。其中包括农林水利、轻纺、机械、煤炭、电力、石油、冶金、化工、建材工业、交通运输、邮电工程,以及商业物资、文化、卫生、体育、社会福利和住宅工程等等。这些工程的建设都有严格的项目划分,如建设项目、单项工程、单位工程、分部分项工程;在计划和实施过程中有严密的逻辑阶段,如规划、可行性研究、设计、施工、竣工交付使用,以及投入使用后的维修。与此相适应,必然形成工程建设定额的多种类、多层次。

3) 统一性特点

工程建设定额的统一性,主要是由国家对经济发展的有计划的宏观调控职能决定的。为了使国民经济按照既定的目标发展,就需要借助于某些标准、定额、参数等,对工程建设进行规划、组织、调节、控制。而这些标准、定额、参数必须在一定的范围内是一种统一的尺度,才能实现上述职能,才能利用它对项目的决策、设计方案、投标报价、成本控制进行比选和评价。

工程建设定额的统一性按照其影响力和执行范围来看,有全国统一定额、地区统一定额和行业统一定额等;按照定额的制定、颁布和贯彻使用来看,有统一的程序、统一的原则、统一的要求和统一的用途。

4) 权威性特点

工程建设定额具有很大权威,这种权威在一些情况下具有经济法规性质。权威性反映统一的意志和统一的要求,也反映信誉和信赖程度以及反映定额的严肃性。工程建设定额权威性的客观基础是定额的科学性,只有科学的定额才具有权威。但是在社会主义市场经济条件下,它必然涉及各有关方面的经济关系和利益关系。赋予工程建设定额以一定权威性,就意味着在规定的范围内,对于定额的使用者和执行者来说,不论主观上愿意不愿意,都必须按定额的规定执行。在当前市场不规范的情况下,赋予工程建设定额以权威性是十分重要的。但是在竞争机制引入工程建设的情况下,定额的水平必然会受市场供求状况的影响,从而在执行中可能产生定额水平的浮动。

应该指出的是,在社会主义市场经济条件下,对定额的权威性不应该绝对化。定额毕竟是主观对客观的反映,定额的科学性会受到人们认识的局限。与此相关,定额的权威性也会受到削弱核心的挑战。更为重要的是,随着投资体制的改革和投资主体多元化格局的形成,随着企业经营机制的转换,它们都可以根据市场的变化和自身的情况,自主地调整自己的决策行为。因此在这里,一些与经营决策有关的工程建设定额的权威性特征就弱化了。

5) 稳定性与时效性

工程建设定额中的任何一种都是一定时期技术发展和管理水平的反映,因而在一段时间内都表现出稳定的状态。保持定额的稳定性是维护定额的权威性所必需的,更是有效地贯彻定额所必要的。工程建设定额的稳定性是相对的。

3.1.3　工程建设定额分类

（1）按定额反映的生产要素消耗内容分类，可以把工程定额划分为劳动消耗定额、机械消耗定额和材料消耗定额3种。

① 劳动消耗定额。简称劳动定额（也称为人工定额），是在正常的施工技术和组织条件下，完成规定计量单位合格的建筑安装产品所消耗的人工工日的数量标准。劳动定额的主要表现形式是时间定额，但同时也表现为产量定额。时间定额与产量定额互为倒数。

② 材料消耗定额。简称材料定额，是指在正常的施工技术和组织条件下，完成规定计量单位合格的建筑安装产品所消耗的原材料、成品、半成品、构配件、燃料，以及水、电等动力资源的数量标准。

③ 机械消耗定额。机械消耗定额是以一台机械一个工作班为计量单位，所以又称为机械台班定额。机械消耗定额是指在正常的施工技术和组织条件下，完成规定计量单位合格的建筑安装产品所消耗的施工机械台班的数量标准。机械消耗定额的主要表现形式是机械时间定额，同时也以产量定额表现。

（2）按定额的编制程序和用途分类，可以把工程定额分为施工定额、预算定额、概算定额、概算指标、投资估算指标5种。

① 施工定额。施工定额是完成一定计量单位的某一施工过程或基本工序所需消耗的人工、材料和机械台班数量标准。施工定额是施工企业（建筑安装企业）组织生产和加强管理在企业内部使用的一种定额，属于企业定额的性质。施工定额是以某一施工过程或基本工序作为研究对象，表示生产产品数量与生产要素消耗综合关系编制的定额。为了适应生产和管理的需要，施工定额的项目划分很细，是工程定额中分项最细、定额子目最多的一种定额，也是工程定额中的基础性定额。

② 预算定额。预算定额是在正常的施工条件下，完成一定计量单位合格分项工程和结构构件所需消耗的人工、材料、施工机械台班数量及其费用标准。预算定额是一种计价性定额。从编制程序上看，预算定额是以施工定额为基础综合扩大编制的，同时它也是编制概算定额的基础。

③ 概算定额。概算定额是完成单位合格扩大分项工程或扩大结构构件所需消耗的人工、材料和施工机械台班的数量及其费用标准，是一种计价性定额。概算定额是编制扩大初步设计概算、确定建设项目投资额的依据。概算定额的项目划分粗细，与扩大初步设计的深度相适应，一般是在预算定额的基础上综合扩大而成的，每一综合分项概算定额都包含了数项预算定额。

④ 概算指标。概算指标是以单位工程为对象，反映完成一个规定计量单位建筑安装产品的经济消耗指标。概算指标是概算定额的扩大与合并，以更为扩大的计量单位来编制的。概算指标的内容包括人工、机械台班、材料定额3个基本部分，同时还列出了各结构分部的工程量及单位建筑工程（以体积计或面积计）的造价，是一种计价定额。

⑤ 投资估算指标。投资估算指标是以建设项目、单项工程、单位工程为对象，反映建设总投资及其各项费用构成的经济指标。它是在项目建议书和可行性研究阶段编制投资、估算、计算投资需要量时使用的一种定额，它的概略程度与可行性研究阶段相适应。投资估算指标往

往根据历史的预、决算资料和价格变动等资料编制,但其编制基础仍然离不开预算定额、概算定额。

上述各种定额的相互关系参见表3-1。

表3-1　各种定额间关系的比较

	施工定额	预算定额	概算定额	概算指标	投资估算指标
对象	施工过程或基本工序	分项工程或结构构件	扩大的分项工程或扩大的结构构件	单位工程	建设项目、单项工程、单位工程
用途	编制施工预算	编制施工图预算	编制扩大初步设计概算	编制初步设计概算	编制投资估算
项目划分	最细	细	较粗	粗	很粗
定额水平	平均先进	平均			
定额性质	生产性定额	计价性定额			

(3)由于工程建设涉及众多的专业,不同的专业所含的内容也不同,因此就确定人工、材料和机械台班消耗数量标准的工程定额来说,也需按不同的专业分别进行编制和执行。

① 建筑工程定额按专业对象分为建筑及装饰工程定额、房屋修缮工程定额、市政工程定额、铁路工程定额、公路工程定额、矿山井巷工程定额等。

② 安装工程定额按专业对象分为电气设备安装工程定额、机械设备安装工程定额、热力设备安装工程定额、通信设备安装工程定额、化学工业设备安装工程定额、工业管道安装工程定额、工艺金属结构安装工程定额等。

(4)按主编单位和管理权限,工程定额可以分为全国统一定额、行业统一定额、地区统一定额、企业定额、补充定额5种。

① 全国统一定额是由国家建设行政主管部门综合全国工程建设中技术和施工组织管理的情况编制,并在全国范围内适用的定额。

② 行业统一定额是考虑到各行业部门专业工程技术特点,以及施工生产和管理水平编制的。一般是只在本行业和相同专业性质的范围内使用。

③ 地区统一定额包括省、自治区、直辖市定额。地区统一定额主要是考虑地区性特点和全国统一定额水平作适当调整和补充编制的。

④ 企业定额是施工单位根据本企业的施工技术、机械装备和管理水平编制的人工、施工机械台班和材料等的消耗标准。企业定额在企业内部使用,是企业综合素质的一个标志。企业定额水平一般应高于国家现行定额,才能满足生产技术发展、企业管理和市场竞争的需要。在工程量清单计价方式下,企业定额作为施工企业进行建设工程投标报价的计价依据,正发挥着越来越大的作用。

⑤ 补充定额是指随着设计、施工技术的发展,现行定额不能满足需要的情况下,为了补充缺陷所编制的定额。补充定额只能在指定的范围内使用,可以作为以后修订定额的基础。

上述各种定额虽然适用于不同的情况和用途,但它们是一个互相联系的、有机的整体,在实际工作中配合使用。

3.2 施工定额

3.2.1 施工定额概述

施工定额是以同一性质的施工过程、施工工序作为研究对象,表示生产产品数量与时间消耗综合关系的定额。施工定额的项目划分很细,是工程建设定额中分项最细、定额子目最多的一种定额,也是工程建设定额中的基础性定额。

施工定额包括劳动定额、材料消耗定额和机械台班使用定额三部分。

1)劳动定额,即人工定额

劳动定额指在先进合理的施工组织和技术措施的条件下,完成合格的单位建筑安装产品所需要消耗的人工数量。它通常以劳动时间(工日或工时)来表示。劳动定额是施工定额的主要内容,主要表示生产效率的高低,劳动力的合理运用,劳动力和产品的关系,以及劳动力的配备情况。

2)材料消耗定额

材料消耗定额指在节约合理地使用材料的条件下,完成合格的单位建筑安装产品所必须消耗的材料数量,主要用于计算各种材料的用量,其计量单位为公斤、米等。

3)机械台班使用定额

分为机械时间定额和机械产量定额两种。在正确的施工组织与合理地使用机械设备的条件下,施工机械完成合格的单位产品所需的时间,为机械时间定额,其计量单位通常以台班或台时来表示。在单位时间内,施工机械完成合格的产品数量则称为机械产量定额。

3.2.2 施工定额的编制原则

(1)平均先进原则:指在正常的施工条件下,大多数生产者经过努力能够达到和超过定额水平。施工定额的编制应能够反映比较成熟的先进技术和先进经验,有利于降低工料消耗,提高企业管理水平,达到鼓励先进、勉励中间、鞭策落后的水平。

(2)简明适用性原则:施工定额设置应简单明了,便于查阅,计算要满足劳动组织分工,经济责任与核算个人生产成本的劳动报酬的需要。

(3)以专家为主编制定额的原则:施工定额的编制要求有一支经验丰富,技术与管理知识全面,有一定政策水平的专家队伍,可以保证编制施工定额的延续性、专业性和实践性。

(4)坚持实事求是,动态管理的原则:施工定额应本着实事求是的原则,结合企业经营管理的特点,确定工料机各项消耗的数量,对影响造价较大的主要常用项目,要多考虑施工组织设计,先进的工艺,从而使定额在运用上更贴近实际,技术上更先进,经济上更合理,使工程单价真实反映企业的个别成本。

（5）施工定额的编制还要注意量价分离，及时采用新技术、新结构、新材料、新工艺等原则。

3.2.3 施工定额的作用

（1）据以进行工料分析，编制人工、材料、机械设备需要量计划。
（2）据以编制施工预算、施工组织设计和施工作业计划。
（3）加强施工管理，开展班组核算，签发施工任务和定额领料。
（4）据以实行按劳分配，计算劳动报酬。

3.2.4 施工定额的编制原理

3.2.4.1 施工过程的分解

1）施工过程的含义

施工过程就是在建设工地范围内所进行的生产过程，其最终目的是要建造、恢复、改建、移动或拆除工业、民用建筑物和构筑物的全部或一部分。

建筑安装施工过程与其他物质生产过程一样，也包括生产力三要素，即劳动者、劳动对象、劳动工具。也就是说，施工过程是由不同工种、不同技术等级的建筑安装工人完成的，并且必须有一定的劳动对象——建筑材料、半成品、构件、配件等，使用一定的劳动工具——手动工具、小型机具和机械等。

每个施工过程的结束，获得了一定的产品，这种产品或者是改变了劳动对象的外表形态、内部结构或性质（由于制作和加工的结果），或者是改变了劳动对象在空间的位置（由于运输和安装的结果）。

2）施工过程分类

对施工过程的细致分析，使我们能够更深入地确定施工过程各个工序组成的必要性及其顺序的合理性，从而正确制定各个工序所需要的工时消耗。

（1）根据施工过程组织上的复杂程度，可以分解为工序、工作过程和综合工作过程。

① 工序是在组织上不可分割的，在操作过程中技术上属于同类的施工过程。工序的特征是：工作者不变，劳动对象、劳动工具和工作地点也不变。在工作中如有一项改变，那就说明已经由一项工序转入另一项工序了。如钢筋制作，它由平直钢筋、钢筋除锈、切断钢筋、弯曲钢筋等工序组成。

在编制施工定额时，工序是基本的施工过程，是主要的研究对象。测定定额时只需分解和标定到工序为止。如果进行某项先进技术或新技术的工时研究，就要分解到操作甚至动作为止，从中研究可加以改进操作或节约工时。

工序可以由一个人来完成，也可以由小组或施工队内的几名工人协同完成；可以手动完成，也可以由机械操作完成。在机械化的施工工序中，还可以包括由工人自己完成的各项操作和由机器完成的工作两部分。

② 工作过程是由同一工人或同一小组所完成的在技术操作上相互有机联系的工序的总合体。其特点是人员编制不变,工作地点不变,而材料和工具则可以变换。例如,砌墙和勾缝,抹灰和粉刷。

③ 综合工作过程是同时进行的,在组织上有机地联系在一起的,并且最终能获得一种产品的施工过程的总和。例如,砌砖墙这一综合工作过程,由调制砂浆、运砂浆、运砖、砌墙等工作过程构成,它们在不同的空间同时进行,在组织上有直接联系,最终形成的共同产品是一定数量的砖墙。

(2)按工艺特点,施工过程可以分为循环施工过程和非循环施工过程两类。凡各个组成部分按一定顺序一次循环进行,并且每经一次重复都可以生产出同一种产品的施工过程,称为循环施工过程。反之,若施工过程的工序或其组成部分不是以同样的次序重复,或者生产出来的产品各不相同,这种施工过程则称为非循环的施工过程。

3.2.4.2 工时研究

研究施工中的工作时间最主要的目的是确定施工的时间定额和产量定额,其前提是对工作时间按其消耗性质进行分类,以便研究工时消耗的数量及其特点。

工作时间,指的是工作班延续时间。例如 8 小时工作制的工作时间就是 8 小时,午休时间不包括在内。对工作时间消耗的研究,可以分为两个系统进行,即工人工作时间的消耗和工人所使用的机器工作时间消耗。

1)工人工作时间消耗的分类

工人在工作班内消耗的工作时间,按其消耗的性质,基本可以分为两大类:必需消耗的时间和损失时间。工人工作时间的分类如图 3-1 所示。

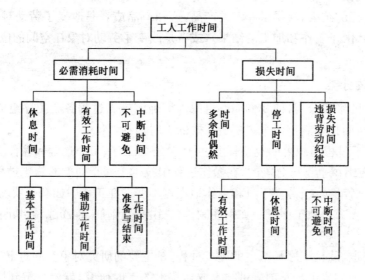

图 3-1　工人工作时间分类

(1)必需消耗的工作时间是工人在正常施工条件下,为完成一定合格产品(工作任务)所消耗的时间,是制定定额的主要依据,包括有效工作时间、休息时间和不可避免中断时间的消耗。

① 有效工作时间是从生产效果来看与产品生产直接有关的时间消耗。其中,包括基本工作时间、辅助工作时间、准备与结束工作时间的消耗。

a. 基本工作时间是工人完成一定产品的施工工艺过程所消耗的时间。通过这些工艺过程可以使材料改变外形,如钢筋弯曲等;可以改变材料的结构与性质,如混凝土制品的养护干燥等;可以使预制构配件安装组合成型;也可以改变产品外部及表面的性质,如粉刷、油漆等。基本工作时间所包括的内容依工作性质各不相同。基本工作时间的长短和工作量大小成正比。

b. 辅助工作时间是为保证基本工作顺利完成所消耗的时间。在辅助工作时间里,不能使产品的形状大小、性质或位置发生变化。辅助工作时间的结束,往往就是基本工作时间的开始。辅助工作一般是手工操作。但如果在机手并动的情况下,辅助工作是在机械运转过程中进行的,为避免重复则不应再计算辅助工作时间的消耗。辅助工作时间长短与工作量大小有关。

c. 准备与结束工作时间是执行任务前或任务完成后所消耗的工作时间。如工作地点、劳动工具和劳动对象的准备工作时间;工作结束后的整理工作时间等。准备和结束工作时间的长短与所担负的工作量大小无关,但往往和工作内容有关。这项时间消耗可以分为班内的准备与结束工作时间和任务的准备及结束工作时间。其中,任务的准备和结束时间是在一批任务的开始与结束时产生的,如熟悉图纸、准备相应的工具、事后清理场地等,通常不反映在每一个工作班里。

② 休息时间是工人在工作过程中为恢复体力所必需的短暂休息和生理需要的时间消耗。这种时间是为了保证工人精力充沛地进行工作,所以在定额时间中必须进行计算。休息时间的长短和劳动条件、劳动强度有关,劳动越繁重紧张、劳动条件越差(如高温),则休息时间需越长。

③ 不可避免的中断所消耗的时间是由于施工工艺特点引起的工作中断所必需的时间。与施工过程工艺特点有关的工作中断时间,应包括在定额时间内,但应尽量缩短此项时间消耗。

(2) 损失时间是与产品生产无关,而与施工组织和技术上的缺点有关,与工人在施工过程中的个人过失或某些偶然因素有关的时间消耗,损失时间中包括多余和偶然工作、停工、违背劳动纪律所引起的工时损失。

① 多余工作,就是工人进行了任务以外而又不能增加产品数量的工作。如重砌质量不合格的墙体。多余工作的工时损失,一般是由于工程技术人员和工人的差错而引起的,因此不应计入定额时间中。偶然工作也是工人在任务外进行的工作,但能够获得一定产品。如抹灰不得不补上偶然遗留的墙洞等。由于偶然工作能获得一定产品,拟定定额时要适当考虑它的影响。

② 停工时间,是工作班内停止工作造成的工时损失。停工时间按其性质可分为施工本身造成的停工时间和非施工本身造成的停工时间两种。施工本身造成的停工时间,是由于施工组织不善、材料供应不及时、工作面准备工作做得不好、工作地点组织不良等情况而引起的停工时间。非施工本身造成的停工时间,是由于水、电中断引起的停工时间。前一种情况在拟定定额时不应该计算,后一种情况定额中则应给予合理的考虑。

③ 违背劳动纪律造成的工作时间损失,是指工人在工作班开始和午休后的迟到、午饭前

和工作班结束前的早退、擅自离开工作岗位、工作时间内聊天或办私事等造成的工时损失。由于个别工人违背劳动纪律而影响其他工人无法工作的时间损失也包括在内。

2）机械工作时间消耗的分类

在机械化施工过程中,对工作时间消耗的分析和研究,除了要对工人工作时间的消耗进行分类研究之外,还需要分类研究机器工作时间的消耗。

（1）在必需消耗的工作时间里,包括有效工作、不可避免的无负荷工作和不可避免的中断3项时间消耗。而在有效工作的时间消耗中又包括正常负荷下、有根据地降低负荷下的工时消耗。

① 正常负荷下的工作时间,是机器在与机器说明书规定的额定负荷相符的情况下进行工作的时间。

② 有根据地降低负荷下的工作时间,是在个别情况下由于技术上的原因,机器在低于其计算负荷下工作的时间。例如,汽车运输重量轻而体积大的货物时,不能充分利用汽车的载重吨位因而不得不降低其计算负荷。

③ 不可避免的无负荷工作时间,是由施工过程的特点和机械结构的特点造成的机械无负荷工作时间。例如,筑路机在工作区末端调头等,就属于此项工作时间的消耗。

④ 不可避免的中断工作时间是与工艺过程的特点、机器的使用和保养、工人休息有关的中断时间。

a. 与工艺过程的特点有关的不可避免中断工作时间,有循环的和定期的两种。循环的不可避免中断,是在机器工作的每一个循环中重复一次。如汽车装货和卸货时的停车。定期的不可避免中断,是经过一定时期重复一次。比如把灰浆泵由一个工作地点转移到另一个工作地点时的工作中断。

b. 与机器有关的不可避免中断工作时间,是由于工人进行准备与结束工作或辅助工作时,机器停止工作而引起的中断工作时间。它是与机器的使用与保养有关的不可避免中断时间。

c. 工人休息时间,前面已经作了说明。这里要注意的是,应尽量利用与工艺过程有关的及与机器有关的不可避免中断时间进行休息,以充分利用工作时间。

（2）损失的工作时间包括多余工作、停工、违背劳动纪律所消耗的工作时间和低负荷下的工作时间。

① 机器的多余工作时间,一是机器进行任务内和工艺过程内未包括的工作而延续的时间,如工人没有及时供料而使机器空运转的时间;二是机械在负荷下所做的多余工作,如混凝土搅拌机搅拌混凝土时超过规定搅拌时间,即属于多余工作时间。

② 机器的停工时间,按其性质也可分为施工本身造成和非施工本身造成的停工。前者是由于施工组织得不好而引起的停工现象,如由于未及时供给机器燃料而引起的停工。后者是由于气候条件所引起的停工现象,如暴雨时压路机的停工。上述停工中延续的时间,均为机器的停工时间。

③ 违反劳动纪律引起的机器的时间损失,是指由于工人迟到早退或擅离岗位等原因引起的机器停工时间。

④ 低负荷下的工作时间,是由于工人或技术人员的过错所造成的施工机械在降低负荷的情况下工作的时间。例如,工人装车的砂石数量不足引起的汽车在降低负荷的情况下工作所

延续的时间。此项工作时间不能作为计算时间定额的基础。

3.2.4.3　计时观察法

定额测定是制定定额的一个主要步骤。测定定额是用科学的方法观察、记录、整理、分析施工过程,为制定建筑工程定额提供可靠依据。测定定额通常使用计时观察法,计时观察法是测定时间消耗的基本方法。计时观察法种类很多,最主要的有 3 种:测时法、写实记录法和工作日写实法。

3.2.5　施工定额的编制

3.2.5.1　确定人工定额消耗量的基本方法

时间定额和产量定额是人工定额的两种表现形式。拟定出时间定额,也就可以计算出产量定额。

在全面分析了各种影响因素的基础上,通过计时观察资料,我们可以获得定额的各种必需消耗时间。将这些时间进行归纳,有的是经过换算,有的是根据不同的工时规范附加,最后把各种定额时间加以综合和类比就是整个工作过程的人工消耗的时间定额。

确定的基本工作时间、辅助工作时间、准备与结束工作时间、不可避免中断时间与休息时间之和,就是劳动定额的时间定额。根据时间定额,可计算出产量定额。时间定额和产量定额互成倒数。

利用工时规范,可以计算劳动定额的时间定额。计算公式如下:

$$工序作业时间 = 基本工作时间 + 辅助工作时间$$
$$规范时间 = 准备与结束工作时间 + 不可避免的中断时间 + 休息时间$$
$$工序作业时间 = 基本工作时间 + 辅助工作时间 = 基本工作时间 /(1 - 辅助时间\%) \times 定额时间$$

例题 3-1　通过计时观察资料得知:人工挖二类土 1 m^3 的基本工作时间为 6 h,辅助工作时间占工序作业时间的 2%。准备与结束工作时间、不可避免的中断时间、休息时间分别占工作日的 3%、2%、18%,则该人工挖二类土的时间定额是多少?

解答　基本工作时间 = 6 h = 0.75(工日 /m^3)

工序作业时间 = 0.75/(1 - 2%) = 0.765(工日 /m^3)

时间定额 = 0.765/(1 - 3% - 2% - 18%) = 0.994(工日 /m^3)

产量定额 = 1/0.994 = 1.006(m^3 /工日)

3.2.5.2　确定材料定额消耗量的基本方法

1) 材料的分类

合理确定材料消耗定额,必须研究和区分材料在施工过程中的类别。

(1) 根据材料消耗的性质划分,施工中材料的消耗可分为必需消耗的材料和损失的材料两类性质。必需消耗的材料,是指在合理用料的条件下,生产合格产品所需消耗的材料。它包括:直接用于建筑和安装工程的材料;不可避免的施工废料;不可避免的材料消耗。必需消耗的材料属于施工正常消耗,是确定材料消耗定额的基本数据。其中:直接用于建筑和安装工程的材料,编制材料净用量定额;不可避免的施工废料和材料消耗,编制材料损耗定额。

(2)根据材料消耗与工程实体的关系划分,施工中的材料可分为实体材料和非实体材料两类。

① 实体材料,是指直接构成工程实体的材料。它包括工程直接性材料和辅助材料。工程直接性材料主要是指一次性消耗、直接用于工程上构成建筑物或结构体的材料,如钢筋混凝土柱中的钢筋、水泥、砂、碎石等;辅助性材料主要是指虽也是施工过程中所必需,却并不构成建筑物或结构本体的材料。如土石方爆破工程中所需的炸药、引信、雷管等。主要材料用量大,辅助材料用量少。

② 非实体材料,是指在施工中必须使用但又不能构成工程实体的施工措施性材料。非实体材料主要是指周转性材料,如模板、脚手架等。

2) 确定材料消耗量的基本方法

确定实体材料的净用量定额和材料消耗定额的计算数据,是通过现场技术测定、实验室试验、现场统计和理论计算等方法获得的。

(1)现场技术测定法,又称为观测法,是根据对材料消耗过程的测定与观察,通过完成产品数量和材料消耗量的计算,而确定各种材料消耗定额的一种方法。现场技术测定法主要适用于确定材料损耗量,因为该部分数值用统计法或其他方法较难得到。通过现场观察,还可以区别哪些是可以避免的损耗,哪些是属于难以避免的损耗,明确定额中不应列入可以避免的损耗。

(2)实验室试验法,主要用于编制材料净用量定额。通过试验,能够对材料的结构、化学成分和物理性能以及按强度等级控制的混凝土、砂浆、沥青、油漆等配比做出科学的结论,给编制材料消耗定额提供出有技术根据的、比较精确的计算数据。但其缺点在于无法估计到施工现场某些因素对材料消耗量的影响。

(3)现场统计法,是以施工现场积累的分部分项工程使用材料数量、完成产品数量、完成工作原材料的剩余数量等统计资料为基础,经过整理分析,获得材料消耗的数据。这种方法由于不能分清材料消耗的性质,因而不能作为确定材料净用量定额和材料损耗定额的依据,只能作为编制定额的辅助性方法使用。

(4)理论计算法,是运用一定的数学公式计算材料消耗定额。

① 标准砖用量的计算

如每立方米砖墙的用砖数和砌筑砂浆的用量,可以用下列理论计算公式计算各自的净用量:

$$用砖数 = \frac{1}{墙厚 \times (砖长 + 灰缝) \times (砖厚 + 灰缝)} \times k$$

式中:k——墙厚的砖数 $\times 2$。

例题 3-2 计算 $1\,m^3$ 标准砖一砖外墙砌体砖数和砂浆的净用量。

解答 根据上述公式计算砌体砖数和砂浆的净用量

$$用砖数 = \frac{1}{0.24 \times (0.24 + 0.01) \times (0.053 + 0.01)} \times 1 \times 2 = 529(块)$$

$$砂浆用量 = 1 - 529 \times (0.24 \times 0.115 \times 0.053) = 0.226 \, (m^3)$$

材料的损耗一般以损耗率表示。材料损耗率可以通过观察法或统计法确定。材料损耗率及材料损耗量的计算通常采用以下公式：

$$损耗率 = \frac{损耗量}{净用量} \times 100\%$$

$$消耗量 = 净用量 + 损耗量 = 净用量 \times (1 + 损耗率)$$

② 块料面层的材料用量计算

每 $100 \, m^2$ 面层块料数量、灰缝及结合层材料用量公式如下：

$$100 \, m^2 \text{ 块料净用量} = \frac{100}{(块料长 + 灰缝宽) \times (块料宽 + 灰缝宽)}(块)$$

$$100 \, m^2 \text{ 灰缝材料净用量} = [100 - (块料长 \times 块料宽 \times 100 \, m^2 \text{ 块料用量})] \times 灰缝深$$

$$结合层材料用量 = 100 \, m^2 \times 结合层厚度$$

例题 3-3 用 1：1 水泥砂浆贴 150 mm×150 mm×5 mm 瓷砖墙面，结合层厚度为 10 mm，试计算每 $100 \, m^2$ 瓷砖墙面中瓷砖和砂浆的消耗量（灰缝宽为 2 mm）。设瓷砖损耗率为 1.5%，砂浆损耗率为 1%。

解答 每 $100 \, m^2$ 瓷砖墙面中瓷砖的净用量 $= \dfrac{100}{(0.15 + 0.002) \times (0.15 + 0.002)}$

$$= 4 \, 328.25(块)$$

每 $100 \, m^2$ 瓷砖墙面中瓷砖总消耗量 $= 4 \, 328.25 \times (1 + 1.5\%) = 4 \, 393.17(块)$

每 $100 \, m^2$ 瓷砖墙面中结合层砂浆净用量 $= 100 \times 0.01 = 1(m^3)$

每 $100 \, m^2$ 瓷砖墙面中灰缝砂浆净用量 $= (100 - 4 \, 328.25 \times 0.15 \times 0.15) \times 0.005$

$$= 0.013(m^3)$$

每 $100 \, m^2$ 瓷砖墙面中水泥砂浆总消耗量 $= (1 + 0.013) \times (1 + 1\%) = 1.02(m^3)$

3.2.5.3 确定机械台班定额消耗量的基本方法

1) 确定机械 1 h 纯工作正常生产率

机械纯工作时间，就是指机械的必需消耗时间。机械 1 h 纯工作正常生产率，就是在正常施工组织条件下，具有必需的知识和技能的技术工人操作机械 1 h 的生产率。

根据机械工作特点的不同，机械 1 h 纯工作正常生产率的确定方法也有所不同。

(1) 对于循环动作机械，确定 1 h 纯工作正常生产率的计算公式如下：

$$机械一次循环的正常延续时间 = \sum(循环各组成部分正常延续时间) - 交叠时间$$

$$机械纯工作 1 h 循环次数 = \frac{60 \times 60(s)}{一次循环的正常延续时间}$$

$$机械纯工作 1 h 正常生产率 = 机械纯工作 1 h 正常循环次数 \times 一次循环生产的产品数量$$

(2) 对于连续动作机械，确定 1 h 纯工作正常生产率要根据机械的类型和结构特征，以及工程过程的特点来进行，计算公式如下：

$$连续动作机械 1 h 纯工作正常生产率 = \frac{工作时间内生产的产品数量}{工作时间(h)}$$

2）确定施工机械的正常利用系数

确定施工机械的正常利用系数，是指机械在工作班内对工作时间的利用率。机械的利用系数和机械在工作班内的工作状况有着密切的关系。所以，要确定机械的正常利用系数，首先要拟定机械工作班的正常工作状况，保证合理利用工时。机械正常利用系数的计算公式如下：

$$机械\ 正常利用系数 = \frac{机械在一个工作班内纯工作时间}{一个工作班延续时间（8\ h）}$$

3）计算施工机械台班定额

计算施工机械台班定额是编制机械定额工作的最后一步。在确定了机械工作正常条件、机械 1 h 纯工作正常生产率和机械利用系数之后，采用下列公式计算施工机械的产量定额：

$$施工机械台班产量定额 = 机械 1\ h 纯工作正常生产率 \times 工作班纯工作时间$$

或者

$$施工\ 机械台班产量定额 = 机械 1\ h 纯工作正常生产率 \times$$
$$工作班延续时间 \times 机械正常利用系数$$

$$施工机械时间定额 = \frac{1}{机械台班产量定额指标}$$

例题 3-4 某工程现场采用出料容量 500 L 的混凝土搅拌机，每一次循环中，装料、搅拌、卸料、中断需要的时间分别为 1 min、3 min、1 min、1 min，机械正常利用系数为 0.9，求该机械的台班产量定额。

解答 该搅拌机一次循环的正常延续时间 $= 1+3+1+1 = 6(min) = 0.1(h)$

$$该搅拌机纯工作 1\ h 循环次数 = 10(次)$$
$$该搅拌机纯工作 1\ h 正常生产率 = 10 \times 500 = 5\ 000(L) = 5(m^3)$$
$$该搅拌机台班产量定额 = 5 \times 8 \times 0.9 = 36(m^3 / 台班)$$

3.3 预算定额

3.3.1 预算定额的概念及用途

1）预算定额的概念

预算定额，是在正常的施工条件下，完成一定计量单位合格分项工程和结构构件所需消耗的人工、材料、机械台班数量及相应费用标准。预算定额是工程建设中的一项重要的技术经济文件，是编制施工图预算的主要依据，是确定和控制工程造价的基础。

2）预算定额的用途和作用

（1）预算定额是编制施工图预算、确定建筑安装工程造价的基础。施工图设计一经确定，工程预算造价就取决于预算定额水平和人工、材料及机械台班的价格。预算定额起着控制劳动消耗、材料消耗和机械台班使用的作用,进而起着控制建筑产品价格的作用。

(2)预算定额是编制施工组织设计的依据。施工组织设计的重要任务之一,是确定施工中所需人力、物力的供求量,并做出最佳安排。施工单位在缺乏本企业施工定额的情况下,根据预算定额,亦能够比较精确地计算出施工中各项资源的需要量,为有计划地组织材料采购和预制件加工、劳动力和施工机械的调配,提供了可靠的计算依据。

(3)预算定额是工程结算的依据。工程结算是建设单位和施工单位按照工程进度对已完成的分部分项工程实现货币支付的行为。按进度支付工程款,需要根据预算定额将已完成的分项工程的造价算出。单位工程验收后,再按竣工工程量、预算定额和施工合同规定进行结算,以保证建设单位建设资金的合理使用和施工单位的经济收入。

(4)预算定额是施工单位进行经济活动分析的依据。预算定额规定的物化劳动和劳动消耗指标,是施工单位在生产经营中允许消耗的最高标准。施工单位必须以预算定额作为评价企业工作的重要标准,作为努力实现的目标。施工单位可根据预算定额对施工中的劳动、材料、机械的消耗情况进行具体的分析,以便找出并克服低功效、高消耗的薄弱环节,提高竞争能力。只有在施工中尽量降低劳动消耗,采用新技术、提高劳动者素质、提高劳动生产率,才能取得较好的经济效益。

(5)预算定额是编制概算定额的基础。概算定额是在预算定额基础上综合扩大编制的。利用预算定额作为编制依据,不但可以节省编制工作的大量人力、物力和时间,收到事半功倍的效果,还可以使概算定额在水平上与预算定额保持一致,以免造成执行中的不一致。

(6)预算定额是合理编制招标控制价、投标报价的基础。在深化改革中,预算定额的指令性作用日益削弱,而施工单位按照工程个别成本报价的指导性作用仍然存在,因此,预算定额作为编制招标控制价的依据和施工企业报价的基础性作用仍然存在,这也是由预算定额本身的科学性和指导性决定的。

3.3.2　预算定额的编制原则、依据

1)预算定额的编制原则

为保证预算定额的质量,充分发挥预算定额的作用,在编制工作中应遵循以下原则:

(1)按社会平均水平确定预算定额的原则。预算定额是确定和控制建筑安装工程造价的主要依据。因此,它必须遵照价值规律的客观要求,即按生产过程中所消耗的社会必要劳动时间确定定额水平。所以预算定额的平均水平,是在正常的施工条件下,合理的施工组织和工艺条件、平均劳动熟练程度和劳动强度下,完成单位分项工程基本构造要素所需要的劳动时间。

(2)简明适用的原则。一是指在编制预算定额时,对于那些主要的、常用的、价值量大的项目,分项工程划分宜细;次要的、不常用的、价值量相对较小的项目则可以粗一些。二是指预算定额要项目齐全。要注意补充那些因采用新技术、新结构、新材料而出现的新的定额项目。如果项目不全,缺项多,就会使计价工作缺少充足的可靠的依据。三是要求合理确定预算定额的计算单位,简化工程量的计算,尽可能地避免同一种材料用不同的计量单位和一量多用,尽量减少定额附注和换算系数。

2）预算定额的编制依据

（1）现行劳动定额和施工定额。预算定额是在现行劳动定额和施工定额的基础上编制的。预算定额中人工、材料、机械台班消耗水平，需要根据劳动定额或施工定额取定；预算定额计量单位的选择，也要以施工定额为参考，从而保证两者的协调和可比性，减轻预算定额的编制工作量，缩短编制时间。

（2）现行设计规范、施工及验收规范，质量评定标准和安全操作规程。

（3）具有代表性的典型工程施工图及有关标准图。对这些图纸进行仔细分析研究，并计算出工程数量，作为编制定额时选择施工方法确定定额含量的依据。

（4）新技术、新结构、新材料和先进的施工方法等。这类资料是调整定额水平和增加新的定额项目所必需的依据。

（5）有关科学实验、技术测定和统计、经验资料。这类工程是确定定额水平的重要依据。

（6）现行的预算定额、材料预算价格及有关文件规定等。包括过去定额编制过程中积累的基础资料，也是编制预算定额的依据和参考。

3.3.3　预算定额消耗量的编制方法

确定预算定额人工、材料、机械台班消耗指标时，必须先按施工定额的分项逐项计算出消耗指标，然后再按预算定额的项目加以综合。但是，这种综合不是简单的合并和相加，而需要在综合过程中增加两种定额之间适当的水平差。预算定额的水平，首先取决于这些消耗量的合理确定。

人工、材料和机械台班消耗量指标，应根据定额编制原则和要求，采用理论与实际相结合、图纸计算与施工现场测算相结合、编制人员与现场工作人员相结合等方法进行计算和确定，使定额既符合政策要求，又与客观情况一致，便于贯彻执行。

1）预算定额中人工工日消耗量的计算

人工的工日数可以有两种确定方法。一种是以劳动定额为基础确定的；另一种是以现场观察测定资料为基础计算，主要用于遇到劳动定额缺项时，采用现场工作日写实等测时方法测定和计算定额的人工耗用量。

预算定额中人工工日消耗量是指在正常施工条件下，生产单位合格产品所必需消耗的人工工日数量，是由分项工程所综合的各个工序劳动定额包括的基本用工、其他用工两部分组成的。

（1）基本用工。基本用工指完成一定计量单位的分项工程或结构构件的各项工作过程的施工任务所必需消耗的技术工种用工。按技术工种相应劳动定额工时定额计算，以不同工种列出定额工日。

计算公式如下：

$$基本用工量 = \sum（工序工程量 \times 对应的时间定额）$$

（2）其他用工。其他用工是指辅助基本用工所消耗的工日，其内容包括辅助用工、超运距用工和人工幅度差用工。

① 辅助用工是指劳动定额内不包括而在预算定额内又必须考虑的用工量。如机械土方

工程配合用工、材料加工(筛砂、洗石、淋化石膏)、电焊点火用工等。计算公式如下：

$$辅助用工量 = \sum (加工材料数量 \times 时间定额)$$

② 超运距用工是指超过劳动定额中已包括的材料、半成品场内水平搬运距离与预算定额所考虑的现场材料、半成品堆放地点到操作地点的水平运输距离之差。计算公式如下：

$$超运距用工量 = \sum (超运距材料数量 \times 时间定额)$$

其中超运距＝预算定额取定距－劳动定额已包括的运距。需要指出的是,当实际工程现场运距超过预算定额取定的运距时,应计算现场二次搬运费。

③ 人工幅度差用工,即预算定额与劳动定额的差额,是指劳动定额中未包括的,而在一般正常施工情况下又不可避免的一些零星用工,其内容包括如下：a. 各工种间的工序搭接及交叉作业互相配合中不可避免所引起的停工；b. 施工机械在单位工程之间转移及临时水电线路移动所引起的停工；c. 质量检查和隐蔽工程验收工作的影响；d. 班组操作地点转移用工；e. 工序交接时对前一工序不可避免的修整用工；f. 施工过程中不可避免的其他零星用工。

人工幅度差用工计算公式如下：

$$人工幅度差用工 = (基本用工 + 超运距用工 + 辅助用工) \times 人工幅度差系数$$

人工幅度差系数一般取值为 $10\% \sim 15\%$ 。

综上所述,预算定额中的人工消耗指标,可按以下公式计算：

定额人工消耗量＝(基本用工＋超运距用工＋辅助用工)×(1＋人工幅度差系数)

例题 3-5 完成某分部分项工程 $1\,m^3$ 需基本用工 0.5 工日,超运距用工 0.05 工日,辅助用工 0.1 工日,如人工幅度差系数为 10% ,计算该工程预算定额人工工日消耗量。

解答 定额人工消耗量＝(基本用工＋超运距用工＋辅助用工)×(1＋人工幅度差系数)
$= (0.5 + 0.05 + 0.1) \times (1 + 10\%) \times 10 = 7.15(工日 /10\,m^3)$

2）预算定额中材料消耗量的计算

材料消耗量计算方法主要有：

(1) 凡有标准规格的材料,按规范要求计算定额计量单位的耗用量,如砖、防水卷材、块料面层等。

(2) 凡设计图纸标注尺寸及下料要求的按设计图纸尺寸计算材料用量,如门窗制作用材料、板料等。

(3) 换算法。各种胶接、涂料等材料的配合比用料,可以根据要求条件换算,得出材料用量。

(4) 测定法。包括实验室试验法和现场观察法。各种强度等级的混凝土及砌筑砂浆配合比的耗用原材料数量的计算,须按规范要求试配,经过试压合格并经过必要的调整后得出水泥、砂子、石子、水的用量。对新材料、新结构不能用其他方法计算定额消耗用量时,须用现场测定方法来确定,根据不同条件可以采用写实记录法和观察法,得出定额的消耗量。

材料损耗量,指在正常条件下不可避免的材料损耗,如现场内材料运输及施工操作过程中的损耗等。其关系如下：

$$材料损耗率 = 损耗量 / 净用量 \times 100\%$$
$$材料损耗量 = 材料净用量 \times 损耗率(\%)$$
$$材料消耗量 = 材料净用量 + 损耗量$$

或
$$材料消耗量 = 材料净用量 \times [1 + 损耗率(\%)]$$

3) 预算定额中机械台班消耗量的计算

预算定额中的机械台班消耗量是指在正常施工条件下,生产单位合格产品(分部分项工程或结构构件)必须消耗的某种型号施工机械的台班数量。

(1) 根据施工定额确定机械台班消耗量的计算。这种方法是指用施工定额中机械台班产量加机械幅度差计算预算定额的机械台班消耗量。

机械台班幅度差是指在施工定额中所规定的范围内没有包括,而在实际施工中又不可避免产生的影响机械或使机械停歇的时间。其内容包括:

① 施工机械转移工作面及配套机械相互影响损失的时间。

② 在正常施工条件下,机械在施工中不可避免的工序间歇。

③ 工程开工或收尾时工作量不饱满所损失的时间。

④ 检查工程质量影响机械操作的时间。

⑤ 临时停机、停电影响机械操作的时间。

⑥ 机械维修引起的停歇时间。

大型机械幅度差系数为:土方机械 25%,打桩机械 33%,吊装机械 30%。砂浆、混凝土搅拌机由于按小组配用,以小组产量计算机械台班产量,不另增加机械幅度差。其他分部工程中如钢筋加工、木材、水磨石等各项专用机械的幅度差为 10%。

综上所述,预算定额的机械台班消耗量按下式计算:

$$预算定额机械耗用台班 = 施工定额机械耗用台班 \times (1 + 机械幅度差系数)$$

例题 3-6 已知某挖土机挖土,一次正常循环工作时间是 40 s,每次循环平均挖土量为 0.3 m³,机械正常利用系数为 0.8,机械幅度差为 25%。求该机械挖土方 1 000 m³ 的预算定额机械耗用台班量。

解答 机械纯工作 1 h 循环次数 = 3 600/40 = 90(次/台班)

机械纯工作 1 h 正常生产率 = 90 × 0.3 = 27(m³/台班)

施工机械台班产量定额 = 27 × 8 × 0.8 = 172.8(m³/台班)

施工机械台班时间定额 = 1/172.8 = 0.005 79(台班/m³)

预算定额机械耗用台班 = 0.005 79 × (1 + 25%) = 0.007 23(台班/m³)

挖土方 1 000 m³ 的预算定额机械耗用台班量 = 1 000 × 0.007 23 = 7.23(台班)

(2) 以现场测定资料为基础确定机械台班消耗量。如遇到施工定额缺项者,则需要依据单位时间完成的产量测定。

3.3.4 预算定额基价编制

预算定额基价就是预算定额分项工程或结构构件的单价,包括人工费、材料费和机械台班使用费,也称工料单价或直接工程费单价。

预算定额基价一般通过编制单位估价表、地区单位估价表及设备安装价目表确定单价,用于编制施工图预算。在预算定额中列出的"预算价值"或"基价",应视作该定额编制时的工程单价。

预算定额基价的编制方法,简单地说就是工、料、机的消耗量和工、料、机单价的结合过程。其中,人工费是由预算定额中每一分项工程用工数,乘以地区人工工日单价计出;材料费是由预算定额中每一分项工程的各种材料消耗量,乘以地区相应材料预算价格之和算出;机械费是由预算定额中每一分项工程的各种机械台班消耗量,乘以地区相应施工机械台班预算价格之和算出。分项工程预算定额基价的计算公式如下:

$$分项工程预算定额基价 = 人工费 + 材料费 + 机械使用费$$

$$人工费 = \sum(现行预算定额中人工工日用量 \times 人工日工资单价)$$

$$材料费 = \sum(现行预算定额中各种材料耗用量 \times 相应材料单价)$$

$$机械使用费 = \sum(现行预算定额中机械台班用量 \times 机械台班单价)$$

预算定额基价是根据现行定额和当地的价格水平编制的,具有相对稳定性。但是为了适应市场价格的变动,在编制预算时,必须根据工程造价管理部门发布的调价文件对固定的工程预算单价进行修正。修正后的工程单价乘以根据图纸计算出来的工程量,就可以获得符合实际市场情况的工程的直接工程费。

1) 定额基价中人工费的确定

人工日工资单价是指施工企业平均技术熟练程度的生产工人在每工作日(国家法定工作时间内)按规定从事施工作业应得的日工资总额。合理确定人工工日单价是正确计算人工费和工程造价的前提和基础。人工日工资单价组成内容包括:

(1) 计时工资或计件工资:是指按计时工资标准和工作时间或对已做工作按计件单价支付给个人的劳动报酬。

(2) 奖金:是指对超额劳动和增收节支支付给个人的劳动报酬。如节约奖、劳动竞赛奖等。

(3) 津贴补贴:是指为了补偿职工特殊或额外的劳动消耗和因其他原因支付给个人的津贴,以及为了保证职工工资水平不受物价影响支付给个人的物价补贴。如流动施工津贴、特殊地区施工津贴、高温(寒)作业临时津贴、高空津贴等。

(4) 加班加点工资:是指按规定支付的在法定节假日工作的加班工资和在法定日工作时间外延时工作的加点工资。

(5) 特殊情况下支付的工资:是指根据国家法律、法规和政策规定,因病、工伤、产假、计划生育假、婚丧假、事假、探亲假、定期休假、停工学习、执行国家或社会义务等原因按计时工资标准或计时工资标准的一定比例支付的工资。

2) 定额基价中材料费的确定

材料费是指施工过程中耗费的原材料、辅助材料、构配件、零件、半成品或成品、工程设备的费用。内容包括:

(1) 材料原价:是指材料的出厂价或商家供应价格。进口材料的原价按有关规定计算。

工程设备是指构成或计划构成永久工程一部分的机电设备、金属结构设备、仪器装置及其他类似的设备和装置。

当同一种材料因材料来源地、供应渠道不同而有几种原价时，应根据不同来源地的供应数量及不同的单价计算出加权平均原价。计算公式如下：

$$加权平均原价 = \frac{K_1C_1 + K_2C_2 + \cdots + K_nC_n}{K_1 + K_2 + \cdots + K_n}$$

式中：$K_1, K_2, \cdots, K_n$——不同地点的供应量或各不同使用地点的需要量；

$\quad C_1, C_2, \cdots, C_n$——不同地点的供应价。

（2）材料运杂费：是指材料自来源地运至工地仓库或指定堆放地点所发生的全部费用。

当同一种材料有若干个来源地，材料运杂费应根据运输里程、运输方式、运输条件供应量的比例加权平均的方法。计算公式如下：

$$加权平均运杂费 = \frac{K_1T_1 + K_2T_2 + \cdots + K_nT_n}{K_1 + K_2 + \cdots + K_n}$$

式中：$K_1, K_2, \cdots, K_n$——不同地点的供应量或各不同使用地点的需要量；

$\quad T_1, T_2, \cdots, T_n$——各不同运距的运费。

（3）运输损耗费：是指材料在运输装卸过程中不可避免的损耗。计算公式如下：

$$运输损耗费 = （材料原价 + 材料运杂费）\times 相应材料损耗率$$

（4）采购及保管费：是指为组织采购、供应和保管材料过程中所需要的各项费用，包括采购费、仓储费、工地保管费、仓储损耗。计算公式如下：

$$采购保管费 = （材料原价 + 材料运杂费 + 运输损耗费）\times 采购保管费率$$

综上所述：

$$材料费 = \sum（材料消耗量 \times 材料单价）+ 工程设备费$$

$$材料预算单价 = [（材料原价 + 材料运杂费）\times（1 + 运输损耗率）] \times（1 + 采购保管费率）$$

例题 3-7　某工地的水泥从两个地方采购，其采购量及有关费用如表 3-2 所示，求该工程水泥的基价。

表 3-2　水泥采购信息表

采购处	采购量（t）	原价（元/t）	运杂费（元/t）	运输损耗率（%）	采购及保管费费率（%）
来源一	300	240	20	0.5	3
来源二	200	250	15	0.44	

解答　（1）加权平均原价 $= \dfrac{300 \times 240 + 200 \times 250}{300 + 200} = 244（元/t）$

（2）加权平均运杂费 $= \dfrac{300 \times 20 + 200 \times 15}{300 + 200} = 18（元/t）$

（3）来源一的运输损耗费 $=（240 + 20）\times 0.5\% = 1.3（元/t）$

$\qquad$来源二的运输损耗费 $=（250 + 15）\times 0.4\% = 1.06（元/t）$

$$加权平均运输损耗费 = \frac{300 \times 1.3 + 200 \times 1.06}{300 + 200} = 1.204（元/t）$$

（4）水泥基价 = （244 + 18 + 1.204）×（1 + 3%）= 271.1（元/t）

3）定额基价中机械费的确定

机械费是指施工作业所发生的施工机械的使用费或其租赁费。

$$施工机械使用费 = \sum（施工机械台班消耗量 \times 机械台班单价）$$

机械台班单价是指一台施工机械在正常运转条件下一个台班内所需分摊和开支的全部费用,每台班按 8 小时工作制计算。

机械台班单价 = 台班折旧费 + 台班大修理费 + 台班经常修理费 + 台班安拆费及场外运费 + 台班人工费 + 台班燃料动力费 + 台班税费

（1）折旧费:指施工机械在规定的使用年限内,陆续收回其原值及购置资金的时间价值。

（2）大修理费:指施工机械按规定的大修理间隔台班进行必要的大修理,以恢复其正常功能所需的费用。

（3）经常修理费:指施工机械除大修理以外的各级保养和临时故障排除所需的费用。包括为保障机械正常运转所需替换设备与随机配备工具附具的摊销和维护费用、机械运转中日常保养所需润滑与擦拭的材料费用及机械停滞期间的维护和保养费用等。

（4）安拆费及场外运费:安拆费指施工机械（大型机械除外）在现场进行安装与拆卸所需的人工、材料、机械和试运转费用以及机械辅助设施的折旧、搭设、拆除等费用;场外运费指施工机械整体或分体自停放地点运至施工现场或由一施工地点运至另一施工地点的运输、装卸、辅助材料及架线等费用（运输距离湖北省均按 25 km 计算）。

工地间移动较为频繁的小型机械及部分机械的安拆费及场外运费,已包含在机械台班单价中。

（5）人工费:指机上司机（司炉）和其他操作人员的人工费。

（6）燃料动力费:指施工机械在运转作业中所消耗的各种燃料及水、电等费用。

（7）税费:指施工机械按照国家和有关部门的规定应缴纳的车船使用税、保险费及年检费等。

3.3.5　预算定额内容

1）定额说明

预算定额的说明包括定额总说明、分部工程说明及各分项工程说明。涉及各分部需说明的共性问题列入总说明,属某一分部需说明的事项列章节说明。说明要求简明扼要,但是必须分门别类注明,尤其是对特殊的变化,力求使用简便,避免争议。

2）分项工程定额项目表

定额项目表是由分项定额所组成的,这是预算定额的核心内容,示例如表 3-3（摘自《湖北省建筑装饰定额与统一计价表 2013 版》）所示。

表 3-3　现场搅拌混凝土柱定额项目表

定额编号			A2－17	A2－20
定额项目			C20 现浇混凝土	
			矩形柱	构造柱
			10m³	
基　价			4 055.21	4 220.64
其中	人工费(元)		1 263.88	1 438.20
	材料费(元)		2 688.55	2 679.66
	机械费(元)		102.78	102.78
名　称		单位	单价(元)	数　量
人工	普工	工日	60.00	9.35	10.63
	技工	工日	92.00	7.64	8.7
材料	草袋	m²	2.15	0.75	1.01
	水	m³	3.15	14	11
	电	度	0.97	5	5
	C20 碎石混凝土 40 mm(坍落度 30～50)	m³	259.90	10.15	10.15
机械	滚筒式混凝土搅拌机 500 L	台班	163.14	0.63	0.63

3) 附录

附录中包括混凝土、砂浆等配合比表(表 3-4)、材料价格取定表、施工机械台班价格取定表、艺术造型天棚断面示意图、货架柜类大样图、栏板栏杆大样图等。

表 3-4　碎石混凝土配合比附录表节选

混凝土编号			P1—55	P1—56	P1—57
混凝土项目			碎石混凝土 40 mm(坍落度 30～50)		
			C20	C25	C30
			m³		
混凝土单价			259.90	277.66	299.69
名　称		单位	单价(元)	数　量	
材料	水泥 32.5	kg	0.46	303	350	406
	中砂	m³	93.19	0.51	0.46	0.42
	碎石 40	m³	80.47	0.9	0.91	0.91
	水	m³	3.15	0.18	0.18	0.18

3.3.6 预算定额的应用

1）直接套用

当工程项目的设计要求、材料种类、工作内容与预算定额相应子目相一致时，可直接套用定额。

例题 3-8 某工程现场搅拌 C20 混凝土构造柱 200 m³，计算其定额直接工程费和 C20 混凝土用量。

解答 某工程现场搅拌 C20 混凝土构造柱的设计要求、材料种类、工作内容与预算定额 A2-20 一致，故可以直接套用 A2-20 定额基价。

C20 混凝土构造柱定额直接工程费 = 4 220.64×200/10 = 84 412.8(元)

C20 混凝土用量 = 10.15×200/10 = 203(m³)

2）定额换算

（1）混凝土标号、砂浆强度等级不同时的换算

当施工图上分项工程或结构构件的设计要求与基价表中相应项目的工作内容不完全一致时，就不能直接套用定额。当基价表规定允许换算时，则应按基价表规定的换算方法对相应定额项目的基价和人材机消耗量进行调整换算。换算后的定额项目应在定额编号的右下角标注一个"换"字，以示区别。

预算定额的换算绝大多数均属于材料换算。定额表规定：一般情况下，材料换算时，人工费和机械费保持不变，仅换算材料费。而且在材料费的换算过程中，定额上的材料用量保持不变，仅换算材料的预算单价。

混凝土标号、砂浆强度等级不同时，定额换算的公式为

换算后定额基价 = 原定额基价 + 换算材料定额用量×（换入材料单价 - 换出材料单价）

例题 3-9 某工程现浇混凝土矩形柱，采用 C30 混凝土，工程量 200 m³，计算该分项工程的定额人材机费用。

解答 设计要求采用 C30 混凝土，定额项目 A2-17 采用 C20 混凝土，工作内容不完全一致，故需将 A2-17 换算后再应用。运用换算公式

A2-17$_{换}$ = 4 055.21 + 10.15×(299.69 - 259.90)×200/10 = 89 181.57(元)

特别注意：该分项工程的人、材、机消耗量都未发生变化，但是 C30 的混凝土属于半成品材料，原材料本身的消耗量发生了变化。

（2）系数换算

当施工图上分项工程或结构构件的设计要求与基价表中相应项目的工作内容不完全一致，并且在定额说明中有相应的系数时，可以将定额进行系数换算之后再应用。计算公式为

换算后定额基价 = 原定额基价 + $\sum$（定额说明系数 - 1）×定额说明中要求换算费用

例题 3-10 某工程采用人工挖基坑，一、二类土，深度在 4 m 以内。已知地下水位以上挖土量为 1 000 m³，地下水位以下挖土量为 500 m³，计算该基坑挖土定额直接工程费。

解答 查找定额 G1-150(定额基价为 2 998.78 元/100 m³,其中人工费为 2 991.60 元/100 m³,机械费为 7.18 元/100 m³),其工作内容为人工挖基坑,一、二类土,深度在 4 m 以内。

另外,在土石方分部工程定额说明中:定额是按干土编制的,如挖湿土时,人工和机械乘系数 1.18。故需将定额 G1-150 换算后再应用。

$$A2\text{-}17_{换}=2\,998.78+(1.18-1)\times(2\,991.60+7.18)=3\,538.56(元/100\,m^3)$$

该基坑挖土定额直接工程费 $=2\,998.78\times1\,000/100+3\,538.56\times500/100=47\,680.6(元)$

3) 补充定额

当施工图上分项工程或结构构件的设计要求与基价表中相应项目的工作内容完全不一致时,现行定额不能满足需要的情况下,可以根据测定数据补充定额来应用。

例题 3-11 某外墙面挂贴花岗岩工程,定额测定资料如下:

(1) 完成每平方米挂贴花岗岩的基本工作时间为 4.5 h;

(2) 辅助工作时间、准备与结束工作时间、不可避免中断时间和休息时间分别占工作延续时间的比例为 3%、2%、1.5% 和 16%,人工幅度差 10%,不考虑超运距用工与辅助用工;

(3) 每挂贴 100 m² 花岗岩需消耗水泥砂浆 5.55 m³,600 mm×600 mm 花岗岩板 102 m²,白水泥 15 kg,铁件 34.87 kg,塑料薄膜 28.05 m²,水 1.53 m³;

(4) 每挂贴 100 m² 花岗岩需 200 L 灰浆,搅拌机 0.93 台班;

(5) 该地区人工工日单价:20.5 元/工日;花岗岩预算价格:300.00 元/m²;白水泥预算价格:0.43 元/kg;铁件预算价格:5.33 元/kg;塑料薄膜预算价格:0.9 元/m²;水预算价格:1.24 元/m³;200L 砂浆搅拌机台班单价:42.84 元/台班;水泥砂浆单价:153.00 元/m³。

问题:

(1) 确定挂贴每平方米花岗岩墙面的人工时间定额和人工产量定额;

(2) 确定该分项工程的补充定额单价。

解答 (1) 完成每平方米挂贴花岗岩的基本工作时间 $=4.5\,h=0.56(工日/m^2)$

施工时间 $=0.56/(1-3\%-2\%-1.5\%-16\%)=0.726(工日/m^2)$

人工时间定额 $=0.726\times(1+10\%)=0.798(工日/m^2)$

人工产量定额 $=1/0.798=1.25(m^2/工日)$

(2) 该分项工程每 100 m² 的补充定额基价:

人工费:$60\times0.798\times100=4\,788(元)$

材料费:花岗岩 $102\times200=20\,400(元)$

1:3 水泥砂浆	5.55×200.67	=1 113.72(元)
白水泥	15×0.60	=9.00(元)
铁件	35×5.50	=192.5(元)
水	1.5×2.12	=3.18(元)
小计	21 718.40 元	

机械费:200 L 砂浆搅拌机 $0.93\times86.57=80.510(元)$

补充定额基价 $=4\,788+21\,718.4+80.51=26\,586.91(元)$

3.4 概算定额和概算指标

3.4.1 概算定额

3.4.1.1 概算定额的概念

概算定额,是在预算定额基础上,确定完成合格的单位扩大分项工程或单位扩大结构构件所需消耗的人工、材料和施工机械台班的数量标准及其费用标准。概算定额又称扩大结构定额。

概算定额是预算定额的综合与扩大,它将预算定额中有联系的若干个分项工程项目综合为一个概算定额项目。如砖基础概算定额项目,就是以砖基础为主,综合了平整场地、挖地槽、铺设垫层、砌砖基础、铺设防潮层、回填土及运土等预算定额中分项工程项目。

概算定额与预算定额的相同之处,在于它们都是以建(构)筑物各个结构部分和分部分项工程为单位表示的,内容也包括人工、材料和机械台班使用量定额 3 个基本部分,并列有基准价。概算定额表达的主要内容、主要方式及基本使用方法都与预算定额相近。

概算定额与预算定额的不同之处,在于项目划分和综合扩大程度上的差异,同时,概算定额主要用于设计概算的编制。由于概算定额综合了若干分项工程的预算定额,因此概算工程量计算和概算表的编制都比编制施工图预算简单一些。

3.4.1.2 概算定额的作用

(1)是初步设计阶段编制概算、扩大初步设计阶段编制修正概算的主要依据。

(2)是对设计项目进行技术经济分析比较的基础资料之一。

(3)是建设工程主要材料计划编制的依据。

(4)是控制施工图预算的依据。

(5)是施工企业在准备施工期间,编制施工组织总设计或总计划时,对生产要素提出 需要量计划的依据。

(6)是工程结束后,进行竣工决算和评价的依据。

(7)是编制概算指标的依据。

3.4.1.3 概算定额的编制原则和编制依据

1)概算定额的编制原则

概算定额应该贯彻社会平均水平和简明适用的原则。由于概算定额和预算定额都是工程计价的依据,所以应符合价值规律和反映现阶段大多数企业的设计、生产及施工管理水平。但在概预算定额水平之间应保留必要的幅度差。概算定额的内容和深度是以预算定额为基础的综合和扩大。在合并中不得遗漏或增加项目,以保证其严密和正确性。概算定额务必达到简化、准确和适用。

2）概算定额的编制依据

由于概算定额的使用范围不同,其编制依据也略有不同。其编制依据一般有以下几种:

（1）现行的设计规范、施工验收技术规范和各类工程预算定额。

（2）具有代表性的标准设计图纸和其他设计资料。

（3）现行的人工工资标准、材料价格、机械台班单价及其他的价格资料。

3.4.1.4　概算定额手册的内容

按专业特点和地区特点编制的概算定额手册,内容基本上是由文字说明、定额项目表和附录三部分组成。

1）概算定额的内容与形式

（1）文字说明部分。文字说明部分有总说明和分部工程说明。在总说明中,主要阐述概算定额的编制依据、使用范围、包括的内容及作用、应遵守的规则及建筑面积计算规则等。分部工程说明主要阐述本分部工程包括的综合工作内容及分部分项工程的工程量计算规则等。

（2）定额项目表。主要包括以下内容:

① 定额项目的划分。概算定额项目一般按以下两种方法划分:一是按工程结构划分,一般是按土石方、基础、墙、梁板、门窗、地面、屋面、装饰、构筑物等工程结构划分;二是按工程部位(分部)划分,一般是按基础、墙体、梁柱、楼地面、屋盖、其他工程部位等划分,如基础工程中包括了砖、石、混凝土基础等项目。

② 定额项目表。定额项目表是概算定额手册的主要内容,由若干分节定额组成。各节定额由工程内容、定额表及附注说明组成。定额表中列有定额编号、计量单位、概算价格、人工、材料、机械台班消耗量指标,综合了预算定额的若干项目与数量。概算定额项目示例如表 3-5。

表 3-5　现浇钢筋混凝土柱概算定额

工作内容:模板制作、安装、拆除;钢筋制作、安装;混凝土浇捣、抹灰、刷浆。　　　　　　　计量单位:10 m³

概算定额编号				4~3		4~4	
项目		单位	单价(元)	矩形柱			
				周长 1.8 m 以内		周长 1.8 m 以外	
				数量	合价	数量	合价
基价		元		13 428.76		12 947.26	
其中	人工费	元		2 116.40		1 728.76	
	材料费	元		10 272.03		10 361.83	
	机械费	元		1 040.33		856.67	
合计工		工日	22.00	96.20	2 116.40	78.58	1 728.76

续表 3-5

概算定额编号				4～3		4～4	
材料	中粗砂	t	35.81	9.494	339.98	8.817	315.74
	碎石	t	36.18	12.207	441.65	12.207	441.65
	石灰膏	m³	98.89	0.221	20.75	0.155	14.55
	圆钢	t	3 000.00	2.188	6 564.00	2.407	7 221.00
	组合钢模板	kg	4.00	64.416	257.66	39.848	159.39
	钢支撑(钢管)	kg	4.85	34.165	165.70	21.134	102.50
	电焊条	kg	7.84	15.644	122.65	17.212	134.94
	水泥 452#	kg	0.25	664.459	166.11	517.117	129.28
	水泥 525#	kg	0.30	4 141.200	1 242.36	4 141.200	1 242.36
	脚手架	元			196.00		90.60
	其他材料费	元			185.62		117.64
机械	垂直运输费	元			628.00		510.00
	其他机械费	元			412.33		346.67

2）概算定额应用规则

（1）符合概算定额规定的应用范围。

（2）工程内容、计量单位及综合程度应与概算定额一致。

（3）必要的调整和换算应严格按定额的文字说明和附录进行。

（4）避免重复计算和漏项。

（5）参考预算定额的应用规则。

3.4.2 概算指标

3.4.2.1 概算指标概念及作用

建筑安装工程概算指标通常是以单位工程为对象，以建筑面积、体积或成套设备装置的台或组为计量单位而规定的人工、材料、机械台班的消耗量标准和造价指标。

从上述概念中可以看出，建筑安装工程概算定额与概算指标的主要区别如下：

（1）确定各种消耗量指标的对象不同。概算定额是以单位扩大分项工程或单位扩大结构构件为对象，而概算指标则是以单位工程为对象，因此概算指标比概算定额更加综合与扩大。

（2）确定各种消耗量指标的依据不同。概算定额以现行预算定额为基础，通过计算之后才综合确定出各种消耗量指标，而概算指标中各种消耗量指标的确定则主要来自各种预算或结算资料。

概算指标和概算定额、预算定额一样，都是与各个设计阶段相适应的多次性计价的产物，它主要用于投资估价、初步设计阶段，其作用主要有：

（1）概算指标可以作为编制投资估算的参考。

（2）概算指标是初步设计阶段编制概算书,确定工程概算造价的依据。

（3）概算指标中的主要材料指标可以作为匡算主要材料用量的依据。

（4）概算指标是设计单位进行设计方案比较、设计技术分析的依据。

（5）概算指标是编制固定资产投资计划,确定投资额和主要材料计划的主要依据。

3.4.2.2 概算指标的组成内容及表现形式

1）概算指标的组成内容

概算指标的组成内容,一般分为文字说明和列表形式两部分,以及必要的附录。

（1）总说明和分册说明。其内容一般包括:概算指标的编制范围、编制依据、分册情况、指标包括的内容、指标未包括的内容、指标的使用方法、指标允许调整的范围及调整方法等。

（2）列表形式包括

① 建筑工程列表形式。房屋建筑、构筑物一般是以建筑面积、建筑体积、"座""个"等为计算单位,附以必要的示意图,示意图画出建筑物的轮廓示意图或单线平面图,列出综合指标:"元/m²"或"元/m³",自然条件（如地耐力、地震烈度等）,建筑物的类型、结构形式及各部位中结构主要特点,主要工程量。

② 设备及安装工程的列表形式。设备以"t"或"台"为计算单位,也可以设备购置费或设备原价的百分比（%）表示;工艺管道一般以"t"为计算单位。列出指标编号、项目名称、规格、综合指标（元/计算单位）之后,一般还要列出其中的人工费,必要时还要列出主要材料费、辅材费。

总体来讲,建筑工程列表形式分为以下几个部分:

① 示意图。表明工程的结构、工业项目,还表示出吊车及起重能力等。

② 工程特征。对采暖工程特征应列采暖热媒及采暖形式;对电气照明工程特征可列出建筑层数、结构类型、配线方式、灯具名称等;对房屋建筑工程特征,主要对工程的结构形式、层高、层数和建筑面积进行说明。如表 3-6 所示。

表 3-6 内浇外砌住宅结构特征

结构类型	层数	层高	檐高	建筑面积
内浇外砌	六层	2.8 m	17.7 m	4 206 m²

③ 经济指标。说明该项目每 100 m² 的造价指标及其土建、水暖和电气照明等单位工程的相应造价,如表 3-7 所示。

表 3-7 内浇外砌住宅经济指标　　　　　　　　　　　　100 m² 建筑面积

项目		合计	其　中			
			直接费	间接费	利润	税金
单方造价		30 422	21 860	5 576	1 893	1 093
其中	土建	26 133	18 778	4 790	1 626	939
	水暖	2 565	1 843	470	160	92
	电照	614	1 239	316	107	62

④ 构造内容及工程量指标。说明该工程项目的构造内容和相应计算单位的工程量指标

及人工、材料消耗指标。如表 3-8、表 3-9 所示。

表 3-8　内浇外砌住宅构造内容及工程量指标　　　　　　　100 m² 建筑面积

序号	构造特征		工程量	
			单位	数量
一、土建				
1	基础	灌注桩	m³	14.64
2	外墙	二、砖墙、清水墙勾缝,内墙抹灰刷白	m³	24.32
3	内墙	混凝土墙、一砖墙抹灰刷白	m³	22.70
4	柱	混凝土柱	m³	0.70
5	地面	碎砖垫层、水泥砂浆面层	m²	13
6	楼面	120 mm 预制空心板、水泥砂浆面层	m²	65
7	门窗	木门窗	m²	62
8	屋面	预制空心板、水泥珍珠岩保温、三毡四油卷材防水	m²	21.7
9	脚手架	综合脚手架	m²	100

表 3-9　内浇外砌住宅人工及主要材料消耗指标

序号	名称及规格	单位	数量	序号	名称及规格	单位	数量
一、土建				二、水暖			
1	人工	工日	506	1	人工	工日	39
2	钢筋	t	3.25	2	钢管	t	0.18
3	型钢	t	0.13	3	暖气片	m²	20
4	水泥	t	18.10	4	卫生器具	套	2.35
5	白灰	t	2.10	5	水表	个	1.84
6	沥青	t	0.29	三、电气照明			
7	红砖	千块	15.10	1	人工	工日	20
8	木材	m³	4.10	2	电线	m	283
9	砂	m³	41	3	钢管	t	0.04
10	砺	m³	30.5	4	灯具	套	8.43
11	玻璃	m²	29.2	5	电表	个	1.84
12	卷材	m²	80.8	6	配电箱	套	6.1
				四、机械使用费		%	7.5
				五、其他材料费		%	19.57

2）概算指标的表现形式

概算指标在具体内容的表示方法上,分综合指标和单项指标两种形式。

（1）综合概算指标。综合概算指标是按照工业或民用建筑及其结构类型而制定的概算指标。综合概算指标的概括性较大,其准确性、针对性不如单项指标。

（2）单项概算指标。单项概算指标是指为某种建筑物或构筑物而编制的概算指标。单项概算指标的针对性较强,故指标中对工程结构形式要作介绍。只要工程项目的结构形式及工程内容与单项指标中的工程概况相吻合,编制出的设计概算就比较准确。

小　结

本章主要介绍了工程建设定额,包括定额的概念、分类。根据定额的用途分类,主要介绍了施工定额概念、编制原则、编制原理及编制方法以及预算定额的概念、编制原则、作用、编制方法等,同时介绍了概算定额与概算指标的概念、作用及表现形式。

练习题

一、单项选择题

1. 根据施工过程工时研究结果,与工人所担负的工作量大小无关的必需消耗时间是（　　）。

　A. 基本工作时间　　　　　　　　　　B. 辅助工作时间

　C. 准备与结束工作时间　　　　　　　D. 多余工作时间

2. 某出料容量 750 L 的混凝土搅拌机,每循环一次的正常延续时间为 9 分钟,机械正常利用系数为 0.9。按 8 小时工作制考虑,该机械的台班产量定额为（　　）。

　A. 36 m^3/台班　　　　　　　　　　B. 40m^3/台班

　C. 0.28 台班/m^3　　　　　　　　　D. 0.25 台班/m^3

3. 用水泥砂浆砌筑 2 m^3 砖墙,标准砖（240 mm×115 mm×53 mm）的总耗用量为 1 113 块。已知砖的损耗率为 5%,则标准砖、砂浆的净用量分别为（　　）。

　A. 1 057 块、0.372 m^3　　　　　　　B. 1 057 块、0.454 m^3

　C. 1 060 块、0.372 m^3　　　　　　　D. 1 060 块、0.449 m^3

4. 工地商品混凝土分别从甲、乙两地采购,甲地采购量及材料单价分别为 400 m^3、350 元/m^3,乙地采购量及有关费用如下表所示,则该工地商品混凝土的材料单价应为（　　）元/m^3。

采购量（m^3）	原价（元/m^3）	运杂费（元/m^3）	运输损耗率（%）	采购及保管费率（%）
600	300	20	1	4

　A. 341.00　　　　　B. 341.68　　　　　C. 342.50　　　　　D. 343.06

5. 某大型施工机械需配机上司机、机上操作人员各 1 名,若年制度工作日为 250 天,年工作台班为 200 台班,人工日工资单价均为 100 元/工日,则该施工机械的台班人工费为（　　）元/台班。

    A. 100　　　　　　　B. 125　　　　　　　C. 200　　　　　　　D. 250

6. 在正常施工条件下,完成 10 m³ 混凝土梁浇捣需 4 个基本用工,0.5 个辅助用工,0.3 个超运距用工,若人工幅度差系数为 10%,则该梁混凝土浇捣预算定额人工消耗量为(　　)工日/10 m³。

    A. 5.20　　　　　　　B. 5.23　　　　　　　C. 5.25　　　　　　　D. 5.28

二、计算题

某工程项目部分工程量如下表,混凝土项目均为现场搅拌,请根据 2013 年《湖北省建筑装饰工程消耗量定额》回答以下问题:(1) 写成定额编号;(2) 根据需要进行定额换算;(3) 计算定额直接工程费;(4) 分析表格中第 2、3、6、12 项的材料用量。

序号	定额编号	项目名称	项目特征	单位	数量	基价	合价
1		挖基槽土方	二类土 基础梁挖土 挖土深度 4 m 以内	m³	75		
2		砖基础	标准砖 M7.5 水泥砂浆砌筑 240 mm 厚	m³	40		
3		加气混凝土砌块墙	墙厚 250 mm M5 混合砂浆	m³	533		
4		桩承台基础	C20 混凝土 独立桩基础	m³	65		
5		基础梁	C25 混凝土 矩形基础梁 250×500	m³	32		
6		矩形柱	C30 钢筋混凝土 矩形柱 400×400	m³	115		
7		过梁	C20 过梁 200×180	m³	7		
8		有梁板	C20 有梁板 板厚 100 mm	m³	85		
9		有梁板	C25 有梁板 屋面板厚 120 mm	m³	37		
10		挑檐天沟	C20 钢筋混凝土挑檐天沟 板厚 100 mm	m³	33		
11		预制过梁	C20 预制过梁	m³	5		
12		防水砂浆	基础防潮层 厚度 20 mm 1:2 水泥砂浆掺防水粉	m²	66		

4

定额工程量计算规则

学习目标

- 了解工程量的概念、计算依据和计算基本要求
- 理解定额工程量计算规则
- 掌握建筑与装饰工程各分部分项工程及施工技术措施项目定额工程量的计算方法
- 能够熟练应用工程量计算规则,计算建筑和装饰工程分部分项工程及施工技术措施项目定额计价工程量

4.1 概 述

4.1.1 工程量基本概述

1) 工程量的概念

工程量是以自然计量单位或物理计量单位表示的各分项工程或结构构件的工程数量。

自然计量单位是以物体的自然属性来作为计量单位。如安装工程中灯箱、镜箱、柜台以"个"为计量单位,装饰工程中晒衣架、帘子杆、毛巾架以"根"或"套"为计量单位等。物理计量单位是以物体的某种物理属性来作为计量单位。如现浇混凝土柱以"m³"为计量单位,墙面抹灰以"m²"为计量单位,楼梯扶手、栏杆以"m"为计量单位等。

2) 工程量计算依据

(1) 施工图纸及配套的标准图集

施工图纸及配套的标准图集,是工程量计算的基础资料和基本依据。因为施工图纸能够全面反映建筑物(或构筑物)的结构构造、各部位的尺寸及工程做法。只有在对施工图纸进行全面详细的了解,并在结合预算定额项目划分的原则下,正确全面地分析该工程中各分部分项工程,并准确无误地划分,才能正确地计算工程量。

(2) 预算定额、工程量清单计价规范

根据工程计价的方式不同(定额计价或工程量清单计价),计算工程量应选择相应的工程量计算规则,编制施工图预算,应按预算定额及其工程量计算规则算量;若工程招标投标编制

工程量清单,应按"计价规范"附录中的工程量计算规则算量。

(3) 施工组织设计或施工方案

施工图纸主要表现拟建工程的实体项目,分项工程的具体施工方法及措施应按施工组织设计或施工方案确定。如计算挖基础土方,施工方法是采用人工开挖还是采用机械开挖,基坑周围是否需要放坡、预留工作面或做支撑防护等,应以施工组织设计或施工方案为计算依据。

3) 工程量计算遵循原则

在进行工程量计算时应注意下列基本原则:

(1) 计算口径与定额一致

计算工程量时,根据施工图纸所列出的工程子目的口径(指工程子目所包含的内容),必须与定额中相应工程子目的口径一致。如镶贴面层项目,定额中除包括镶贴面层工料外,还包括了结合层的工料,即结合层不得另行计算。这就要求预算人员必须熟悉定额组成及其所包含的内容。

(2) 计算规则与定额一致

工程量计算时,必须遵循定额中所规定的工程量计算规则,否则是错误的。如墙体工程量计算中,外墙长度按外墙中心线计算,内墙长度按内墙净长线计算;又如楼梯面层和台阶面层工程量按水平投影面积计算。

(3) 计算单位与定额一致

工程量计算时,工程量计算单位必须与定额单位相一致。在定额中,工程量的计算单位规定为:以体积计算的为 m^3,以面积计算的为 m^2,以长度计算的为 m,以质量计算的为 t 或 kg,以件(个或组)计算的为件(个或组)。

建筑工程预算定额中大多数用扩大定额(按计算单位的倍数)的方法计算,即"100 m^3""10 m^3""100 m^2""100 m"等,如门窗工程量定额以"100 mm^2"来计量。

为了保证工程量计算的精确度,工程数量的有效位数应遵守以下规定:以"吨"为单位,应保留小数点后 3 位数字,第四位四舍五入;以"立方米""平方米""米"为单位,应保留小数点后 2 位数字,第三位四舍五入;以"个""项"等为单位,应取整数。

(4) 工程量计算所使用原始数据必须和施工图纸一致

工程量是按划分好的分项工程,根据施工图纸计算的。计算时所采用的数据,都必须以施工图纸所示的尺寸为标准进行计算,不得任意加大或缩小各部位尺寸。

(5) 按图纸结合建筑物的具体情况进行计算

一般应做到主体结构分层计算,内装修分层分房间计算,外装修分立面计算,或按施工方案要求分段计算。不同的结构类型组成的建筑,按不同结构类型分别计算。

4.1.2 工程量计算方法

计算工程量,应根据不同情况,采用以下几种方法:

(1) 按顺时针顺序计算

以图纸左上角为起点,按顺时针方向依次进行计算,当按计算顺序绕图一周后又重新回到起点。这种方法一般用于各种带形基础、墙体、现浇及预制构件计算,其特点是能有效防止漏算和重复计算。

（2）按编号顺序计算

结构图中包括不同种类、不同型号的构件，而且分布在不同的部位，为了便于计算和复核，需要按构件编号顺序统计数量，然后进行计算。

（3）按轴线编号计算

对于结构比较复杂的工程量，为了方便计算和复核，有些分项工程可按施工图轴线编号的方法计算。例如在同一平面中，带型基础的长度和宽度不一致时，可按 A 轴①～③轴，B 轴③、⑤、⑦轴这样的顺序计算。

（4）分段计算

在通长构件中，当其中截面有变化时，可采取分段计算。如多跨连续梁，当某跨的截面高度或宽度与其他跨不同时可按柱间尺寸分段计算；再如楼层圈梁在门窗洞口处截面加厚时，其混凝土及钢筋工程量都应分段计算。

（5）分层计算

该方法在工程量计算中较为常见，例如墙体、构件布置、墙柱面装饰、楼地面做法等各层不同时都应分层计算，然后再将各层相同工程做法的项目分别汇总。

（6）分区域计算

大型工程项目平面设计比较复杂时，可在伸缩缝或沉降缝处将平面图划分成几个区域分别计算工程量，然后再将各区域相同特征的项目合并计算。

4.1.3 工程量计算步骤

1）正确识读图纸

由于专业分工的不同，房屋施工图分为建筑施工图（简称建施）、结构施工图（简称结施）和设备施工图（如给排水、采暖通风、电气等，简称设施）。

（1）先看目录，通过阅读图纸目录，了解建筑类型、设计单位、图纸张数，并检查全套各工种图纸是否齐全，图名与图纸编号是否相符等。

（2）初步阅读各工种设计说明，了解工程概况，将所采用的标准图集编号摘抄下来，并准备好标准图集，供看图时使用。

（3）阅读建筑施工图，读图次序依次为：设计总说明、总平面图、建筑平面图、立面图、剖面图、构造详图。初步阅读建施图后，应能在头脑中形成整栋房屋的立体形象，能想象出建筑物的大致轮廓，为下一步阅读结构施工图做好准备。

（4）阅读结构施工图，具体步骤如下：

① 阅读结构设计说明：包括结构设计的依据、材料标号及要求、施工要求、标准图选用等。

② 阅读基础平面图与详图：包括基础的平面布置及基础与墙、柱轴线的相对位置关系，以及基础的断面形状、大小、基底标高、基础材料及其他构造做法。

③ 阅读柱平面布置图：根据对应的建筑平面图校验柱的布置合理性及柱网尺寸、柱断面尺寸与轴线的关系尺寸有无错误。

④ 阅读楼层及屋面结构平面布置图：结合建施图，读懂梁、板、屋面结构布置及相应构造做法。

（5）阅读设备施工图：包括管道平面布置图、管道系统图、设备安装图、工艺图等。

2）确定工程量计算顺序

合理安排工程量计算顺序是工程量快速计算的基本前提。一个单位工程按工程量计算规则可划分为若干个分部工程，应考虑将前一个分部工程中计算的工程量数据，用于其他分部分项工程工程量计算。合理安排工程量计算顺序，将有关联的分部分项工程按前后依赖关系有序排列，才能计算流畅，避免错算、漏算和重复计算，从而加快工程量计算速度。

对于一般土建工程，其一般计算顺序为：建筑面积和体积→基础工程→混凝土及钢筋混凝土工程→门窗工程→墙体工程→装饰抹灰工程→楼地面工程→屋面工程→金属结构工程→其他工程。

（1）计算建筑面积

建筑面积是土建工程预算的主要指标，它们不仅有独立概念和作用，也是核对其他工程量的主要依据，因此必须首先计算出来。

（2）计算基础分部工程量

因为计算时基本上不能利用"统筹法计算"的 4 个基数，因此需独立计算。又因基础工程先施工，价值表应先列项，基础平面布置图及详图等在结构施工图中又排在前面，根据工程量计算少翻图纸、资料，以求快的原则，故将其排在计算程序的第二步。

（3）计算混凝土及钢筋混凝土分部

混凝土及钢筋混凝土工程通常分为现浇混凝土、现浇钢筋混凝土、预制钢筋混凝土和预应力钢筋混凝土等工程，它同基础工程和墙体工程密切相关，它们之间既相互联系又有制约，因此应将其排在计算程序的第三步。

（4）计算门窗工程量

门窗工程既依赖墙体砌筑工程，又制约砌筑工程施工，它的工程量还是墙体和装饰工程量计算过程中的原始数据，因此应将其排在计算程序的第四步。

（5）计算墙体分部工程量

主要是在利用第三、第四步某些数据的同时，又为装饰抹灰等工程量计算提供某些计算数据。例如在计算墙体体积时，列出墙体面积（包括分层分段），可在后来的装饰抹灰工程量计算中加以利用。因此应将其排在计算程序的第五步。

（6）计算装饰工程量

主要是在充分利用第三、第四、第五步有关数据的同时，为楼地面等工程量计算提供数据，因此应将其排在计算程序的第六步。

（7）计算楼地面分部工程量

首先要计算出设备基础及地沟部分的相应工程量等，这样在计算楼地面工程量时，可以顺利地扣除其相应面积或体积（工程量）。在楼地面工程量计算过程中，既要充分利用上述第五、六步所提供的数据，也要为屋面工程量计算提供相应数据，因此应将其排在计算程序的第七步。

（8）计算屋面分部工程量

计算时可充分利用第一、第七步所提供的数据简化计算。

（9）计算金属结构工程量

金属结构工程的工程量一般与上述计算程序关系不大，因此可以单独进行计算。

（10）计算其他工程量

其他工程又分为其他室内工程和其他室外工程。其他室内工程如水槽、水池、炉灶、楼梯扶手和栏杆等，其他室外工程如花台、散水、明沟、阳台和台阶等。这些零星工程均应分别计算。

3）计算基数

基数是基础性数据的简称，在计算分项工程工程量时，有些数据需要经常用到，这些数据就是基数。常用的建筑基数有 $L_外$、$L_中$、$L_内$、$S_底$。

$L_外$—— 外墙外边线。

$L_中$—— 外墙中心线。

$L_内$—— 内墙净长线。

$S_底$—— 底层建筑面积。

4）列出分项工程的名称并列表计算工程量

对于不同的分部工程，应按施工图列出其所包含的分项工程的项目名称，以方便工程量的计算。

4.2 建筑面积计算规则

4.2.1 建筑面积基本概述

建筑面积是指建筑物（包括墙体）所形成的楼地面面积。建筑面积包括使用面积、辅助面积和结构面积。

1）使用面积

使用面积是指建筑物各层平面布置中可直接为生产或生活使用的净面积总和，在民用建筑中亦称"居住面积"。例如，住宅建筑中的起居室、客厅、书房、卫生间、厨房及储藏室等都属于使用面积。

2）辅助面积

辅助面积是指建筑物各层平面布置中为辅助生产或生活所占净面积的综合。例如建筑物中的楼梯、走道、电梯间、杂物间等。

3）结构面积

结构面积是指建筑物各层平面中的墙、柱等结构所占面积之和。

4.2.2 建筑面积的作用

（1）建筑面积是一项重要的技术经济指标。在国民经济一定时期内，完成建筑面积的多少,也标志着一个国家的工农业生产发展状况、人民生活居住条件的改善和文化生活福利设施发展的程度。

（2）建筑面积是计算结构工程量或用于确定某些费用指标的基础。如计算出建筑面积之后,利用这个基数,就可以计算地面抹灰、室内填土、地面垫层、平整场地、脚手架工程等项目的预算价值。

（3）建筑面积与使用面积、辅助面积、结构面积之间存在着一定的比例关系。设计人员在进行建筑或结构设计时,都应在计算建筑面积的基础上再分别计算出结构面积、有效面积及诸如平面系数、土地利用系数等技术经济指标。

（4）建筑面积的计算对于建筑施工企业实行内部经济承包责任制、投标报价、编制施工组织设计、配备施工力量、成本核算及物资供应等,都具有重要的意义。

4.2.3 术语

《建筑工程建筑面积计算规范》(GB/T 50353—2013)对规则中有关词汇给予明确的定义,以便正确计算建筑面积。

自然层（floor）:按楼地面结构分层的楼层。

结构层高（structure story height）:楼面或地面结构层上表面至上部结构层上表面之间的垂直距离。

围护结构（building enclosure）:围合建筑空间的墙体、门、窗。

建筑空间（space）:以建筑界面限定的、供人们生活和活动的场所。

结构净高（structure net height）:楼面或地面结构层上表面至上部结构层下表面之间的垂直距离。

围护设施（enclosure facilities）:为保障安全而设置的栏杆、栏板等围挡。

地下室（basement）:室内地平面低于室外地平面的高度超过室内净高1/2的房间。

半地下室（semi-basement）:室内地平面低于室外地平面的高度超过室内净高的1/3,且不超过1/2的房间。

架空层（stilt floor）:仅有结构支撑而无外围护结构的开敞空间层。

走廊（corridor）:建筑物中的水平交通空间。

架空走廊（elevated corridor）:专门设置在建筑物的二层或二层以上,作为不同建筑物之间水平交通的空间。

结构层（structure layer）:整体结构体系中承重的楼板层。

落地橱窗（fench window）:突出外墙面且根基落地的橱窗。

飘窗（bay window）:凸出建筑物外墙面的窗户。

檐廊（eaves gallery）:建筑物挑檐下的水平交通空间。

挑廊（overhanging corridor）:挑出建筑物外墙的水平交通空间。

门斗（air lock）:建筑物入口处两道门之间的空间。

雨篷（canopy）:建筑出入口上方为遮挡雨水而设置的部件。

门廊（porch）:建筑物入口前有顶棚的半围合空间。

楼梯（stairs）:由连续行走的梯级、休息平台和维护安全的栏杆（或栏板）、扶手以及相应的支托结构组成的作为楼层之间垂直交通使用的建筑部件。

阳台（balcony）：附设于建筑物外墙，设有栏杆或栏板，可供人活动的室外空间。

主体结构（major structure）：接受、承担和传递建设工程所有上部荷载，维持上部结构整体性、稳定性和安全性的有机联系的构造。

变形缝（deformation joint）：防止建筑物在某些因素作用下引起开裂甚至破坏而预留的构造缝。

骑楼（overhang）：建筑底层沿街面后退且留出公共人行空间的建筑物。

过街楼（overhead building）：跨越道路上空并与两边建筑相连接的建筑物。

建筑物通道（passage）：为穿过建筑物而设置的空间。

露台（terrace）：设置在屋面、首层地面或雨篷上供人室外活动的有围护设施的平台。

勒脚（plinth）：在房屋外墙接近地面部位设置的饰面保护构造。

台阶（step）：联系室内外地坪或同楼层不同标高而设置的阶梯形踏步。

4.2.4 计算建筑面积的规定

1）房屋建筑主体部分

（1）建筑物的建筑面积应按自然层外墙结构外围水平面积之和计算。结构层高在 2.20 m 及以上的，应计算全面积；结构层高在 2.20 m 以下的，应计算 1/2 面积。

（2）建筑物内设有局部楼层时，对于局部楼层的二层及以上楼层，有围护结构的应按其围护结构外围水平面积计算，无围护结构的应按其结构底板水平面积计算，且结构层高在 2.20 m 及以上的应计算全面积，结构层高在 2.20 m 以下的应计算 1/2 面积。如图 4-1 所示。具体计算公式如下：

$$当 h \geqslant 2.2\ m 时，S = L \times B + l \times b$$
$$当 h < 2.2\ m 时，S = L \times B + 1/2 \times l \times b$$

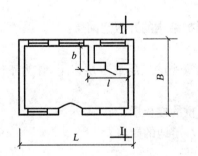
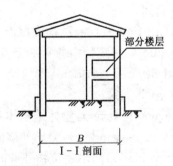

图 4-1 建筑物内有局部楼层示意图

例题 4-1 某单层建筑物有局部楼层，如图 4-2 所示，计算建筑面积。

解答 首层建筑面积：$S_{首层} = (27 + 0.24) \times (15 + 0.24) = 415.14(\mathrm{m}^2)$

局部楼层建筑面积：二层（层高 > 2.2 m） $= (12 + 0.24) \times (15 + 0.24) = 186.54(\mathrm{m}^2)$

三层（层高 < 2.2 m） $= (12 + 0.24) \times (15 + 0.24) \times 0.5 = 93.27(\mathrm{m}^2)$

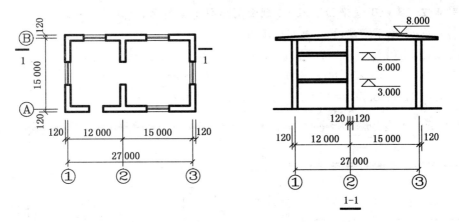

图 4-2 单层建筑物带有局部楼层

因此 $S = 415.14 + 186.54 + 93.27 = 694.95 (\text{m}^2)$

（3）对于形成建筑空间的坡屋顶，结构净高在 2.10 m 及以上的部位应计算全面积；结构净高在 1.20 m 及以上至 2.10 m 以下的部位应计算 1/2 面积；结构净高在 1.20 m 以下的部位不应计算建筑面积。如图 4-3 所示。具体计算式如下：

当 $h > 2.1$ m 时，$S = a_3 \times b$

当 1.2 m $< h < 2.1$ m 时，$S = 1/2 \times a_2 \times b$

当 $h < 1.2$ m 时，$S = 0$

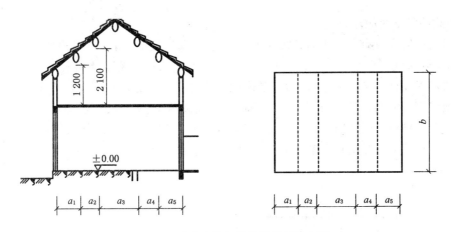

图 4-3 形成建筑空间的坡屋顶示意图

（4）对于场馆看台下的建筑空间，结构净高在 2.10 m 及以上的部位应计算全面积；结构净高在 1.20 m 及以上至 2.10 m 以下的部位应计算 1/2 面积；结构净高在 1.20 m 以下的部位不应计算建筑面积。室内单独设置的有围护设施的悬挑看台，应按看台结构底板水平投影面积计算建筑面积。有顶盖无围护结构的场馆看台应按其顶盖水平投影面积的 1/2 计算面积。

（5）地下室、半地下室应按其结构外围水平面积计算。结构层高在 2.20 m 及以上的，应计算全面积；结构层高在 2.20 m 以下的，应计算 1/2 面积。

例题 4-2 某地下室平面图、1-1 剖面图如图 4-4 所示,求建筑面积。

解答 S = 地下室建面 + 出入口建面

地下室建面:$(12.30+0.24) \times (10.00+0.24) = 128.41(\text{m}^2)$

出入口建面:$2.10 \times 0.80 + 6.00 \times 2.00 = 13.68(\text{m}^2)$

$S = 128.41 + 13.68 = 142.09(\text{m}^2)$

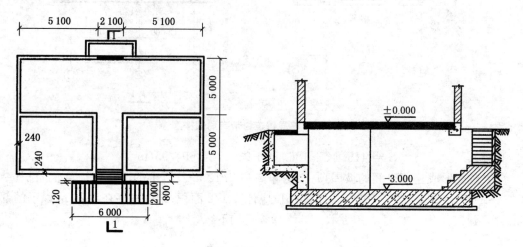

图 4-4 地下室平面图、1-1 剖面图

(6)出入口外墙外侧坡道有顶盖的部位,应按其外墙结构外围水平面积的 1/2 计算面积。

理解此项条款时应注意:

① 出入口坡道分有顶盖出入口坡道和无顶盖出入口坡道,出入口坡道顶盖的挑出长度,为顶盖结构外边线至外墙结构外边线的长度。地下室出入口如图 4-4 所示。

② 顶盖以设计图纸为准,对后增加及建设单位自行增加的顶盖等,不计算建筑面积。

③ 顶盖不分材料种类(如钢筋混凝土顶盖、彩钢板顶盖、阳光板顶盖等)。

(7)建筑物架空层及坡地建筑物吊脚架空层,应按其顶板水平投影计算建筑面积。结构层高在 2.20 m 及以上的,应计算全面积;结构层高在 2.20 m 以下的,应计算 1/2 面积。如图 4-5、图 4-6 所示。

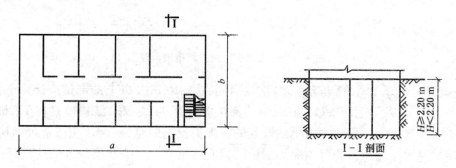

图 4-5 深基础架空层

(8)建筑物的门厅、大厅应按一层计算建筑面积,门厅、大厅内设置的走廊应按走廊结构底板水平投影面积计算建筑面积。结构层高在 2.20 m 及以上的,应计算全面积;结构层高在 2.20 m 以下的,应计算 1/2 面积。如图 4-7 所示。

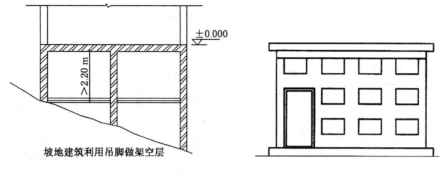

图 4-6　坡地建筑物吊脚架空层　　图 4-7　建筑物门厅示意图

(9) 设在建筑物顶部的、有围护结构的楼梯间、水箱间、电梯机房等,结构层高在 2.20 m 及以上的应计算全面积;结构层高在 2.20 m 以下的,应计算 1/2 面积。如图 4-8 所示。

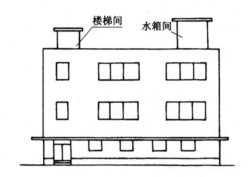

图 4-8　建筑物顶部楼梯间、水箱间示意图

(10) 围护结构不垂直于水平面的楼层,应按其底板面的外墙外围水平面积计算。结构净高在 2.10 m 及以上的部位,应计算全面积;结构净高在 1.20 m 及以上至 2.10 m 以下的部位,应计算 1/2 面积;结构净高在 1.20 m 以下的部位,不应计算建筑面积。斜围护结构如图 4-9 所示。

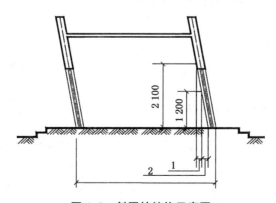

图 4-9　斜围护结构示意图
1—计算 1/2 建筑面积部位　2—不计算建筑面积部位

(11) 建筑物的室内楼梯、电梯井、提物井、管道井、通风排气竖井、烟道,应并入建筑物的

自然层计算建筑面积。有顶盖的采光井应按一层计算面积,且结构净高在 2.10 m 及以上的,应计算全面积;结构净高在 2.10 m 以下的,应计算 1/2 面积。建筑物电梯井如图 4-10 所示。

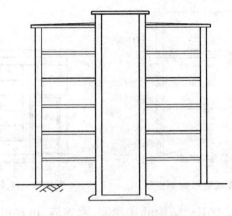

图 4-10　建筑物电梯井示意图

（12）以幕墙作为围护结构的建筑物,应按幕墙外边线计算建筑面积。

（13）建筑物的外墙外保温层,应按其保温材料的水平截面积计算,并计入自然层建筑面积。

（14）与室内相通的变形缝,应按其自然层合并在建筑物建筑面积内计算。对于高低联跨的建筑物,当高低跨内部连通时,其变形缝应计算在低跨面积内。

（15）对于建筑物内的设备层、管道层、避难层等有结构层的楼层,结构层高在 2.20 m 及以上的,应计算全面积;结构层高在 2.20 m 以下的,应计算 1/2 面积。

2）房屋建筑附属部分

（1）对于建筑物间的架空走廊,有顶盖和围护设施的,应按其围护结构外围水平面积计算全面积;无围护结构、有围护设施的,应按其结构底板水平投影面积计算 1/2 面积。如图 4-11 所示。

（2）有围护结构的舞台灯光控制室,应按其围护结构外围水平面积计算。结构层高在 2.20 m 及以上的,应计算全面积;结构层高在 2.20 m 以下的,应计算 1/2 面积。

（3）附属在建筑物外墙的落地橱窗,应按其围护结构外围水平面积计算。结构层高在 2.20 m 及以上的,应计算全面积;结构层高在 2.20 m 以下的,应计算 1/2 面积。

（4）窗台与室内楼地面高差在 0.45 m 以下且结构净高在 2.10 m 及以上的凸（飘）窗,应按其围护结构外围水平面积计算 1/2 面积。

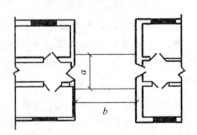

图 4-11　架空走廊示意图

（5）有围护设施的室外走廊（挑廊）,应按其结构底板水平投影面积计算 1/2 面积;有围护设施（或柱）的檐廊,应按其围护设施（或柱）外围水平面积计算 1/2 面积。

（6）门斗应按其围护结构外围水平面积计算建筑面积,且结构层高在 2.20 m 及以上的,应计算全面积;结构层高在 2.20 m 以下的,应计算 1/2 面积。

（7）门廊应按其顶板水平投影面积的 1/2 计算建筑面积;有柱雨篷应按其结构板水平投影面积的 1/2 计算建筑面积;无柱雨篷的结构外边线至外墙结构外边线的宽度在 2.10 m 及以

上的,应按雨篷结构板水平投影面积的1/2计算建筑面积。

(8) 室外楼梯应并入所依附建筑物自然层,并应按其水平投影面积的1/2计算建筑面积。

(9) 在主体结构内的阳台,应按其结构外围水平面积计算全面积;在主体结构外的阳台,应按其结构底板水平投影面积计算1/2面积。

3) 特殊的房屋建筑

(1) 对于立体书库、立体仓库、立体车库,有围护结构的,应按其围护结构外围水平面积计算建筑面积;无围护结构、有围护设施的,应按其结构底板水平投影面积计算建筑面积。无结构层的应按一层计算,有结构层的应按其结构层面积分别计算。结构层高在2.20 m及以上的,应计算全面积;结构层高在2.20 m以下的,应计算1/2面积。

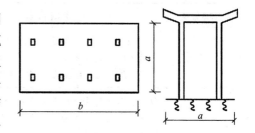

图4-12 车棚示意图

(2) 有顶盖无围护结构的车棚、货棚、站台、加油站、收费站等,应按其顶盖水平投影面积的1/2计算建筑面积。如图4-12所示。

4) 不计算建筑面积的范围

(1) 与建筑物内不相连通的建筑部件。

(2) 骑楼、过街楼底层的开放公共空间和建筑物通道。

(3) 舞台及后台悬挂幕布和布景的天桥、挑台等。

(4) 露台、露天游泳池、花架、屋顶的水箱及装饰性结构构件。

(5) 建筑物内的操作平台、上料平台、安装箱和罐体的平台。

(6) 勒脚、附墙柱、垛、台阶、墙面抹灰、装饰面、镶贴块料面层、装饰性幕墙,主体结构外的空调室外机搁板(箱)、构件、配件,挑出宽度在2.10 m以下的无柱雨篷和顶盖高度达到或超过两个楼层的无柱雨篷。

(7) 窗台与室内地面高差在0.45 m以下且结构净高在2.10 m以下的凸(飘)窗,窗台与室内地面高差在0.45 m及以上的凸(飘)窗。

(8) 室外爬梯、室外专用消防钢楼梯。

(9) 无围护结构的观光电梯。

(10) 建筑物以外的地下人防通道,独立的烟囱、烟道、地沟、油(水)罐、气柜、水塔、贮油(水)池、贮仓、栈桥等构筑物。

4.3 土石方工程

4.3.1 土石方工程定额说明

本说明适用于湖北省境内房屋建筑工程和市政基础设施工程的新建、扩建、改建中的土石方及运输(除有关专业册说明不适用本章定额外)。

1) 土方工程

(1) 本定额土壤分类,见土壤分类表 4-1。

表 4-1　土壤分类表

土壤分类	土壤名称	开挖方法
一、二类土	粉土、砂土(粉砂、细砂、中砂、粗砂、砾砂)、粉质黏土、弱中盐渍土、软土(淤泥质土、泥炭、泥炭质土)、软塑红黏土、冲填土	用铁锹,少许用镐、条锄开挖。机械能全部直接铲挖满载者
三类土	黏土、碎石土(圆砾、角砾)混合土、可塑红黏土、硬塑红黏土、强盐渍土、素填土、压实填土	主要用镐、条锄,少许用锹开挖。机械需部分刨松方能挖满载者或可直接铲挖但不能满载者
四类土	碎石土(卵石、碎石、漂石、块石)、坚硬红黏土、超盐渍土、杂填土	全部用镐、条锄挖掘,少许用撬棍挖掘。机械普通刨松方能铲挖满载者

注:本表土的名称及其含义按国家标准《岩土工程勘察规范》(GB 50021—2001)(2009 年版)定义。

(2) 干湿土的划分首先以地质勘察资料为准,含水率≥25%为湿土;或以地下常水位为准划分,地下常水位以上为干土,以下为湿土。定额是按干土编制的,如挖湿土时,人工和机械乘系数 1.18,干、湿土工程量分别计算,如含水率>40%时,另行计算。采用井点降水的土方应按干土计算。

(3) 本定额未包括地下水位以下施工的排水费用,发生时另按相应项目计算。

(4) 沟槽、基坑、一般土方的划分:底宽≤7 m 且底长>3 倍底宽为沟槽;底长≤3 倍底宽且底面积≤150 m² 为基坑;超过上述范围则为一般土方。

(5) 在支撑下挖土,按实挖体积人工乘以系数 1.43,机械乘以系数 1.2。先开挖后支撑的不属支撑下挖土。

(6) 挖桩间土方时,按实挖体积(扣除桩体所占体积,包括空钻或空挖所形成的未经回填的桩孔所占体积),人工挖土方乘以系数 1.25,机械挖土方乘以系数 1.1。

(7) 挖土中因非施工方责任发生塌方时,除一、二类土外,三、四类土壤按降低一级土类别执行,第九条所列土壤按四类土定额项目执行,工程量均以塌方数量为准。

(8) 机械挖土方中需人工辅助开挖(包括切边、修整底边),人工挖土部分按批准的施工组织设计确定的厚度计算工程量,无施工组织设计的,人工挖土厚度按 30 cm 计算。人工挖土部分套用人工挖一般土方相应项目且人工乘以系数 1.50。

(9) 推土机推土或铲运机铲土土层平均厚度小于 30 cm 时,推土机台班用量乘以系数 1.25,铲运机台班用量乘以系数 1.17。

(10) 挖掘机在垫板上进行作业时,人工、机械乘以系数 1.25,定额不包括垫板铺设所需的人工、材料及机械消耗。

(11) 本定额项目中为满足环保要求而配备了洒水汽车在施工现场降尘,如实际施工中未采用洒水汽车降尘的,在结算时应扣除洒水汽车和水的费用;如实际施工中洒水汽车与定额取定不同时,洒水汽车和水的用量可以调整。

2）石方工程

（1）沟槽、基坑、一般石方的划分为：底宽≤7 m 且底长>3 倍底宽为沟槽；底长≤3 倍底宽且底面积≤150 m² 为基坑；超出上述范围则为一般石方。

（2）人工凿石、机械打眼爆破石方，如岩石类别为极软岩时，按软岩定额子目套用。

（3）石方爆破定额是按炮眼法松动爆破编制的，不分明炮和闷炮。

（4）定额中的爆破材料是按炮孔中无地下渗水、积水考虑，炮孔中如出现地下渗水、积水时，处理渗水或积水发生的费用另行计算。

3）土石方运输

（1）汽车运土时运输道路是按一、二、三类道路综合确定的，已考虑了运输过程中道路清理的人工。当需要铺筑材料时，另行计算。

（2）装载机装松散土定额项目是指装载机将已有的松散土方装上车，如装车前系原状土（天然密实状态），则应由推土机破土，增加相应推土机推土费用。

（3）自卸汽车运土，如系拉铲挖掘机装车，自卸汽车运土台班数量乘以系数 1.2。

（4）自卸汽车运淤泥、流砂，按自卸汽车运土台班数量乘以系数 1.2。

4）回填及其他

（1）平整场地是指建筑场地以设计室外地坪为准±30 cm 以内的挖、填土方及找平。挖、填土厚度超过±30 cm 时，按场地土方平衡竖向布置图另行计算。

（2）人工填土夯实定额项目中土方体积为天然密实体积，机械填土碾压定额项目中土方体积为夯实后体积。

4.3.2　土石方工程量计算规则

1）土方工程量计算一般规则

（1）土方体积均以天然密实体积为准计算。非天然密实土方（如虚方体积、夯实后体积和松填体积）应按表 4-2 折算。

表 4-2　土方体积折算系数表

天然密实度体积	虚方体积	夯实后体积	松填体积
0.77	1.00	0.67	0.83
1.00	1.30	0.87	1.08
1.15	1.50	1.00	1.25
0.92	1.20	0.80	1.00

注：（1）虚方指未经碾压，堆积时间≤1 年的土壤。
（2）设计密实度超过规定的，填方体积按工程设计要求执行；无设计密实度要求的，编制招标控制价时，填方体积按天然密实度体积计算。

例题 4-3　某工程外购黄土用于室内回填，已知室内回填土工程量 300 m³，试求买土的数量。

解答　室内回填土属于夯实后体积，工程量＝300 m³。

买土体积按虚方体积考虑,查表4-2,可知虚方体积与夯实后体积比为1.50∶1.00,则

$$需买土数量 = 300 \times 1.50 = 450(m^3)$$

(2)建筑物挖土以设计室外地坪标高为准计算。

2)挖沟槽、基坑土方工程量按规定以体积计算

挖沟槽、基坑加宽工作面及放坡系数按施工组织设计或设计图示尺寸计算。设计无明确规定时,按表4-3、表4-4规定计算。

表4-3　放坡起点及放坡系数

土壤类别	放坡起点(m)	人工挖土	机械挖土		
			在坑内作业	在坑上作业	顺沟槽在坑上作业
一、二类土	1.20	1∶0.5	1∶0.33	1∶0.75	1∶0.5
三类土	1.50	1∶0.33	1∶0.25	1∶0.67	1∶0.33
四类土	2.00	1∶0.25	1∶0.10	1∶0.33	1∶0.25

注:沟槽、基坑中土类别不同时,分别按其放坡起点、放坡系数,依不同土类别厚度加权平均计算。

表4-4　基础工作面宽度表

基础材料	每边各增加工作面宽度(mm)
砖基础	200
浆砌毛石、条石基础	150
混凝土基础垫层支模板	300
混凝土基础支模板	300
基础垂直面做防水层	1 000(防水层面)

例题4-4　某工程土质为三类土,挖土深度为2.0 m时是否需要放坡?人工挖土时放坡每边增加宽度多少?

解答　放坡是在土方开挖施工时,为了防止土壁塌方,确保施工安全,当挖方超过一定深度或填方超过放坡起点高度时,其边沿应按放坡系数表4-3规定系数放出足够的边坡。工程中常用1∶K表示放坡坡度,K称为放坡系数。放坡系数指放坡宽度B与挖土深度H的比值,即$K = B/H$。放坡系数表示方法如图4-13所示。

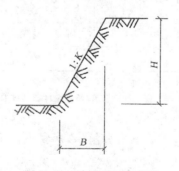

图4-13　放坡系数示意图

查表 4-3 可知,三类土放坡起点深度为 1.5 m,而工程挖土深度为 2.0 m,所以需要放坡。人工挖土 $K = 0.33$,则放坡每边增加宽度

$$B = KH = 0.33 \times 2 = 0.66 \, (\text{m})$$

施工时需为工人进行操作提供足够的工作空间,即为施工操作预留工作面。预留时以最大限度地提高工人工作效率为前提来确定工作面的大小。施工组织设计或设计图示尺寸有规定工作面时按规定工作面取值计算土方量。设计无明确规定时,按表 4-4 规定取工作面。

(1)人工挖沟槽土方工程量

关于挖沟槽土方工程量计算时的几点规定:

① 底宽≤7 m 且底长>3 倍底宽为沟槽,挖沟槽土方示意图如图 4-14 所示,则沟槽土方量计算可用公式 $V = S_{\text{截面}} \times L_{\text{沟槽}}$。

② $L_{\text{沟槽}}$ 是指沟槽长度:外墙按图示中心线长度计算;内墙按图示基础底面之间净长度计算;内外突出部分(垛、附墙烟囱等)体积并入沟槽土方工程量内计算。

③ 挖沟槽、基坑需支挡土板时,其宽度包括图示沟槽、基坑底宽、加宽工作面和挡土板厚度(每边按 100 mm 计算)。除设计另有规定外,凡放坡部分不得再计算支挡土板,支挡土板后不得再计算放坡。

④ 挖沟槽、基坑计算放坡时,在挖土交接处产生的重复工程量不扣除。

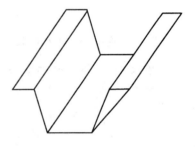

图 4-14 挖沟槽示意图

⑤ $S_{\text{截面}}$ 是沟槽形成的断面面积,取值可根据不同的土方开挖情况确定。常见的沟槽断面有以下几种,如图 4-15 至图 4-19 所示。图中所示参数为:

a——垫层宽度;

b——基础宽度;

c——预留工作面宽度;

H——挖土深度;

K——放坡系数;

H_1——垫层高度;

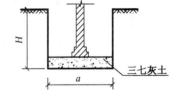

图 4-15 有垫层无工作面

H_2——自垫层上表面放坡挖土深度。

沟槽开挖有垫层无工作面时(图 4-15):$S_{\text{截面}} = a \times H$

沟槽开挖有垫层有工作面时(图 4-16):$S_{\text{截面}} = (a + 2c) \times H$

沟槽开挖有垫层有工作面、支挡土板(图 4-17):$S_{\text{截面}} = (a + 2c + 0.2) \times H$

沟槽开挖有垫层有工作面、放坡(图 4-18):$S_{\text{截面}} = (a + 2c + KH) \times H$

沟槽开挖自垫层上表面放坡(图 4-19):$S_{\text{截面}} = a \times H_1 + (b + 2c + KH_2) \times H_2$

⑥ 建筑物沟槽、基坑工作面及放坡自垫层下表面开始计算,则 H 取值为设计室外地坪到垫层下表面的高度差;原槽、坑作基础垫层时,放坡自垫层上表面开始计算,则 H 取值为设计室外地坪到垫层上表面的高度差。

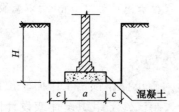

图 4-16 有垫层有工作面

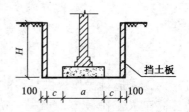

图 4-17 有垫层有工作面、支挡土板

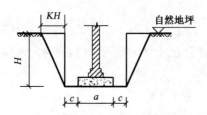

图 4-18 有垫层有工作面、放坡

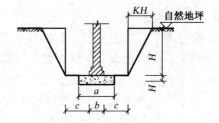

图 4-19 自垫层上表面放坡

例题 4-5 某工程砖基础平面布置图、1-1 基础断面图如图 4-20、图 4-21 所示。求下列几种情况下,人工挖沟槽土方工程量。

(1) 三类土,灰土垫层(无工作面);

(2) 三类土,混凝土垫层;

(3) 一、二类土,混凝土垫层;

(4) 一、二类土,混凝土垫层,支挡土板。

解答 沟槽土方量计算公式为 $V = S_{截面} \times L_{沟槽}$,根据公式分别计算沟槽长度和沟槽截面面积。

沟槽长度:外墙按图示中心线长度计算;内墙按图示基础底面之间净长度计算。

则 $L_{外槽} = (3.5 + 3.5 + 3.3 + 3.3) \times 2 = 27.2\ \text{m}$

　　　$L_{内槽} = (3.5 + 3.5 - 槽底宽度) + (3.3 + 3.3 - 槽底宽度)$

$S_{截面}$ 的计算与 5 种不同情况下所形成的截面相关,需分情况计算。

(1) 挖土深度 $H = -0.45\ \text{m} - (-1.85\ \text{m}) = 1.4\ \text{m}$,三类土放坡起点深度为 1.5 m,故无需放坡,则形成沟槽截面如图 4-15。

$S_{截面} = a \times H = 0.8 \times 1.4 = 1.12\ (\text{m}^2)$

$L_{沟槽} = 27.2 + (7 - 0.8) + (6.6 - 0.8) = 39.2\ (\text{m})$

$V = S_{截面} \times L_{沟槽} = 1.12 \times 39.2 = 43.90\ (\text{m}^3)$

(2) 同第一种情况,无需放坡。混凝土垫层需工作面,查表 $c = 0.3\ \text{m}$,则形成沟槽截面如图 4-16。

$S_{截面} = (a + 2c) \times H = (0.8 + 2 \times 0.3) \times 1.4 = 1.96\ (\text{m}^2)$

$L_{沟槽} = 27.2 + (7 - 0.8 - 2 \times 0.3) + (6.6 - 0.8 - 2 \times 0.3) = 38\ (\text{m})$

$V = S_{截面} \times L_{沟槽} = 1.96 \times 38 = 74.48\ (\text{m}^3)$

(3) 一、二类土放坡起点深度为 1.2 m,挖土深度为 1.4 m,故需放坡,查放坡系数表可知 $K = 0.5$。混凝土垫层需工作面,查表 $c = 0.3\ \text{m}$,则形成沟槽截面如图 4-18。

$$S_{截面} = (a + 2c + KH) \times H = (0.8 + 2 \times 0.3 + 0.5 \times 1.4) \times 1.4 = 2.94 \, (\text{m}^2)$$

$$L_{沟槽} = 27.2 + (7 - 0.8 - 2 \times 0.3) + (6.6 - 0.8 - 2 \times 0.3) = 38 \, (\text{m})$$

$$V = S_{截面} \times L_{沟槽} = 2.94 \times 38 = 111.72 \, (\text{mm}^3)$$

(4) 一、二类土，混凝土垫层，支挡土板。加挡土板厚度每边按 100 mm 计算。除设计另有规定外，支挡土板后不得再计算放坡，则形成沟槽截面如图 4-17。

$$S_{截面} = (a + 2c + 0.2) \times H = (0.8 + 2 \times 0.3 + 0.2) \times 1.4 = 2.24 \, (\text{m}^2)$$

$$L_{沟槽} = 27.2 + (7 - 0.8 - 0.2) + (6.6 - 0.8 - 0.2) = 38.8 \, (\text{m})$$

$$V = S_{截面} \times L_{沟槽} = 2.24 \times 38.8 = 86.91 \, (\text{m}^3)$$

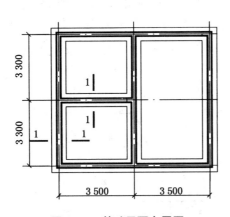

图 4-20 基础平面布置图

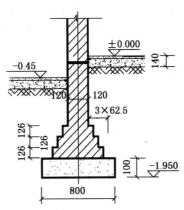

图 4-21 基础断面图

(2) 人工挖基坑土方工程量

① 底面矩形不放坡

设独立基础底面尺寸为 $a \times b$，至设计室外标高深度为 H，不放坡、不留工作面时基坑为一长方体形状，则

$$V = a \times b \times H \tag{4-1}$$

② 底面矩形放坡

设工作面为 c，坡度系数为 k，则基坑形状为一倒梯形体，则

$$V = (a + 2c + kH) \times (b + 2c + kH) \times H + 1/3k^2H^3 \tag{4-2}$$

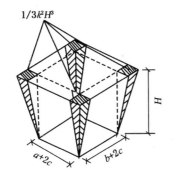

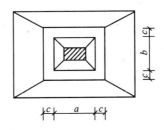

图 4-22 放坡底坑透视图

③ 底面圆形不放坡

$$V = \pi r^2 H \tag{4-3}$$

④ 底面圆形放坡

$$V = \frac{1}{3}\pi H(r^2 + R^2 + rR) \tag{4-4}$$

式中：r—— 坑底半径（含工作面宽度）；

$\quad\quad R$—— 坑上口半径，$R = r + KH$。

例题 4-6 某构筑物基础为满堂基础，基础垫层为无筋混凝土，长宽方向的外边线尺寸为 8.04 m 和 5.64 m，垫层厚 20 cm，垫层顶面标高为 −4.55 m，室外地面标高为 −0.65 m，地下常水位标高为 −3.50 m，该处土壤类别为三类土，人工挖土，不考虑工作面，试计算挖土方工程量，并确定定额项目。

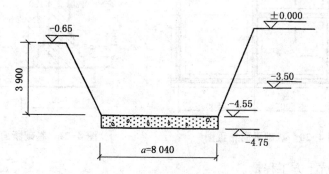

图 4-23 某建筑物基础剖面图

解答 基坑如图 4-23 所示，基础埋至地下常水位以下，坑内有干、湿土，应分别计算。

(1) 挖干湿土总量查表得 $k = 0.33$，$\frac{1}{3}k^2h^3 = \frac{1}{3} \times 0.33^2 \times 3.9^3 = 2.15$，设垫层部分的土方量为 V_1，垫层以上的挖方量为 V_2，总土方为 V_0，则

$$\begin{aligned}
V_0 &= V_1 + V_2 = a \times b \times 0.2 + (a + k \times h)(b + k \times h) \times h + \frac{1}{3}k^2h^3 \\
&= 8.04 \times 5.64 \times 0.2 + (8.04 + 0.33 \times 3.9) \times (5.64 + 0.33 \times 3.9) \times 3.9 + 2.15 \\
&= 263.19(\text{m}^3)
\end{aligned}$$

(2) 挖湿土量

如图 4-23，放坡部分挖湿土深度为 1.05 m，则 $\frac{1}{3}k^2h^3 = 0.042$，设湿土量为 V_3，则

$$\begin{aligned}
V_3 &= V_1 + (8.04 + 0.33 \times 1.05)(5.64 + 0.33 \times 1.05) \times 1.05 + 0.042 \\
&= 9.07 + 8.387 \times 5.987 \times 1.05 + 0.042 \\
&= 61.84(\text{m}^3)
\end{aligned}$$

定额子目：G1−152$_\text{换}$　人工挖基坑，深度 2 m 以内

定额基价：3 811.72 × 1.18 元/100 m²

（3）挖干土量 V_4

$$V_4 = V_0 - V_3 = 263.19 - 61.84 = 201.35 (m^3)$$

定额子目：G1-153　人工挖基坑，深度 4 m 以内

定额基价：4 433.98 元/100 m^2

4.3.3　土石方运输

（1）土石方运距应以挖土重心至填土重心或弃土重心最近距离计算，挖土重心、填土重心、弃土重心按施工组织设计确定。如遇下列情况应增加运距：

① 人力及人力车运土、石方上坡坡度在 15% 以上，推土机推土和推石碴、铲运机铲运土重车上坡时，如果坡度大于 5%，其运距按坡度区段斜长乘以系数计算。

② 拖式铲运机 3 m^3 加 27 m 转向距离，其余型号铲运机加 45 m 转向距离。

（2）余土或取土工程量可按下式计算：

$$余土外运体积 = 挖土总体积 - 回填土总体积（或按施工组织设计计算）$$

式中计算结果为正值时为余土外运体积，负值时为取土体积。

4.3.4　回填及其他

1）平整场地及碾压工程量计算

（1）平整场地工程量按建筑物外墙外边线每边各加 2 m 以面积计算。计算公式如下：

$$S_{平} = S_{底} + 2L_{外} + 16 \ m^2$$

例题 4-7　求图 4-24 平整场地工程量。图示尺寸为轴线间尺寸，墙厚为 360 mm。

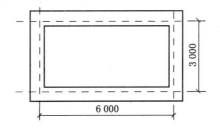

图 4-24　某建筑物平面布置图

解答　$S_{平} = (6 + 0.24 \times 2 + 2 \times 2) \times (3 + 0.24 \times 2 + 2 \times 2) = 78.39 \ (m^2)$

或　$S_{平} = S_{底} + 2L_{外} + 16 \ m^2 = (6 + 0.24 \times 2) \times (3 + 0.24 \times 2) + 2 \times [(6 + 0.24 \times 2 + 3 + 0.24 \times 2) \times 2] + 16 = 78.39 \ (m^2)$

注：$S_{平} = S_{底} + 2L_{外} + 16 \ m^2$ 适用于任意封闭形状的建筑物平整场地面积计算。

（2）原土碾压按图示碾压面积计算，填土碾压按图示碾压后的体积（夯实后体积）计算。

（3）围墙、挡土墙、窨井、化粪池等都不计算平整场地。

2) 回填土区分夯填、松填按图示回填体积并依下列规定计算

（1）建筑物沟槽、基坑回填土体积以挖方体积减去设计室外地坪以下埋设砌筑物（包括基础垫层、基础等）体积计算。

（2）管道沟槽回填应扣除管径在 200 mm 以上的管道、基础、垫层和各种构筑物所占体积。

（3）室内回填土按主墙之间的面积乘以回填土厚度计算。

3) 其他

（1）基底钎探按图示基底面积计算。

（2）支挡土板面积按槽、坑单面垂直支撑面积计算。双面支撑亦按单面垂直面积计算，套用双面支挡土板定额，无论连续或断续均按定额执行。

（3）机械拆除混凝土障碍物，按被拆除构件的体积计算。

例题 4-8 图 4-25、图 4-26 为某工程基础平面图和剖面图，试计算平整场地、挖地槽、地槽回填土、室内回填土及运土工程量。已知土壤为二类土，混凝土垫层体积为 14.68 m^3，室外地坪以下砖基础体积为 37.30 m^3，地面垫层、面层厚度共计 85 mm。

解答 需计算的土方工程量中都会用到"三线一面"的计算基数，所以一般先计算"三线一面"。

（1）基数计算

$L_外 = (11.88 + 10.38) \times 2 = 44.52$ (m)

$L_中 = 44.52 - 4 \times 0.365 = 43.06$ (m)

$L_内 = (4.8 - 0.12 \times 2) \times 4 + (9.9 - 0.12 \times 2) \times 2 = 37.56$ (m)

$S_底 = 11.88 \times 10.38 = 123.31$ (m^2)

（2）工程量计算

① 平整场地工程量

$S = S_底 + 2L_外 + 16 = 123.31 + 2 \times 44.52 + 16 = 228.35$ (m^2)

② 挖地槽工程量（二类土，$H = 1.1$ m，$c = 0.3$）

外墙挖地槽 $V_外 = (a + 2c) \times H \times L_中 = (1.0 + 2 \times 0.3) \times 1.1 \times 43.06 = 75.79$ (m^3)

内墙挖地槽：内墙槽基础底面之间的净长线

$L = (9.9 - 0.44 \times 2 - 0.3 \times 2) + (4.8 - 0.44 - 0.45 - 0.3 \times 2) \times 4 = 30.08$ (m)

$V_内 = (0.9 + 2 \times 0.3) \times 1.1 \times 30.08 = 49.63$ (m^3)

挖地槽工程量共计　$75.79 + 49.63 = 125.42$ (m^3)

③ 基础回填土

地槽回填土 V = 挖槽体积 − 埋设在室外地坪以下的砖基础及垫层体积

$\qquad = 125.42 - 14.68 - 37.3 = 73.44$ (m^3)

④ 室内回填土

$V = (S_底 - L_中 \times 墙厚 - L_内 \times 墙厚) \times h$

$\quad = [123.31 - (43.06 \times 0.365 + 37.56 \times 0.24)] \times (0.3 - 0.085)$

$\quad = 21.19$ (m^3)

⑤ 余土外运

$V =$ 挖土总体积－回填土总体积

$\quad = 125.42 - 73.44 - 21.19 = 30.79 (\mathrm{m}^3)$

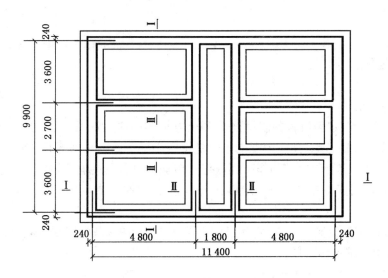

图 4-25　建筑物基础平面布置图

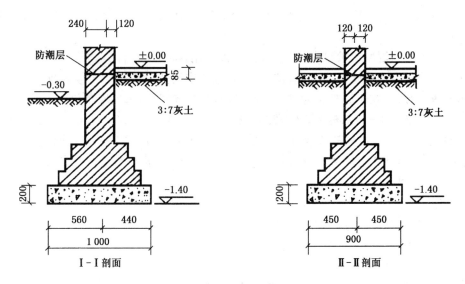

图 4-26　建筑物基础剖面图

4.4 桩基础工程

4.4.1 定额说明

（1）预制混凝土桩

① 预制混凝土桩，定额设置预制钢筋混凝土方桩和预应力混凝土管桩子目，其中预制钢筋混凝土方桩按实心桩考虑，预应力混凝土管桩按空心桩考虑。预制钢筋混凝土方桩、预应力混凝土管桩的定额取定价包括桩制作（含混凝土、钢筋、模板）及运输费用。

② 打、压预制钢筋混凝土方桩，定额按外购成品构件考虑，已包含了场内必需的就位供桩。

③ 打、压预制钢筋混凝土方桩，定额已综合了接桩所需的打桩机台班，但未包括接桩本身费用，发生时套用接桩定额子目。

④ 打、压预制钢筋混凝土方桩，单节长度超过 20 m 时，按相应定额人工、机械乘以系数 1.2。

⑤ 打、压预应力混凝土管桩，定额按外购成品构件考虑，已包含了场内必需的就位供桩。设计要求设置的钢骨架、钢托板分别按混凝土及钢筋混凝土工程中的桩钢筋笼和预埋铁件相应定额执行。

⑥ 打、压预应力混凝土管桩，定额已包括接桩费用，接桩不再计算。

⑦ 打、压预应力混凝土空心方桩，按打、压预应力混凝土管桩相应定额执行。

例题 4-9 打、压预制混凝土方桩，桩长 50 m，分两节制作，求定额单价。

解答 套定额 G3-4，基价为 12 275.46 元/10 m³。其中，人工费 426.04 元/10 m³，机械费 1 103.84 元/10 m³。因单节长度为 $50\div2=25$ m，超过 20 m，需按定额说明要求，相应定额人工、机械乘以系数 1.2。则该分项工程定额单价需换算，换算后单价＝12 275.46＋（426.04＋1 103.84）×（1.2-1）＝12 581.44 元/10 m³。

（2）灌注桩

① 岩石按坚硬程度划分为软质岩、硬质岩两类，软质岩包括极软岩、软岩、较软岩，硬质岩包括较硬岩、坚硬岩。较硬岩、坚硬岩按入岩计算，软质岩不按入岩计算。各类岩石的划分标准详见土石方工程"岩石分类表"。

② 转盘式钻孔桩机成孔、旋挖桩机成孔，如设计要求进入硬质岩层时，除按相应规则计算工程量外，另应计算入岩增加费。

③ 桩孔空钻部分的回填，可根据施工组织设计要求套用相应定额，填土按土方工程松填土方定额计算。

④ 灌注桩中灌注的材料用量，均已包括规定的充盈系数和材料损耗，充盈系数与定额规定不同时可以调整。

（3）单独打试桩、锚桩，按相应定额的打桩人工及机械乘以系数 1.5。

（4）在桩间补桩或在地槽（坑）中强夯后的地基上打桩时，按相应定额的打桩人工及机械乘以系数 1.15,在室内打桩可另行补充。

(5)预制混凝土桩和灌注桩定额以打垂直桩为准,如打斜桩,斜度在 1∶6 以内时,按相应定额的人工及机械乘以系数 1.25;如斜度大于 1∶6,其相应定额的打桩人工及机械乘以系数 1.43。

4.4.2 桩基础工程量计算规则

1)预制钢筋混凝土方桩

(1)打、压预制钢筋混凝土方桩按设计桩长(包括桩尖)乘以桩截面面积以体积计算。

(2)送桩按送桩长度乘以桩截面面积以体积计算。送桩长度按设计桩顶标高至打桩前的自然地坪标高另加 0.50 m 计算。

(3)电焊接桩按设计图示以角钢或钢板的重量计算。

例题 4-10 某工程用截面 400 mm×400 mm、预制钢筋混凝土方桩 280 根(长 12 m),设计桩长 24 m(包括桩尖),采用轨道式柴油打桩机,土壤级别为一级土,采用包钢板焊接接桩,钢板单个重量为 4.5 kg,已知桩顶标高为 −4.1 m,室外设计地面标高为 −0.30 m,试计算桩基础的工程量。

解答 (1)一级土 12 m 桩长轨道式柴油打桩机打预制方桩

$$V = 0.4 \times 0.4 \times 24 \times 280 = 1\,075.2\ (\mathrm{m^3})$$

(2)柴油打桩机送桩(桩长 12 m,送桩深度 4 m 以外)

$$V = 0.4 \times 0.4 \times (4.1 - 0.3 + 0.5) \times 280 = 192.64\ (\mathrm{m^3})$$

(3)预制桩包钢板焊接接桩

$$G = 280 \times 4.5 = 1\,260\ (\mathrm{kg})$$

2)预应力混凝土管桩

(1)打、压预应力混凝土管桩按设计桩长(不包括桩尖)以延长米计算。

(2)送桩按延长米计算。送桩长度按设计桩顶标高至打桩前的自然地坪标高另加 0.5 m 计算。

(3)管桩桩尖按设计图示重量计算。

(4)桩头灌芯按设计尺寸以灌注实体积计算。

3)钢管桩按成品桩考虑,以重量计算

4)桩头钢筋截断、凿桩头

(1)桩头钢筋截断按桩头根数计算。

(2)机械截断管桩桩头按管桩根数计算。

(3)凿桩顶混凝土按桩截面积乘以凿断的桩头长度以体积计算。

5)钻孔灌注桩

(1)钻孔桩、旋挖桩机成孔工程量按成孔长度另加 0.25 m 乘以设计桩径截面积以体积计算。成孔长度为打桩前的自然地坪标高至设计桩底的长度。入岩增加费工程量按设计入岩部分的体积计算,竣工时按实调整。

(2) 灌注水下混凝土工程量,按设计桩长(含桩尖)增加 1.0 m 乘以设计断面以体积计算。

(3) 冲孔桩机冲击(抓)锤冲孔工程量,分别按设计入土深度计算,定额中的孔深指护筒至桩底的深度,成孔定额中同一孔内的不同土质,不论其所在深度如何,均执行总孔深定额。

(4) 泥浆池建造和拆除、泥浆运输工程量,按成孔工程量以体积计算。

(5) 桩孔回填土工程量,按加灌长度顶面至打桩前自然地坪标高的长度乘以桩孔截面积计算。

(6) 注浆管、声测管工程量,按打桩前的自然地坪标高至设计桩底标高的长度另加 0.2 m 计算。

(7) 桩底(侧)后注浆工程量,按设计注入水泥用量计算。

(8) 钻(冲)孔灌注桩,设计要求扩底,其扩底工程量按设计尺寸计算,并入相应的工程量内。

6) 沉管灌注混凝土桩

(1) 单桩体积不分沉管方法均按钢管外径截面积(不包括桩箍)乘以设计桩长(不包括预制桩尖)另加加灌长度计算。加灌长度:设计有规定的,按设计要求计算;设计无规定的,按 0.5 m 计算。若按设计规定桩顶标高已达到自然地坪时,不计加灌长度(各类灌注桩均同)。

(2) 夯扩(单桩体积)桩工程量＝桩管外径截面积×(夯扩或扩头部分高度＋设计桩长＋加灌长度)。式中夯扩或扩头部分高度按设计规定计算。

扩大桩的体积按单桩体积乘以复打次数计算,其复打部分乘以系数 0.85。

(3) 沉管灌注桩空打部分工程量,按打桩前的自然地坪标高至设计桩顶标高的长度减加灌长度后乘以桩截面积计算。

例题 4-11 某工程现场灌注预制混凝土桩,钢管外径 400 mm,桩深 8 m,共 50 根,采用扩大桩复打一次。计算扩大桩的工程量。

解答 扩大桩的体积＝单桩体积×(复打次数＋1)×根数
$$= 1/4 \times 3.1416 \times 0.4 \times 0.4 \times 8 \times (1 + 0.85) \times 50$$
$$= 1.86 \times 50 = 92.99 \ (\text{m}^3)$$

4.5 砌筑工程

4.5.1 定额说明

1) 砌砖、砌块

(1) 定额中砖的规格按实心砖、多孔砖、空心砖三类编制,砌块的规格按小型空心砌块、加气混凝土砌块、蒸压砂加气混凝土精确砌块三类编制。多孔砖、空心砖、小型空心砌块、加气混凝土砌块、蒸压砂加气混凝土精确砌块砌筑是按常用规格设置的,如实际采用规格与定额取定不同时,含量可以调整。

(2) 砖墙定额中已包括先立门窗框的调直用工以及腰线、窗台线、挑檐等一般出线用工。

（3）砖砌体均包括了原浆勾缝用工，加浆勾缝时，另按相应定额计算。

（4）单面清水砖墙（含弧形砖墙）按相应的混水砖墙定额执行，人工乘以系数1.15。

（5）清水方砖柱按混水方砖柱定额执行，人工乘以系数1.06。

（6）围墙按实心砖砌体编制，如砌空花、空斗等其他砌体围墙，可分别按墙身、压顶、砖柱等套用相应定额。

（7）填充墙以填炉渣、炉渣混凝土为准，如实际使用材料与定额不同时允许换算，其他不变。

（8）砖砌挡土墙时，两砖以上执行砖基础定额，两砖以内执行砖墙定额。

（9）砖水箱内外壁，区分不同壁厚执行相应的砖墙定额。

（10）检查井、化粪池适用建设场地范围内上下水工程。定额已包括土方挖、运、填、垫层板、墙、顶盖、粉刷及刷热沥青等全部工料在内。但不包括池顶盖板上的井盖及盖座、井池内进排水套管、支架及钢筋铁件的工料。化粪池容积 $50 \, m^3$ 以上的，分别列项套用相应定额计算。

（11）小型空心砌块、加气混凝土砌块墙是按水泥混合砂浆编制的，如设计使用水玻璃矿渣等粘结剂为胶合料时，应按设计要求另行换算。

（12）砖砌圆弧形空花、空心砖墙及圆弧形砌块砌体墙按直形墙相应定额项目人工乘以系数 1.10。

2）砌筑砂浆

定额项目中砂浆按常用规格、强度等级列出，实际与定额不同时，砂浆可以换算。如采用预拌砂浆时，按相应预拌砂浆定额子目套用。

4.5.2　砌筑工程定额工程量计算规则

1）砖砌筑工程量一般规则

（1）计算墙体时，按设计图示尺寸以体积计算。扣除门窗洞口、过人洞、空圈、嵌入墙身的钢筋混凝土柱、梁（包括过梁、圈梁、挑梁）、砖平拱、钢筋砖过梁和凹进墙内的壁龛、管槽、暖气槽、消火栓箱所占体积。不扣除梁头、板头、檩头、垫木、木楞头、沿椽木、木砖、门窗走头、砖墙内加固钢筋、木筋、铁件、钢管及单个面积在 $0.3 \, m^2$ 以内的孔洞等所占体积。突出墙面的窗台虎头砖、压顶线、山墙泛水、烟囱根、门窗套及三皮砖以内的腰线和挑檐等体积亦不增加。

（2）砖垛、三皮砖以上的腰线和挑檐等体积，并入墙身体积内计算。

（3）附墙烟囱（包括附墙通风道、垃圾道）按其外形体积计算，并入所依附的墙体积内，不扣除单个孔洞横截面 $0.1 \, m^2$ 以内的体积，但孔洞内的抹灰工程量亦不增加。

（4）女儿墙高度自外墙顶面至图示女儿墙顶面，区别不同墙厚并入外墙计算。

（5）砖拱、钢筋砖过梁按图示尺寸以体积计算。如设计无规定时，砖平拱按门窗洞口宽度两端共加 100 mm，乘以高度（门窗洞口宽小于 1 500 mm 时高度为 240 mm，洞口宽大于 1 500 mm 时高度为 365 mm）计算；钢筋砖过梁按门窗洞口宽度两端共加 500 mm，高度按 440 mm 计算。

2）砖砌体厚度计算规则

（1）混凝土实心砖、蒸压灰砂砖以 240 mm×115 mm×53 mm 为标准，其砖砌体计算厚度按表 4-5 计算。

表 4-5　砖砌体计算厚度表

砖数	1/4	1/2	3/4	1	1.5	2	2.5	3
计算厚度(mm)	53	115	180	240	365	490	615	740

(2) 使用非标准砖时,其砌体厚度应按砖实际规格和设计厚度计算。

3) 基础与墙身(柱身)的划分

(1) 基础与墙(柱)身使用同一种材料时,以设计室内地面为界(有地下室者,以地下室室内设计地面为界),以下为基础,以上为墙(柱)身。

(2) 基础与墙身使用不同材料时,位于设计室内地面±300 mm 以内时以不同材料为界线,超过±300 mm 时以设计室内地面为界线。

(3) 砖、石围墙以设计室外地坪为分界线,以下为基础,以上为墙身。如图 4-27 所示。

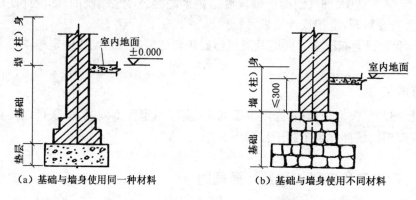

(a) 基础与墙身使用同一种材料　　　　(b) 基础与墙身使用不同材料

图 4-27　基础与墙身划分示意图

4) 基础长度

(1) 外墙墙基按外墙中心线长度计算,内墙墙基按内墙基净长计算。基础大放脚 T 形接头处的重叠部分以及嵌入基础的钢筋、铁件、管道、基础防潮层及单个面积在 0.3 m² 以内孔洞所占体积不予扣除,但靠墙暖气沟的挑砖亦不增加。附墙垛基础宽出部分体积应并入基础工程量内。

(2) 砖基础受刚性角的限制,需在基础底部做成逐步放阶的形式,俗称大放脚。根据大放脚的断面形式分为等高式大放脚和间隔式大放脚,如图 4-28 所示。

基础断面面积计算公式如下:

$$S_{断面} = (H_1 + H_2) \times B$$
$$S_{断面} = H_1 \times B + S_{放脚}$$

式中:$S_{断面}$——基础断面面积;

　　　$S_{放脚}$——大放脚折加面积;

　　　H_1——基础设计高度;

　　　H_2——大放脚折加高度;

　　　B——基础墙厚度。

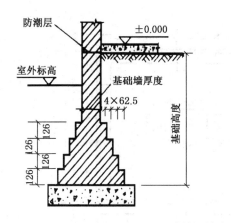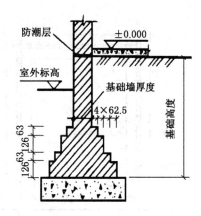

图 4-28　砖基础等高式大放脚、间隔式大放脚

一般情况下,大放脚的体积要并入所附基础墙内,可根据大放脚的层数、所附基础墙的厚度及是否等高放脚等因素,查表 4-6。

表 4-6　标准砖大放脚折加高度和增加断面面积

| 放脚层数 | 折加高度(m) | | | | | | | | | | 增加断面面积(m²) | |
| | 1/2 砖 | | 1 砖 | | 3/2 砖 | | 2 砖 | | 5/2 砖 | | | |
	等高	间隔	等高	间隔	等高	间隔	等高	间隔	等高	间隔	等高	间隔
一	0.137	0.137	0.066	0.066	0.043	0.043	0.032	0.032	0.026	0.026	0.0158	0.0158
二	0.411	0.342	0.197	0.164	0.129	0.108	0.096	0.08	0.077	0.064	0.0473	0.0394
三	0.822	0.685	0.394	0.328	0.259	0.216	0.193	0.161	0.154	0.128	0.0945	0.0788
四	1.37	1.096	0.656	0.525	0.432	0.345	0.321	0.257	0.256	0.205	0.1575	0.126
五	2.054	1.643	0.984	0.788	0.647	0.518	0.482	0.386	0.384	0.307	0.2363	0.189
六	2.876	2.26	1.378	1.083	0.906	0.712	0.675	0.53	0.538	0.423	0.3308	0.2599
七	3.574	3.013	1.838	1.444	1.208	0.949	0.90	0.707	0.717	0.563	0.441	0.3465
八	4.930	3.835	2.365	1.838	1.553	1.208	1.157	0.90	0.922	0.717	0.567	0.4410
九	6.163	4.793	2.953	2.297	1.942	1.51	1.446	1.125	1.152	0.896	0.7088	0.5513
十	7.533	5.821	3.61	2.789	2.373	1.834	1.768	1.366	1.409	1.088	0.8663	0.6694

注:本表按标准砖双面放脚每层高 126 mm(等高式),以及双面放脚层高分别为 126 mm、63 mm(间隔式,又称不等高式)砌出 62.5 mm,灰缝按 10 mm 计算。

例题 4-12　某建筑物基础平面图及剖面图如图 4-29 所示,基础为 M5.0 的水泥砂浆砌筑标准砖。试计算砌筑砖基础的工程量。

解答　(1)外墙砖基础

$L_外 = (9+3.6\times5)\times2+0.24\times3 = 54.72(m)$

$S_断面 = 0.24\times(1.5-0.24)+0.1575 = 0.46(m^2)$

$V_外 = 0.46\times54.72 = 25.17(m^3)$

(2)内墙砖基础

$L_内 = 9-0.24 = 8.76(m)$

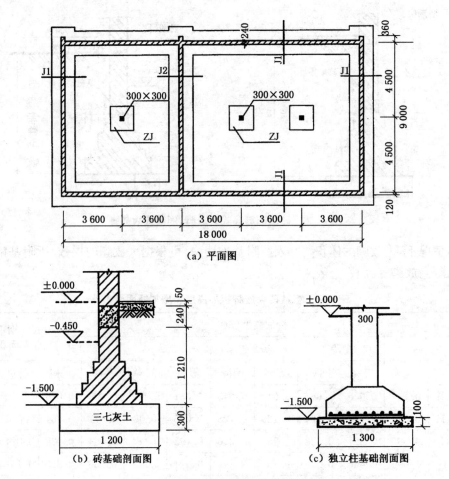

(a) 平面图

(b) 砖基础剖面图　　　(c) 独立柱基础剖面图

图 4-29　某建筑物基础平面图及详图

$V_{圈梁} = 0.24 \times 0.24 \times 8.76 = 0.5046(\text{m}^3)$

$V_{内} = (0.24 \times 1.5 + 0.1575) \times 8.76 - 0.5046 = 4.03(\text{m}^3)$

则砌筑砖基础的工程量为

$V = V_{外} + V_{内} = 25.17 + 4.03 = 29.20(\text{m}^3)$

5）墙的长度

外墙长度按外墙中心线长度计算,内墙长度按内墙净长线计算。

6）墙身高度计算规则

(1) 外墙墙身高度:斜(坡)屋面无檐口天棚者算至屋面板底;有屋架且室内外均有天棚者,算至屋架下弦底面另加 200 mm;无天棚者算至屋架下弦底加 300 mm,出檐宽度超过 600 mm 时,应按实砌高度计算;平屋面算至钢筋混凝土板面。

(2) 内墙墙身高度:位于屋架下者,其高度算至屋架底;无屋架者算至天棚底另加 100 mm。有钢筋混凝土楼板隔层者算至板面;有框架梁时算至梁底面。

(3) 内、外山墙墙身高度:按其平均高度计算。

(4) 围墙定额中,已综合了柱、压顶、砖拱等因素,不另计算。围墙以设计长度乘以高度计算。高度以设计室外地坪至围墙顶面,围墙顶面按如下规定:有砖压顶算至压顶顶面;无压顶算至围墙顶面;其他材料压顶算至压顶底面。

例题 4-13　计算图 4-30 中某一小屋工程砖墙工程量。墙体采用一砖厚 M7.5 混合砂浆多孔砖,在标高为 3.48 m 部位设置 240 mm×300 mm 圈梁一道,窗尺寸 C1 为 1 200 mm×1 500 mm、C2 为 1 500 mm×1 500 mm,门 M1 尺寸为 1 000 mm×2 400 mm、M2 尺寸为 900 mm×2 100 mm。

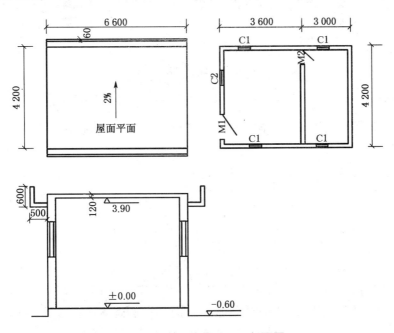

图 4-30　某一小屋平、立、剖面图

解答　圈梁工程量＝圈梁截面面积×梁长(等于墙体长度)

$$= 0.24 \times 0.3 \times [(6.6+4.2) \times 2 + (4.2-0.24)] = 1.84 \, (m^3)$$

砖墙工程量＝(墙长×墙高－门窗洞等应扣面积)×墙厚－应扣体积

$$= [(6.6+4.2) \times 2 + (4.2-0.24)] \times 3.9 - 1.2 \times 1.5 \times 4 - 1.5 \times 1.5 - 1$$
$$\times 2.4 - 0.9 \times 2.1 - 1.84$$
$$= 18.79 \, (m^3)$$

7)框架间砌体,以框架间的净空面积乘以墙厚计算,框架外表镶贴砖部分亦并入框架间砌体工程量内计算

8)空斗墙

按设计图示尺寸以空斗墙外形体积计算。墙角、内外墙交接处、门窗洞口立边、窗台砖及屋檐处的实砌部分已包括在定额内,不另行计算。但窗间墙、窗台下、楼板下、梁头下等实砌部分应另行计算,套零星砌体定额项目。

9)空花墙

空花墙示意图见图 4-31,按设计图示尺寸以空花部分外形体积计算,空花部分不予扣除。其中实砌体部分体积另行计算。

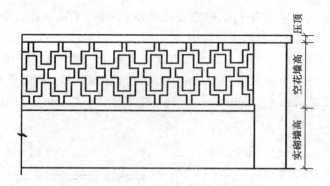

图 4-31　空花墙示意图

10）填充墙

按设计图示尺寸以填充墙外形体积计算。其中实砌部分已包括在定额内,不另计算。

11）砖柱

按实砌体积计算,柱基套用相应基础项目。

12）其他砖砌体

（1）砖砌台阶(不包括梯带)按水平投影面积以平方米计算。

（2）地垄墙按实砌体积套用砖基础定额。

（3）厕所蹲台、水槽腿、煤箱、暗沟、台阶挡墙或梯带、花台、花池及支撑地楞的砖墩,房上烟囱及毛石墙的门窗立边、窗台虎头砖等按实砌体积计算,套用零星砌体定额项目。

（4）砌体内的钢筋加固应根据设计规定以质量计算,套砌体钢筋加固项目。

（5）检查井、化粪池不分形状及深浅,按垫层以上实有外形体积计算。

13）多孔砖墙、空心砖墙、砌块砌体

（1）多孔砖墙、空心砖墙、小型空心砌块等按设计图示尺寸以体积计算,不扣除其本身孔、空心部分体积。

（2）混凝土砌块按设计图示尺寸以体积计算,按设计规定需要镶嵌的砖砌体部分已包括在定额内,不另计算。

（3）其他扣除及不扣除内容适用于砖砌筑工程量一般规则第(1)条。

4.6　混凝土及钢筋混凝土工程

4.6.1　定额说明

1）一般说明

（1）定额编制了混凝土的 4 种施工方式:现场搅拌混凝土、商品混凝土、集中搅拌混凝土的浇捣和预制构件成品安装。

（2）商品混凝土的单价为"入模价"，包括商品混凝土的制作、运输、泵送。

（3）集中搅拌混凝土是按混凝土搅拌站、混凝土搅拌输送车及混凝土的泵送机械都是施工企业自备的情况下编制的，混凝土输送泵（固定泵）、混凝土输送泵车均未含管道费用，管道费用据实计算。本节不分构件名称和规格，集中搅拌的混凝土泵送分别套用混凝土输送泵车或混凝土输送泵子目。

（4）预制混凝土构件定额采用成品形式，成品构件按外购列入混凝土构件安装子目，定额含量包含了构件安装的损耗。成品构件的定额取定价，包括混凝土构件制作及运输、钢筋制作及运输、预制混凝土模板 5 项内容。

2）混凝土定额按自然养护制定，如发生蒸气养护，可另增加蒸气养护费

3）现浇混凝土

（1）除商品混凝土外，混凝土的工作内容包括筛砂子、筛洗石子、后台运输、搅拌、前台运输、清理、润湿模板、浇灌、捣固、养护。

（2）实际使用的混凝土的强度等级与定额子目设置的强度等级不同时，可以换算。

（3）毛石混凝土，定额按毛石占混凝土体积的 20% 计算，如设计要求不同时，可以调整。

（4）杯口基础顶面低于自然地面，填土时的围笼处理，按实结算。

（5）捣制基础圈梁，套用本节捣制圈梁的定额。箱式满堂基础拆开 3 个部分分别套用相应的满堂基础、墙、板定额。

（6）依附于梁、墙上的混凝土线条适用于展开宽度为 500 mm 以内的线条。

（7）构造柱只适用于先砌墙后浇柱的情况，如构造柱为先浇柱后砌墙，无论断面大小，均按周长 1.2 m 以内捣制矩形柱定额执行。墙心柱按构造柱定额及相应说明执行。

（8）捣制整体楼梯，如休息平台为预制构件，仍套用捣制整体楼梯，预制构件不另计算。阳台为预制空心板时，应计算空心板体积，套用空心板相应子目。

（9）凡以投影面积（平方米）或延长米计算的构件，其混凝土含量超过定额含量±10%时，混凝土含量增减量每立方米按表 4-7 调整。

表 4-7　每立方米混凝土含量增减表

名　称	人　工	材　料	机　械	
现场搅拌混凝土	2.61 工日	混凝土 1 m³	搅拌机 0.1 台班	电 0.8 度
商品混凝土	1.7 工日	混凝土 1 m³		

（10）现浇混凝土构件中零星构件项目，系指每件体积在 0.05 m³ 以内的未列出定额项目的构件。小立柱是指周长在 48 cm、高度在 1.5 m 以内的现浇独立柱。

（11）依附于柱上的悬挑梁为悬臂结构件，依附在柱上的牛腿可支承吊车梁或屋架等。

（12）阳台扶手带花台或花池，另行计算。捣制台板套零星构件，捣制花池套池槽定额。

（13）阳台栏板如采用砖砌、混凝土漏花（包括小刀片）、金属构件等，均按相应定额分别计算。现浇阳台的沿口梁已包括在定额内。

（14）定额中不包括施工缝处理，根据工程的各种施工条件，如需留施工缝者，技术上的处理按施工验收规范，经济上按实结算。

4) 钢筋及铁件

(1) 钢筋工程内容包括：制作、绑扎、安装以及浇灌钢筋混凝土时维护钢筋用工。

(2) 现浇构件钢筋以手工绑扎取定，实际施工与定额不同时，不再换算。

(3) 绑扎铁丝、成型点焊和接头焊接用的电焊条已综合在定额项目内。

(4) 设计图纸（含标准图集）未注明的搭接接头，其搭接长度已综合在定额中，不应另行计算。

(5) 坡度大于等于 $26°34'$ 的斜板屋面，钢筋制安人工乘以系数 1.25。

(6) 预应力构件中的非预应力钢筋，按现浇钢筋相应项目列项计算。

(7) 柱接柱定额未包括钢筋焊接，发生时另行计算。

(8) 小型构件安装，系指单位体积小于 $0.1~m^3$ 的构件安装。

(9) 升板预制柱加固，系指预制柱安装后，至楼板提升完成时间所需的加固搭设费。

(10) 现场预制混凝土构件若采用砖模制作时，其安装定额中的人工、机械乘以系数 1.10。

(11) 定额中的塔式起重机台班均已包括在垂直运输机械费中。

(12) 预制混凝土构件必须在跨外安装时，按相应的构件安装定额的人工、机械台班乘以系数 1.18，用塔式起重机、卷扬机时，不乘此系数。

(13) 现浇钢筋的人工、机械调整系数按表 4-8 计取。

表 4-8　现浇钢筋的人工、机械系数调整表

构件名称	现浇小型构件钢筋	现浇小型池槽钢筋	现浇烟囱、水塔钢筋
调整系数	2.00	2.52	1.70

4.6.2　混凝土及钢筋混凝土工程量计算规则

1) 现浇混凝土

现浇混凝土构件除现浇楼梯、散水、坡道以及电缆沟、地沟以外，均按图示尺寸实体体积以立方米计算。不扣除构件内钢筋、铁件、螺栓及墙、板中 $0.3~m^2$ 内的孔洞所占体积，超过 $0.3~m^2$ 的孔洞所占体积应予扣除。

(1) 基础

按图示尺寸以体积计算。不扣除伸入承台基础的桩头所占体积。

① 混凝土基础与墙或柱的划分，均按基础扩大顶面为界。

② 框架式设备基础应分别按基础、柱、梁、板相应定额计算。楼层上的设备基础按有梁板定额项目计算。满堂基础也按此方法处理。

③ 设备基础定额中未包括地脚螺栓。地脚螺栓一般应包括在成套设备价值内，如成套设备价值中未包括地脚螺栓的价值，地脚螺栓应按实际重量计算。

④ 同一横截面有一阶使用了模板的条形基础，均按带形基础相应定额项目执行；未使用模板而沿槽浇灌的带形基础按本节混凝土基础垫层执行；使用了模板的混凝土垫层按本节相应定额执行。

⑤ 带形基础体积按带形基础长度乘以横截面面积计算。带形基础长度，外墙按中心线，

内墙按净长线计算。

例题 4-14 如图 4-32 所示为有梁式条形基础,计算其混凝土工程量。

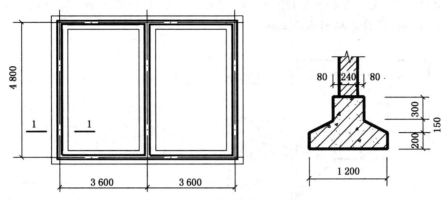

图 4-32 基础平面、断面示意图

解答 (1)外墙下基础

由图 4-32 可以看出,该基础的中心线与外墙中心线(也是定位轴线)重合,故外墙基的计算长度可取 $L_{中}$。

外墙基础混凝土工程量 $=$ 基础断面积 $\times L_{中}$

$= [0.4 \times 0.3 + (0.4 + 1.2)/2 \times 0.15 + 1.2 \times 0.2] \times (3.6 \times 2 + 4.8) \times 2$

$= 0.425 \times 22.4 = 10.2 \, (\text{m}^3)$

(2)内墙下基础

由图 4-33 可以看出,该基础的内墙下基础各部分对应长度各不相同。梁部分对应长度为梁间净长,梯形部分对应长度为斜坡中心线长度,底板部分对应长度为基底净长度。则

梁间净长度 $= 4.8 - 0.2 \times 2 = 4.4 \, (\text{m})$

斜坡中心线长度 $= 4.8 - (0.2 + 0.4/2) \times 2 = 4.0 \, (\text{m})$

基底净长度 $= 4.8 - 0.6 \times 2 = 3.6 \, (\text{m})$

内墙基础混凝土工程量 $=$ 内墙基础各部分面积 $\times$ 相应长度

$= 0.4 \times 0.3 \times 4.4 + (0.4 + 1.2)/2 \times 0.15 \times 4.0 + 1.2 \times 0.2 \times 3.6$

$= 0.528 + 0.48 + 0.864 = 1.872 \, (\text{m}^3)$

(3)有梁式条形基础混凝土工程量 $= 10.2 + 1.872 = 12.072 \, (\text{m}^3)$

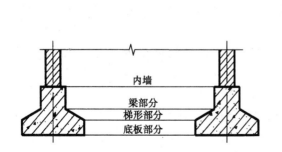
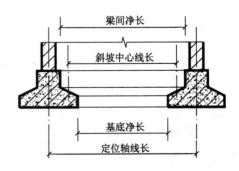

图 4-33 内墙下基础计算长度示意图

⑥ 杯形基础的颈高大于 1.2 m 时(基础扩大顶面至杯口底面),按柱的相应定额执行,其杯口部分和基础合并按杯形基础计算。

例题 4-15 某柱断面尺寸为 400 mm×600 mm,杯形基础尺寸如图 4-34 所示,其中,下部矩形高 500 mm,试计算杯形基础工程量。

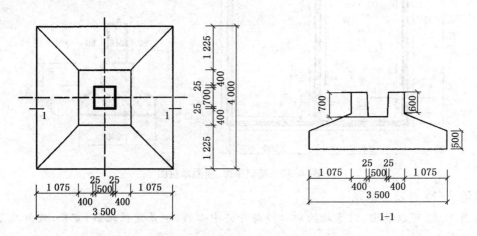

图 4-34 杯形基础平面与断面图

解答 (1)下部矩形体积 $V_1 = 3.50 \times 4.00 \times 0.50 = 7.00$ (m³)

(2)下部棱台体积 $V_2 = 0.5/3[3.50 \times 4.00 + (3.50 \times 4.00 \times 1.35 \times 1.55)^{1/2} + 1.35 \times 1.55] = 3.58$ (m³)

(3)上部矩形体积 $V_3 = 1.35 \times 1.55 \times 0.6 = 1.26$ (m³)

(4)杯口净空部分体积 $V_4 = 0.7/3[0.50 \times 0.70 + (0.50 \times 0.70 \times 0.55 \times 0.75)^{1/2} + 0.55 \times 0.75] = 0.27$ (m³)

(5)杯形基础工程量 $V = V_1 + V_2 + V_3 - V_4 = 7.00 + 3.58 + 1.26 - 0.27 = 11.57$ (m³)

(2)柱

按图示断面尺寸乘以柱高以体积计算。柱高按下列规定确定:

① 无梁板的柱高,应自柱基上表面(或楼板上表面)至柱帽下表面计算,如图 4-35(a)所示。

② 有梁板的柱高,应自柱基上表面(或楼板上表面)至楼板上表面计算,如图 4-35(b)所示。

③ 框架柱的柱高,应自柱基上表面(或楼板上表面)至柱顶高度计算,如图 4-35(c)所示。

④ 构造柱按全高计算,与砖墙嵌接部分的体积并入柱身体积内计算,如图 4-35(d)所示。

⑤ 突出墙面的构造柱全部体积以捣制矩形柱定额执行。

⑥ 依附柱上的牛腿的体积,并入柱身体积内计算;依附柱上的悬臂梁按单梁有关规定计算,如图 4-35(e)所示。

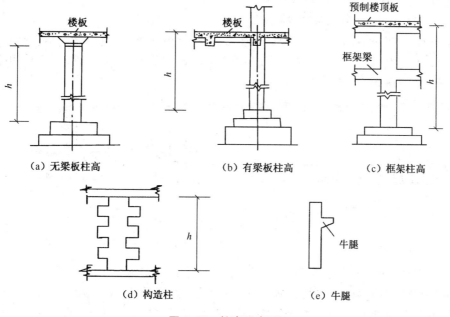

（a）无梁板柱高　　　　　（b）有梁板柱高　　　　　（c）框架柱高

（d）构造柱　　　　　　　　（e）牛腿

图 4-35　柱高示意图

例题 4-16　试计算图 4-36 所示构造柱混凝土工程量，墙厚均为 240 墙，圈梁高度为 400 mm。

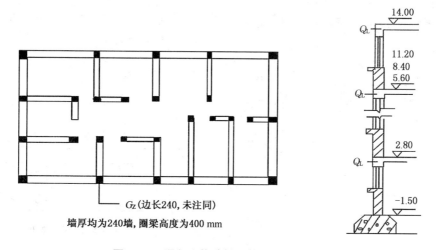

G_Z（边长 240，未注同）

墙厚均为 240 墙，圈梁高度为 400 mm

图 4-36　混凝土构造柱平面及立面示意图

解答　构造柱混凝土计算公式：$V = $ 构造柱折算截面面积 $\times$ 构造柱高度

构造柱是一种特殊的现浇柱，一般是先砌墙后浇注，在砌墙时每隔五皮砖也就是 300 mm 留一个马牙槎缺口以便咬接，每缺口按 60 mm 留槎。

所以计算构造柱断面积时，槎口平均每边按 30 mm 计入到柱宽内，如图 4-37 所示，构造柱的截面积计算公式如下：

$$S = d_1 d_2 + 0.03(n_1 d_1 + n_2 d_2)$$

式中：d_1、d_2—— 构造柱两个方向的尺寸；

n_1、n_2——d_1、d_2 方向咬接的边数。

在本题图 4-36 中，共 27 根构造柱，一字形 9 根，L 形 8 根，T 形 10 根。则
$$V = 0.24 \times [(0.24 + 0.03) \times 9 + (0.24 + 0.03 \times 2) \times 8 + (0.24 + 0.03 \times 2) \times 10] \times 15.5$$
$$= 29.13 \ (\text{m}^3)$$

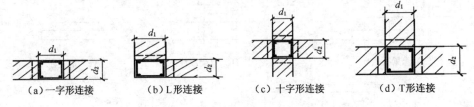

图 4-37　构造柱与墙体连接

（3）梁

按图示断面尺寸乘以梁长以体积计算。梁长按下列规定确定：

① 主、次梁与柱连接时，梁长算至柱侧面；次梁与柱子或主梁连接时，次梁长度算至柱侧面或主梁侧面；伸入墙内的梁头应计算在梁长度内，梁头有捣制梁垫者，其体积并入梁内计算，如图 4-38(a)所示。

② 圈梁与过梁连接时，分别套用圈梁、过梁定额，其过梁长度按门、窗洞口外围宽度两端共加 50 cm 计算，如图 4-38(b)所示。

③ 悬臂梁与柱或圈梁连接时，按悬挑部分计算工程量，独立的悬臂梁按整个体积计算工程量。

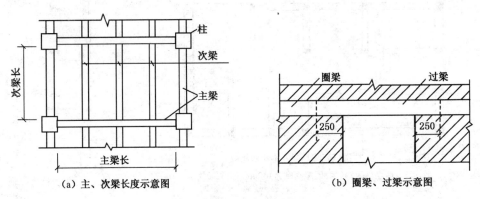

图 4-38　梁长示意图

（4）墙

按图示中心线长度乘以墙高及厚度以体积计算。应扣除门窗洞口及单个面积 0.3 m² 以外孔洞所占的体积。

① 剪力墙带明柱(一侧或两侧突出的柱)或暗柱一次浇捣成型时，当墙净长不大于 4 倍墙厚时，套柱子目；当墙净长大于 4 倍墙厚时，按其形状套用相应墙子目。

② 后浇墙带、后浇板带(包括主、次梁)混凝土按设计图示尺寸以体积计算。

③ 依附于梁(包括阳台梁、圈梁、过梁)墙上的混凝土线条(包括弧形条)按延长米计算(梁

宽算至线条内侧)。

（5）板

按图示面积乘以板厚以体积计算。应扣除单个面积 0.3 m² 以外孔洞所占的体积。其中：

① 有梁板系指梁(包括主、次梁)与板构成一体,其工程量应按梁、板体积总和计算。与柱头重合部分体积应扣除。如图 4-39(a)所示。

② 无梁板系指不带梁直接用柱头支承的板,其体积按板与柱帽体积之和计算。如图4-39(b)所示。

③ 平板系指无柱、梁,直接用墙支承的板。如图 4-39(c)所示。

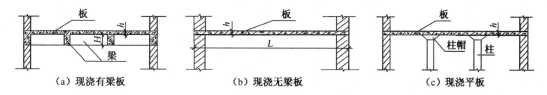

（a）现浇有梁板　　　　　　　（b）现浇无梁板　　　　　　　（c）现浇平板

图 4-39　现浇混凝土板示意图

④ 有多种板连接时,以墙的中心线为界,伸入墙内的板头并入板内计算。

⑤ 挑檐天沟按图示尺寸以体积计算,捣制挑檐天沟与屋面板连接时,按外墙皮为分界线,与圈梁连接时,按圈梁外皮为分界线,分界线以外为挑檐天沟。挑檐板不能套用挑檐天沟的定额。挑檐天沟与挑檐板,如图 4-40(a)、(b)所示。

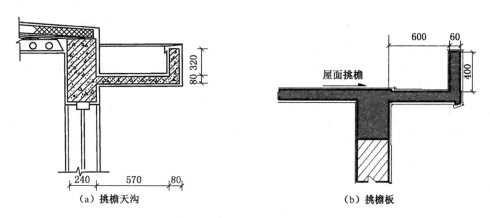

（a）挑檐天沟　　　　　　　　　　　　（b）挑檐板

图 4-40　挑檐天沟与挑檐板示意图

⑥ 现浇框架梁和现浇板连接在一起时,按有梁板计算。

⑦ 石膏模盒现浇混凝土密肋复合楼板,按石膏模盒数量以块计算。在计算钢筋混凝土板工程量时,应扣除石膏模盒所占体积。

⑧ 阳台、雨篷、遮阳板均按伸出墙外的体积计算,伸出墙外的悬臂梁已包括在定额内,不另计算,但嵌入墙内梁按相应定额另行计算。雨篷翻边突出板面高度在 200 mm 以内时,并入雨篷内计算;翻边突出板面在 600 mm 以内时,翻边按天沟计算;翻边突出板面在 1 200 mm 以内时,翻边按栏板计算;翻边突出板面高度超过 1 200 mm 时,翻边按墙计算。

⑨ 栏板按图示尺寸以体积计算,扶手以延长米计算,均包括伸入墙内部分。楼梯的栏板和扶手长度,如图集无规定时,按水平长度乘以 1.15 系数计算。栏板(含扶手)及翻沿净高按

1.2 m 以内考虑,超过时套用墙相应定额。

⑩ 当预制混凝土板需补缝时,板缝宽度(指下口宽度)在 150 mm 以内者,不计算工程量;板缝宽度超过 150 mm 者,按平板相应定额执行。

(6)楼梯

整体楼梯包括休息平台、平台梁、斜梁和楼梯的连接梁,按水平投影面积计算。楼梯踏步、踏步板、平台梁等侧面模板不另计算,伸入墙内部分也不增加。当楼梯与现浇楼板有梯梁连接时,楼梯应算至梯口梁外侧;当无梯梁连接时,以楼梯最后一个踏步边缘加 300 mm 计算。整体楼梯不扣除宽度小于 500 mm 的梯井。

(7)其他构件

① 现浇池、槽按实际体积计算。

② 台阶按水平投影面积计算,如台阶与平台连接时,其分界线应以最上层踏步外沿加300 mm 计算。架空式现浇室外台阶按整体楼梯计算。

注:(1)框架柱 KZ1 下全部为独立基础 J1,共 8 个;

(2)板厚均为 100 mm;

(3)图中未注明的框架柱均为 KZ1,尺寸 300 mm×300 mm;

(4)外墙为 250 mm 厚、内墙为 200 mm 厚加气混凝土砌块砌筑。

例题 4-17 某单位新建传达室工程如图 4-41 所示,建筑场地为三类土,框架结构,单层,层高 3.6 m,独立基础。所有构件混凝土强度等级均为 C20。

已知:(1)框架柱 KZ1 下全部为独立基础 J1,共 8 个;(2)板厚均为 100 mm;(3)图中未注明的框架柱均为 KZ1,尺寸为 300 mm×300 mm,独立基础扩大顶面标高为 −0.95 m;(4)外墙厚 250 mm,内墙为 200 mm 厚加气混凝土砌块墙。

求以下构件混凝土工程量:(1)现浇柱混凝土;(2)现浇有梁板混凝土;(3)现浇挑檐天沟混凝土;(4)现浇混凝土台阶。

解答 (1)现浇柱混凝土:$0.3 \times 0.3 \times (3.6 + 0.95) \times 8 = 3.28$(m³)

计算要点:混凝土独立基础与混凝土柱以基础扩大顶面为界划分。

(2)现浇有梁板混凝土:

100 厚板:$(7.8 + 0.3) \times (6 + 0.3) \times 0.1 - 0.3 \times 0.3 \times 0.1 \times 8 = 5.031$(m³)

KL1:$0.25 \times (0.4 - 0.1) \times (7.8 - 0.3 \times 2) \times 2 = 1.08$(m³)

KL2:$0.25 \times (0.4 - 0.1) \times (4.5 - 0.3) = 0.315$(m³)

KL3:$0.25 \times (0.5 - 0.1) \times (6 - 0.3) = 0.57$(m³)

KL4:$0.25 \times (0.4 - 0.1) \times (6 - 0.3 \times 2) \times 2 = 0.81$(m³)

合计:7.81(m³)

计算要点:有梁板的混凝土工程量按梁板混凝土体积之和计算。

(3)现浇挑檐天沟混凝土:

天沟侧板外边线包围面积:$(7.8 + 0.75 \times 2) \times (6 + 0.75 \times 2) = 69.75$(m²)

建筑面积:$(7.8 + 0.3) \times (6 + 0.3) = 51.03$(m²)

天沟底板体积:$(69.75 - 51.03) \times 0.1 = 1.872$(m³)

天沟侧板内边线包围面积:$(7.8 + 0.3 + 0.5 \times 2) \times (6 + 0.3 + 0.5 \times 2) = 66.43$(m²)

天沟侧板体积:$(69.75 - 66.43) \times 0.15 = 0.498$(m³)

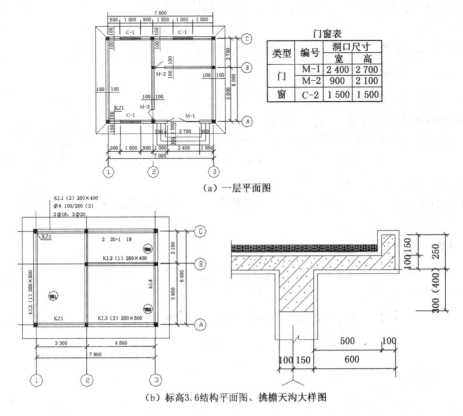

（a）一层平面图

门窗表			
类型	编号	洞口尺寸	
		宽	高
门	M-1	2 400	2 700
	M-2	900	2 100
窗	C-2	1 500	1 500

（b）标高3.6结构平面图、挑檐天沟大样图

图 4-41 某单位新建传达室工程图

合计：$1.872+0.498=2.37$（m^3）

计算要点：挑檐天沟按图示尺寸以体积计算，捣制挑檐天沟与屋面板连接时，按外墙皮为分界线。

（4）现浇混凝土台阶：

$$(2.7+0.3\times4)\times(1+0.3\times2)-(1-0.3)\times(2.7-0.3\times2)=4.77（m^2）$$

计算要点：如台阶与平台连接时，其分界线应以最上层踏步外沿加 300 mm 计算。

2）预制混凝土构件成品安装

（1）混凝土工程量除另有规定外，均按图示尺寸以体积计算，不扣除构件内钢筋、铁件及小于 300 mm×300 mm 以内孔洞的面积。定额已包含预制混凝土构件废品损耗率。

（2）预制钢筋混凝土工字型柱、矩形柱、空腹柱、双肢柱、空心柱、管道支架等安装，均按实体积以柱安装计算。预制柱上的钢牛腿按铁件计算。

（3）预制钢筋混凝土多层柱安装，首层柱以实体积按柱安装计算，二层及二层以上按每节柱实体积套用柱接柱子目。

（4）焊接形成的预制钢筋混凝土框架结构，其柱安装按框架柱体积计算，梁安装按框架梁体积计算。节点浇注成形的框架，按连体框架梁、柱体积之和计算。

（5）组合屋架安装，以混凝土部分实体体积计算，钢杆件部分不另计算。

(6) 漏花空格安装,执行小型构件安装定额,其体积按洞口面积乘厚度以立方米计算,不扣除空花体积。

(7) 窗台板、隔板、栏板的混凝土套用小型构件混凝土子目。

3) 预制混凝土构件接头灌缝

(1) 钢筋混凝土构件接头灌缝,包括构件坐浆、灌缝、堵板孔、塞板缝、塞梁缝等,均按预制钢筋混凝土构件实体积计算。

(2) 柱与柱基灌缝,按底层柱体积计算;底层以上柱灌缝按各层柱体积计算。

(3) 预制钢筋混凝土框架柱现浇接头(包括梁接头),按现浇接头设计规定断面乘以长度以体积计算,按二次灌浆定额执行。

(4) 空心板堵孔的人工、材料已包括在定额内。10 m³ 空心板体积包括 0.23 m³ 预制混凝土块、2.2 个工日。

4) 钢筋工程量计算规定

(1) 钢筋工程量应区分不同钢种和规格按设计长度(指钢筋中心线)乘以单位质量以吨计算。计算公式如下:

$$钢筋工程量 = 钢筋长度 \times 钢筋每米长重量$$
$$钢筋长度 = 净长 + 节点锚固 + 搭接$$
$$钢筋每米长重量 = 0.006\,165d^2$$

式中:d—— 钢筋直径。

(2) 计算钢筋工程量时,设计(含标准图集)已规定钢筋搭接长度的,按规定搭接长度计算;设计未规定搭接长度的,已包括在钢筋的损耗率之内,不另计算搭接长度。

(3) 在框架结构中,基础为柱的支座,柱为梁的支座,梁为板的支座,这与力的传递路径是一致的。为使钢筋能在支座处受拉时不被拔出和滑动,就需要在钢筋进入支座后有足够长的锚固长度。

钢筋的节点锚固长度和搭接长度与混凝土标号、抗震等级、钢筋级别和混凝土保护层厚度相关。相关取值见表 4-9~表 4-14。

表 4-9　受拉钢筋基本锚固长度 l_{ab}、l_{abE}

钢筋种类	抗震等级	混凝土强度等级								
		C20	C25	C30	C35	C40	C45	C50	C55	>C60
HPB300	一、二级(l_{abE})	45d	39d	35d	32d	29d	28d	26d	25d	24d
	三级(l_{abE})	41d	36d	32d	29d	26d	25d	24d	23d	22d
	四级(l_{abE}) 非抗震(l_{ab})	39d	34d	30d	28d	25d	24d	23d	22d	21d
HRB335 HRBF335	一、二级(l_{abE})	44d	38d	33d	31d	29d	26d	25d	24d	24d
	三级(l_{abE})	40d	35d	31d	28d	26d	24d	23d	22d	22d
	四级(l_{abE}) 非抗震(l_{ab})	38d	33d	29d	27d	25d	23d	22d	21d	21d

续表 4-9

钢筋种类	抗震等级	混凝土强度等级								
		C20	C25	C30	C35	C40	C45	C50	C55	>C60
HRB400 HRBF400 RRB400	一、二级（l_{abE}）	—	46d	40d	37d	33d	32d	31d	30d	29d
	三级（l_{abE}）	—	42d	37d	34d	30d	29d	28d	27d	26d
	四级（l_{abE}）非抗震（l_{ab}）	—	40d	35d	32d	29d	28d	27d	26d	25d
HRB500 HRBF500	一、二级（l_{abE}）	—	55d	49d	45d	41d	39d	37d	36d	35d
	三级（l_{abE}）	—	50d	45d	41d	38d	36d	34d	33d	32d
	四级（l_{abE}）非抗震（l_{ab}）	—	48d	43d	39d	36d	34d	32d	31d	30d

表 4-10 受拉钢筋锚固长度 l_a，抗震锚固长度 l_{aE}

非抗震	抗震	1. l_a 不应小于 200。 2. 锚固长度修正系数按表取用，当多于一项时，可按连乘计算，但不应小于 0.6。 3. ζ_{aE} 为抗震锚固长度修正系数，对一、二级抗震等级取 1.15，对三级抗震等级取 1.05，对四级抗震等级取 1.00。
$l_a = \zeta_a l_{ab}$	$l_{aE} = \zeta_{aE} l_a$	

表 4-11 受拉钢筋锚固长度修正系数 ζ_a

锚固条件		ζ_a	备 注
带肋钢筋的公称直接大于 25		1.10	—
环氧树脂涂层带肋钢筋		1.25	
施工过程中易受扰动的钢筋		1.10	
锚固区保护层厚度	3d	0.80	中间时按内插值，d 为锚固钢筋直径
	5d	0.70	

纵向受拉钢筋绑扎搭接长度 l_{lE} 基于 l_{aE} 产生，绑扎搭接长度取值按表 4-10 规定。

表 4-12 受拉钢筋绑扎搭接长度 l_{lE} 取值

绑扎搭接长度		在任何情况下，l_{lE} 不得小于 300 mm	绑扎搭接长度修正系数 ζ_l		
抗震	非抗震		纵向钢筋搭接接头面积百分率（%）	≤25	50	100
$l_{lE} = \zeta_l l_{aE}$	$l_l = \zeta_l l_a$		ζ_l	1.2	1.4	1.6

表 4-13 混凝土保护层最小厚度（mm）

环境类别	墙、板	梁、柱
一	15	20
二 a	20	25

续表 4-13

环境类别	墙、板	梁、柱
二 b	25	35
三 a	30	40
三 b	40	50

表 4-14 混凝土结构的环境类别

环境类别	条　件
一	室内干燥环境； 无侵蚀性静水浸没环境
二 a	室内潮湿环境； 非严寒和非寒冷地区的露天环境； 非严寒和非寒冷地区与无侵蚀性的水或土壤直接接触的环境； 严寒和寒冷地区冰冻线以下与无侵蚀性的水或土壤直接接触的环境
二 b	干湿交替环境； 水位频繁变动环境； 严寒和寒冷地区的露天环境； 严寒和寒冷地区冰冻线以上与无侵蚀性的水或土壤直接接触的环境
三 a	严寒和寒冷地区冬季水位变动区环境； 受除冰盐影响环境； 海风环境
三 b	盐渍土环境； 受除冰盐作用环境； 海岸环境
四	海水环境
五	受人为或自然的侵蚀性物质影响的环境

5）平法钢筋工程量计算

平法是混凝土结构施工图平面整体表示方法的简称。平法的表达形式,概括来讲,是把结构构件的尺寸和配筋等,按照平面整体表示方法制图规则,整体直接表达在各类构件的结构平面布置图上,再与标准构造图相配合,即构成一套新型完整的结构设计。改变了传统的那种将构件从结构平面布置图中索引出来,再逐个绘制配筋详图的繁琐方法。可以这样说,如今越来越多的结构施工图采用平法表示,不懂平法,看不懂平法所表达的意思,则无法顺利完成钢筋工程量的计算。

16G101 平法系列图集的适用范围是：

16G101 - 1——适用于现浇混凝土框架、剪力墙、梁、板；

16G101 - 2——适用于现浇混凝土板式楼梯；

16G101 - 3——适用于独立基础、条形基础、筏形基础及桩承台。

学习平法及其钢筋计算,关键是掌握平法的整体表示方法与标准构造,并与传统的配筋图法建立联系,举一反三,多看多练。平法钢筋计算方法与传统钢筋计算有很大的不同,读者需要改变观念。因篇幅所限,本书以楼层框架梁为例来介绍,建议读者进一步学习平法系列图集。

(1)梁平法施工图的表示方法

① 梁平法施工图系在梁平面布置图上采用平面注写方式或截面注写方式表达。梁平面布置图,应分别按梁的不同结构层(标准层),将梁与柱、墙、板一起用适当比例绘制。

② 平面注写方式

a. 平面注写方式,系在梁平面布置图上,分别在不同编号的梁中各选择一根梁,在其上直接注写几何尺寸和配筋具体数值。

平面注写包括集中标注与原位标注,集中标注表达梁的通用数值,原位标注表达梁的特殊数值。当集中标注中的某项数值不适用于梁的某部位时,则将该项数值原位标注,施工时,原位标注取值优先。

b. 梁集中标注的内容,有 5 项必注值和 1 项选注值。必注值分别为梁编号、梁截面尺寸、梁箍筋(包括钢筋级别、直径、加密区与非加密区间距及肢数)、梁上部贯通筋或架立筋根数、梁侧面纵向构造钢筋或受扭钢筋配置。选注值为梁顶面标高差。

c. 梁原位标注的内容包括梁支座上部纵筋和梁下部纵筋。当在梁上集中标注的内容不适用于某跨或某悬挑部分时,则将其不同数值原位标注在该跨或该悬挑部位,施工时应按原位标注数值取用。

d. 附加箍筋或吊筋,将其直接画在平面图中的主梁上,用线引注总配筋值(附加箍筋的肢数注在括号内)(图 4-42)。

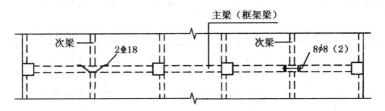

图 4-42 附加箍筋或吊筋画法示例

③ 截面注写方式

a. 截面注写方式,系在分标准层绘制的梁平面布置图上,分别在不同编号的梁中各选择一根梁,在用剖面号引出的截面配筋图上注写截面尺寸与配筋具体数值。

b. 截面注写式既可单独使用,也可与平面注写式结合使用。

(2)梁平法施工图识图示例(图 4-43)

以图中 KL7 为例,集中标注所标注内容为:

必注值:梁编号——KL7 是框架梁 7 的代号,"(3)"表示梁为 3 跨。

梁截面尺寸——300×700 表示梁截面的宽和高。

梁箍筋——φ10@100/200(2)表示箍筋为 I 级钢筋,直径为 10 mm,加密区间距为 100 mm,非加密区间距为 200 mm,两肢箍。

梁上部贯通筋或架立筋根数——2Φ22 为梁上部全长贯通纵筋,2 根三级钢筋,直径为 22 mm。

梁侧面纵向构造钢筋或受扭钢筋配置——N4Φ18 表示梁侧面纵向受扭筋,4 根三级钢筋,

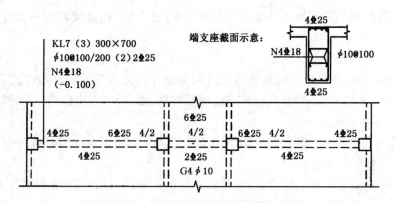

图 4-43　梁平法施工图识图示例

直径为 18 mm。

选注值：梁顶面标高差——(−0.100)表示梁顶面标高低于结构层楼面标高，高差为0.100 m。

原位标注所标注内容为：原位标注在梁边，注在上面为梁上配筋，注在下面为梁下配筋。梁下 4Φ25 为梁下部钢筋。如图中梁上面支座附近注明的"6Φ25　4/2"为梁支座处配筋，第一排 4 支，含贯通筋在内，第二排 2 支。

其中，A——一级钢筋；B——二级钢筋；B——三级钢筋。

(3) 楼层框架梁 KL 平法构造

① 楼层框架梁 KL 纵向钢筋构造如图 4-44 所示，端支座直锚构造如图 4-45 所示。

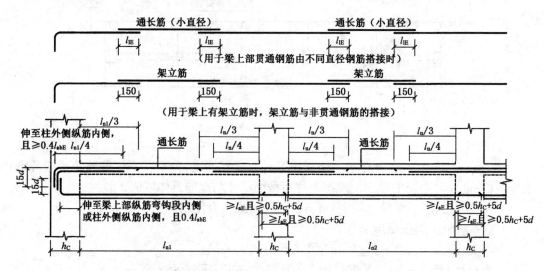

图 4-44　楼层框架梁 KL 纵向钢筋构造

从图 4-44 中可以看出楼层框架梁 KL 纵向钢筋构造特点：

a. 梁上部通长钢筋与非贯通钢筋直径相同时，连接位置宜位于跨中 $l_n/3$ 范围内；梁下部钢筋连接位置位于支座 $l_n/3$ 范围内。l_n 的取值规定为：对于端支座，l_n 为本跨的净跨值；对于中间支座，l_n 为支座两边较大一跨的净跨值。

b. 当直径不同时，通长筋在 $l_n/3$ 范围内搭接 l_{lE}(按小直径搭接)，与架立筋搭接 150 mm。

c. 框架梁支座非贯通筋伸入跨内长度,第一排取 $l_n/3$,第二排取 $l_n/4$。

② 框架梁箍筋构造如图 4-45 所示。

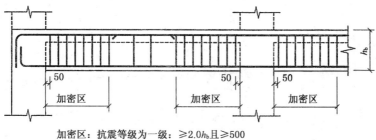

加密区:抗震等级为一级:$\geq 2.0h_b$且≥ 500
抗震等级为二~四级:$\geq 1.5h_b$且≥ 500

图 4-45　框架梁 KL 箍筋构造示意图

从图 4-45 中可以看到箍筋构造特点:由于是框架梁,箍筋自支座边 50 mm 开始布置,靠支座一侧有一段加密区,抗震等级为一级时,加密区宽度既要≥ 2倍的梁高,又要≥ 500 mm,二者比较取大值,中间部分按正常间距布筋;抗震等级为二~四级时,加密区宽度既要≥ 1.5倍的梁高,又要≥ 500 mm,二者比较取大值,中间部分按正常间距布筋。

(4) 楼层框架梁 KL 平法钢筋计算方法

楼层框架梁中钢筋类型如图 4-46 所示。

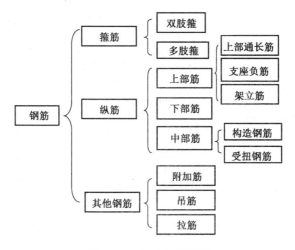

图 4-46　梁中钢筋类型

① 上部通长筋

上部贯通纵筋长度 =(通跨净长 + 两端支座锚固长度)× 根数

由图 4-44 和图 4-47 可知:框架梁上部纵向钢筋深入端支座的锚固长度,当采用直锚形式时,应$\geq l_{aE}$且$\geq 0.5h_C+5d$。当柱截面尺寸不足时,梁上部纵向钢筋应弯锚,其包含弯弧段在内的水平投影长度不应小于 $0.4l_{abE}$,包含弯弧段在内的竖直投影长度应取为 $15d$。

计算支座锚固长度时,应先判断是直锚还是弯锚。

当(支座宽 $-lb$)$\geq_{aE}$时,可直锚,直锚长度 = $\max(l_{aE}, 0.5h_C+5d)$。

当(支座宽 $-b$)$< l_{aE}$时,要弯锚,弯锚长度 = $\max(l_{aE}, 0.4l_{aE}+15d, 0.5h_C-b+15d)$。

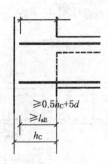

图 4-47　上部通长筋及端支座直锚构造

式中：b——混凝土保护层厚度；

　　D——柱支座中主筋直径；

　　h_C——柱支座宽度。

② 端支座负筋

　　　端支座负筋长度 ＝（端支座锚固长度 ＋ 伸入跨内的长度）× 根数

由图 4-44 和图 4-48 可知：端支座锚固长度取值等同于梁上部贯通筋。框架梁支座非贯通筋伸入跨内长度，第一排取 $l_n/3$，第二排取 $l_n/4$。l_n 的取值规定为：对于端支座，l_n 为本跨的净跨值；对于中间支座，l_n 为支座两边较大一跨的净跨值。

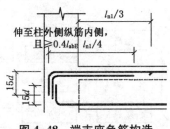

图 4-48　端支座负筋构造

③ 中间支座负筋（图 4-49）

中间支座负筋长度＝中间支座宽度＋左右两边伸出支座的长度

左右两边伸出支座的长度第一排取 $l_n/3$，第二排取 $l_n/4$。

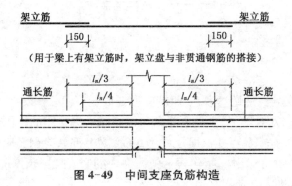

图 4-49　中间支座负筋构造

④ 架立筋（图 4-50）

架立筋长度 ＝ 每跨净长 － 左右两边伸出支座的负筋长度 ＋ 150×2

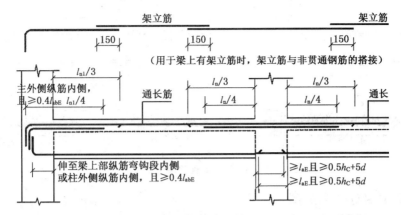

图 4-50 架立筋构造

⑤ 下部钢筋——通长配置

下部通筋长度 ＝（通跨净长 ＋ 左支座锚固 ＋ 右支座锚固）× 根数

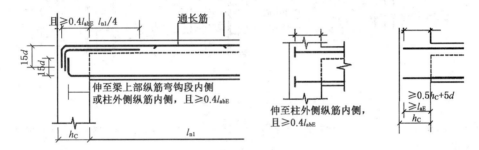

图 4-51 边跨梁下纵筋

如图 4-51 所示，边跨梁下纵筋的构造特点是：钢筋在跨间部分以梁净跨为控制点；中间支座伸入一个 l_{aE} 或 $\geqslant 0.5$ 倍的柱截面边长加 5 倍钢筋直径，两者取大值，端支座处入支座弯锚（柱截面 $> l_{aE}$ 时直锚），其水平直段长度应 $\geqslant 0.4 l_{aE}$，再上弯 15d。计算方法同梁上部通长筋。

⑥下部钢筋——分跨配置（图 4-52）

框架梁下部钢筋 ＝ 净跨长度 ＋ 2 × max($0.5 h_C + 5d, l_{aE}$)

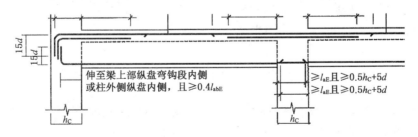

图 4-52 中跨梁下纵筋

⑦ 下部钢筋——不伸入支座（图 4-53）

下部钢筋不伸入支座钢筋 ＝ 净跨长度 － 2 × 0.1l_n

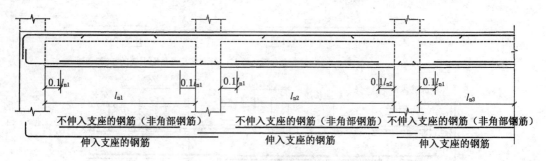

图 4-53 不伸入支座的梁下纵筋构造

⑧ 侧面纵向钢筋和拉筋(图 4-54)

$$侧面纵向构造钢筋长度 = 通跨净长 + 15d \times 2$$

$$侧面纵向受扭钢筋长度 = 通跨净长 + 左右端支座锚固长度$$

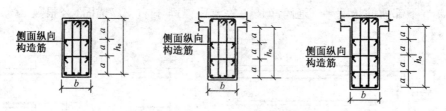

图 4-54 梁侧向纵向构造筋和拉筋

拉筋的设置要求:当梁宽≤350 取 6 mm,梁宽>350 取 8 mm。拉筋间距为非加密区箍筋间距的 2 倍。

$$拉筋长度 = 梁宽 - 2 \times 保护层厚度 + 2 \times 1.9d + 2 \times \max(10d,75) + 2d$$

$$拉筋根数 = [(净跨长 - 50 \times 2)/非加密间距 \times 2 + 1)] \times 排数$$

⑨ 箍筋

如图 4-45 所示,箍筋按中心线长度计算。

$$箍筋单根长度 = 构件截面周长 - 8 \times 保护层厚度 - 4d + 1.9d \times 2 + \max(10d,75) \times 2$$

$$箍筋根数计算 = 2 \times (加密区长度 - 50)/加密间距 + (非加密区长度/非加密间距 + 1)$$

⑩ 吊筋和次梁加筋(图 4-42)

$$吊筋长度 = 2 \times 0.02 + 2 \times 斜段长度 + 次梁宽度 + 2 \times 0.05$$

框架梁高度>800 mm,$a = 60°$;框架梁高度≤800 mm,$a = 45°$。

次梁加筋按根数计算,长度同箍筋长度。

例题 4-18 如图 4-55 所示,试计算一级抗震要求框架梁 KLl(3)的钢筋长度,该框架梁为 C30 混凝土。

解答 根据题目条件一级抗震、混凝土 C30,查表 4-9、表 4-10 和表 4-13 可得:

HRB335 级钢筋(图中用 B 表示)基本锚固长度 $l_{aE} = 33d$。

混凝土保护层厚度取 20 mm。

(1) 首先判断支座直锚/弯锚。按照直锚/弯锚判断条件:

$$h_C - b = 500 - 20 = 480 \text{ mm} < I_{aE} = 33d = 33 \times 25 = 825(\text{mm})$$

所以需弯锚。左支座需弯锚,右支座亦弯锚。

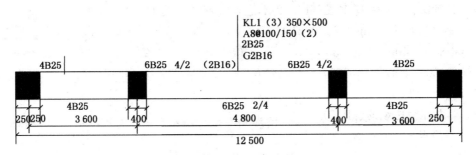

图 4-55 KL1(3)示意图

(2) 上部通长筋(2B25)

$L = $ 跨净长 $+ \max\{L_{aE}, 0.4l_{aE} + 15d, h_C - b + 15d\} \times 2$

$= 12\,500 - 500 - 500 + \max\{33 \times 25, 0.4 \times 33 \times 25 + 15 \times 25\,500 - 20 + 15 \times 25\} \times 2$

$= 11\,500 + \max\{825, 755, 855\} \times 2 = 11\,500 + 1\,710 = 13\,210(\text{mm})$

根数 $N = 2$ 根。

(3) 端支座负筋(4B25,包括2根上部通长筋)

$L = $ 第一或第三跨净长 $/3 + \max\{L_{aE}, 0.4I_{aE} + 15d, h_C - b + 15d\}$

$= (3\,600 - 250 - 200)/3 + \max\{33 \times 25, 0.4 \times 33 \times 25 + 15 \times 25\,500 - 20 + 15 \times 25\}$

$= 3\,150/3 + \max\{825\ 755\ 855\} = 1\,050 + 855 = 1\,905(\text{mm})$

根数 $N = 2 \times 2 = 4$ 根,左右两端支座各2根。

(4) 中间支座负筋(6B25 4/2,包括2根上部通长筋,上排2根,下排2根)

上排 $L = \max\{$第一或第三跨净长 $/3$,第二跨净长 $/3\} \times 2 +$ 支座宽度

$= \max\{(3\,600 - 250 - 200)/3, (4\,800 - 200 - 200)/3\} \times 2 + 400$

$= 1\,466.6 \times 2 + 400 = 3\,333(\text{mm})$

根数 $N = 2 \times 2 = 4$ 根,2个中间支座各2根。

下排 $L = \max\{$第一或第三跨净长 $/4$,第二跨净长 $/4\} \times 2 +$ 支座宽度

$= \max\{(3\,600 - 250 - 200)/4, (4\,800 - 200 - 200)/4\} \times 2 + 400$

$= 1\,100 \times 2 + 400 = 2\,600(\text{mm})$

根数 $N = 2 \times 2 = 4$ 根,2个中间支座各2根。

(5) 架立筋(2B16)

$L = $ 第二跨净长 $-$ 中间支座负筋伸入第二跨内长度 $\times 2 + 150 \times 2$

$= (4\,800 - 400) - (4\,800 - 400)/3 \times 2 + 150 \times 2$

$= 4\,400 - 1\,467 \times 2 + 300 = 4\,400 - 2\,934 + 300 = 1\,766\ \text{mm}$

根数 $N = 2$ 根。

(6) 下部通长纵筋(4B25)

$L = $ 跨净长 $+ \max\{I_{aE}, 0.4l_{aE} + 15d, h_C - b + 15d\} \times 2$

$= 12\,500 - 500 - 500 + \max\{33 \times 25, 0.4 \times 33 \times 25 + 15 \times 25, 500 - 20 + 15 \times 25\} \times 2$

$= 11\,500 + \max\{825, 755, 855\} \times 2 = 11\,500 + 855 \times 2 = 13\,210\ \text{mm}$

根数 $N = 4$ 根。

(7) 下部钢筋——分跨配置(6B25 2/4,包括 4 根下部通长筋)

$L = 第二跨净长 + \max\{l_{aE}, 0.5h_C + 5d\} \times 2$

$= 4\,800 - 400 + \max\{33 \times 25, 0.5 \times 400 + 5 \times 25\} \times 2$

$= 4\,400 + \max\{825, 325\} \times 2 = 4\,400 + 1\,650 = 6\,050 (mm)$

根数 $N = 2$ 根。

(8) 梁中部构造纵筋(2B16)

$L = 跨净长 + 15d \times 2$

$= 12\,500 - 500 - 500 + 15 \times 16 \times 2 = 11\,500 + 240 \times 2 = 11\,980 (mm)$

根数 $N = 2$ 根。

(9) 箍筋(A8@100/150(2))

$L = 构件截面周长 - 8 \times 保护层厚度 - 4d + 1.9d \times 2 + \max\{10d, 75\} \times 2$

$= (350 + 550 - 4 \times 20) \times 2 - 4 \times 8 + 1.9 \times 8 \times 2 + \max\{10 \times 8, 75\} \times 2$

$= 820 \times 2 - 1.6 + 80 \times 2 = 1\,798.4 (mm)$

$N = 2 \times (加密区长度 - 50) / 加密间距 + (非加密区长度 / 非加密间距 + 1)$

第 1 跨箍筋根数

$N_1 = 2 \times (500 \times 2 - 50)/100 + (3\,600 - 250 - 200 - 500 \times 2)/150 + 1 = 35 (根)$

第 2 跨箍筋根数

$N_2 = 2 \times (500 \times 2 - 50)/100 + (4\,800 - 200 - 200 - 500 \times 2)/150 + 1 = 43 (根)$

第 3 跨箍筋根数同第 1 跨,$N_3 = 35 (根)$

共 113 根。

4.7 木结构工程

4.7.1 定额说明

(1) 本章定额是按机械和手工操作综合编制的,无论采取何种操作方法均按定额执行。

(2) 本章定额木材木种分类如下:

一类:红松、水桐木、樟子松;

二类:白松(方杉、冷杉)、杉木、杨木、柳木、椴木;

三类:青松、黄花松、秋子木、马尾松、东北榆木、柏木、苦楝木、梓木、黄菠萝、椿木、楠木、柚木、樟木;

四类:栎木(柞木)、檀木、色木、槐木、荔木、麻栗木(麻烁、青刚)、桦木、荷木、水曲柳、华北榆木。

(3) 本章木枋木种均以一、二类木种为准,如采用三、四类木种时,按相应项目人工和机械乘以系数 1.35。

(4) 定额中木材以自然干燥条件下含水率为准编制,需人工干燥时,其费用可列入木材价格内。

(5) 定额中所注明的木材断面或厚度均以毛料为准。如设计图纸注明的断面或厚度为净料时,应增加刨光损耗(不含梁、柱)。板、枋材一面刨光增加 3 mm,两面刨光增加 5 mm;圆木每立方米体积增加 0.05 m³。

4.7.2 工程量计算规则

(1) 木屋架的制作安装工作量,按以下规定计算:

① 木屋架制作安装均按设计断面竣工木料(毛料)以体积计算,其后备长度及配制损耗均不另外计算。

② 方木屋架一面刨光时增加 3 mm,两面刨光增加 5 mm;圆木屋架按屋架刨光时木材体积每立方米增加 0.05 m³ 计算。附属于屋架的夹板、垫木、钢杆、铁件、螺栓等已并入相应的屋架制作项目中,不另计算;与屋架连接的挑檐木、支撑等,其工程量并入屋架竣工木料体积内计算。

③ 屋架的制作安装应区别不同跨度,其跨度应以屋架上下弦杆中心线交点之间的长度为准。带气楼的屋架并入所依附屋架的体积内计算。

④ 屋架的马尾、折角和正交部分半屋架,应并入相连的屋架体积内计算。

⑤ 钢木屋架按竣工木料以体积计算。

(2) 圆木屋架连接的挑檐木、支撑等,如为方木时,其方木部分应乘以系数 1.70,折合成圆木并入屋架竣工木料内,单独的方木挑檐(适用山墙承重方案),按矩形檩木计算。

(3) 屋面木基层的制作安装工作量,按以下规定计算:

① 檩木按毛料尺寸以体积计算,简支檩长度按设计规定计算。如设计无规定者,按屋架或山墙中距增加 200 mm;如两端出山墙,檩条长度算至博风板;连续檩条的长度按设计长度计算,其接头长度按全部连续檩木总体积的 5% 计算。檩条托木已计入相应的檩木制作安装项目中,不另计算。

② 屋面木基层按屋面的斜面积计算,天窗挑檐重叠部分按设计规定计算,屋面烟囱及斜沟部分所占面积不扣除。

(4) 封檐板按图示檐口外围长度计算,博风板按斜长度计算,每个大刀头增加长度 500 mm。

4.8 屋面及防水工程

4.8.1 定额说明

1) 瓦屋面

黏土瓦、小青瓦、石棉瓦、西班牙瓦、水泥瓦规格与定额不同时,瓦材数量可以调整,其他不变。

2）屋面（地面、墙面）防水、排水

（1）防水工程适用于楼地面、墙基、墙身、室内厕所、浴室及构筑物、水池等防水，建筑物 ±0.00 以下的防水、防潮工程按墙、地面防水工程相应项目计算。

（2）防水卷材的附加层、接缝、收头、找平层嵌缝、冷底子油等人工、材料均已计入定额内，不另计算。

（3）为便于中南标 11ZJ001 屋面、地下室防水设计做法与定额项目的表现形式相衔接，有关说明如下：

① 改性沥青防水卷材（SBS、APP 等）定额取定卷材厚度 3 mm，氯化聚乙烯橡胶共混防水卷材定额取定卷材厚度 1.2 mm，卷材的层数定额均按一层编制。设计卷材厚度不同时，卷材价格按价差处理。设计卷材层数为两层时（如两层 3 厚 SBS 或 APP 改性沥青防水卷材），主材按相应定额子目乘以系数 2.0，人工、辅材乘以系数 1.8。

② 聚氨酯属厚质涂料，能一次结成较厚涂层。定额中聚氨酯涂膜区分双组分和单组分，涂膜厚度有 2 mm 和 1.5 mm。当设计厚度与定额不同时，材料按厚度比例调整，人工不变。

③ 乳化沥青聚酯布（又称氯丁沥青）二布三涂总厚度约 1.2 mm。乳化沥青聚酯布每增加一涂厚度约为 0.4 mm。

3）变形缝

变形缝嵌（填）缝、变形缝盖板、止水带如设计断面与定额取定不同时，材料可以调整，人工不变。

4）刚性屋面、屋面砂浆找平层、水泥砂浆或细石混凝土保护层均按装饰装修楼地面工程中相应子目执行

4.8.2　工程量计算规则

1）瓦屋面

瓦屋面、彩钢板（包括挑檐部分）均按屋面的水平投影面积乘以屋面坡度系数以面积计算。不扣除房上烟囱、风帽底座、风道、屋面小气窗、斜沟及 0.3 m² 以内孔洞等所占面积，屋面小气窗的出檐部分亦不增加。屋面挑出墙外的尺寸按设计规定计算，如设计无规定时，彩色水泥瓦按水平尺寸加 70 mm 计算。

坡度系数：即延尺系数，指斜面与水平面的关系系数（如图 4-56 所示）。

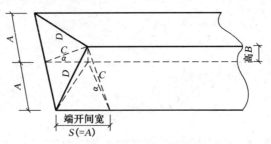

图 4-56　屋面坡度示意图

屋面坡度表示方法：$\tan\theta = \dfrac{B}{A} = a\% = i$

屋面坡度系数计算公式：$k = \dfrac{C}{A} = \dfrac{\sqrt{A^2 + B^2}}{A} = \sqrt{1 + \left(\dfrac{B}{A}\right)^2} = \sqrt{1 + i^2}$

注：(1) 两坡水、四坡水屋面面积均为其水平投影面积乘以延尺系数C；

　　(2) 四坡排水屋面斜脊长度 $= A \times D$（当$S = A$时）；

　　(3) 沿山墙泛水长度 $= A \times C$。

延尺系数的计算有两种方法：一是查表法；二是计算法。为了方便快捷地计算屋面工程量，可按表4-15坡度系数表计算。

表4-15　部分屋面坡度系数表

坡度 B/A	$B/2A$	坡度角 θ	延尺系数 C/A	隔延尺系数 D/A
1	1/2	45°	1.414 2	1.732 1
0.666	1/3	33°40′	1.201 5	1.563 5
0.60	1/3.333	30°58′	1.166 2	1.536 2
0.50	1/4	26°34′	1.118 0	1.500 0
0.40	1/5	21°48′	1.077 0	1.469 7
0.30	1/6.666	16°42′	1.044 0	1.445 7

例题4-19　计算带有天窗的瓦屋面工程量，屋面示意图如图4-57所示。

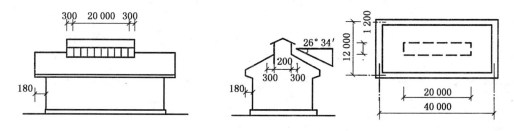

图4-57　屋面示意图

解答　瓦屋面、彩钢板（包括挑檐部分）均按屋面的水平投影面积乘以屋面坡度系数以面积计算。带天窗的瓦屋面与屋面重叠部分不另计算，超出部分应计算工程量。

屋面坡度为26°34′，查表4-15可得，延尺系数$C = 1.118$。则

斜屋面（包括挑檐部分）工程量为：$(40 + 0.24 + 0.18 \times 2) \times (12 + 0.24 + 0.18 \times 2) \times 1.118 = 571.92\,(\text{m}^2)$

天窗超出部分工程量为：$[(20 + 0.3 \times 2) \times 2 + 1.2 \times 2] \times 0.3 \times 1.118 = 14.62\,(\text{m}^2)$

该瓦屋面工程量合计为：$571.92 + 14.62 = 586.54\,(\text{m}^2)$

2）彩钢夹心板屋面按实铺面积计算，支架、铝槽、角铝等均已包含在定额内

3）屋面防水

(1) 卷材屋面按图示尺寸水平投影面积乘以规定的坡度系数（见表4-15）计算。但不扣除房上烟囱、风帽底座、风道、屋面小气窗和斜沟所占的面积，屋面的女儿墙、伸缩缝和天窗等

处的弯起部分,按图示尺寸并入屋面工程量计算,如图纸无规定时,伸缩缝、女儿墙的弯起部分可按 250 mm 计算,天窗弯起部分可按 500 mm 计算。

(2) 涂膜屋面的工程量计算规则同卷材屋面。

例题 4-20 某办公楼屋面 24 女儿墙轴线尺寸为 12 m×50 m,平屋面构造如图 4-58 所示,试计算卷材屋面工程量。

解答 卷材屋面按图示尺寸水平投影面积乘以规定的坡度系数计算。计算图中屋面女儿墙的弯起部分卷材工程量时可按上卷 250 mm 计算。

(1) 屋面坡度系数计算:$k = \sqrt{1+i^2} = \sqrt{1+(a\%)^2} = \sqrt{1+(2\%)^2} = 1.000\,2$

(2) 卷材屋面工程量:$S_1 = (50-0.24) \times (12-0.24) \times 1.000\,2 = 49.76 \times 11.76 \times 1.000\,2 = 585.29\,(\text{m}^2)$

(3) 女儿墙上卷部分工程量:$S_2 = [(50-0.24)+(12-0.24)] \times 2 \times 0.25 = 30.76\,(\text{m}^2)$

(4) 合计:$S = S_1 + S_2 = 585.29 + 30.76 = 616.05\,(\text{m}^2)$

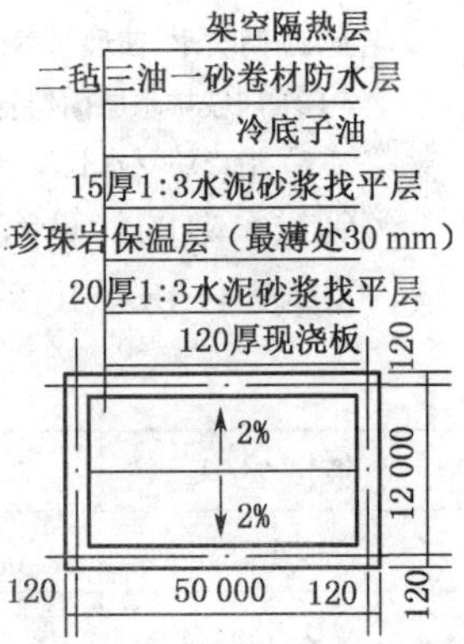

图 4-58 某办公楼屋面示意图

4) 地面、墙面防水(潮)

(1) 建筑物地面防水、防潮层,按主墙间净空面积计算,扣除凸出地面构筑物、设备基础等所占的面积,不扣除柱、垛、间壁墙、烟囱及 0.3 m 以内孔洞所占面积。与墙面连接处高度在 500 mm 以内者按展开面积计算,并入平面工程量内;超过 500 mm 时,按立面防水层计算。

(2) 建筑物墙基防水、防潮层,外墙长度按中心线,内墙按净长,分别乘以宽度以面积计算。

(3) 构筑物防水层及建筑物地下室防水层,按实铺面积计算,但不扣除 0.3 m² 以内的孔洞面积。平面与立面交接处的防水层,其上卷高度超过 500 mm 时,按立面防水层计算。

5) 屋面排水

(1) 铸铁、玻璃钢落水管区别不同直径按图示尺寸以延长米计算,雨水口、水斗、弯头、短管以个计算。

(2) 彩板屋脊、天沟、泛水、包角、山头按设计长度以延长米计算,堵头已包括在定额内。

(3) 阳台 PVC 落水管按组计算。

(4) PVC 阳台落水管以组计算。

6) 变形缝

(1) 变形缝嵌(填)缝、变形缝盖板、止水带均按延长米计算。

(2) 屋面检修孔以块计算。

4.9　保温、隔热、防腐工程

4.9.1　定额说明

1）保温隔热

（1）本定额适用于中温、低温及恒温的工业厂（库）房隔热工程以及一般保温工程。

（2）本定额只包括保温隔热材料的铺贴，不包括隔气防潮、保护层或衬墙等。

（3）隔热层铺贴，除松散稻壳、玻璃棉、矿渣棉为散装外，其他保温材料均以石油沥青（30号）作胶结材料。

（4）玻璃棉、矿渣棉包装材料和人工均已包括在定额内。

（5）墙体铺贴块体材料，包括基层涂沥青一遍。

（6）保温层排气管按 ϕ50UPVC 管及综合管件编制，排气孔 ϕ50UPVC 管按 1800 单出口时考虑（2 只 900 弯头组成），双出口时应增加三通一只；ϕ50 钢管、不锈钢管按 180° 煨制弯考虑，当采用管件拼接时，另增加弯头 2 只，管件用量乘以系数 0.7。管材、管件的规格、材质不同时，单价换算，其余不变。

（7）外墙保温均包括界面剂、保温层、抗裂砂浆三部分，如设计与定额不同时，材料含量可以调整，人工不变。

（8）外墙外保温定额均考虑一层耐碱玻璃纤维网格布或热镀锌钢丝网，设计为双层时，另套用每增一层网格布或钢丝网定额子目。

（9）墙、柱面保温系统中，耐碱玻璃纤维网格布、热镀锌钢丝网安装塑料膨胀锚栓固定件的数量，定额按楼层综合取定，实际数量不同时不再调整。

（10）各类保温隔热涂料，如实际与定额取定厚度不同时，材料含量可以调整，人工不变。

2）耐酸防腐

（1）整体面层、隔离层适用于平面、立面的防腐耐酸工程，包括沟、坑、槽。

（2）块料面层以平面砌为准，砌立面者按平面砌相应项目，人工乘以系数 1.38，贴踢脚板人工乘以系数 1.56，其他不变。

（3）各种砂浆、胶泥、混凝土材料的种类、配合比及各种整体面层的厚度，如设计与定额不同时可以换算，但各种块料面层的结合层砂浆或胶泥厚度不变。

（4）本章的各种面层，除软聚氯乙烯塑料地面外，均不包括踢脚板。

（5）花岗岩板以六面剁斧的板材为准。如底面为毛面者，水玻璃砂浆增加 0.38 m³，沥青砂浆增加 0.44 m³。

4.9.2 工程量计算规则

1)保温隔热工程量

(1)保温隔热层应区别不同保温隔热材料,除另有规定者外,均按设计实铺厚度以体积计算。标准图集中,一般给出屋面坡度和保温层的最薄厚度(图4-59),此时应注意计算保温层的平均厚度。

保温层的平均厚度:$h_平 = h + a\% \cdot A \div 2$;屋面保温层计算公式:$V = L \times 2A \times h_平$。

例题4-21 某办公楼屋面24女儿墙轴线尺寸为12 m×50 m,平屋面构造如图4-58所示,试计算泡沫珍珠岩保温层工程量。

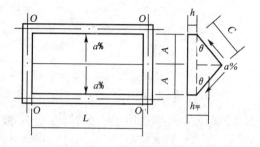

图4-59 屋面保温层示意图

解答 保温隔热层应区别不同保温隔热材料,除另有规定者外,均按设计实铺厚度以体积计算。

① 保温层平均厚度

$$h_平 = h + a\% \cdot A \div 2 = 0.03 + 2\% \times (12 - 0.24) \div 2 \div 2 = 0.089(\text{m})$$

② 保温层体积

$$V = L \times 2A \times h_平 = (50 - 0.24) \times (12 - 0.24) \times 0.089 = 51.96(\text{m}^3)$$

(2)保温隔热层的厚度按隔热材料(不包括胶结材料)净厚度计算。

(3)屋面、地面隔热层按围护结构墙体间净面积乘以设计厚度以体积计算,不扣除柱、垛所占的体积。

(4)天棚混凝土板下铺贴保温材料时,按设计实铺厚度以体积计算。天棚板面上铺放保温材料时,按设计实铺面积计算。

(5)墙体隔热层,内墙按隔热层净长乘以图示尺寸的高度及厚度以立方米计算,应扣除冷藏门洞口和管道穿墙洞口所占的体积。外墙外保温按实际展开面积计算。

(6)柱包隔热层,按图示柱隔热层中心线的展开长度乘以图示尺寸高度及厚度以体积计算。

(7)其他保温隔热层

① 池槽隔热层按图示池槽保温隔热层的长、宽及其厚度以体积计算。其中池壁按墙面计算,池底按地面计算。

② 门洞口侧壁周围的隔热部分,按图示隔热层尺寸以体积计算,并入墙面保温隔热工程量内。

③ 柱帽保温隔热层,按图示保温隔热层体积并入天棚保温隔热层工程量内。

④ 烟囱内壁表面隔热层,按筒身内壁面积计算,应扣除各种孔洞所占的面积。

⑤ 保温层排气管按图示尺寸以延长米计算,不扣除管件所占长度。保温层排气孔按不同材料以个计算。

2）防腐工程量

（1）防腐工程项目应区分不同防腐材料种类及其厚度,按设计实铺面积计算。应扣除凸出地面的构筑物、设备基础等所占的面积,砖垛等突出墙面部分按展开面积计算并入墙面防腐工程量之内。

（2）踢脚板按实铺长度乘以高度以面积计算,应扣除门洞所占面积,并相应增加侧壁展开面积。

（3）平面砌筑双层耐酸块料时,按单层面积乘以系数2.0计算。

（4）防腐卷材接缝、附加层、收头等人工、材料已计入在定额中,不再另行计算。

（5）硫磺砂浆二次灌缝按实体体积计算。

4.10　混凝土、钢筋混凝土模板及支撑工程

4.10.1　定额说明

（1）现浇混凝土模板按不同构件,分别以组合钢模板、胶合板模板、木模板和滑升模板配制。使用其他模板时,可编制补充定额。

（2）模板工作内容包括:清理、场内运输、安装、刷隔离剂、浇灌混凝土时模板维护、拆模、集中堆放、场外运输。木模板包括制作(现浇不刨光),组合钢模板、胶合板模板还包括装箱。

（3）胶合板模板取定规格为1 830 mm×915 mm×12 mm,周转次数按5次考虑。实际施工选用的模板厚度不同时,模板厚度和周转次数不得调整,均按本章定额执行。模板材料价差,无论实际采用何种厚度,均按定额取定的模板厚度计取。

（4）外购预制混凝土成品价中已包含模板费用,不另计算。如施工中混凝土构件采用现场预制时,参照外购预制混凝土构件以成品价计算。

（5）现浇混凝土梁、板、柱、墙、支架、栈桥的支模高度以3.6 m编制。超过3.6 m时,以超过部分工程量另按超高的项目计算。

（6）整板基础、带形基础的反梁、基础梁或地下室墙侧面的模板用砖侧模时,可按砖基础计算,同时不计算相应面积的模板费用。砖侧模需要粉刷时,可另行计算。

（7）捣制基础圈梁模板,套用捣制圈梁的定额。箱式满堂基础模板,拆开3个部分分别套用相应的满堂基础、墙、板定额。

（8）梁中间距≤1 m或井字(梁中)面积≤5 m² 时,套用密肋板、井字板定额。

（9）钢筋混凝土墙及高度大于700 mm的深梁模板的固定,根据施工组织设计使用胶合板模板并采用对拉螺栓。如对拉螺栓取出周转使用时,套用胶合板模板对拉螺栓加固子目;如对拉螺栓同混凝土一起现浇不取出时,套用第2章刨光车丝钻眼铁件子目,模板的穿孔费用和损耗不另增加,定额中的钢支撑含量也不扣减。

（10）弧形板并入板内计算,另按弧长计算弧形板增加费。梁板结构的弧形板按有梁板计算,另按接触面积计算弧形有梁板增加费。

（11）薄壳屋盖模板不分筒式、球形、双曲形等,均套用同一定额。

（12）若后浇带两侧面模板用钢板网时,可按每平方米(单侧面)用钢板网 1.05 m^2、人工 0.08 工日计算,同时不计算相应面积的模板费用。

（13）外形体积在 2 m^3 以内的池槽为小型池槽。

（14）本章定额捣制构件均按支承在坚实的地基上考虑。如属于软弱地基、湿陷性黄土地基、冻胀性土等所发生的地基处理费用,按实结算。

4.10.2　工程量计算规则

1）一般规则

现浇混凝土及钢筋混凝土模板工程量,除另有规定外,均应区别模板的不同材质,按混凝土与模板接触面的面积计算。

（1）基础

① 基础与墙、柱的划分,均以基础扩大顶面为界。

② 有肋式带形基础,肋高与肋宽之比在 4:1 以内的,按有肋式带形基础计算;肋高与肋宽之比超过 4:1 的,其底板按板式带形基础计算,以上部分按墙计算。

③ 箱式满堂基础应分别按满堂基础、柱、墙、梁、板有关规定计算。

④ 设备基础除块体外,其他类型设备基础分别按基础、梁、柱、板、墙等有关规定计算。

现浇混凝土带形基础的模板,按其展开高度乘以基础长度,以平方米计算;基础与基础相交时重叠的模板面积不扣除;直形基础端头的模板,也不增加。

例题 4-22　如图 4-60 所示为有肋式条形基础,计算其混凝土模板工程量。

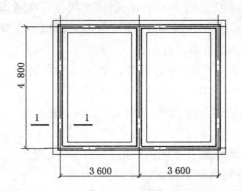
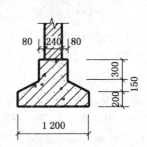

图 4-60　基础平面、断面示意图

解答　基础模板一般只支设立面侧模,顶面和底面均不支设。图示有肋式带形基础,肋高与肋宽之比在 4:1 以内的,按有肋式带形基础计算,可将下部基础模板和上部肋模板分开计算之后再求和。

$$S = 混凝土与模板的接触面积 = 基础支模长度 \times 支模高度$$

① 下部基础模板

$$S_{外} = (3.6 \times 2 + 0.6 \times 2 + 4.8 + 0.6 \times 2) \times 2 \times 0.2 = 5.76 (m^3)$$

$$S_{内} = [(3.6 - 0.6 \times 2) + (4.8 - 0.6 \times 2)] \times 2 \times 2 \times 0.2 = 4.8 (m^3)$$

② 上部肋模板

$$S_外 = (3.6 \times 2 + 0.2 \times 2 + 4.8 + 0.2 \times 2) \times 2 \times 0.3 = 7.68(\text{m}^3)$$

$$S_内 = [(3.6 - 0.2 \times 2) + (4.8 - 0.2 \times 2)] \times 2 \times 2 \times 0.3 = 9.12(\text{m}^3)$$

③ 有肋式带形基础模板工程量 $= 5.76 + 4.8 + 7.68 + 9.12 = 27.36(\text{m}^3)$

（2）柱

① 有梁板的柱高,按基础上表面或楼板上表面至上一层楼板上表面计算。

② 无梁板的柱高,按基础上表面或楼板上表面至柱帽下表面计算。

③ 构造柱的柱高,有梁时按梁间的高度(不含梁高)计算,无梁时按全高计算。构造柱均按图示外露部分计算模板面积。留马牙槎的按最宽面计算模板宽度。构造柱与墙接触面不计算模板面积。

构造柱与砖墙咬口模板工程量 ＝ 混凝土外露面的最大宽度 × 柱高

④ 依附柱上的牛腿,并入柱内计算。

⑤ 单面附墙柱并入墙内计算,双面附墙柱按柱计算。

⑥ 现浇钢筋混凝土柱、梁(不包括圈梁、过梁)、板(含现浇阳台、雨篷、遮阳板等)、墙、支架、栈桥的支模高度(即室外设计地坪或板面至上一层板底之间的高度)以 3.6 m 以内为准。高度超过 3.6 m 以上部分,另按超高部分的总接触面积乘以超高米数(含不足 1 m,小数进位取整)计算支撑超高增加费工程量,套用相应构件每增加 1 m 子目。

每超高 1 m 的超高支撑增加工程量,梁、板是按超高构件全部混凝土的接触面积计算的;柱和墙是按超高部分的混凝土接触面积计算的。

⑦ 柱与梁、柱与墙、梁与梁等连接的重叠部分以及伸入墙内的梁头、板头部分,均不计算模板面积。

例题 4-23 如图 4-61 所示,现浇混凝土框架柱 20 根,组合钢模板,钢支撑。计算模板及支撑工程量,并确定其定额费用。

解答 现浇混凝土柱模板工程量＝柱截面周长×柱高

① 现浇混凝土框架柱钢模板工程量 $= 0.45 \times 4 \times 4.50 \times 20 = 162.00(\text{m}^2)$

套用定额 A7-39(现浇混凝土矩形柱组合钢模板,钢支撑),定额基价为 5 262.52 元/100 m²。

② 从图 4-61 可知,柱的支模高度为 4.5 m,超过 3.6 m,超高 $4.5 - 3.6 = 0.90$ m ≈ 1(m)

超高支撑增加工程量 $= 0.45 \times 4 \times 20 \times (4.50 - 3.60) \times 1 = 32.40(\text{m}^2)$

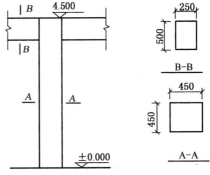

图 4-61 柱断面示意图

套用定额 A7-49(柱支撑高度超过 3.6 m,每增加 1 m 钢支撑),定额基价为 333.66 元/100 m²。

③ 柱模板定额费用为:$52.62 \times 162.00 + 3.33 \times 32.40 = 8632.33$(元)

（3）梁

① 梁与柱连接时,梁长算至柱的侧面。

② 主梁与次梁连接时,次梁长算至主梁的侧面。

③ 圈梁与过梁连接时,过梁长度按门窗洞口宽度共加 500 mm 计算。

④ 现浇挑梁的悬挑部分按单梁计算,嵌入墙身部分分别按圈梁、过梁计算。

例题 4-24 如图 4-62 所示,某现浇花篮梁,梁端有现浇梁垫,胶合板模板,钢支撑,试计算梁模板及支撑工程量,确定定额项目。

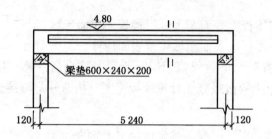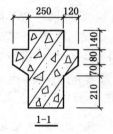

图 4-62 现浇花篮梁断面示意图

解答 现浇混凝土梁模板工程量＝(梁底宽＋梁侧高×2)×梁长

① 梁模板工程量

梁断面支模长度:$0.25+[0.21+\sqrt{(0.12)^2+(0.07)^2}+0.08+0.12+0.14]\times2=1.627(m)$

梁模板工程量(含梁垫模板)$=1.627\times(5.24-0.24)+(0.25+0.5\times2)\times0.24\times2+0.60\times0.20\times4=9.335(m^2)$

套用定额 A7-65(异形梁 胶合板模板,钢支撑),定额基价为 6 294.8 元/100 m²。

② 梁超高支撑增加工程量

梁超高高度:$4.8-0.5-3.6=0.7\ m\approx1(m)$

超高支撑增加工程量 $=9.335\times1=9.335(m^2)$

套用定额 A7-72(梁支撑高度超过 3.6 m,每增加 1 m 钢支撑),定额基价为 584.79 元/100 m²。

(4) 板

① 有梁板包括主梁、次梁与板,梁板合并计算。

② 无梁板的柱帽并入板内计算。

③ 平板与圈梁、过梁连接时,板算至梁的侧面。

④ 预制板缝宽度在 60 mm 以上时,按现浇平板计算;60 mm 宽以下的板缝已在接头灌缝的子目内考虑,不再列项计算。

⑤ 现浇钢筋混凝土墙、板上单个面积在 0.3 m² 以内的孔洞不予扣除,洞侧壁模板亦不增加,但突出墙、板面的混凝土模板应相应增加;单个面积在 0.3 m² 以外时应予扣除,洞侧壁模板并入墙、板模板工程量内计算。

(5) 墙

① 墙与梁重叠,当墙厚等于梁宽时,墙与梁合并按墙计算;当墙厚小于梁宽时,墙梁分别计算。

② 墙与板相交,墙高算至板的底面。

③ 墙净长小于或等于 4 倍墙厚时,按柱计算;墙净长大于 4 倍墙厚,而小于或等于 7 倍墙厚时,按短肢剪力墙计算。

(6) 其他

① 带反梁的雨篷按有梁板定额子目计算。

② 零星混凝土构件,系指每件体积在 0.05 m³ 以内的未列出定额项目的构件。

③ 现浇挑檐天沟与板(包括屋面板、楼板)连接时,以外墙为分界线;与圈梁(包括其他梁)连接时,以梁外边线为分界线。外墙外边线或梁外边线以外为挑檐天沟。

例题 4-25　某单位新建传达室工程如图 4-41 所示,已知所有构件混凝土强度等级均为 C20,采用胶合板模板,钢支撑。求以下构件混凝土工程量:(1)现浇有梁板模板;(2)现浇挑檐天沟模板。

解答　(1)现浇有梁板模板

有梁板包括主梁、次梁与板,梁板合并计算。

① 板底及梁底面积 $= (7.8+0.15\times2)\times(6.0+0.15\times2)-0.3\times0.3\times8$(扣柱头)

$= 51.03-0.72=50.31(m^2)$

梁侧面面积:

KL1 侧面积 $= 0.3\times2\times(7.8-0.3\times2)\times2=8.64(m^2)$

KL2 侧面积 $= 0.3\times2\times(4.5-0.3)=2.52(m^2)$

KL3 侧面积 $= 0.4\times2\times(6.0-0.3)=4.56(m^2)$

KL4 侧面积 $= 0.3\times2\times(6.0-0.3\times2)\times2=6.48(m^2)$

合计模板接触面积:72.51 m²

套用定额 A7-87(有梁板 胶合板模板 钢支撑),定额基价为 4 862.64 元/100 m²。

② 梁超高高度:$3.6+0.45-3.6=0.45(m)$,取 1 m

超高支撑增加工程量 $= 72.51\times1=72.51(m^2)$

套用定额 A7-100(板支撑高度超过 3.6 m,每增加 1 m 钢支撑),定额基价为 635.38 元/100 m²。

(2)现浇挑檐模板

① 挑檐天沟底面积 $= (7.8+0.75\times2)\times(6+0.75\times2)-(7.8+0.15\times2)$

$\times(6+0.15\times2)$

$= 69.75-51.03=18.72(m^2)$

天沟外侧竖板面积 $= (7.8+0.75\times2+6+0.75\times2)\times2\times0.25=8.4(m^2)$

天沟内侧竖板面积 $= (7.8+0.75\times2-0.2+6+0.75\times2-0.2)\times2\times0.15=4.92(m^2)$

合计挑檐天沟模板面积:32.04 m²

套用定额 A7-117(挑檐天沟),定额基价为 7 674.03 元/100 m²。

② 挑檐天沟超高高度:$3.6+0.45-3.6=0.45(m)$,取 1 m

超高支撑增加工程量 $= 32.04\times1=32.04(m^2)$

套用定额 A7-100(板支撑高度超过 3.6 m,每增加 1 m 钢支撑),定额基价为 635.38 元/100 m²。

2) 现浇混凝土及钢筋混凝土模板工程量计算规则

(1) 设备基础螺栓套留孔,区别不同深度以个计算。

（2）杯形基础的颈高大于 1.2 m 时（基础扩大顶面至杯口底面），按柱定额执行，其杯口部分和基础合并按杯形基础计算。

（3）现浇钢筋混凝土阳台、雨篷，按图示外挑部分尺寸的水平投影面积计算。挑出墙外的悬臂梁及板边模板不另计算。雨篷翻边突出板面高度在 200 mm 以内时，按翻边的外边线长度乘以突出板面高度，并入雨篷内计算；雨篷翻边突出板面高度在 600 mm 以内时，翻边按天沟计算；雨篷翻边突出板面高度在 1 200 mm 以内时，翻边按栏板计算；雨篷翻边突出板面高度超过 1 200 mm 时，翻边按墙计算。

（4）楼板后浇带模板及支撑增加费以延长米计算。

（5）整体楼梯包括休息平台、平台梁、斜梁和楼梯的连接梁，按水平投影面积计算。不扣除宽度小于 500 mm 的梯井。楼梯踏步、踏步板、平台梁等侧面模板不另计算，伸入墙内部分也不增加。当楼梯与现浇楼板有梯梁连接时，楼梯应算至梯口梁外侧；当无梯梁连接时，以楼梯最后一个踏步边缘加 300 mm 计算。

（6）混凝土台阶，按图示台阶尺寸的水平投影面积计算，台阶端头两侧不另计算模板面积。架空式混凝土台阶，按现浇楼梯计算。

（7）现浇混凝土明沟以接触面积计算，按电缆沟子目套用；现浇混凝土散水按散水坡实际面积计算。

（8）混凝土扶手按延长米计算。

（9）带形桩承台按带形基础定额执行。

（10）小立柱、二次浇灌模板按零星构件定额执行，以实际接触面积计算。

（11）以下构件按接触面积计算模板：混凝土墙按直形墙、电梯井壁、短肢剪力墙、圆弧墙，划分不分厚度，分别计算。挡土墙、地下室墙是直形时，按直形墙计算；是圆弧形时，按圆弧墙计算；既有直形又有圆弧形时，应分别计算。

（12）小型池槽按外形体积计算。

（13）胶合板模板堵洞按个计算。

3）预制钢筋混凝土构件灌缝模板工程量同构件灌缝工程量

4.11 脚手架工程

4.11.1 定额说明

（1）凡工业与民用建筑物所需搭设的脚手架，均按本章定额执行。

（2）所有脚手架系按钢管配合扣件以及竹串片脚手板综合考虑的，在使用中无论采用何种材料、搭设方式和经营形式，均执行本定额。

（3）综合脚手架、檐高 20 m 以上外脚手架增加费、单项脚手架中的钢管及配件（螺栓、底座、扣件）含量均以租赁形式表示，其他含量（脚手板等）以自有摊销形式表示；悬空吊篮脚手架中的材料含量以自有摊销形式表示。

（4）建筑物檐高指建筑物自设计室外地面标高至檐口滴水标高。无组织排水的滴水标高为屋面板顶面，有组织排水的滴水标高为天沟板底面。建筑物层数指室外地面以上自然层（含2.2 m设备管道层）。地下室和屋顶有围护结构的楼梯间、电梯间、水箱间、塔楼、望台等，只计算建筑面积，不计算檐高和层数。

（5）综合脚手架内容包括外墙砌筑、外墙装饰及内墙砌筑用架，不包括檐高20 m以上外脚手架增加费。

（6）外脚手架增加费包括建筑工程（主体结构）和装饰装修工程。建筑物6层以上或檐高20 m以上时，均应计算外脚手架增加费。外脚手架增加费以建筑物的檐高和层数2个指标划分定额子目。当檐高达到上一级而层数未达到时，以檐高为准；当层数达到上一级而檐高未达到时，以层数为准。计算外脚手架增加费时，以最高一级层数或檐高套用定额子目，不采用分级套用。

（7）当建筑工程（主体结构）与装饰装修工程是一个施工单位施工时，建筑工程按综合脚手架、外脚手架增加费子目全部计算，装饰装修工程不再计算。当建筑工程（主体结构）与装饰装修工程不是一个施工单位施工时，建筑工程综合脚手架按定额子目的90%计算，外脚手架增加费按定额子目的70%计算；装饰装修工程另按实际使用外墙单项脚手架或其他脚手架计算，外脚手架增加费按定额子目的30%计算。

（8）不能以建筑面积计算脚手架，但又必须搭设的脚手架，均执行单项脚手架定额。

（9）凡高度超过2 m的石砌墙，应按相应脚手架定额乘以1.80系数。

（10）本定额中的外脚手架，均综合了上料平台因素，但未包括斜道。斜道应根据工程需要和施工组织设计的规定，另按座计算。

（11）脚手架的地基及基础强度不够，需要补强或采取铺垫措施，应按具体情况及施工组织设计要求，另列项目计算。

（12）金属结构及其他构件安装需要搭设脚手架时，根据施工方案按单项脚手架计算。

4.11.2　工程量计算规则

1）综合脚手架

（1）综合脚手架工程量按建筑物的建筑面积之和计算。建筑面积计算以国家《建筑工程建筑面积计算规范》为准。

（2）单层建筑物的高度，应自室外地坪至檐口滴水的高度为准。多跨建筑物如高度不同时，应分别按照不同的高度计算。多层建筑物层高或单层建筑物高度超过6 m者，每超过1 m再计算一个超高增加层，超高增加层工程量等于该层建筑面积乘以增加层层数。超过高度大于0.6 m，按一个超高增加层计算；超过高度在0.6 m以内时，舍去不计。

例题4-26　某建筑物6层，每层建筑面积均为1 000 m²，底层层高9 m，顶层层高6.6 m，2～5层层高3 m。试计算该工程综合脚手架费。

解答　建筑物檐高超过6 m时，每超过1 m再计算一个增加层，若增加层高度≤0.6 m，舍去不计；增加层高度＞0.6 m，则按一个增加层计算。即增加层高度在(0.6,2)间时，增加层均为2。

超高增加层工程量＝该层建筑面积×增加层层数

① 综合脚手架工程量：$S = 1\,000 \times 6 = 6\,000(\text{m}^2)$

套用定额 A8-1(综合脚手架)，定额基价为 2 418.05 元 /100 m²。

综合脚手架费用 $= 6\,000 \div 100 \times 2\,418.05 = 145\,083(\text{元})$

② 单层 6 m 以上综合脚手架超高增加费

a. 底层：$9 - 6 = 3$ m，按 3 个增加层考虑，超高增加层工程量 $= 1\,000 \times 3 = 3\,000(\text{m}^2)$

套用定额 A8-2(层高 6 m 以上每超高 1 m)，定额基价为 520.26 元 /100 m²。

$C = 3\,000 \div 100 \times 520.26 = 1\,560.78(\text{元})$

b. 顶层：$6.6 - 6 = 0.6$ m，则含去不计增加层

综合脚手架费用合计为：$145\,083 + 1\,560.78 = 146\,643.78(\text{元})$

2) 檐高 20 m 以上外脚手架增加费

(1) 檐高在 20 m 以上时，以建筑物檐高与 20 m 之差，除以 3.3 m(余数不计)为超高折算层层数(除本条第(5)、(6)款外)，乘以按本条第(3)款计算的折算层面积，计算工程量。

例题 4-27 某建筑物 9 层，檐口高度 38 m，每层建筑面积为 600 m²，试计算该工程脚手架费。

解答 建筑物檐口高度为 38 m，超过 20 m，除综合脚手架费用外，需另算外脚手架增加费。

① 综合脚手架费用

综合脚手架工程量：$600 \times 9 = 5\,400(\text{m}^2)$

套用定额 A8-1(综合脚手架)，定额基价为 2 418.05 元/100 m²。

综合脚手架费用 $= 5\,400 \div 100 \times 2\,418.05 = 130\,574.7(\text{元})$

② 外脚手架增加费

a. 计算折算层数：$(38 - 20) \div 3.3 = 5.45$ 层，余数不计，故按 5 个超高层计算工程量。

b. 外脚手架增加费工程量：$S = 600 \times 5 = 3\,000(\text{m}^2)$

c. 套用定额 A8-4(9~12 层 檐高 40 m 以内)，定额基价 3 772.92 元/100 m²。

外脚手架增加费：$3\,000/100 \times 3\,772.92 = 113\,187.6(\text{元})$

③ 该工程脚手架费用合计：$130\,574.7 + 113\,187.6 = 243\,762.3(\text{元})$

(2) 当上层建筑面积小于下层建筑面积的 50% 时，应垂直分割为两部分计算。层数(或檐高)高的范围与层数(或檐高)低的范围分别按本条第(1)款规则计算。

(3) 当上层建筑面积大于或等于下层建筑面积的 50% 时，则按本条第(1)款规定计算超高折算层层数，以建筑物楼面高度 20 m 及以上实际层数建筑面积的算术平均值为折算层面积，乘以超高折算层层数，计算工程量。

例题 4-28 某建筑物(图 4-63)20 层部分檐口高度为 63 m；18 层部分檐口高度为 50 m；15 层部分檐口高度为 36 m。建筑面积分别为：7~15 层每层 1 000 m²；16~18 层每层 800 m²；19~20 层每层 300 m²。试计算该工程外脚手架增加费。

解答 建筑物檐口高度超过 20 m 部分需另算外脚手架增加费。

① 首先确定建筑物 3 个不同标高的建筑面积是否垂直分割

檐口高度 50 ～ 63 m 间：$300 \div 800 = 0.375 < 50\%$，应垂直分割成两部分。

第一部分：7~20 层 | 檐高 63 m | 建筑面积 300 m²

第二部分:7~18层|檐高50 m|建筑面积16~18层为800−300＝500 m²,7~15层为1 000−300＝700 m²。

檐口高度36~50 m间:800÷1 000＝0.8＞50%,不应垂直分割计算,应按7~18层,檐高50 m计算。

② 超高增加费的计算

a. 7~20层,檐高63 m

折算层数＝(63−20)÷3.3＝13.03,因此折算层数取为13层。

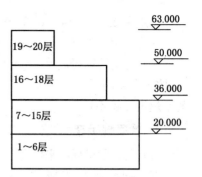

图4-63 某建筑物简图

工程量为 $S = 300 \times 13 = 3\,900 (\text{m}^2)$

套用定额A8-7(19~21层 檐高69.5 m以内),定额基价5 051.04元/100 m²。

该部分外脚手架增加费＝3 900/100×5 051.04＝196 990.56(元)

b. 7~18层,檐高50 m

16~18层共3层,每层500 m²;7~15层共9层,每层700 m²。

折算层数:(50−20)÷3.3＝9.09≈9(层)

外脚手架超高工程量按9层建筑面积之和计算:

$$S = \frac{\text{实际面积}}{\text{实际层数}} \times \text{折算层数} = \frac{9 \times 700 + 3 \times 500}{3 + 9} \times 9 = 5\,850 (\text{m}^2)$$

套用定额A8-6(16~18层 檐高59.5 m以内),定额基价4 742.06元/100 m²。

该部分外脚手架增加费＝5 850/100×4 742.06＝277 410.51(元)

③ 外脚手架增加费合计:196 990.56＋277 410.51＝474 401.07(元)

(4) 当建筑物檐高在20 m以下,而层数在6层以上时,以6层以上建筑面积套用7~8层子目,剩余6层以下(不含第6层)的建筑面积套用檐高20 m以内子目。

例题4-29 某建筑物7层,檐口高度19 m,每层建筑面积为600 m²,计算该工程脚手架费用。

解答 该建筑物脚手架计算符合上述条款规定。

① 综合脚手架工程量: $S = 600 \times 7 = 4\,200 (\text{m}^2)$

套用定额A8-1(综合脚手架),定额基价为2 418.05元/100 m²。

综合脚手架费用＝4 200÷100×2 418.05＝101 558.1(元)

② 7~8层外脚手架增加费工程量: $S = 600 \times 1 = 600 (\text{m}^2)$

套用定额A8-3(7~8层 檐高20~28 m),定额基价为1 536.68元/100 m²。

外脚手架增加费＝600/100×1 536.68＝9 220.08(元)

该工程脚手架费用合计:101 558.1＋9 220.08＝110 778.18(元)

(5) 当建筑物檐高超过20 m,但未达到23.3 m,则无论实际层数多少,均以最高一层建筑面积(含屋面楼梯间、机房等)套用7~8层子目,剩余6层以下(不含第6层)的建筑面积套用檐高20 m以内子目。

例题4-30 某建筑物6层,檐口高度20.5 m,每层建筑面积为500 m²,试计算工程外脚手架增加费。

解答 7~8层外脚手架增加费工程量: $S = 500 \times 1 = 500 (\text{m}^2)$

套用定额 A8-3(7～8 层 檐高 20～28 m),定额基价 1 536.68 元/100 m²。

外脚手架增加费 = 500/100 × 1 536.68 = 7 683.4(元)

(6) 当建筑物檐高在 28 m 以上但未超过 29.9 m,或檐高在 28 m 以下但层数在 9 层以上时,按 3 个超高折算层和本条第(3)款计算的折算层面积相乘计算工程量,套用 9～12 层子目,余下建筑面积不计。

3) 单项脚手架

(1) 凡捣制梁(除圈梁、过梁)、柱、墙,按全部混凝土体积每立方米计算 13 m² 的 3.6 m 以内钢管里脚手架;施工高度在 6～10 m 时,应再按 6～10 m 范围的混凝土体积每立方米增加计算 26 m 的单排 9 m 内钢管外脚手架;施工高度在 10 m 以上时,按施工组织设计方案另行计算。施工高度应自室外地面或楼面至构件顶面的高度计算。

(2) 围墙脚手架,按相应的里脚手架定额以面积计算。其高度应以自然地坪至围墙顶,如围墙顶上装金属网者,其高度应算至金属网顶,长度按围墙的中心线。不扣除围墙门所占的面积,但独立门柱砌筑用的脚手架也不增加。围墙装修用脚手架,单面装修按单面面积计算,双面装修按双面面积计算。

(3) 凡室外单独砌筑砖、石挡土墙和沟道墙,高度超过 1.2 m 以上时,按单面垂直墙面面积套用相应的里脚手架定额。

(4) 室外单独砌砖、石独立柱、墩及突出屋面的砖烟囱,按外围周长另加 3.6 m 乘以实砌高度计算相应的单排外脚手架费用。

(5) 砌两砖及两砖以上的砖墙,除按综合脚手架计算外,另按单面垂直砖墙面面积增计单排外脚手架。

(6) 砖、石砌基础,深度超过 1.5 m 时(设计室外地面以下),应按相应的里脚手架定额计算脚手架,其面积为基础底至设计室外地面的垂直面积。

(7) 混凝土、钢筋混凝土带形基础同时满足底宽超过 1.2 m(包括工作面的宽度),深度超过 1.5 m;满堂基础、独立柱基础同时满足底面积超过 4 m²(包括工作面的宽度),深度超过 1.5 m,均按水平投影面积套用基础满堂脚手架计算。

(8) 高颈杯形钢筋混凝土基础,其基础底面至设计室外地面的高度超过 3 m 时,应按基础底周边长度乘高度计算脚手架,套用相应的单排外脚手架定额。

(9) 贮水(油)池及矩形贮仓按外围周长加 3.6 m 乘以壁高以面积计算,套用相应的双排外脚手架定额。

(10) 砖砌混凝土化粪池,深度超过 1.5 m 时,按池内净空的水平投影面积套用基础满堂脚手架计算。其内外池壁脚手架按本条第(6)款规定计算。

(11) 室外管道脚手架以投影面积计算。高度从自然地面至管道下皮的垂直高度(多层排列管道时,以最上一层管道下皮为准),长度按管道的中心线计算。

4) 其他

悬空吊篮脚手架以墙面垂直投影面积计算,高度按设计室外地面至墙顶的高度,长度按墙的外围长度。

4.12　垂直运输工程

4.12.1　定额说明

（1）凡工业与民用建筑物所需的垂直运输，均按本章定额执行。

（2）建筑物垂直运输以建筑物的檐高及层数两个指标划分定额子目。如檐高达到上一级而层数未达到时，以檐高为准；如层数达到上一级而檐高未达到时，以层数为准。

（3）建筑物檐高指建筑物自设计室外地面标高至檐口滴水标高。无组织排水的滴水标高为屋面板顶，有组织排水的滴水标高为天沟板底。建筑物层数指室外地面以上自然层（含 2.2 m 设备管道层）。地下室和屋顶有围护结构的楼梯间、电梯间、水箱间、塔楼、望台等，只计算建筑面积，不计算檐高和层数。

（4）高层建筑垂直运输及超高增加费包括 6 层以上（或檐高 20 m 以上）的垂直运输、超高人工及机械降效、清水泵台班、28 层以上通讯等费用。建筑物层数在 6 层以上或檐高在 20 m 以上时，均应计取此费用。

（5）7～8 层（檐高 20～28 m）高层建筑垂直运输及超高增加费子目只包含本层，不包含 1～6 层（檐高 20 m 以内）。当套用了 7～8 层（檐高 20～28 m）高层建筑垂直运输及超高增加费子目时，余下地面以上的建筑面积还应套用 6 层以内（檐高 20 m 以内）建筑物垂直运输子目。9 层及以上或檐高 28 m 以上的高层建筑垂直运输及超高增加费子目除包含本层及以上外，还包含 7～8 层（檐高 20～28 m）和 1～6 层（檐高 20 m 以内）。当套用了 9 层及以上（檐高 28 m 以上）高层建筑垂直运输及超高增加费子目时，余下地面以上的建筑面积不再套用 7～8 层（檐高 20～28 m）高层建筑垂直运输及超高增加费子目和 6 层以内（檐高 20 m 以内）垂直运输子目。

（6）建筑物地下室（含半地下室）、高层范围外的 1～6 层且檐高 20 m 以内裙房面积（不区分是否垂直分割），应套用 6 层以内（檐高 20 m 以内）建筑物垂直运输子目。

（7）建筑物垂直运输定额中的垂直运输机械，不包括大型机械的场外运输、安拆费以及路基铺垫、基础等费用，发生时另按相应定额计算。

4.12.2　工程量计算规则

1）一般规则

（1）檐高 20 m 以内建筑物垂直运输、高层建筑垂直运输及超高增加费工程量按建筑面积计算。

（2）檐高 20 m 以内建筑物垂直运输，当建筑物层数在 6 层以下且檐高 20 m 以内时，按 6 层以下的建筑面积之和计算工程量。包括地下室和屋顶楼梯间等建筑面积。

2）高层建筑垂直运输及超高增加费

（1）檐高在 20 m 以上时，以建筑物檐高与 20 m 之差，除以 3.3 m（余数不计）为超高折算层层数（除本条第（5）、（6）款外），乘以按本条第（3）款计算的折算层面积，计算工程量。

（2）当上层建筑面积小于下层建筑面积的 50%时，应垂直分割为两部分计算。层数（或檐高）高的范围与层数（或檐高）低的范围分别按本条第（1）款规则计算。

（3）当上层建筑面积大于或等于下层建筑面积的 50%时，则按本条第（1）款规定计算超高折算层层数，以建筑物楼面高度 20 m 及以上实际层数建筑面积的算术平均值为折算层面积，乘以超高折算层层数，计算工程量。

（4）当建筑物檐高在 20 m 以下，而层数在 6 层以上时，以 6 层以上建筑面积套用 7～8 层子目，剩余 6 层以下（不含第 6 层）的建筑面积套用檐高 20 m 以内子目。

（5）当建筑物檐高超过 20 m，但未达到 23.3 m，则无论实际层数多少，均以最高一层建筑面积（含屋面楼梯间、机房等）套用 7～8 层子目，剩余 6 层以下（不含第 6 层）的建筑面积套用檐高 20 m 以内子目。

（6）当建筑物檐高在 28 m 以上但未超过 29.9 m，或檐高在 28 m 以下但层数在 9 层以上时，按 3 个超高折算层和本条第（3）款计算的折算层面积相乘计算工程量，套用 9～12 层子目，余下建筑面积不计。

例题 4-31 某建筑物（图 4-64）檐高 27 m，8 层，塔吊施工，总建筑面积 6 700 m²，其中 1～4 层为每层 1 000 m²，层高 3.6 m，5、6 层为每层 700 m²，7、8 层为每层 600 m²，层高均为 3 m。电梯机房 100 m²，室外设计地面标高为−0.6 m，计算垂直运输费。

解答 本案例檐高 27 m，层数 8 层，既要计算檐高 20 m 内塔吊垂直运输费用，又要计算超高增加费。

当上层建筑面积大于或等于下层建筑面积的 50%时，则按本条第（1）款规定计算超高折算层层数，以建筑物楼面高度 20 m 及以上实际层数建筑面积的算术平均值为折算层面积，乘以超高折算层层数，计算工程量。

① 计算 7 层楼面高度 $= 3.6 \times 4 + 0.6 + 3 \times 2 = 21$ m，所以檐高 20 m 以上实际为 7、8 层两层。

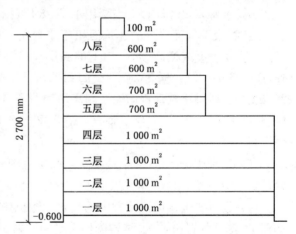

图 4-64 某建筑物简图

超高折算层层数 $= (27 - 20) \div 3.3 = 2 \cdots$ 余数不计

折算层面积 $= (600 \times 2 + 100) \div 2 = 650$（m²）

套用定额 A9-4，7～8 层塔吊 20～28 m，定额基价为 6 238.77 元/100 m²。

超高折算层垂直运输基本费及增加费 $= 6\ 238.77$ 元/100 m² $\times 650$ m² $\times 2 = 81\ 104.01$（元）

② 总建筑面积 $= 1\ 000 \times 4 + 700 \times 2 + 600 \times 2 + 100 = 6\ 700$（m²）

余下面积 $= 6\ 700 - 650 \times 2 = 5\ 400$（m²）

套用定额 A9-2,檐高 20 m 内(且 6 层)塔吊,定额基价为 1 557.97 元 /100 m²。

余下面积垂直运输基本费 = 1 557.97 元 /100 m² × 5 400 m² = 84 130.38(元)

③ 垂直运输费合计:81 104.01 + 84 130.38 = 165 234.39(元)

4.13 装饰装修工程

4.13.1 楼地面工程

1)定额说明

(1)本章水泥砂浆、水泥石子浆、混凝土等配合比,如设计规定与定额不同时,可以换算。

(2)找平层楼梯找平层按水平投影面积乘以系数 1.365,台阶找平层乘以系数 1.48。

(3)整体面层

① 整体面层中的水磨石粘贴砂浆厚度为 25 mm,如设计粘贴砂浆厚度与定额厚度不同时,按找平层中每增减子目进行调整。

② 现浇水磨石定额项目已包括酸洗打蜡工料,其余项目均不包括酸洗打蜡。

③ 楼梯整体面层不包括踢脚线、侧面、底面的抹灰。

④ 台阶整体面层不包括牵边、侧面装饰。

⑤ 台阶包括水泥砂浆防滑条,其他材料做防滑条时则应另行计算防滑条。

(4)块料面层

① 块料面层粘贴砂浆厚度见表 4-16,如设计粘贴砂浆厚度与定额厚度不同时,按找平层每增减子目进行调整。

表 4-16 块料面层粘贴砂浆厚度表

项目名称	砂浆种类	厚度(mm)
石材	水泥砂浆 1∶4	30
陶瓷锦砖	水泥砂浆 1∶4	20
陶瓷地砖	水泥砂浆 1∶4	20
预制水磨石	水泥砂浆 1∶4	25
水泥花砖	水泥砂浆 1∶4	20

② 零星项目面层适用于楼梯侧面、台阶的牵边、小便池、蹲台、池槽,以及面积在 0.5 m² 以内且定额未列的项目。

2)工程量计算规则

(1)地面垫层

按室内主墙间净空面积乘以设计厚度以体积计算。应扣除凸出地面的构筑物、设备基础、室内铁道、地沟等所占的体积,不扣除间壁墙和面积在 0.3 m² 以内的柱、垛、附墙烟囱及孔洞所占体积。

(2) 整体面层、找平层

① 楼地面按室内主墙间净空尺寸以面积计算。应扣除凸出地面构筑物、设备基础、室内铁道、地沟等所占面积,不扣除间壁墙和 0.3 m² 以内的柱、垛、附墙烟囱及孔洞所占面积。门洞、空圈、暖气包槽、壁龛的开口部分亦不增加面积。

② 楼梯面积按设计图示尺寸以楼梯(包括踏步、休息平台及 500 mm 以内的楼梯井)水平投影面积计算。楼梯与楼地面相连时,算至梯口梁内侧边沿;无梯口梁者,算至最上一层踏步边沿加 300 mm。

③ 台阶面层按设计图示尺寸以台阶(包括踏步及最上一层踏步边沿加 300 mm)水平投影面积计算。

④ 防滑条如无设计要求时,按楼梯、台阶踏步两端距离减 300 mm 以延长米计算。

⑤ 水泥砂浆、水磨石踢脚线按长度乘以高度以面积计算,洞口、空圈长度不予扣除,洞口、空圈、垛、附墙烟囱等侧壁长度亦不增加。

(3) 块料面层

① 楼地面块料面层按实铺面积计算。不扣除单个 0.1 m² 以内的柱、垛、附墙烟囱及孔洞所占面积。

② 楼梯、台阶块料面层工程量计算规则与整体面层相同。

③ 拼花部分按实铺面积计算。

④ 点缀按个计算,计算主体铺贴地面面积时,不扣除点缀所占面积。

⑤ 块料面层踢脚线按实贴长度乘以高度以面积计算;成品木踢脚线按实铺长度计算;楼梯踢脚线按相应定额乘以系数 1.15。

⑥ 零星项目按实铺面积计算。

⑦ 石材底面刷养护液按底面面积加 4 个侧面面积计算。

4.13.2 墙、柱面工程

1) 定额说明

(1) 本节定额凡注明砂浆种类、配合比、饰面材料(含型材)型号规格的,如与设计规定不同时,可按设计规定调整,但人工、机械消耗量不变。

(2) 抹灰厚度:如设计与定额取定不同时,除定额有注明厚度的项目可以调整外,其他不作调整。

(3) 墙面抹石灰砂浆分 2 遍、3 遍、4 遍,其标准如下。

2 遍:1 遍底层,1 遍面层。

3 遍:1 遍底层,1 遍中层,1 遍面层。

4 遍:1 遍底层,1 遍中层,2 遍面层。

(4) 墙柱面抹灰、镶贴块料面层

① 镶贴块料面层(含石材、块料)定额项目内,均未包括打底抹灰的工作内容。打底抹灰按如下方法套用定额:按打底抹灰砂浆的种类,套用一般抹灰相应子目,再套用 A14-71 光面

变麻面子目(扣、减表面压光费用)。抹灰厚度不同时,按一般抹灰砂浆厚度每增减子目进行调整。

② 墙面一般抹灰、镶贴块料(不含石材),当外墙施工且工作面高度在 3.6 m 以上时,按以上相应项目人工乘以系数 1.25。

③ 两面或三面凸出墙面的柱、圆弧形、锯齿形墙面等不规则墙面抹灰、镶贴块料面层按相应项目人工乘以系数 1.15,材料乘以系数 1.05。

④ 一般抹灰、装饰抹灰和镶贴块料的"零星项目"适用于壁柜、暖气壁龛、池槽、花台、挑檐、天沟、遮阳板、腰线、窗台线、门窗套、栏板、栏杆、压顶、扶手、雨篷周边以及 0.5 m² 以内的抹灰或镶贴。

⑤ 镶贴面砖定额按墙面考虑。面砖按缝宽 5 mm、10 mm 和 20 mm 列项,如灰缝不同或灰缝超过 20 mm 以上者,其块料及灰缝材料(水泥砂浆 1∶1)用量允许调整,其他不变。

⑥ 镶贴面砖定额是按墙面考虑的,独立柱镶贴面砖按墙面相应项目人工乘以系数 1.15;零星项目镶贴面砖按墙面相应项目人工乘以系数 1.11,材料乘以系数 1.14。

⑦ 单梁单独抹灰、镶贴、饰面,可按独立柱相应定额项目和说明执行。

(5)墙柱面装饰

① 墙柱饰面层、隔墙(间壁)、隔断(护壁)定额项目内,除注明外均未包括压条、收边、装饰线(板)。如设计要求时,应另套用其他工程章节相应子目。

② 隔墙(间壁)、隔断(护壁)等定额项目中,龙骨间距、规格如与设计不同时,定额用量可以调整。

③ 墙柱龙骨、基层、面层未包括刷防火涂料,如设计要求时,应另套用油漆、涂料章节相应子目。

2）工程量计算规则

(1)内墙抹灰

内墙抹灰面积按设计图示尺寸以面积计算。应扣除墙裙、门窗洞口、空圈及单个 0.3 m² 以外的孔洞面积,不扣除踢脚线、挂镜线和墙与构件交接处的面积,门窗洞口和孔洞的侧壁及顶面不增加面积。附墙柱、梁、垛、烟囱侧壁并入相应的墙面面积内。

① 内墙面抹灰的长度,以主墙间的图示净长尺寸计算,其高度确定如下:

a. 无墙裙的,其高度按室内地面或楼面至天棚底面之间距离计算。

b. 有墙裙的,其高度按墙裙顶至天棚底面之间距离计算。

c. 钉板天棚的内墙面抹灰,其高度按室内地面或楼面至天棚底面另加 100 mm 计算。

② 内墙裙抹灰面按内墙净长乘以高度计算。

(2)外墙抹灰

外墙抹灰面积按外墙面的垂直投影面积计算。应扣除门窗洞口、外墙裙和单个 0.3 m² 以外的孔洞面积,门窗洞口和孔洞的侧壁及顶面不增加面积。附墙柱、梁、垛、烟囱侧壁并入外墙面抹灰面积内。栏板、栏杆、扶手、压顶、窗台线、门窗套、挑檐、遮阳板、突出墙外的腰线等,另按相应规定计算。

① 外墙裙抹灰面积按其长度乘以高度计算。

② 飘窗凸出外墙面(指飘窗侧板)增加的抹灰并入外墙工程量内。

③ 窗台线、门窗套、挑檐、遮阳板、腰线等展开宽度在 300 mm 以内者,按装饰线以延长

米计算,如展开宽度超过 300 mm 以外时,按图示尺寸以展开面积计算,套零星抹灰定额项目。

④ 栏板、栏杆(包括立柱、扶手或压顶等)抹灰按中心线的立面垂直投影面积乘以系数2.20计算,套用零星项目;外侧与内侧抹灰砂浆不同时,各按系数1.10计算。

⑤ 墙面勾缝按墙面垂直投影面积计算,不扣除门窗洞口、门窗套、腰线等零星抹灰所占的面积,附墙柱和门窗洞口侧面的勾缝面积亦不增加。独立柱、房上烟囱勾缝,按图示尺寸以面积计算。

(3) 装饰抹灰

① 外墙面装饰抹灰按垂直投影面积计算,扣除门窗洞口和单个 0.3 m² 以外的孔洞所占的面积,门窗洞口和孔洞的侧壁及顶面亦不增加面积。附墙柱侧面抹灰面积并入外墙抹灰工程量内。

② 女儿墙(包括泛水、挑砖)、阳台栏板(不扣除花格所占孔洞面积)内侧抹灰按垂直投影面积乘以系数 1.10,带压顶者乘系数 1.30 按墙面定额执行。

③ 零星项目按设计图示尺寸以展开面积计算。

④ 装饰抹灰玻璃嵌缝、分格按装饰抹灰面面积计算。

(4) 块料面层

① 墙面镶贴块料面层,按实贴面积计算。

② 墙面镶贴块料,饰面高度在 300 mm 以内者,按踢脚线定额执行。

(5) 墙面装饰

① 隔断、隔墙按净长乘以净高计算,扣除门窗洞口及单个 0.3 m² 以外的孔洞所占面积。

② 全玻隔断的不锈钢边框工程量按边框展开面积计算;全玻隔断工程量按其展开面积计算。

(6) 柱工程量

① 柱一般抹灰、装饰抹灰按结构断面周长乘以高度计算。

② 柱镶贴块料按外围饰面尺寸乘以高度计算。

③ 大理石(花岗岩)柱墩、柱帽、腰线、阴角线按最大外径周长计算。

④ 除定额已列有柱帽、柱墩的项目外,其他项目的柱帽、柱墩工程量按设计图示尺寸以展开面积计算,并入相应柱面积内,每个柱帽或柱墩另增人工:抹灰 0.25 工日,块料 0.38 工日,饰面 0.5 工日。

4.13.3 幕墙工程

1) 定额说明

(1) 本节定额所使用的材料及技术要求,除符合有关规范标准外,还须符合《玻璃幕墙工程技术规范》(JGJ 102—2003)、《建筑玻璃应用技术规程》(JGJ 113—2003)以及《玻璃幕墙工程质量检验标准》(JGJ/T 139—2001)的要求。

(2) 本节未包括施工验收规范中要求的检测、试验所发生的费用。

(3) 本节定额使用的钢材、铝材、镀锌方钢型材、索、索具配件、拉杆、拉杆配件、玻璃肋、玻璃肋连接件、驳接抓及配件、镀锌加工件、化学螺栓、悬窗五金配件等型号、规格,如与设计不同时,可按设计规定调整,但人工、机械不变。

(4) 本节定额所采用的骨架,如需要进行弯弧处理,其弯弧费另行计算。

(5) 点支承玻璃幕墙是采用内置受力骨架直接和主体钢结构进行连接的模式,如采用螺栓和主体连接的后置连接方式,后置预埋钢板、螺栓等材料费另行计算。

(6) 点支承玻璃幕墙索结构辅助钢桁架安装是考虑在混凝土基层上的,如采用和主体钢构件直接焊接的连接方式,或和主体钢构件采用螺栓连接的方式,则需要扣除化学螺栓和钢板的材料费。

(7) 框支承幕墙是按照后置预埋件考虑的,如预埋件同主体结构同时施工,则应扣除化学螺栓的材料费。

(8) 基层钢骨架、金属构件只考虑防锈处理,如表面采用高级装饰,另套用相应章节定额子目。

(9) 幕墙防火系统、防雷系统中的镀锌铁皮、防火岩棉、防火玻璃、钢材和幕墙铝合金装饰线条,如与设计不同时,可按设计规定调整,但人工、机械不变。

2) 工程量计算规则

(1) 点支承玻璃幕墙,按设计图示尺寸以四周框外围展开面积计算。肋玻结构点式幕墙玻璃肋工程量不另计算,作为材料项进行含量调整。点支承玻璃幕墙索结构辅助钢桁架制作安装,按质量计算。

(2) 全玻璃幕墙,按设计图示尺寸以面积计算。带肋全玻璃幕墙,按设计图示尺寸以展开面积计算,玻璃肋按玻璃边缘尺寸以展开面积计算并入幕墙工程量内。

(3) 金属板幕墙,按设计图示尺寸以外围面积计算。凹或凸出的板材折边不另计算,计入金属板材料单价中。

(4) 框支承玻璃幕墙,按设计图示尺寸以框外围展开面积计算。与幕墙同种材质的窗所占面积不扣除。

(5) 幕墙防火隔断,按设计图示尺寸以展开面积计算。

(6) 幕墙防雷系统、金属成品装饰压条均按延长米计算。

(7) 雨篷按设计图示尺寸以外围展开面积计算。有组织排水的排水沟槽按水平投影面积计算并入雨篷工程量内。

4.13.4 天棚工程

1) 定额说明

(1) 天棚抹灰面层

① 本节定额凡注明了砂浆种类、配合比,如与设计规定不同时,可以换算,但定额的抹灰厚度不得调整。

② 带密肋小梁和每个井内面积在 $5 m^2$ 以内的井字梁天棚抹灰,按每 $100 m^2$ 增加 3.96 工日计算。

(2) 平面、跌级、艺术造型天棚

① 本节定额龙骨的种类、间距、型号、规格和基层、面层材料的型号、规格是按常用材料和

常用做法考虑的,如与设计要求不同时,材料可以调整,但人工、机械不变。

② 天棚面层在同一标高者为平面天棚或一级天棚。天棚面层不在同一标高,高差在200 mm 以上 400 mm 以下,且满足以下条件者为跌级天棚:

木龙骨、轻钢龙骨错台投影面积大于 18% 或弧形、折形投影面积大于 12%;铝合金龙骨错台投影面积大于 13% 或弧形、折形投影面积大于 10%。

天棚面层高差在 400 mm 以上或超过三级的,按艺术造型天棚项目执行。

③ 轻钢龙骨、铝合金龙骨定额中为双层结构(即中、小龙骨紧贴大龙骨底面吊挂),如为单层结构时(大、中龙骨底面在同一水平上),人工乘以系数 0.85。

④ 吊筋安装,如在混凝土板上钻眼、挂筋者,按相应项目每 100 m² 增加人工 3.4 工日;如在砖墙上打洞搁放骨架者,按相应天棚项目每 100 m² 增加人工 1.4 工日;上人型天棚骨架吊筋为射钉者,每 100 m² 应减去人工 0.25 工日,减少吊筋 3.8 kg,钢板增加 27.6 kg,射钉增加585 个。

⑤ 跌级天棚其面层人工乘以系数 1.1。

⑥ 本定额中平面天棚和跌级天棚指一般直线型天棚,不包括灯光槽的制作安装。灯光槽制作安装应按本节相应子目执行。

⑦ 艺术造型天棚项目中已包括灯光槽的制作安装,不另计算。

⑧ 龙骨、基层、面层的防火处理,应按油漆、涂料章节相应子目执行。

⑨ 天棚检查孔的工料已包括在定额项目内,不另计算。

(3) 采光棚

① 光棚项目未考虑支承光棚、水槽的受力结构,发生时另行计算。

② 光棚透光材料有两个排水坡度的为二坡光棚,两个排水坡度以上的为多边形组合光棚。光棚的底边为平面弧形的,每米弧长增加 0.5 工日。

2) 工程量计算规则

(1) 天棚抹灰

① 天棚抹灰面积按设计图示尺寸以水平投影面积计算。不扣除间壁墙、垛、柱、附墙烟囱、检查口和管道所占的面积,带梁天棚与梁两侧抹灰面积并入天棚面积内。

② 密肋梁和井字梁天棚抹灰面积,按展开面积计算。

③ 天棚抹灰如带有装饰线时,区别三道线以内或五道线以内按延长米计算,线角的道数以一个突出的棱角为一道线。

④ 檐口天棚的抹灰面积,并入相同的天棚抹灰工程量内计算。

⑤ 天棚中的折线、灯槽线、圆弧形线、拱形线等艺术形式的抹灰,按展开面积计算。

⑥ 楼梯底面抹灰,按楼梯水平投影面积(梯井宽超过 200 mm 以上者,应扣除超过部分的投影面积)乘以系数 1.30 计算,套用相应的天棚抹灰定额。

⑦ 阳台底面抹灰按水平投影面积计算,并入相应天棚抹灰面积内。阳台如带悬臂梁者,其工程量乘系数 1.30。

⑧ 雨篷底面或顶面抹灰分别按水平投影面积计算,并入相应天棚抹灰面积内。雨篷顶面带反沿或反梁者,其工程量乘以系数 1.20;底面带悬臂梁者,其工程量乘以系数 1.20。

(2) 平面、跌级、艺术造型天棚

① 各种吊顶天棚龙骨按主墙间净空面积计算,不扣除间壁墙、检查洞、附墙烟囱、柱、垛和

管道所占面积。

② 天棚基层按展开面积计算。

③ 天棚装饰面层,按主墙间实铺面积计算,不扣除间壁墙、检查口、附墙烟囱、垛和管道所占面积,但应扣除单个 $0.3 m^2$ 以外的孔洞、独立柱、灯槽及与天棚相连的窗帘盒所占的面积。

④ 灯光槽按延长米计算。

⑤ 灯孔按设计图示数量计算。

(3)采光棚

① 成品光棚工程量按成品组合后的外围投影面积计算,其余光棚工程量均按展开面积计算。

② 光棚的水槽按水平投影面积计算,并入光棚工程量。

③ 采光廊架天棚安装按天棚展开面积计算。

(4)其他

① 网架按水平投影面积计算。

② 送(回)风口按设计图示数量计算。

③ 天棚石膏板缝嵌缝、贴绷带按延长米计算。

④ 石膏装饰:石膏装饰角线、平线工程量以延长米计算;石膏灯座花饰工程量以实际面积按个计算;石膏装饰配花,平面外形不规则的按外围矩形面积以个计算。

4.13.5 门窗工程

1)定额说明

(1)本节定额普通木门窗、实木装饰门、铝合金门窗、铝合金卷闸门、不锈钢门窗、隔热断桥铝塑复合门窗、彩板组角钢门窗、塑钢门窗、塑料门窗、防盗装饰门窗、防火门窗等是按成品安装编制的,各成品包含的内容如下;

① 普通木门窗成品不含纱、玻璃及门锁。普通木门窗小五金费,均包括在定额内以"元"表示。实际与定额不同时,可以调整。

② 实木装饰门指工厂成品,包括五金配件和门锁。

③ 铝合金门窗、隔热断桥铝塑复合门窗、彩板组角钢门窗、塑钢门窗、塑料门窗成品,均包括玻璃及五金配件。

④ 门窗成品运输费用包含在成品价格内。

(2)金属防盗栅(网)制作安装,适用于阳台、窗户。如单位面积含量超过 20%时,可以调整。

(3)厂库房大门、特种门按门扇成品安装或门扇制安分列项目,具体说明如下:

① 各种大门门扇上所用铁件均已列入相应定额成品价中。除部分成品门附件外,其墙、柱、楼地面等部位的预埋铁件,按设计要求另行计算。

② 定额中的金属件已包括刷一遍防锈漆的工料。

③ 定额内的五金配件含量可按实调整。附表二厂库房大门、特种门五金配件表按标准图用量计算,仅作备料参考。

④ 特种门中冷藏库门、冷藏冻结间门、保温门、变电间门、隔音门的制作与定额含量不同时，可以调整，其他工料不变。

⑤ 厂库房大门、特种门无论现场或附属加工厂制作，均执行本定额，现场外制作点至安装地点的运输，应另行计算。成品门场外运输的费用，应包含在成品价格内。

(4) 包门扇、门窗套、门窗筒子板、窗帘盒、窗台板等，如设计与定额不同时，饰面板材可以换算，定额含量不变。

(5) 包门框设计只包单边框时，按定额含量的 60% 计算；门扇贴饰面板项目，均未含装饰线条，如需装饰线条，另列项目计算。

(6) 门扇贴饰面板项目，均未含装饰线条，如需装饰线条，另列项目计算。

(7) 本节木枋木种均以一、二类木种为准，如需采用三、四类木种时，按相应项目人工和机械乘以系数 1.24。

(8) 定额中所注明的木材断面或厚度均以毛料为准。如设计图纸注明的断面或厚度为净料时，应增加刨光损耗；板、枋材一面刨光增加 3 mm，两面刨光增加 5 mm；圆木每立方米体积增加 0.05 m³。

(9) 玻璃厚度、颜色、密封油膏、软填料，如设计与定额不同时，可以调整。

(10) 玻璃加工，均按平板玻璃考虑。如加工弧形玻璃、钢化玻璃、空心玻璃等，另行计算。

2）工程量计算规则

(1) 木门窗

普通木门、普通木窗、实木装饰门安装工程量按设计图示门窗洞口尺寸以面积计算。

(2) 金属及其他门窗

① 铝合金门窗、不锈钢门窗、隔热断桥门窗、彩板组角钢门窗、塑钢门窗、塑料门窗、防盗装饰门窗、防火门窗安装均按设计图示门窗洞口尺寸以面积计算。

② 卷闸门、防火卷帘门安装按洞口高度增加 600 mm 乘以门实际宽度以面积计算。卷闸门电动装置以套计算，小门安装以个计算。

③ 无框玻璃门安装按设计图示门洞口尺寸以面积计算。

④ 彩板组角钢门窗附框安装按延长米计算。

⑤ 金属防盗栅（网）制作安装按阳台、窗户洞口尺寸以面积计算。

⑥ 防火门楣包箱按展开面积计算。

⑦ 电子感应门及旋转门安装按樘计算。

⑧ 不锈钢电动伸缩门按樘计算。

(3) 厂库房大门安装和特种门制作安装工程量按设计图示门洞口尺寸以面积计算。百叶钢门的安装工程量按图示尺寸以重量计算，不扣除孔眼、切肢、切片、切角的重量

(4) 门窗附属

① 包门框及门窗套按展开面积计算。包门扇及木门扇镶贴饰面板按门扇垂直投影面积计算。

② 门窗贴脸按延长米计算。

③ 筒子板、窗台板按实铺面积计算。

④ 窗帘盒、窗帘轨、窗帘杆均按延长米计算。

⑤ 豪华拉手安装按付计算。

⑥ 门锁安装按把计算。

⑦ 闭门器按套计算。

(5) 其他

① 包橱窗框按橱窗洞口面积计算。

② 门、窗洞口安装玻璃按洞口面积计算。

③ 玻璃黑板按边框外围尺寸以垂直投影面积计算。

④ 玻璃加工：划圆孔、划线按面积计算，钻孔按个计算。

⑤ 铝合金踢脚板安装按实铺面积计算。

4.13.6　油漆、涂料、裱糊工程

1) 定额说明

(1) 本节定额刷涂、刷油采用手工操作，喷塑、喷涂、喷油采用机械操作，操作方法不同时，不另调整。

(2) 本节定额油漆已综合浅、中、深各种颜色，颜色不同时，不另调整。

(3) 本节定额在同一平面上的分色及门窗内外分色已综合考虑。如需做美术图案者，另行计算。

(4) 定额规定的喷、涂、刷遍数，如与设计要求不同时，可按每增加一遍定额项目进行调整。

(5) 由于涂料品种繁多，如采用品种不同时，材料可以换算，人工、机械不变。

(6) 定额中的双层木门窗（单裁口）是指双层框扇，三层二玻一纱扇是指双层框三层扇。单层木门刷油是按双面刷油考虑的，如采用单面刷油，其定额含量乘以系数 0.49。木扶手油漆按不带托板考虑。

(7) 单层钢门窗和其他金属面，如需涂刷第二遍防锈漆时，应按相应刷第一遍定额套用，人工乘以系数 0.74，材料、机械不变。

(8) 其他金属面油漆适用于平台、栏杆、梯子、零星铁件等不属于钢结构构件的金属面。钢结构构件油漆套用安装定额第十二册金属结构刷油相应子目。

(9) 喷塑（一塑三油）：底油、装饰漆、面油，其规格划分如下。

大压花：喷点压平，点面积在 12 cm² 以上。

中压花：喷点压平，点面积在 1.0～12 cm² 以内。

喷中点、幼喷：喷点面积在 1.0 cm² 以下。

(10) 拉毛面上喷、刷涂料时，除定额另有规定外，均按相应定额基价乘以系数 1.25 计算。

2) 工程量计算规则

(1) 楼地面、天棚、墙、柱、梁面的喷（刷）涂料、抹灰面油漆及裱糊工程，均按本章附表相应的计算规则计算。

(2) 木材面、金属面油漆的工程量分别乘以相应系数，按表 4-17～表 4-24 规定计算。

(3) 天棚金属龙骨刷防火涂料按天棚投影面积计算。

(4) 定额中的隔墙、护壁、柱、天棚木龙骨、木地板中木龙骨及木龙骨带毛地板，刷防火涂

料工程量计算规则如下：

① 隔墙、护壁木龙骨按其面层正立面投影面积计算。

② 柱木龙骨按其面层外围面积计算。

③ 天棚木龙骨按其水平投影面积计算。

④ 木地板中木龙骨、木龙骨带毛地板按地板面积计算。

（5）隔墙、护壁、柱、天棚的面层及木地板刷防火涂料，执行其他木材面刷防火涂料子目。

（6）木楼梯(不包括底面)油漆，按水平投影面积乘以系数 2.3,执行木地板相应子目。

表 4-17　执行木门定额项目工程量系数表

项 目 名 称	系 数	工程量计算方法
单层木门	1.00	
一玻一纱木门	1.36	
双层(单裁口)木门	2.00	单面洞口面积
单层全玻门	0.83	
木百叶门	1.25	

表 4-18　执行木窗定额项目工程量系数表

项 目 名 称	系 数	工程量计算方法
单层玻璃木窗	1.00	
一玻一纱木窗	1.36	
双层(单裁口)木窗	2.00	
双层框三层(二玻一纱)木窗	2.60	单面洞口面积
单层组合窗	0.83	
双层组合窗	1.13	
木百叶窗	1.50	

表 4-19　执行木扶手定额项目工程量系数表

项 目 名 称	系 数	工程量计算方法
木扶手(不带托板)	1.00	
木扶手(带托板)	2.60	
窗帘盒	2.04	
封檐板、顺水板	1.74	延长米
挂衣板、黑板框、单独木线条 100 mm 以外	0.52	
挂镜线、窗帘棍、单独木线条 100 mm 以内	0.35	

表 4-20 其他木材面定额项目工程量系数表

项 目 名 称	系 数	工程量计算方法
木天棚(木板、纤维板、胶合板)	1.00	长×宽
木护墙、木墙裙	1.00	
窗台板、筒子板、盖板、门窗套、踢脚线	1.00	
清水板条天棚、檐口	1.07	
木方格吊顶天棚	1.20	
吸音板墙面、天棚面	0.87	
暖气罩	1.28	
木间壁、木隔断	1.90	单面外围面积
玻璃间壁露明墙筋	1.65	
木栅栏、木栏杆带扶手	1.82	
衣柜、壁柜	1.00	按实刷展开面积
零星木装修	1.10	
梁、柱饰面	1.00	

表 4-21 抹灰面油漆、涂料、裱糊

项 目 名 称	系 数	工程量计算方法
混凝土楼梯底(板式)	1.15	水平投影面积
混凝土楼梯底(梁式)	1.00	展开面积
混凝土花格窗、栏杆花饰	1.82	单面外围面积
楼地面、天棚、墙、柱、梁面	1.00	展开面积

表 4-22 单层钢门窗工程量系数表

项 目 名 称	系 数	工程量计算方法
单层钢门窗	1.00	洞口面积
双层(一玻一纱)钢门窗	1.48	
钢百叶门	2.74	
半截百叶钢门	2.22	
满钢门或包铁皮门	1.63	
钢折叠门	2.30	
射线防护门	2.96	
厂库房平开、推拉门	1.70	框(扇)外围面积
铁丝网大门	0.81	

续表 4-22

项 目 名 称	系 数	工程量计算方法
间壁	1.85	长×宽
平板屋面	0.74	斜长×宽
瓦垄板屋面	0.89	斜长×宽
排水、伸缩缝盖板	0.78	展开面积
吸气罩	1.63	水平投影面积

表 4-23　其他金属面工程量系数表

项 目 名 称	系 数	工程量计算方法
操作台、走台	0.71	重量(t)
钢栅栏门、栏杆、窗栅	1.71	重量(t)
钢爬梯	1.18	重量(t)
踏步式钢扶梯	1.05	重量(t)
零星铁件	1.32	重量(t)

表 4-24　平板屋面涂刷磷化、锌黄底漆工程量系数表

项 目 名 称	系 数	工程量计算方法
平板屋面	1.00	斜长×宽
瓦垄板屋面	1.20	斜长×宽
排水、伸缩缝盖板	1.05	展开面积
吸气罩	2.20	水平投影面积
包镀锌铁皮门	2.20	洞口面积

4.13.7　其他工程

1）定额说明

（1）本节定额项目在实际施工中使用的材料品种、规格、用量与定额取定不同时，可以调整，但人工、机械不变。

（2）本节定额中铁件已包括刷防锈漆一遍，如设计需涂刷油漆、防火涂料时，按油漆、涂料、裱糊工程相应子目执行。

（3）货架、柜类定额中，未考虑面板拼花及饰面板上贴其他材料的花饰、造型艺术品。

（4）招牌

①平面招牌是指安装在门前的墙上；箱体招牌、竖式标箱是指六面体固定在墙面上；沿雨篷、檐口或阳台走向的立式招牌，按平面招牌复杂项目执行。

②一般招牌和矩形招牌是指正立面平整无凹凸面；复杂招牌和异形招牌是指正立面有凹

凸造型。

③ 招牌的灯饰均不包括在定额内。

（5）美术字安装

① 美术字均按成品安装固定考虑；美术字不分字体均执行本定额。

② 其他面指铝合金扣板面、钙塑板面等。

③ 电脑割字（或图形）不分大小、字形、简单和复杂形式，均执行本定额。

（6）装饰线条

① 木装饰线、石膏装饰线、石材装饰线条均按成品安装考虑。

② 石材装饰线条磨边、磨圆角均包括在成品单价中，不再另计。

③ 定额中石材磨边、磨斜边、磨半圆边及台面开孔子目均为现场磨制。

④ 装饰线条按墙面上直线安装考虑，如天棚安装直线形、圆弧形或其他图案者，按以下规定计算：

天棚面安装直线装饰线条，人工乘以系数1.34。

天棚面安装圆弧装饰线条，人工乘以系数1.6，材料乘以系数1.1。

墙面安装圆弧装饰线条，人工乘以系数1.2，材料乘以系数1.1。

装饰线条做艺术图案者，人工乘以系数1.8，材料乘以系数1.1。

（7）壁画、国画、平面浮雕均含艺术创作、制作过程中的再创作、再修饰、制作成型、打磨、上色、安装等全部工序。聘请名专家设计制作，可由双方协商结算。

（8）扶手、栏杆、栏板

① 扶手、栏杆、栏板适用于楼梯、走廊、回廊及其他装饰性栏杆、栏板。

② 扶手、栏杆、栏板的材料规格、用量，其设计要求与定额不同时，可以调整。

（9）其他

① 罗马柱如设计为半片安装者，罗马柱含量乘以系数0.50，人工、材料不变。

② 暖气罩挂板式是指挂钩在暖气片上；平墙式是指凹入墙内；明式是指凸出墙面。半凹半凸式按明式定额子目执行。

2）工程量计算规则

（1）货架、柜台

① 柜台、展台、酒吧台、酒吧吊柜、吧台背柜按延长米计算。

② 货架、附墙木壁柜、附墙矮柜、厨房矮柜均按正立面的高（包括脚的高度在内）乘以宽以面积计算。

③ 收银台、试衣间以个计算。

（2）家具是指独立的衣柜、书柜、酒柜等，不分柜子的类型，按不同部位以展开面积计算。

（3）招牌、灯箱

① 平面招牌基层按正立面面积计算，复杂形的凹凸造型部分亦不增减。

② 沿雨篷、檐口或阳台走向的立式招牌基层，按展开面积计算。

③ 箱体招牌和竖式标箱的基层，按外围体积计算。突出箱外的灯饰、店徽及其他艺术装潢等均另行计算。

④ 灯箱的面层按展开面积计算。

⑤ 广告牌钢骨架以吨计算。

（4）美术字安装按字的最大外围矩形面积以个计算。

（5）压条、装饰线条均按延长米计算。

（6）壁画、国画、平面雕塑按图示尺寸，无边框分界时，以能包容该图形的最小矩形或多边形的面积计算；有边框分界时，按边框间面积计算。

（7）栏杆、栏板、扶手

① 栏杆、栏板、扶手均按其中心线长度以延长米计算，计算扶手时不扣除弯头所占长度。

② 弯头按个计算。

（8）其他

① 暖气罩（包括脚的高度在内）按边框外围尺寸垂直投影面积计算。

② 镜面玻璃安装以正立面面积计算。

③ 塑料镜箱、毛巾环、肥皂盒、金属帘子杆、浴缸拉手、毛巾杆安装以只或副计算。

④ 大理石洗漱台以台面投影面积计算（不扣除孔洞面积）。

⑤ 不锈钢旗杆以延长米计算。

⑥ 窗帘布制作与安装工程量以垂直投影面积计算。

4.13.8　成品保护工程

1）定额说明

（1）成品保护指对已做好的项目表面上覆盖保护层。

（2）实际施工采用材料与定额所用材料不同时，不得换算。

（3）玻璃镜面、镭射玻璃的成品保护按大理石、花岗岩、木质墙面子目套用。

（4）实际施工中未覆盖保护层的，不应计算成品保护。

2）工程量计算规则

（1）成品保护按被保护的面积计算。

（2）台阶、楼梯成品保护按水平投影面积计算。

小　结

定额工程量计算是施工图预算的重要步骤之一。本章内容依据《湖北省 2013 定额工程量计算规则（建筑装饰、公共专业）》编写，主要涉及公共专业（土石方工程、桩基础工程）、建筑工程（砌筑工程、混凝土和钢筋混凝土工程、屋面和防水工程、保温防腐隔热工程、混凝土模板与支架工程、脚手架工程、垂直运输工程等）、装饰工程（楼地面工程，墙柱面工程，幕墙工程，天棚工程，门窗工程，油漆、涂料、裱糊工程等）的工程项目的定额工程量计算规则。本章结合大量的实例练习，能够加强对计算规则的了解。

练习题

一、单项选择题

1. 根据《建筑工程建筑面积计算规范》(GB/T 50353—2013),关于建筑面积计算,以下说法正确的是( )。

   A. 以幕墙作为围护结构的建筑物按幕墙外边线计算建筑面积

   B. 高低跨内部连通时变形缝计入高跨面积内

   C. 多层建筑首层按结构外围水平面积计算

   D. 建筑物变形缝所占面积按自然层扣除

2. 根据《建筑工程建筑面积计算规范》(GB/T 50353—2013),下列关于大型体育场看台下部设计利用部位建筑面积计算,说法正确的是( )。

   A. 层高<2.10 m,不计算建筑面积

   B. 层高>2.10 m且设计加以利用计算1/2面积

   C. 1.20 m≤净高≤2.10 m时,计算1/2面积

   D. 层高≥1.2 m计算全面积

3. 根据《建筑工程建筑面积计算规范》(GB/T 50353—2013),关于建筑物外有永久顶盖无围护结构的走廊,其建筑面积计算说法正确的是( )。

   A. 按结构底板水平面积的1/2计算　　　B. 按顶盖水平投影面积计算

   C. 层高超过2.10 m的计算全面积　　　D. 层高不足2.10 m的不计算建筑面积

4. 根据《建筑工程建筑面积计算规范》(GB/T 50353—2013),关于无永久顶盖的室外顶层楼梯,其建筑面积计算说法正确的是( )。

   A. 按水平投影面积计算

   B. 按水平投影面积的1/2计算

   C. 不计算建筑面积

   D. 层高2.20 m以上按水平投影面积计算

5. 根据《房屋建筑与装饰工程工程量计算规范》(GB 50854—2013),在三类土中挖基坑不放坡的坑深可达( )。

   A. 1.2 m　　　　　B. 1.3 m　　　　　C. 1.5 m　　　　　D. 2.0 m

6. 根据《房屋建筑与装饰工程工程量计算规范》(GB 50854—2013),若开挖设计长20 m、宽为6 m、深度为0.8 m的土方工程,在清单中列项应为( )。

   A. 平整场地　　　B. 挖沟槽　　　　C. 挖基坑　　　　D. 挖一般土方

7. 根据《房屋建筑与装饰工程工程量计量规范》(GB 50854—2013)规定,有关保温、隔热工程量计算,说法正确的是( )。

   A. 与天棚相连的梁的保温工程量并入天棚工程量

   B. 与墙相连的柱的保温工程量按柱工程量计算

   C. 门窗洞口侧壁的保温工程量不计

   D. 梁保温工程量按设计图示尺寸以梁的中心线长度计算

8. 根据《房屋建筑与装饰工程工程量计量规范》(GB 50854—2013),关于土石方回填工程量计算,说法正确的是( )。

A. 回填土方项目特征应包括填方来源及运距

B. 室内回填应扣除间隔墙所占体积

C. 场地回填按设计回填尺寸以面积计算

D. 基础回填不扣除基础垫层所占体积

9. 根据《房屋建筑与装饰工程工程量计算规范》(GB 50854—2013)规定,关于楼地面防水防潮工程量计算,说法正确的是(　　)。

A. 按设计图示尺寸以面积计算

B. 按主墙间净面积计算,搭接和反边部分不计

C. 反边高度≤300 mm部分不计算

D. 反边高度>300 mm部分计入楼地面防水

10. 根据《房屋建筑与装饰工程工程量计量规范》(GB 50854—2013),关于砌墙工程量计算,说法正确的是(　　)。

A. 扣除凹进墙内的管槽、暖气槽所占体积　　B. 扣除伸入墙内的梁头、板头所占体积

C. 扣除凸出墙面砖垛体积　　D. 扣除檩头、垫木所占体积

11. 根据《房屋建筑与装饰工程工程量计量规范》(GB 50854—2013),关于现浇混凝土柱高计算,说法正确的是(　　)。

A. 有梁板的柱高自楼板上表面至上一层楼板下表面之间的高度计算

B. 无梁板的柱高自楼板上表面至上一层楼板上表面之间的高度计算

C. 框架柱的柱高自柱基上表面至柱顶高度减去各层板厚的高度计算

D. 构造柱按全高计算

12. 根据《房屋建筑与装饰工程工程量计算规范》(GB 50854—2013),某钢筋混凝土梁长为12 000 mm,涉及保护层厚为25 mm,钢筋为A10@300,则该梁所配钢筋数量应为(　　)。

A. 40 根　　　　　　B. 41 根　　　　　　C. 42 根　　　　　　D. 300 根

13. 根据《房屋建筑与装饰工程工程量计算规范》(GB 50854—2013),屋面防水工程量计算,说法正确的是(　　)。

A. 斜屋面卷材防水,工程量按水平投影面积计算

B. 平屋面涂膜防水,工程量不扣除烟囱所占面积

C. 平屋面女儿墙弯起部分卷材防水不计工程量

D. 平屋面伸缩缝卷材防水不计工程量

14. 根据《房屋建筑与装饰工程工程量计算规范》(GB 50854—2013),关于抹灰工程量说法正确的是(　　)。

A. 墙面抹灰工程量应扣除墙与构件交接处面积

B. 有墙裙的内墙抹灰按主墙间净长乘以墙裙顶至天棚底高度以面积计算

C. 内墙裙抹灰不单独计算

D. 外墙抹灰按外墙展开面积计算

15. 多层建筑物二层以上楼层按其外墙结构外围水平面积计算,层高在2.20 m及以上者计算全面积,其层高是指(　　)。

A. 上下两层楼面结构标高之间的垂直距离

B. 本层地面与屋面板底结构标高之间的垂直距离

C. 最上一层层高是其楼面至屋面板底结构标高之间的垂直距离

D. 最上层遇屋面板找坡的以其楼面至屋面板最高处板面结构之间的垂直距离

16. 以下地下室的建筑面积计算正确的是(　　)。

A. 外墙保护墙上口外边线所围水平面积

B. 层高 2.10 m 及以上者计算全面积

C. 层高不足 2.2 m 者应计算 1/2 面积

D. 层高在 1.90 m 以下者不计算面积

17. 有永久性顶盖且顶高 4.2 m 无围护结构的场馆看台,其建筑面积计算正确的是(　　)。

A. 按看台底板结构外围水平面积计算

B. 按顶盖水平投影面积计算

C. 按看台底板结构外围水平面积的 1/2 计算

D. 按顶盖水平投影面积的 1/2 计算

18. 建筑物内的管道井,其建筑面积计算说法正确的是(　　)。

A. 不计算建筑面积

B. 按管道图示结构内边线面积计算

C. 按管道井净空面积的 1/2 乘以层数计算

D. 按自然层计算建筑面积

19. 某建筑首层建筑面积 500 m²,场地较为平整,其自然地面标高为 +87.5 m,设计室外地面标高为 +87.15 m,则其场地土方清单列项和工程量分别为(　　)。

A. 按平整场地列项:500 m²　　　　　　　B. 按一般土方列项:500 m²

C. 按平整场地列项:175 m³　　　　　　　D. 按一般土方列项:175 m³

20. 某建筑工程挖土方工程量需要通过现场签证核定,已知用斗容量为 1.5 m³ 的轮胎式装载机运土 500 车,则挖土工程量应为(　　)。

A. 501.92 m³　　　　B. 576.92 m³　　　　C. 623.15 m³　　　　D. 750 m³

二、计算题

1. 计算人工挖土方、钎探、回填土、余土外运、砖基础工程量(土质类别为二类,垫层 C15 混凝土,室外地坪 -0.300)。

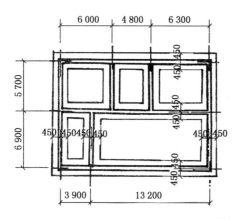
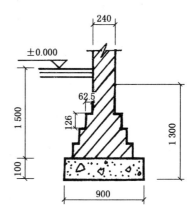

图 4-65

2. 如图 4-66 所示尺寸,求混凝土带形基础模板。

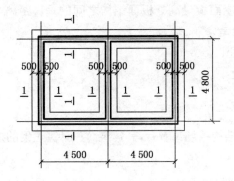 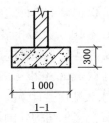

图 4-66

3. 按图 4-67 计算梁式带基工程量。

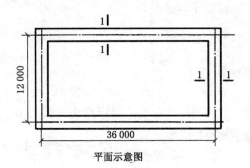 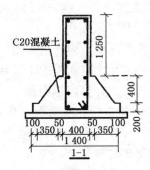

平面示意图

图 4-67

4. 已知 KL1 平法配筋图如图 4-68 所示,试计算其钢筋工程量。

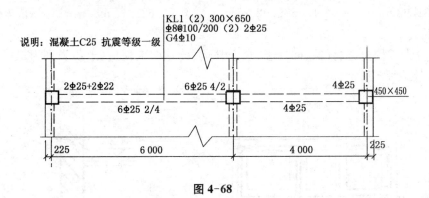

图 4-68

5

工程量清单计价

学习目标

● 掌握工程量清单概念、工程量清单编制方法
● 掌握招标控制价、投标报价编制流程、编制方法
● 掌握综合单价计算方法
● 熟悉工程量清单计价表格

工程量清单计价是一种主要由市场定价的计价模式,是由建设产品的买方和卖方在建设市场上根据供求状况、信息状况进行自由竞价,从而最终能够签订工程合同价的方法。因此,可以说工程量清单计价方法是建设市场建立、发展和完善过程中的必然产物。

5.1 工程量清单计价与计量规范概述

5.1.1 工程量清单计价与计量规范概述

工程量清单计价与计量规范(简称"13"规范)是以《建设工程工程量清单计价规范》为母规范,各专业工程工程量计算规范与其配套使用的工程计价、计量标准体系,自 2013 年 7 月 1 日起执行。该标准体系将为深入推行工程量清单计价,建立市场形成工程造价机制奠定坚实的基础,并对维护建设市场秩序,规范建设工程发承包双方的计价行为,促进建设市场健康发展发挥重要作用。"13"规范共包括 1 个计价规范和 9 个工程量计算规范,分别是《建设工程工程量清单计价规范》(GB 50500)、《房屋建筑与装饰工程工程量计算规范》(GB 50854)、《仿古建筑工程工程量计算规范》(GB 50855)、《通用安装工程工程量计算规范》(GB 50856)、《市政工程工程量计算规范》(GB 50857)、《园林绿化工程工程量计算规范》(GB 50858)、《矿山工程工程量计算规范》(GBJ0859)、《构筑物工程工程量计算规范》(GB 50860)、《城市轨道交通工程工程量计算规范》(GB 50861)、《爆破工程工程量计算规范》(GB 50862)。

《建设工程工程量清单计价规范》(GB 50500)(以下简称计价规范)包括总则、术语、一般规定、工程量清单编制、招标控制价、投标报价、合同价款约定、工程计量、合同价款调整、合同价款期中支付、竣工结算与支付、合同解除的价款结算与支付、合同价款争议的解决、工程造价鉴定、工程计价资料与档案、工程计价表格及 11 个附录。

各专业工程量计量规范包括总则、术语、工程计量、工程量清单编制、附录。

1）工程量清单计价的适用范围

计价规范适用于建设工程发承包及其实施阶段的计价活动。使用国有资金投资的建设工程发承包，必须采用工程量清单计价；非国有资金投资的建设工程，宜采用工程量清单计价；不采用工程量清单计价的建设工程，应执行计价规范中除工程量清单等专门性规定外的其他规定。

国有资金投资的项目包括全部使用国有资金（含国家融资资金）投资或国有资金投资为主的工程建设项目。

（1）国有资金投资的工程建设项目包括：

① 使用各级财政预算资金的项目。

② 使用纳入财政管理的各种政府性专项建设资金的项目。

③ 使用国有企事业单位自有资金，并且国有资产投资者实际拥有控制权的项目。

（2）国家融资资金投资的工程建设项目包括：

① 使用国家发行债券所筹资金的项目。

② 使用国家对外借款或者担保所筹资金的项目。

③ 使用国家政策性贷款的项目。

④ 国家授权投资主体融资的项目。

⑤ 国家特许的融资项目。

（3）国有资金（含国家融资资金）为主的工程建设项目是指国有资金占投资总额 50％以上，或虽不足 50％但国有投资者实质上拥有控股权的工程建设项目。

2）工程量清单计价的作用

（1）提供一个平等的竞争条件

采用施工图预算来投标报价，由于设计图纸的缺陷，不同施工企业的人员理解不一，计算出的工程量也不同，报价就更相去甚远，也容易产生纠纷。而工程量清单报价就为投标者提供了一个平等竞争的条件，相同的工程量，由企业根据自身的实力来填不同的单价。投标人的这种自主报价，使得企业的优势体现到投标报价中，可在一定程度上规范建筑市场秩序，确保工程质量。

（2）满足市场经济条件下竞争的需要

招投标过程就是竞争的过程，招标人提供工程量清单，投标人根据自身情况确定综合单价，利用单价与工程量逐项计算每个项目的合价，再分别填入工程量清单表内，计算出投标总价。单价成了决定性的因素，定高了不能中标，定低了又要承担过大的风险。单价的高低直接取决于企业管理水平和技术水平的高低，这种局面促成了企业整体实力的竞争，有利于我国建设市场的快速发展。

（3）有利于提高工程计价效率，能真正实现快速报价

采用工程量清单计价方式，避免了传统计价方式下招标人与投标人在工程量计算上的重复工作，各投标人以招标人提供的工程量清单为统一平台，结合自身的管理水平和施工方案进行报价，促进了各投标人企业定额的完善和工程造价信息的积累和整理，体现了现代工程建设中快速报价的要求。

（4）有利于工程款的支付和工程造价的最终结算

中标后，业主要与中标单位签订施工合同，中标价就是确定合同价的基础，投标清单上的

单价就成了拨付工程款的依据。业主根据施工企业完成的工程量,可以很容易地确定进度款的拨付额。工程竣工后,根据设计变更、工程量增减等,业主也很容易确定工程的最终造价,可在某种程度上减少业主与施工单位之间的纠纷。

(5) 有利于业主对投资的控制

采用现在的施工图预算形式,业主对因设计变更、工程量的增减所引起的工程造价变化不敏感,往往等到竣工结算时才知道这些变更对项目投资的影响有多大,但此时常常是为时已晚。而采用工程量清单报价的方式则可对投资变化一目了然,在要进行设计变更时,能马上知道它对工程造价的影响,业主就能根据投资情况来决定是否变更或进行方案比较,以决定最恰当的处理方法。

5.1.2　分部分项工程项目清单

分部分项工程是"分部工程"和"分项工程"的总称。"分部工程"是单位工程的组成部分,系按结构部位、路段长度及施工特点或施工任务将单位工程划分为若干分部的工程。例如,砌筑工程分为砖砌体、砌块砌体、石砌体、垫层分部工程。"分项工程"是分部工程的组成部分,系按不同施工方法、材料、工序及路段长度等分部工程划分为若干个分项或项目的工程。例如砖砌体分为砖基础、砖砌挖孔桩护壁、实心砖墙、多孔砖墙、空心砖墙、空斗墙、空花墙、填充墙、实心砖柱、多孔砖柱、砖检查井、零星砌砖、砖散水地坪、砖地沟明沟等分项工程。

分部分项工程项目清单必须载明项目编码、项目名称、项目特征、计量单位和工程量。分部分项工程项目清单必须根据各专业工程计量规范规定的项目编码、项目名称、项目特征、计量单位和工程量计算规则进行编制,其格式如表5-1所示。在分部分项工程量清单的编制过程中,由招标人负责前6项内容填列,金额部分在编制招标控制价或投标报价时填列。

表5-1　分部分项工程项目清单与计价表

工程名称:　　　　　　　标段　　　　　　　　　　　　　　　　　第　页　共　页

序号	项目编码	项目名称	项目特征描述	计量单位	工程量	金额		
						综合单价	合价	其中:暂估价

1) 项目编码

项目编码是分部分项工程和措施项目清单名称的阿拉伯数字标识。分部分项工程量清单项目编码以五级编码设置,用12位阿拉伯数字表示。一、二、三、四级编码为全国统一,即1～9位应按计价规范附录的规定设置;第五级即10～12位为清单项目编码,应根据拟建工程的工程量清单项目名称设置,不得有重号。这3位清单项目编码由招标人针对招标工程项目具体编制,并应自001起顺序编制。

各级编码代表的含义如下:

(1) 第一级表示专业工程代码(分2位)。

(2) 第二级表示附录分类顺序码(分2位)。

（3）第三级表示分部工程顺序码（分2位）。

（4）第四级表示分项工程项目名称顺序码（分3位）。

（5）第五级表示工程量清单项目名称顺序码（分3位）。

项目编码结构如图5-1所示（以房屋建筑与装饰工程为例）。

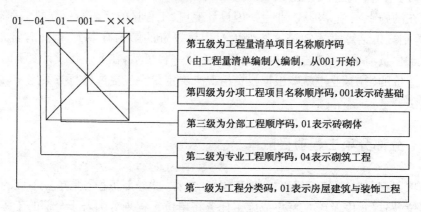

图5-1　工程量清单项目编码结构图

当同一标段（或合同段）的一份工程量清单中含有多个单位工程且工程量清单是以单位工程为编制对象时，在编制工程量清单时应特别注意对项目编码10～12位的设置不得有重码的规定。例如一个标段（或合同段）的工程量清单中含有3个单位工程，每一单位工程中都有项目特征相同的实心砖墙砌体，在工程量清单中又需反映3个不同单位工程的实心砖墙砌体工程量时，则第一个单位工程实心砖墙的项目编码应为010401003001，第二个单位工程实心砖墙的项目编码应为010401003002，第三个单位工程实心砖墙的项目编码应为010401003003，并分别列出各单位工程实心砖墙的工程量。

2）项目名称

分部分项工程量清单的项目名称应按各专业工程计量规范附录的项目名称结合拟建工程的实际确定。附录表中的"项目名称"为分项工程项目名称，是形成分部分项工程量清单项目名称的基础。即在编制分部分项工程量清单时，以附录中的分项工程项目名称为基础，考虑该项目的规格、型号、材质等特征要求，结合拟建工程的实际情况，使其工程量清单项目名称具体化、细化，以反映影响工程造价的主要因素。例如"门窗工程"中"特殊门"应区分"冷藏门""冷冻闸门""保温门""变电室门""隔音门""人防门""金库门"等。清单项目名称应表达详细、准确，各专业工程计量规范中的分项工程项目名称如有缺陷，招标人可作补充，并报当地工程造价管理机构（省级）备案。

3）项目特征

项目特征是构成分部分项工程项目、措施项目自身价值的本质特征。项目特征是对项目的准确描述，是确定一个清单项目综合单价不可缺少的重要依据，是区分清单项目的依据，是履行合同义务的基础。分部分项工程量清单的项目特征应按各专业工程计量规范附录中规定的项目特征，结合技术规范、标准图集、施工图纸，按照工程结构、使用材质及规格或安装位置等予以详细而准确的表述和说明。凡项目特征中未描述到的其他独有特征，由清单编制人视项目具体情况确定，以准确描述清单项目为准。

在各专业工程计量规范附录中还有关于各清单项目"工作内容"的描述。工作内容是指完成清单项目可能发生的具体工作和操作程序,但应注意的是,在编制分部分项工程量清单时,工作内容通常无需描述,因为在计价规范中,工程量清单项目与工程量计算规则、工作内容有一一对应关系,当采用计价规范这一标准时,工作内容均有规定。

4) 计量单位

计量单位应采用基本单位,除各专业另有特殊规定外均按以下单位计量:

(1) 以重量计算的项目——吨或千克(t 或 kg)。

(2) 以体积计算的项目——立方米(m^3)。

(3) 以面积计算的项目——平方米(m^2)。

(4) 以长度计算的项目——米(m)。

(5) 以自然计量单位计算的项目——个、套、块、樘、组、台……

(6) 没有具体数量的项目——宗、项……

各专业有特殊计量单位的,另外加以说明。当计量单位有 2 个或 2 个以上时,应根据所编工程量清单项目的特征要求,选择最适宜表现该项目特征并方便计量的单位。

计量单位的有效位数应遵守下列规定:

(1) 以"t"为单位,应保留小数点后 3 位数字,第四位小数四舍五入。

(2) 以"m""m^2""m^3""kg"为单位,应保留小数点后 2 位数字,第三位小数四舍五入。

(3) 以"个""件""根""组""系统"等为单位,应取整数。

5) 工程数量的计算

工程数量主要通过工程量计算规则计算得到。工程量计算规则是指对清单项目工程量的计算规定。除另有说明外,所有清单项目的工程量应以实体工程量为准,并以完成后的净值计算;投标人投标报价时,应在单价中考虑施工中的各种损耗和需要增加的工程量。

根据工程量清单计价与计量规范的规定,工程量计算规则可以分为房屋建筑与装饰工程、仿古建筑工程、通用安装工程、市政工程、园林绿化工程、矿山工程、构筑物工程、城市轨道交通工程、爆破工程九大类。

以房屋建筑与装饰工程为例,其计量规范中规定的实体项目包括土石方工程,地基处理与边坡支护工程,桩基工程,砌筑工程,混凝土及钢筋混凝土工程,金属结构工程,木结构工程,门窗工程,屋面及防水工程,保温、隔热、防腐工程,楼地面装饰工程,墙、柱面装饰与隔断、幕墙工程,天棚工程,油漆、涂料、裱糊工程,其他装饰工程,拆除工程等,分别制定了它们的项目的设置和工程量计算规则。

随着工程建设中新材料、新技术、新工艺等的不断涌现,计量规范附录所列的工程量清单项目不可能包含所有项目。在编制工程量清单时,当出现计量规范附录中未包括的清单项目时,编制人应作补充。在编制补充项目时应注意以下 3 个方面:

(1) 补充项目的编码应按计量规范的规定确定。具体做法如下:补充项目的编码由计量规范的代码与 B 和 3 位阿拉伯数字组成,并应从 001 起顺序编制。例如房屋建筑与装饰工程如需补充项目,则其编码应从 01B001 开始起顺序编制,同一招标工程的项目不得重码。

(2) 在工程量清单中应附补充项目的项目名称、项目特征、计量单位、工程量计算规则和工作内容。

（3）将编制的补充项目报省级或行业工程造价管理机构备案。

5.1.3　措施项目清单

1）措施项目列项

措施项目是指为完成工程项目施工，发生于该工程施工准备和施工过程中的技术、生活、安全、环境保护等方面的项目。

措施项目清单应根据相关工程现行国家计量规范的规定编制，并应根据拟建工程的实际情况列项。例如，《房屋建筑与装饰工程量计算规范》（GB 50854）中规定的措施项目，包括脚手架工程，混凝土模板及支架（撑），垂直运输，超高施工增加，大型机械设备进出场及安拆，施工排水，降水，安全文明施工及其他措施项目。

2）措施项目清单的格式

（1）措施项目清单的类别

措施项目费用的发生与使用时间、施工方法或者两个以上的工序相关，如安全文明施工，夜间施工，非夜间施工照明，二次搬运，冬雨季施工，地上、地下设施，建筑物的临时保护设施，已完工程及设备保护等。但是有些措施项目则是可以计算工程量的项目，如脚手架工程，混凝土模板及支架（撑），垂直运输，超高施工增加，大型机械设备进出场及安拆，施工排水、降水等，这类措施项目按照分部分项工程量清单的方式采用综合单价计价，更有利于措施费的确定和调整。措施项目中可以计算工程量的项目清单宜采用分部分项工程量清单的方式编制，列出项目编码、项目名称、项目特征、计量单位和工程量计算规则（见表 5-1）；不能计算工程量的项目清单，以"项"为计量单位进行编制（见表 5-2）。

表 5-2　总价措施项目清单与计价表

工程名称：　　　　　　　　　标段：　　　　　　　　　　　第　页　共　页

序号	项目编码	项目名称	计算基础	费率（%）	金额（元）	调整费率（%）	调整后金额（元）	备注
		安全文明施工费						
		夜间施工增加费						
		二次搬运费						
		冬雨季施工增加费						
		已完工程及设备保护费						
		……						
		合计						

编制人（造价人员）：　　　　　　　　　　复核人（造价工程师）：

注：（1）"计算基础"中安全文明施工费可为"定额基价""定额人工费"或"定额人工费＋定额机械费"，其他项目可为"定额人工费"或"定额人工费＋定额机械费"。

（2）按施工方案计算的措施费，若无"计算基础"和"费率"的数值，也可只填"金额"数值，但应在备注栏说明施工方案出处或计算方法。

（2）措施项目清单的编制

措施项目清单的编制需考虑多种因素,除工程本身的因素外,还涉及水文、气象、环境、安全等因素。措施项目清单应根据拟建工程的实际情况列项。若出现清单计价规范中未列的项目,可根据工程实际情况补充。

措施项目清单的编制依据主要有：

① 施工现场情况、地勘水文资料、工程特点。

② 常规施工方案。

③ 与建设工程有关的标准、规范、技术资料。

④ 拟定的招标文件。

⑤ 建设工程设计文件及相关资料。

5.1.4 其他项目清单

其他项目清单是指分部分项工程量清单、措施项目清单所包含的内容以外,因招标人的特殊要求而发生的与拟建工程有关的其他费用项目和相应数量的清单。工程建设标准的高低、工程的复杂程度、工程的工期长短、工程的组成内容、发包人对工程管理要求等都直接影响其他项目清单的具体内容。其他项目清单包括暂列金额、暂估价（包括材料暂估单价、工程设备暂估单价、专业工程暂估价）、计日工、总承包服务费。其他项目清单宜按照表5-3的格式编制,出现未包含在表格中内容的项目,可根据工程实际情况补充。

表5-3 其他项目清单与计价汇总表

序号	项目名称	金额（元）	结算金额（元）	备　注
1	暂列金额			明细详见表5-4
2	暂估价			
2.1	材料（工程设备）暂估价/结算价			明细详见表5-5
2.2	专业工程暂估价/结算价			明细详见表5-6
3	计日工			明细详见表5-7
4	总承包服务费			明细详见表5-8
5	索赔与现场签证			
合　计				

注：材料（工程设备）暂估单价进入清单项目综合单价,此处不汇总。

1）暂列金额

暂列金额是指招标人在工程量清单中暂定并包括在合同价款中的一笔款项。用于工程合同签订时尚未确定或者不可预见的所需材料、工程设备、服务的采购,施工中可能发生的工程变更、合同约定调整因素出现时的合同价款调整,以及发生的索赔、现场签证确认等的费用。不管采用何种合同形式,其理想的标准是,一份合同的价格就是其最终的竣工结算价格,或者至少两者应尽可能接近。我国规定对政府投资工程实行概算管理,经项目审批部门批复的设计概算是工程投资控制的刚性指标,即使商业性开发项目也有成本的预先控制问题,否则,无法相对准确预测投资的收益和科学合理地进行投资控制。但工程建设自身的特性决定了工程的设计需要根据工程进展不断地进行优化和调整,业主需求可能会随工程建设进展出现变化,工程建设过程还存在一些不能预见、不能确定的因素,消化这些因素必然会影响合同价格的调整,暂列金额正是因这类不可避免的价格调整而设立,以便达到合理确定和有效控制工程造价的目标。设立暂列金额并不能保证合同结算价格就不会再出现超过合同价格的情况,是否超出合同价格完全取决于工程量清单编制人对暂列金额预测的准确性,以及工程建设过程是否出现了其他事先未预测到的事件。

暂列金额应根据工程特点,按有关计价规定估算。暂列金额可按照表 5-4 的格式列示。

表 5-4　暂列金额明细表

工程名称：　　　　　　　　　　　标段：　　　　　　　　　　　　　　　第 　页共 　页

序号	项目名称	计量单位	暂定金额(元)	备　注
1				
2				
3				
合　计				...

注:此表由招标人填写,如不能详列,也可只列暂定金额总额,投标人应将上述暂列金额计入投标总价中。

2) 暂估价

暂估价是指招标人在工程量清单中提供的用于支付必然发生但暂时不能确定价格的材料、工程设备的单价以及专业工程的金额,包括材料暂估单价、工程设备暂估单价和专业工程暂估价;暂估价类似于 FIDIC 合同条款中的 Prime Cost Items,在招标阶段预见肯定要发生,只是因为标准不明确或者需要由专业承包人完成,暂时无法确定价格。暂估价数量和拟用项目应当结合工程量清单中的"暂估价表"予以补充说明。为方便合同管理,需要纳入分部分项工程量清单项目综合单价中的暂估价应只是材料、工程设备暂估单价,以方便投标人组价。

专业工程的暂估价一般应是综合暂估价,同样包括人工费、材料费、施工机具使用费、企业管理费和利润,不包括规费和税金。总承包招标时,专业工程设计深度往往是不够的,一般需要交由专业设计人设计。在国际社会,出于对提高可建造性的考虑,一般由专业承包人负责设计,以发挥其专业技能和专业施工经验的优势。这类专业工程交由专业分包人完成是国际工程的良好实践,目前在我国工程建设领域也已经比较普遍。公开透明地合理确定这类暂估价的实际开支金额的最佳途径就是通过施工总承包人与工程建设项目招标人共同组织的招标。

暂估价中的材料、工程设备暂估单价应根据工程造价信息或参照市场价格估算,列出明细表;专业工程暂估价应分不同专业,按有关计价规定估算,列出明细表。暂估价可按照表 5-5、表 5-6 的格式列示。

表 5-5　材料(工程设备)暂估单价及调整表

工程名称：　　　　　　　　　　　　　　　标段：　　　　　　　　　　　　第 页共 页

序号	材料(工程设备)名称、规格、型号	计量单位	数量		暂估(元)		确认(元)		差额±(元)		备注
			暂估	确认	单价	合价	单价	合价	单价	合价	

注：此表由招标人填写"暂估单价"，并在备注栏说明暂估价的材料、工程设备拟用在哪些清单项目上，投标人应将上述材料、工程设备暂估价计入工程量清单综合单价报价中。

表 5-6　专业工程暂估价及结算价表

工程名称：　　　　　　　　　　　　　　　标段：　　　　　　　　　　　　第 页共 页

序号	工程名称	工程内容	暂估金额(元)	结算金额(元)	差额±(元)	备注
合计						

注：此表"暂估金额"由招标人填写，投标人应将"暂估金额"计入投标总价中。结算时按合同约定结算金额填写。

3) 计日工

计日工是在施工过程中，承包人完成发包人提出的工程合同范围以外的零星项目或工作，按合同中约定的单价计价的一种方式。计日工是为了解决现场发生的零星工作的计价而设立的。国际上常见的标准合同条款中，大多数都设立了计日工(Daywork)计价机制。计日工对完成零星工作所消耗的人工工时、材料数量、施工机械台班进行计量，并按照计日工表中填报的适用项目的单价进行计价支付。计日工适用的所谓零星项目或工作一般是指合同约定之外的或者因变更而产生的、工程量清单中没有相应项目的额外工作，尤其是那些难以事先商定价格的额外工作。

计日工应列出项目名称、计量单位和暂估数量。计日工可按照表 5-7 的格式列示。

表 5-7　计日工表

工程名称：　　　　　　　　　　　　　　　标段：　　　　　　　　　　　　第 页共 页

序号	项目名称	单位	暂定数量	实际数量(元)	综合单价(元)	合价(元)	
						暂定	实际
一	人工						
1							
2							
...							

续表 5-7

序号	项目名称	单位	暂定数量	实际数量（元）	综合单价（元）	合价（元）	
						暂定	实际
人工小计							
二	材料						
1							
2							
…							
材料小计							
三	施工机具						
1							
2							
…							
施工机具小计							
四、企业管理费和利润							
总　　计							

注：此表项目名称、暂定数量由招标人填写，编制招标控制价时，单价由招标人按有关计价规定确定；投标时，单价由投标人自主报价，按暂定数量计算合价计入投标总价中。结算时，按发承包双方确认的实际数量计算合价。

4）总承包服务费

总承包服务费是指总承包人为配合协调发包人进行的专业工程发包，对发包人自行采购的材料、工程设备等进行保管以及施工现场管理、竣工资料汇总整理等服务所需的费用。招标人应预计该项费用并按投标人的投标报价向投标人支付该项费用。

总承包服务费应列出服务项目及其内容等。总承包服务费按照表 5-8 的格式列示。

表 5-8　总承包服务费计价表

工程名称：　　　　　　　　　　　标段：　　　　　　　　　　　第　页共　页

序号	项目名称	项目价值（元）	服务内容	计算基础	费率（%）	金额（元）
1	发包人发包专业工程					
2	发包人提供材料					
…						
合　　计		—	—	—		

注：此表项目名称、服务内容由招标人填写，编制招标控制价时，费率及金额由招标人按有关计价规定确定；投标时，费率及金额由投标人自主报价，计入投标总价中。

5.1.5　规费、税金项目清单

规费项目清单应按照下列内容列项：社会保险费，包括养老保险费、失业保险费、医疗保险费、工伤保险费、生育保险费;住房公积金;工程排污费;出现计价规范中未列的项目,应根据省级政府或省级有关权力部门的规定列项。

税金项目清单应包括下列内容:营业税;城市维护建设税;教育费附加;地方教育附加。出现计价规范未列的项目,应根据税务部门的规定列项。

规费、税金项目计价表如5-9所示。

表5-9　规费、税金项目计价表

工程名称:　　　　　　　　　　标段:　　　　　　　　　　　　第　页共　页

序号	项目名称	计算基础	计算基数	计算费率(%)	金额(元)
1	规费	定额人工费			
1.1	社会保险费	定额人工费			
(1)	养老保险费	定额人工费			
(2)	失业保险费	定额人工费			
(3)	医疗保险费	定额人工费			
(4)	工伤保险费	定额人工费			
(5)	生育保险费	定额人工费			
1.2	住房公积金	定额人工费			
1.3	工程排污费	按工程所在地环境保护部门收取标准,按实计入			
2	税金	分部分项工程费+措施项目费+其他项目费+规费-按规定不计税的工程设备金额			
合　计					

编制人(造价人员):　　　　　　　　　　　复核人(造价工程师):

5.2　招标工程量清单编制

为使建设工程发包与承包计价活动规范有序地进行,不论是招标发包还是直接发包,都必须注重前期工作。尤其是对于招标发包,关键的是应从施工招标开始,在拟订招标文件的同时,科学合理地编制工程量清单、招标控制价以及评标标准和办法,只有这样,才能对投标报价、合同价的约定以至后期的工程结算这一工程发承包计价全过程起到良好的控制作用。

招标工程量清单是招标人依据国家标准、招标文件、设计文件以及施工现场实际情况编制的,随招标文件发布供投标报价的工程量清单,包括对其的说明和表格。编制招标工程量清单,应充分体现"量价分离"的"风险分担"原则。招标阶段,由招标人或其委托的工程造价咨询人根据工程项目设计文件,编制出招标工程项目的工程量清单,并将其作为招标文件的组成部分。招标工程量清单的准确性和完整性由招标人负责;投标人应结合企业自身实际,参考市场有关价格信息完成清单项目工程的组合报价,并对其承担风险。

1)招标工程量清单编制依据及准备工作

(1)招标工程量清单的编制依据

①《建设工程工程量清单计价规范》(GB 50500—2013)以及各专业工程计量规范等。

② 国家或省级、行业建设主管部门颁发的计价定额和办法。

③ 建设工程设计文件及相关资料。

④ 与建设工程有关的标准、规范、技术资料。

⑤ 拟定的招标文件。

⑥ 施工现场情况、地勘水文资料、工程特点及常规施工方案。

⑦ 其他相关资料。

(2)招标工程量清单编制的准备工作

招标工程量清单编制的相关工作在收集资料包括编制依据的基础上,需进行如下工作:

① 初步研究。对各种资料进行认真研究,为工程量清单的编制做准备。主要包括:

a. 熟悉《建设工程工程量清单计价规范》(GB 50500—2013)和各专业工程计量规范、当地计价规定及相关文件;熟悉设计文件,掌握工程全貌,便于清单项目列项的完整、工程量的准确计算及清单项目的准确描述,对设计文件中出现的问题应及时提出。

b. 熟悉招标文件、招标图纸,确定工程量清单编审的范围及需要设定的暂估价;收集相关市场价格信息,为暂估价的确定提供依据。

c. 对《建设工程工程量清单计价规范》(GB 50500—2013)缺项的新材料、新技术、新工艺,收集足够的基础资料,为补充项目的制定提供依据。

② 现场踏勘。为了选用合理的施工组织设计和施工技术方案,需进行现场踏勘,以充分了解施工现场情况及工程特点,主要对以下两方面进行调查。

a. 自然地理条件:工程所在地的地理位置、地形、地貌、用地范围等;气象、水文情况,包括气温、湿度、降雨量等;地质情况,包括地质构造及特征、承载能力等;地震、洪水及其他自然灾害情况。

b. 施工条件:工程现场周围的道路、进出场条件、交通限制情况;工程现场施工临时设施、大型施工机具、材料堆放场地安排情况;工程现场邻近建筑物与招标工程的间距、结构形式、基础埋深、新旧程度、高度;市政给排水管线位置、管径、压力,废水、污水处理方式,市政、消防供水管道管径、压力、位置等;现场供电方式、方位、距离、电压等;工程现场通信线路的连接和铺设;当地政府有关部门对施工现场管理的一般要求、特殊要求及规定等。

③ 拟定常规施工组织设计。施工组织设计是指导拟建工程项目的施工准备和施工的技术经济文件。根据项目的具体情况编制施工组织设计,拟定工程的施工方案、施工顺序、施工方法等,便于工程量清单的编制及准确计算,特别是工程量清单中的措施项目。施工组织设计编制的主要依据:招标文件中的相关要求,设计文件中的图纸及相关说明,现场踏勘资料,有关定额,现行有关技术标准、施工规范或规则等。作为招标人,仅需拟定常规的施工组织设计即可。在拟定常规的施工组织设计时需注意以下问题:

a. 估算整体工程量。根据概算指标或类似工程进行估算,且仅对主要项目加以估算即可,如土石方、混凝土等。

b. 拟定施工总方案。施工总方案仅只需对重大问题和关键工艺作原则性的规定,不需考虑施工步骤,主要包括:施工方法,施工机械设备的选择,科学的施工组织,合理的施工进度,现场的平面布置及各种技术措施。制定总方案要满足以下原则:从实际出发,符合现场的实际情况,在切实可行的范围内尽量求其先进和快速;满足工期的要求;确保工程质量和施工安全;尽量降低施工成本,使方案更加经济合理。

c. 确定施工顺序。合理确定施工顺序需要考虑以下几点:各分部分项工程之间的关系;施工方法和施工机械的要求;当地的气候条件和水文要求;施工顺序对工期的影响。

d. 编制施工进度计划。施工进度计划要满足合同对工期的要求,在不增加资源的前提下尽量提前。编制施工进度计划时要处理好工程中各分部、分项、单位工程之间的关系,避免出现施工顺序的颠倒或工种相互冲突。

e. 计算人、材、机资源需要量。人工工日数量根据估算的工程量、选用的定额、拟定的施工总方案、施工方法及要求的工期来确定,并考虑节假日、气候等的影响。材料需要量主要根据估算的工程量和选用的材料消耗定额进行计算。机械台班数量则根据施工方案确定选择机械设备方案及机械种类的匹配要求,再根据估算的工程量和机械时间定额进行计算。

f. 施工平面的布置。施工平面布置是根据施工方案、施工进度要求,对施工现场的道路交通、材料仓库、临时设施等做出合理的规划布置,主要包括:建设项目施工总平面图上的一切地上、地下已有和拟建的建筑物、构筑物以及其他设施的位置和尺寸;所有为施工服务的临时设施的布置位置,如施工用地范围,施工用道路,材料仓库,取土与弃土位置,水源、电源位置,安全、消防设施位置,永久性测量放线标桩位置等。

2）招标工程量清单的编制内容

（1）分部分项工程量清单编制

分部分项工程量清单所反映的是拟建工程分项实体工程项目名称和相应数量的明细清单,招标人负责包括项目编码、项目名称、项目特征、计量单位和工程量在内的5项内容。

① 项目编码。分部分项工程量清单的项目编码,应根据拟建工程的工程量清单项目名称设置,同一招标工程的项目编码不得有重码。

② 项目名称。分部分项工程量清单的项目名称应按专业工程计量规范附录的项目名称结合拟建工程的实际确定。

在分部分项工程量清单中所列出的项目,应是在单位工程的施工过程中以其本身构成该单位工程实体的分项工程,但应注意:

a. 当在拟建工程的施工图纸中有体现,并且在专业工程计量规范附录中也有相对应的项目时,则根据附录中的规定直接列项,计算工程量,确定其项目编码。

b. 当在拟建工程的施工图纸中有体现,但在专业工程计量规范附录中没有相对应的项目,并且在附录项目的"项目特征"或"工程内容"中也没有提示时,则必须编制针对这些分项工程的补充项目,在清单中单独列项并在清单的编制说明中注明。

③ 项目特征描述。工程量清单的项目特征是确定一个清单项目综合单价不可缺少的重要依据,在编制工程量清单时,必须对项目特征进行准确和全面的描述。但有些项目特征用文字往往又难以准确和全面地描述。为达到规范、简洁、准确、全面描述项目特征的要求,在描述

工程量清单项目特征时应按以下原则进行：

a. 项目特征描述的内容应按附录中的规定，结合拟建工程的实际，满足确定综合单价的需要。

b. 若采用标准图集或施工图纸能够全部或部分满足项目特征描述的要求，项目特征描述可直接采用详见××图集或××图号的方式。对不能满足项目特征描述要求的部分，仍应用文字描述。

④ 计量单位。分部分项工程量清单的计量单位与有效位数应遵守《建设工程工程量清单计价规范》规定。当附录中有两个或两个以上计量单位的，应结合拟建工程项目的实际选择其中一个确定。

⑤ 工程量的计算。分部分项工程量清单中所列工程量应按专业工程计量规范规定的工程量计算规则计算。另外，对补充项的工程量计算规则必须符合下述原则：一是其计算规则要具有可计算性；二是计算结果要具有唯一性。

工程量的计算是一项繁杂而细致的工作，为了计算的快速准确并尽量避免漏算或重算，必须依据一定的计算原则及方法：

a. 计算口径一致。根据施工图列出的工程量清单项目，必须与专业工程计量规范中相应清单项目的口径相一致。

b. 按工程量计算规则计算。工程量计算规则是综合确定各项消耗指标的基本依据，也是具体工程测算和分析资料的基准。

c. 按图纸计算。工程量按每一分项工程，根据设计图纸进行计算，计算时采用的原始数据必须以施工图纸所表示的尺寸或施工图纸能读出的尺寸为准进行计算，不得任意增减。

d. 按一定顺序计算。计算分部分项工程量时，可以按照定额编目顺序或按照施工图专业顺序依次进行计算。计算同一张图纸的分项工程量时，一般可采用以下几种顺序：按顺时针或逆时针顺序计算；按先横后纵顺序计算；按轴线编号顺序计算；按施工先后顺序计算；按定额分部分项顺序计算。

（2）措施项目清单编制

措施项目清单指为完成工程项目施工，发生于该工程施工准备和施工过程中的技术、生活、安全、环境保护等方面的项目清单。措施项目分单价措施项目和总价措施项目。措施项目清单的编制需考虑多种因素，除工程本身的因素外，还涉及水文、气象、环境、安全等因素。措施项目清单应根据拟建工程的实际情况列项，若出现《建设工程工程量清单计价规范》(GB 50500—2013)中未列的项目，可根据工程实际情况补充。项目清单的设置要考虑拟建工程的施工组织设计，施工技术方案，相关的施工规范与施工验收规范，招标文件中提出的某些必须通过一定的技术措施才能实现的要求，设计文件中一些不足以写进技术方案但是要通过一定的技术措施才能实现的内容。

一些可以精确计算工程量的措施项目可采用与分部分项工程量清单编制相同的方式，编制"分部分项工程和单价措施项目清单与计价表"。而有一些措施项目费用的发生与使用时间、施工方法或者两个以上的工序相关并大都与实际完成的实体工程量的大小关系不大，如安全文明施工、冬雨季施工、已完工程设备保护等，应编制"总价措施项目清单与计价表"。

（3）其他项目清单的编制

其他项目清单是应招标人的特殊要求而发生的与拟建工程有关的其他费用项目和相应数量的清单。工程建设标准的高低、工程的复杂程度、工程的工期长短、工程的组成内容、发包人对工程管理要求等都直接影响到其具体内容。当出现未包含在表格中的内容的项目时，可根据实际情况补充。其中：

① 暂列金额是指招标人暂定并包括在合同中的一笔款项。用于工程合同签订时尚未确定或者不可预见的所需材料、工程设备、服务的采购，施工中可能发生的工程变更、合同约定调整因素出现时的合同价款调整以及发生的索赔、现场签证确认等的费用。此项费用由招标人填写其项目名称、计量单位、暂定金额等，若不能详列，也可只列暂定金额总额。由于暂列金额由招标人支配，实际发生后才得以支付，因此，在确定暂列金额时应根据施工图纸的深度、暂估价设定的水平、合同价款约定调整的因素以及工程实际情况合理确定。一般可按分部分项工程量清单的 10％～15％确定，不同专业预留的暂列金额应分别列项。

② 暂估价是招标人在招标文件中提供的用于支付必然要发生但暂时不能确定价格的材料、工程设备的单价以及专业工程的金额。一般而言，为方便合同管理和计价，需要纳入分部分项工程量项目综合单价中的暂估价，最好只限于材料费，以方便投标与组价。以"项"为计量单位给出的专业工程暂估价一般应是综合暂估价，即应当包括除规费、税金以外的管理费、利润等。

③ 计日工是为了解决现场发生的零星工作或项目的计价而设立的。计日工为额外工作的计价提供一个方便快捷的途径，对完成零星工作所消耗的人工工时、材料数量、机械台班进行计量，并按照计日工表中填报的适用项目的单价进行计价支付。编制计日工表格时，一定要给出暂定数量，并且需要根据经验，尽可能估算一个比较贴近实际的数量，且尽可能把项目列全，以消除因此而产生的争议。

④ 总承包服务费是为了解决招标人在法律法规允许的条件下，进行专业工程发包以及自行采购供应材料、设备时，要求总承包人对发包的专业工程提供协调和配合服务，对供应的材料、设备提供收、发和保管服务，以及对施工现场进行统一管理，对竣工资料进行统一汇总整理等发生并向承包人支付的费用。招标人应当按照投标人的投标报价支付该项费用。

（4）规费税金项目清单的编制

规费税金项目清单应按照规定的内容列项，当出现规范中没有的项目，应根据省级政府或有关部门的规定列项。税金项目清单除规定的内容外，如国家税法发生变化或增加税种，应对税金项目清单进行补充。规费、税金的计算基础和费率均应按国家或地方相关部门的规定执行。

（5）工程量清单总说明的编制

工程量清单编制总说明包括以下内容：

① 工程概况。工程概况中要对建设规模、工程特征、计划工期、施工现场实际情况、自然地理条件、环境保护要求等作出描述。其中建设规模是指建筑面积；工程特征应说明基础及结构类型、建筑层数、高度、门窗类型及各部位装饰、装修做法；计划工期是指按工期定额计算的施工天数；施工现场实际情况是指施工场地的地表状况；自然地理条件，是指建筑场地所处地理位置的气候及交通运输条件；环境保护要求，是针对施工噪声及材料运输可能对周围环境造成的影响和污染所提出的防护要求。

② 工程招标及分包范围。招标范围是指单位工程的招标范围,如建筑工程招标范围为"全部建筑工程",装饰装修工程招标范围为"全部装饰装修工程",或招标范围不含桩基础、幕墙头、门窗等。工程分包是指特殊工程项目的分包,如招标人自行采购安装"铝合金闸窗"等。

③ 工程量清单编制依据。包括建设工程工程量清单计价规范、设计文件、招标文件、施工现场情况、工程特点及常规施工方案等。

④ 工程质量、材料、施工等的特殊要求。工程质量的要求,是指招标人要求拟建工程的质量应达到合格或优良标准;对材料的要求,是指招标人根据工程的重要性、使用功能及装饰装修标准提出,诸如对水泥的品牌、钢材的生产厂家、花岗石的出产地、品牌等的要求;施工要求,一般是指建设项目中对单项工程的施工顺序等的要求。

⑤ 其他需要说明的事项。

(6)招标工程量清单汇总

在分部分项工程量清单、措施项目清单、其他项目清单、规费和税金项目清单编制完成以后,经审查复核,与工程量清单封面及总说明汇总并装订,由相关责任人签字和盖章,形成完整的招标工程量清单文件。

3)招标工程量清单编制示例

随招标文件发布供投标报价的工程量清单,通常用表格形式表示并加以说明。由于招标人所用工程量清单表格与投标人报价所用表格是同一表格,招标人发布的表格中,除暂列金额、暂估价列有"金额"外,只是列出工程量,该工程量是根据计量规范的计算规则所得。

例题 5-1 ××保障房一期住宅工程分部分项工程量的计算。

解答 根据《房屋建筑与装饰工程工程量计算规范》(GB 50854—2013),对现浇混凝土梁的混凝土、钢筋、脚手架等工程量进行计算并列表。

(1)现浇混凝土梁工程量。根据附录 E3 现浇混凝土梁的工程量计算规则,现浇混凝土梁的工程量按设计图示尺寸以体积计算,伸入墙内的梁头、梁垫并入梁体积内。项目特征:①混凝土种类;②混凝土强度等级。工作内容:①模板及支架(撑)制作、安装、拆除、堆放、运输及清理模内杂物、刷隔离剂等;②混凝土制作、运输、浇筑、振捣、养护。

(2)钢筋工程量。现浇构件钢筋的工程量计算,根据附录 E.15 钢筋工程中的现浇构件钢筋的工程量计算规则,为按设计图示钢筋(网)长度(面积)乘以单位理论质量计算。项目特征:钢筋种类、规格。工作内容:①钢筋制作、运输;②钢筋安装;③焊接(绑扎)。注:①现浇构件中伸出构件的锚固钢筋应并入钢筋工程量内。除设计(包括规范规定)标明的搭接外,其他施工搭接不计算工程量,在综合单价中综合考虑。②现浇构件中固定位置的支撑钢筋、双层钢筋用的"铁马"在编制工程量清单时,如果设计未明确,其工程数量可为暂估量,结算时按现场签证数量计算。

(3)脚手架工程量。脚手架工程属单价措施项目,其工程量计算根据附录 S.1 脚手架工程中综合脚手架工程量计算规则,按建筑面积以 m² 计算。项目特征:①建筑结构形式;②檐口高度。工作内容:①场内、场外材料搬运;②搭、拆脚手架、斜道、上料平台;③安全网的铺设;④选择附墙点与主体连接;⑤测试电动装置、安全锁等;⑥拆除脚手架后材料的堆放。注:①使用综合脚手架时,不再使用外脚手架、里脚手架等单项脚手架,综合脚手架适用于能够按"建筑面积计算规则"计算建筑面积的建筑工程脚手架,不适用于房屋加层、构筑物及附属工程脚手架;②同一建筑物有不同檐高时,按建筑物竖向切面分别按不同檐高编列清单项目;③整体提升架已包括 2 m 高的防护架体设施;④脚手架材质可以不描述,但应注明由投标人根据工程实际情况按照国家现行标准《建筑施工扣件式钢管脚手架安全技术规范》(JGJ 130)、《建筑施工附着升降脚手架管理暂行规定》(建造(2000)230 号)等规范自行确定。

(4) 分部分项工程量清单列表。填列工程量清单的表格见表 5-10 所示。需要说明的是,表中带括号的数据不属于随招标文件公布的数据,即招标人提供招标工程量清单时,表中带括号数据的单元格在招标工程量清单中为空白。

表 5-10　分部分项工程量清单与计价表

工程名称：××保障房一期住宅工程　　　　　　标段：　　　　　　　　　第　页共　页

序号	项目编码	项目名称	项目特征描述	计量单位	工程量	金额(元)		
						综合单价	合价	其中:暂估价
			...					
		0105 混凝土及钢筋混凝土工程						
6	010503001001	基础梁	C30 预拌混凝土,梁底标高—1.55 m	m³	208	(367.05)	(76 346)	
7	010515001001	现浇构件钢筋	螺纹钢 Q235,Φ14	t	200	(4 821.35)	(964 270)	(800 000)
			...					
		分部小计					(2 496 270)	(800 000)
			...					
		0117 措施项目						
16	011701001001	综合脚手架	砖混、檐高 22 m	m²	10 940	(20.85)	(228 099)	
			...					
		分部小计					(829 480)	
	合　计						(6 709 337)	(800 000)

5.3　招标控制价的编制

《招标投标法实施条例》规定,招标人可以自行决定是否编制标底,一个招标项目只能有一个标底,标底必须保密。同时规定,招标人设有最高投标限价的,应当在招标文件中明确最高投标限价或者最高投标限价的计算方法,招标人不得规定最低投标限价。

5.3.1　招标控制价的编制规定与依据

招标控制价是指根据国家或省级建设行政主管部门颁发的有关计价依据和办法,依据拟定的招标文件和招标工程量清单,结合工程具体情况发布的招标工程的最高投标限价。根据住房城乡建设部颁布的《建筑工程施工发包与承包计价管理办法》(住建部令第 16 号)的规定,国有资金投资的建筑工程招标的,应当设有最高投标限价;非国有资金投资的建筑工程招标的,可以设有最高投标限价或者招标标底。

1) 招标控制价与标底的关系

招标控制价是推行工程量清单计价过程中对传统标底概念的性质进行界定后所设置的专业术语,它使招标时评标定价的管理方式发生了很大的变化。设标底招标、无标底招标以及招标控制价招标的利弊分析如下。

(1) 设标底招标

① 设标底时易发生泄露标底及暗箱操作的现象,失去招标的公平公正性,容易诱发违法违规行为。

② 编制的标底价是预期价格,因较难考虑施工方案、技术措施对造价的影响,容易与市场造价水平脱节,不利于引导投标人理性竞争。

③ 标底在评标过程中的特殊地位使标底价成为左右工程造价的杠杆,不合理的标底会使合理的投标报价在评标中显得不合理,有可能成为地方或行业保护的手段。

④ 将标底作为衡量投标人报价的基准,导致投标人尽力地去迎合标底,往往招标投标过程反映的不是投标人实力的竞争,而是投标人编制预算文件能力的竞争,或者各种合法或非法的"投标策略"的竞争。

(2) 无标底招标

① 容易出现围标串标现象,各投标人哄抬价格,给招标人带来投资失控的风险。

② 容易出现低价中标后偷工减料,以牺牲工程质量来降低工程成本,或产生先低价中标,后高额索赔等不良后果。

③ 评标时,招标人对投标人的报价没有参考依据和评判基准。

(3) 招标控制价招标

① 采用招标控制价招标的优点:a. 可有效控制投资,防止恶性哄抬报价带来的投资风险;b. 提高了透明度,避免了暗箱操作、寻租等违法活动的产生;c. 可使各投标人自主报价、公平竞争,符合市场规律,投标人自主报价,不受标底的左右;d. 既设置了控制上限又尽量减少了业主依赖评标基准价的影响。

② 采用招标控制价招标也可能出现如下问题:a. 若"最高限价"大大高于市场平均价时,就预示中标后利润很丰厚,只要投标不超过公布的限额都是有效投标,从而可能诱导投标人串标围标。b. 若公布的最高限价远远低于市场平均价,就会影响招标效率。即可能出现只有 1~2 人投标或出现无人投标情况,因为按此限额投标将无利可图,超出此限额投标又成为无效投标,结果使招标人不得不修改招标控制价进行二次招标。

2) 编制招标控制价的规定

(1) 国有资金投资的工程建设项目应实行工程量清单招标,招标人应编制招标控制价,并应当拒绝高于招标控制价的投标报价。即投标人的投标报价若超过公布的招标控制价,则其投标作为废标处理。

(2) 招标控制价应由具有编制能力的招标人或受其委托、具有相应资质的工程造价咨询人编制。工程造价咨询人不得同时接受招标人和投标人对同一工程的招标控制价和投标报价的编制。

（3）招标控制价应在招标文件中公布,对所编制的招标控制价不得进行上浮或下调。在公布招标控制价时,除公布招标控制价的总价外,还应公布各单位工程的分部分项工程费、措施项目费、其他项目费、规费和税金。

（4）招标控制价超过批准的概算时,招标人应将其报原概算审批部门审核。这是由于我国对国有资金投资项目的投资控制实行的是设计概算审批制度,国有资金投资的工程原则上不能超过批准的设计概算。

（5）投标人经复核认为招标人公布的招标控制价未按照《建设工程工程量清单计价规范》（GB 50500—2013）的规定进行编制的,应在招标控制价公布后 5 天内向招标投标监督机构和工程造价管理机构投诉。工程造价管理机构受理投诉后,应立即对招标控制价进行复查,组织投诉人、被投诉人或其委托的招标控制价编制人等单位人员对投诉问题逐一核对。当招标控制价复查结论与原公布的招标控制价误差大于±3％时,应责成招标人改正。当重新公布招标控制价时,若重新公布之日起至原投标截止期不足 15 天的,应延长投标截止期。

3）招标控制价的编制依据

招标控制价的编制依据是指在编制招标控制价时需要进行工程量计量、价格确认、工程计价的有关参数、率值的确定等工作时所需的基础性资料,主要包括:

（1）现行国家标准《建设工程工程量清单计价规范》（GB 50500—2013）与专业工程计量规范。

（2）国家或省级、行业建设主管部门颁发的计价定额和计价办法。

（3）建设工程设计文件及相关资料。

（4）拟定的招标文件及招标工程量清单。

（5）与建设项目相关的标准、规范、技术资料。

（6）施工现场情况、工程特点及常规施工方案。

（7）工程造价管理机构发布的工程造价信息;工程造价信息没有发布的,参照市场价。

（8）其他的相关资料。

5.3.2 招标控制价的编制内容

招标控制价的编制内容包括分部分项工程费、措施项目费、其他项目费、规费和税金,各个部分有不同的计价要求:

1）分部分项工程费的编制要求

（1）分部分项工程费应根据招标文件中的分部分项工程量清单及有关要求,按《建设工程工程量清单计价规范》（GB 50500—2013）有关规定确定综合单价计价。

（2）工程量依据招标文件中提供的分部分项工程量清单确定。

（3）招标文件提供了暂估单价的材料,应按暂估的单价计入综合单价。

（4）为使招标控制价与投标报价所包含的内容一致,综合单价中应包括招标文件中要求投标人所承担的风险内容及其范围（幅度）产生的风险费用。

2）措施项目费的编制要求

（1）措施项目费中的安全文明施工费应当按照国家或省级、行业建设主管部门的规定标准计价，该部分不得作为竞争性费用。

（2）措施项目应按招标文件中提供的措施项目清单确定，措施项目分为以"量"计算和以"项"计算两种。对于可精确计量的措施项目，以"量"计算即按其工程量用与分部分项工程工程量清单单价相同的方式确定综合单价；对于不可精确计量的措施项目，则以"项"为单位，采用费率法按有关规定综合取定，采用费率法时需确定某项费用的计费基数及其费率，结果应是包括除规费、税金以外的全部费用。计算公式为

$$\text{以"项"计算的措施项目清单费} = \text{措施项目计费基数} \times \text{费率}$$

3）其他项目费的编制要求

（1）暂列金额。暂列金额可根据工程的复杂程度、设计深度、工程环境条件（包括地质、水文、气候条件等）进行估算，一般可以分部分项工程费的 10%～15%为参考。

（2）暂估价。暂估价中的材料单价应按照工程造价管理机构发布的工程造价信息中的材料单价计算，工程造价信息未发布的材料单价，其单价参考市场价格估算；暂估价中的专业工程暂估价应分不同专业，按有关计价规定估算。

（3）计日工。在编制招标控制价时，对计日工中的人工单价和施工机械台班单价应按省级、行业建设主管部门或其授权的工程造价管理机构公布的单价计算；材料应按工程造价管理机构发布的工程造价信息中的材料单价计算，工程造价信息未发布单价的材料，其价格应按市场调查确定的单价计算。

（4）总承包服务费。总承包服务费应按照省级或行业建设主管部门的规定计算，在计算时可参考以下标准：

① 招标人仅要求对分包的专业工程进行总承包管理和协调时，按分包的专业工程估算造价的 1.5%计算。

② 招标人要求对分包的专业工程进行总承包管理和协调，并同时要求提供配合服务时，根据招标文件中列出的配合服务内容和提出的要求，按分包的专业工程估算造价的 3%～5%计算。

③ 招标人自行供应材料的，按招标人供应材料价值的 1%计算。

4）规费和税金的编制要求

规费和税金必须按国家或省级、行业建设主管部门的规定计算。税金计算式如下：

$$\text{税金} = (\text{分部分项工程量清单费} + \text{措施项目清单费}$$
$$+ \text{其他项目清单费} + \text{规费}) \times \text{综合税率} \tag{5-1}$$

5.3.3　招标控制价的计价与组价

1）招标控制价计价程序

建设工程的招标控制价反映的是单位工程费用，各单位工程费用由分部分项工程费、措施项目费、其他项目费、规费和税金组成。

由于投标人(施工企业)投标报价计价程序(见本章第三节)与招标人(建设单位)招标控制价计价程序具有相同的表格,为便于对比分析,此处将两种表格合并列出,其中表格栏目中斜线后带括号的内容用于投标报价,其余为通用栏目。

表 5-11　建设单位工程招标控制价计价程序(施工企业投标报价计价程序)表

序号	汇总内容	计算方法	金额(元)
1	分部分项工程	按计价规定计算/(自主报价)	
1.1			
1.2			
2	措施项目	按计价规定计算/(自主报价)	
2.1	其中:安全文明施工费	按规定标准估算/(按规定标准计算)	
3	其他项目		
3.1	其中:暂列金额	按计价规定估算/(按招标文件提供金额计列)	
3.2	其中:专业工程暂估价	按计价规定估算/(按招标文件提供金额计列)	
3.3	其中:计日工	按计价规定估算/(自主报价)	
3.4	其中:总承包服务费	按计价规定估算/(自主报价)	
4	规费	按规定标准计算	
5	税金(扣除不列入计税范围的工程设备金额)	(1+2+3+4)×规定税率	
	招标控制价/(投标报价)合计 =1+2+3+4+5		

注:本表适用于单位工程招标控制价计算或投标报价计算,如无单位工程划分,单项工程也使用本表。

2) 综合单价的组价

招标控制价的分部分项工程费应由各单位工程的招标工程量清单乘以其相应综合单价汇总而成。综合单价的组价,首先,依据提供的工程量清单和施工图纸,按照工程所在地区颁发的计价定额的规定,确定所组价的定额项目名称,并计算出相应的工程量;其次,依据工程造价政策规定或工程造价信息确定其人工、材料、机械台班单价;同时,在考虑风险因素确定管理费率和利润率的基础上,按规定程序计算出所组价定额项目的合价,见公式(5-2),然后将若干项所组价的定额项目合价相加除以工程量清单项目工程量,便得到工程量清单项目综合单价,见公式(5-3),对于未计价材料费(包括暂估单价的材料费)应计入综合单价。

$$定额项目合价 = 定额项目工程量 \times \Big[\sum(定额人工消耗量 \times 人工单价)$$

$$+ \sum(定额材料消耗量 \times 材料单价)$$

$$+ \sum(定额机械台班消耗量 \times 机械台班单价)$$

$$+ 价差(基价或人工、材料、机械费用) + 管理费和利润 \Big] \qquad (5\text{-}2)$$

$$工程量清单综合单价 = \frac{\sum(定额项目组价) + 未计价材料}{工程量清单项目工程量} \qquad (5\text{-}3)$$

3）确定综合单价应考虑的因素

编制招标控制价在确定其综合单价时,应考虑一定范围内的风险因素。在招标文件中应通过预留一定的风险费用,或明确说明风险所包括的范围及超出该范围的价格调整方法。对于招标文件中未作要求的可按以下原则确定:

（1）对于技术难度较大和管理复杂的项目,可考虑一定的风险费用,并纳入到综合单价中。

（2）对于工程设备、材料价格的市场风险,应依据招标文件的规定,工程所在地或行业工程造价管理机构的有关规定,以及市场价格趋势考虑一定率值的风险费用,纳入到综合单价中。

（3）税金、规费等法律、法规、规章和政策变化的风险以及人工单价等风险费用不应纳入综合单价。

招标工程发布的分部分项工程量清单对应的综合单价,应按照招标人发布的分部分项工程量清单的项目名称、工程量、项目特征描述,依据工程所在地区颁发的计价定额和人工、材料、机械台班价格信息等进行组价确定,并应编制工程量清单综合单价分析表。

5.3.4　编制招标控制价时应注意的问题

（1）采用的材料价格应是工程造价管理机构通过工程造价信息发布的材料价格,工程造价信息未发布材料单价的材料,其材料价格应通过市场调查确定。另外,未采用工程造价管理机构发布的工程造价信息时,需在招标文件或答疑补充文件中对招标控制价采用的与造价信息不一致的市场价格予以说明,采用的市场价格则应通过调查、分析确定,有可靠的信息来源。

（2）施工机械设备的选型直接关系到综合单价水平,应根据工程项目特点和施工条件,本着经济实用、先进高效的原则确定。

（3）应该正确、全面地使用行业和地方的计价定额与相关文件。

（4）不可竞争的措施项目和规费、税金等费用的计算均属于强制性的条款,编制招标控制价时应按国家有关规定计算。

（5）不同工程项目、不同施工单位会有不同的施工组织方法,所发生的措施费也会有所不同,因此,对于竞争性的措施费用的确定,招标人应首先编制常规的施工组织设计或施工方案,然后经专家论证确认后再合理地确定措施项目与费用。

5.4　投标报价的编制

投标是一种要约,需要严格遵守关于招投标的法律规定及程序,还需对招标文件作出实质性响应,并符合招标文件的各项要求,科学规范地编制投标文件与合理策略地提出报价,直接关系到承揽工程项目的中标率。

5.4.1 建设项目施工投标与投标文件的编制

1）施工投标前期工作

（1）施工投标报价流程

任何一个施工项目的投标报价都是一项复杂的系统工程，需要周密思考，统筹安排。在取得招标信息后，投标人首先要决定是否参加投标，如果参加投标，即进行前期工作：准备资料，申请并参加资格预审；获取招标文件；组建投标报价班子；然后进入询价与编制阶段。整个投标过程需遵循一定的程序进行。

（2）研究招标文件

投标人取得招标文件后，为保证工程量清单报价的合理性，应对投标人须知、合同条件、技术规范、图纸和工程量清单等重点内容进行分析，深刻而正确地理解招标文件和业主的意图。

① 投标人须知，它反映了招标人对投标的要求，特别要注意项目的资金来源、投标书的编制和递交、投标保证金、更改或备选方案、评标方法等，重点在于防止废标。

② 合同分析

A. 合同背景分析。投标人有必要了解与自己承包的工程内容有关的合同背景，了解监理方式，了解合同的法律依据，为报价和合同实施及索赔提供依据。

B. 合同形式分析。主要分析承包方式（如分项承包、施工承包、设计与施工总承包和管理承包等）和计价方式（如固定合同价格、可调合同价格和成本加酬金确定的合同价格等）。

C. 合同条款分析。主要包括：a. 承包商的任务、工作范围和责任。b. 工程变更及相应的合同价款调整。c. 付款方式、时间。应注意合同条款中关于工程预付款、材料预付款的规定。根据这些规定和预计的施工进度计划，计算出占用资金的数额和时间，从而计算出需要支付的利息数额并计入投标报价。d. 施工工期。合同条款中关于合同工期、竣工日期、部分工程分期交付工期等规定，这是投标人制订施工进度计划的依据，也是报价的重要依据。要注意合同条款中有无工期奖罚的规定，尽可能做到在工期符合要求的前提下报价有竞争力，或在报价合理的前提下工期有竞争力。e. 业主责任。投标人所制订的施工进度计划和做出的报价，都是以业主履行责任为前提的，所以应注意合同条款中关于业主责任措辞的严密性，以及关于索赔的有关规定。

D. 技术标准和要求分析。工程技术标准是按工程类型来描述工程技术和工艺内容特点，对设备、材料、施工和安装方法等所规定的技术要求，有的是对工程质量进行检验、试验和验收所规定的方法和要求。它们与工程量清单中各子项工作密不可分，报价人员应在准确理解招标人要求的基础上对有关工程内容进行报价。任何忽视技术标准的报价都是不完整、不可靠的，有时可能导致工程承包重大失误和亏损。

E. 图纸分析。图纸是确定工程范围、内容和技术要求的重要文件，也是投标者确定施工方法等施工计划的主要依据。图纸的详细程度取决于招标人提供的施工图设计所达到的深度和所采用的合同形式。详细的设计图纸可使投标人比较准确地估价，而不够详细的图纸则需要估价人员采用综合估价方法，其结果一般不很精确。

（3）调查工程现场

招标人在招标文件中一般会明确进行工程现场踏勘的时间和地点，投标人对一般区域调查重点注意以下几个方面：

① 自然条件调查。如气象资料,水文资料,地震、洪水及其他自然灾害情况,地质情况等。

② 施工条件调查。主要包括:工程现场的用地范围、地形、地貌、地物、高程,地上或地下障碍物,现场的三通一平情况;工程现场周围的道路、进出场条件、有无特殊交通限制;工程现场施工临时设施、大型施工机具、材料堆放场地安排的可能性,是否需要二次搬运;工程现场邻近建筑物与招标工程的间距、结构形式、基础埋深、新旧程度、高度;市政给水及污水、雨水排放管线位置、高程、管径、压力、废水、污水处理方式,市政、消防供水管道管径、压力、位置等;当地供电方式、方位、距离、电压等;当地煤气供应能力、管线位置、高程等;工程现场通信线路的连接和铺设;当地政府有关部门对施工现场管理的一般要求、特殊要求及规定,是否允许节假日和夜间施工等。

③ 其他条件调查。主要包括各种构件、半成品及商品混凝土的供应能力和价格,以及现场附近的生活设施、治安情况等。

2) 询价与工程量复核

(1) 询价

投标报价之前,投标人必须通过各种渠道,采用各种手段对工程所需各种材料、设备等的价格、质量、供应时间、供应数量等进行系统全面的调查,同时还要了解分包项目的分包形式、分包范围、分包人报价、分包人履约能力及信誉等。询价是投标报价的基础,它为投标报价提供可靠的依据。询价时要特别注意两个问题:一是产品质量必须可靠,并满足招标文件的有关规定;二是供货方式、时间、地点,有无附加条件和费用。

① 询价的渠道

a. 直接与生产厂商联系。

b. 了解生产厂商的代理人或从事该项业务的经纪人。

c. 了解经营该项产品的销售商。

d. 向咨询公司进行询价。通过咨询公司所得到的询价资料比较可靠,但需要支付一定的咨询费用,也可向同行了解。

e. 通过互联网查询。

f. 自行进行市场调查或信函询价。

② 生产要素询价

a. 材料询价。材料询价的内容包括调查对比材料价格、供应数量、运输方式、保险和有效期、不同买卖条件下的支付方式等。询价人员在施工方案初步确定后,立即发出材料询价单,并催促材料供应商及时报价。收到询价单后,询价人员应将从各种渠道所询得的材料报价及其他有关资料汇总整理。对同种材料从不同经销部门所得到的所有资料进行比较分析,选择合适、可靠的材料供应商的报价,提供给工程报价人员使用。

b. 施工机械设备询价。在外地施工需用的机械设备,有时在当地租赁或采购可能更为有利。因此,事前有必要进行施工机械设备的询价。必须采购的机械设备,可向供应厂商询价。对于租赁的机械设备,可向专门从事租赁业务的机构询价,并应详细了解其计价方法。

c. 劳务询价。劳务询价主要有两种情况:一是成建制的劳务公司,相当于劳务分包,一般费用较高,但素质较可靠,工效较高,承包商的管理工作较轻;另一种是劳务市场招募零散劳动力,根据需要进行选择,这种方式虽然劳务价格低廉,但有时素质达不到要求或工效降低,且承包商的管理工作较繁重。投标人应在对劳务市场充分了解的基础上决定采用哪种方式,并以此为依据进行投标报价。

③ 分包询价

总承包商在确定了分包工作内容后,就将分包专业的工程施工图纸和技术说明送交预先选定的分包单位,请他们在约定的时间内报价,以便进行比较选择,最终选择合适的分包人。对分包人询价应注意以下几点:分包标函是否完整;分包工程单价所包含的内容;分包人的工程质量、信誉及可信赖程度;质量保证措施;分包报价。

（2）复核工程量

工程量清单作为招标文件的组成部分,是由招标人提供的。工程量的大小是投标报价最直接的依据。复核工程量的准确程度,将影响承包商的经营行为:一是根据复核后的工程量与招标文件提供的工程量之间的差距,考虑相应的投标策略,决定报价尺度;二是根据工程量的大小采取合适的施工方法,选择适用、经济的施工机具设备,投入使用相应的劳动力数量等。

复核工程量,要与招标文件中所给的工程量进行对比,注意以下方面:

① 投标人应认真根据招标说明、图纸、地质资料等招标文件资料,计算主要清单工程量,复核工程量清单。其中特别注意,按一定顺序进行,避免漏算或重算;正确划分分部分项工程项目,与"清单计价规范"保持一致。

② 复核工程量的目的不是修改工程量清单,即使有误,投标人也不能修改工程量清单中的工程量,因为修改了清单就等于擅自修改了合同。对工程量清单存在的错误,可以向招标人提出,由招标人统一修改并把修改情况通知所有投标人。

③ 针对工程量清单中工程量的遗漏或错误,是否向招标人提出修改意见取决于投标策略。投标人可以运用一些报价的技巧提高报价的质量,争取在中标后能获得更大的收益。

④ 通过工程量计算复核还能准确地确定订货及采购物资的数量,防止由于超量或少购等带来的浪费、积压或停工待料。

在核算完全部工程量清单中的细目后,投标人应按大项分类汇总主要工程总量,以便获得对整个工程施工规模的整体概念,并据此研究采用合适的施工方法,选择适用的施工设备等。

（3）制订项目管理规划

项目管理规划是工程投标报价的重要依据,项目管理规划应分为项目管理规划大纲和项目管理实施规划。根据《建设工程项目管理规范》(GB/T 50326—2006),当承包商以编制施工组织设计代替项目管理规划时,施工组织设计应满足项目管理规划的要求。

① 项目管理规划大纲。项目管理规划大纲是投标人管理层在投标之前编制的,旨在作为投标依据、满足招标文件要求及签订合同要求的文件。可包括下列内容(根据需要选定):项目概况;项目范围管理规划;项目管理目标规划;项目管理组织规划;项目成本管理规划;项目进度管理规划;项目质量管理规划;项目职业健康安全与环境管理规划;项目采购与资源管理规划;项目信息管理规划;项目沟通管理规划;项目风险管理规划;项目收尾管理规划。

② 项目管理实施规划。项目管理实施规划是指在开工之前由项目经理主持编制的,旨在指导施工项目实施阶段管理的文件。项目管理实施规划必须由项目经理组织项目经理部在工程开工之前编制完成。应包括下列内容:项目概况;总体工作计划;组织方案;技术方案;进度计划;质量计划;职业健康安全与环境管理计划;成本计划;资源需求计划;风险管理规划;信息管理计划;项目沟通管理计划;项目收尾管理计划;项目现场平面布置图;项目目标控制措施;技术经济指标。

3）编制投标文件

（1）投标文件编制的内容

投标人应当按照招标文件的要求编制投标文件。投标文件应当包括下列内容:

① 投标函及投标函附录。

② 法定代表人身份证明或附有法定代表人身份证明的授权委托书。

③ 联合体协议书(如工程允许采用联合体投标)。

④ 投标保证金。

⑤ 已标价工程量清单。

⑥ 施工组织设计。

⑦ 项目管理机构。

⑧ 拟分包项目情况表。

⑨ 资格审查资料。

⑩ 规定的其他材料。

(2) 投标文件编制时应遵循的规定

① 投标文件应按"投标文件格式"进行编写,如有必要,可以增加附页,作为投标文件的组成部分。其中,投标函附录在满足招标文件实质性要求的基础上,可以提出比招标文件要求更能吸引招标人的承诺。

② 投标文件应当对招标文件有关工期、投标有效期、质量要求、技术标准和要求、招标范围等实质性内容作出响应。

③ 投标文件应由投标人的法定代表人或其委托代理人签字和单位盖章。委托代理人签字的,投标文件应附法定代表人签署的授权委托书。投标文件应尽量避免涂改、行间插字或删除。如果出现上述情况,改动之处应加盖单位章或由投标人的法定代表人或其授权的代理人签字确认。

④ 投标文件正本一份,副本份数按招标文件有关规定。正本和副本的封面上应清楚地标记"正本"或"副本"字样。投标文件的正本与副本应分别装订成册,并编制目录。当副本和正本不一致时,以正本为准。

⑤ 除招标文件另有规定外,投标人不得递交备选投标方案。允许投标人递交备选投标方案的,只有中标人所递交的备选投标方案方可予以考虑。评标委员会认为中标人的备选投标方案优于其按照招标文件要求编制的投标方案的,招标人可以接受该备选投标方案。

(3) 投标文件的递交

投标人应当在招标文件规定的提交投标文件的截止时间前,将投标文件密封送达投标地点。招标人收到招标文件后,应当向投标人出具标明签收人和签收时间的凭证,在开标前任何单位和个人不得开启投标文件。在招标文件要求提交投标文件的截止时间后送达或未送达指定地点的投标文件,为无效的投标文件,招标人不予受理。有关投标文件的递交还应注意以下问题:

① 投标人在递交投标文件的同时,应按规定的金额、担保形式和投标保证金格式递交投标保证金,并作为其投标文件的组成部分。联合体投标的,其投标保证金由牵头人递交,并应符合规定。投标保证金除现金外,可以是银行出具的银行保函、保兑支票、银行汇票或现金支票。投标保证金的数额不得超过投标总价的 2%,且最高不超过 80 万元。依法必须进行招标的项目的境内投标单位,以现金或者支票形式提交的投标保证金应当从其基本账户转出。投标人不按要求提交投标保证金的,其投标文件应被否决。出现下列情况的,投标保证金将不予返还:

a. 投标人在规定的投标有效期内撤销或修改其投标文件。

b. 中标人在收到中标通知书后,无正当理由拒签合同协议书或未按招标文件规定提交履约担保。

② 投标有效期。投标有效期从投标截止时间起开始计算,主要用作组织评标委员会评标、招标人定标、发出中标通知书以及签订合同等工作,一般考虑以下因素:

a. 组织评标委员会完成评标需要的时间。

b. 确定中标人需要的时间。

c. 签订合同需要的时间。

一般项目投标有效期为 60～90 天,大型项目 120 天左右。投标保证金的有效期应与投标有效期保持一致。

出现特殊情况需要延长投标有效期的,招标人以书面形式通知所有投标人延长投标有效期。投标人同意延长的,应相应延长其投标保证金的有效期,但不得要求或被允许修改或撤销其投标文件;投标人拒绝延长的,其投标失效,但投标人有权收回其投标保证金。

③ 投标文件的密封和标识。投标文件的正本与副本应分开包装,加贴封条,并在封套上清楚标记"正本"或"副本"字样,于封口处加盖投标人单位章。

④ 投标文件的修改与撤回。在规定的投标截止时间前,投标人可以修改或撤回已递交的投标文件,但应以书面形式通知招标人。在招标文件规定的投标有效期内,投标人不得要求撤销或修改其投标文件。

⑤ 费用承担与保密责任。投标人准备和参加投标活动发生的费用自理。参与招标投标活动的各方应对招标文件和投标文件中的商业和技术等秘密保密,违者应对由此造成的后果承担法律责任。

(4) 联合体投标

两个以上法人或者其他组织可以组成一个联合体,以一个投标人的身份共同投标。联合体投标需遵循以下规定:

① 联合体各方应按招标文件提供的格式签订联合体协议书,联合体各方应当指定牵头人,授权其代表所有联合体成员负责投标和合同实施阶段的主办、协调工作,并应当向招标人提交由所有联合体成员法定代表人签署的授权书。

② 联合体各方签订共同投标协议后,不得再以自己名义单独投标,也不得组成新的联合体或参加其他联合体在同一项目中投标。联合体各方在同一招标项目中以自己名义单独投标或者参加其他联合体投标的,相关投标均无效。

③ 招标人接受联合体投标并进行资格预审的,联合体应当在提交资格预审申请文件前组成。资格预审后联合体增减、更换成员的,其投标无效。

④ 由同一专业的单位组成的联合体,按照资质等级较低的单位确定资质等级。

⑤ 联合体投标的,应当以联合体各方或者联合体中牵头人的名义提交投标保证金。以联合体中牵头人名义提交的投标保证金,对联合体各成员具有约束力。

(5) 串通投标

在投标过程中有串通投标行为的,招标人或有关管理机构可以认定该行为无效。

① 有下列情形之一的,属于投标人相互串通投标:

a. 投标人之间协商投标报价等投标文件的实质性内容。

b. 投标人之间约定中标人。

c. 投标人之间约定部分投标人放弃投标或者中标。

d. 属于同一集团、协会、商会等组织成员的投标人按照该组织要求协同投标。

e. 投标人之间为谋取中标或者排斥特定投标人而采取的其他联合行动。

② 有下列情形之一的,视为投标人相互串通投标:

a. 不同投标人的投标文件由同一单位或者个人编制。

b. 不同投标人委托同一单位或者个人办理投标事宜。

c. 不同投标人的投标文件载明的项目管理成员为同一人。

d. 不同投标人的投标文件异常一致或者投标报价呈规律性差异。

e. 不同投标人的投标文件相互混装。

f. 不同投标人的投标保证金从同一单位或者个人的账户转出。

③ 有下列情形之一的,属于招标人与投标人串通投标:

a. 招标人在开标前开启投标文件并将有关信息泄露给其他投标人。

b. 招标人直接或者间接向投标人泄露标底、评标委员会成员等信息。

c. 招标人明示或者暗示投标人压低或者抬高投标报价。

d. 招标人授意投标人撤换、修改投标文件。

e. 招标人明示或者暗示投标人为特定投标人中标提供方便。

f. 招标人与投标人为谋求特定投标人中标而采取的其他串通行为。

5.4.2 投标报价编制的原则与依据

投标报价是在工程招标发包过程中,由投标人按照招标文件的要求,根据工程特点,并结合自身的施工技术、装备和管理水平,依据有关计价规定自主确定的工程造价,是投标人希望达成工程承包交易的期望价格,它不能高于招标人定的招标控制价。作为投标计算的必要条件,应预先确定施工方案和施工进度。此外,投标计算还必须与采用的合同形式相协调。

1) 投标报价的编制原则

报价是投标的关键性工作,报价是否合理不仅直接关系到投标的成败,还关系到中标后企业的盈亏。投标报价编制原则如下:

(1) 投标报价由投标人自主确定,但必须执行《建设工程工程量清单计价规范》(GB 50500—2013)的强制性规定。投标价应由投标人或受其委托,具有相应资质的工程造价咨询人员编制。

(2) 投标人的投标报价不得低于成本。《招标投标法》第四十一条规定:"中标人的投标应当符合下列条件……(二)能够满足招标文件的实质性要求,并且经评审的投标价格最低;但是投标价格低于成本的除外。"《评标委员会和评标方法暂行规定》(七部委第 12 号令)第二十一条规定:"在评标过程中,评标委员会发现投标人的报价明显低于其他投标报价或者在设有标底时明显低于标底的,使得其投标报价可能低于其个别成本的,应当要求该投标人作出书面说明并提供相关证明材料。投标人不能合理说明或者不能提供相关证明材料的,由评标委员会认定该投标人以低于成本报价竞标,其投标应作为废标处理。"根据上述法律、规章的规定,特别要求投标人的投标报价不得低于成本。

(3) 投标报价要以招标文件中设定的发承包双方责任划分,作为考虑投标报价费用项目和费用计算的基础,发承包双方的责任划分不同,会导致合同风险不同的分摊,从而导致投标人选择不同的报价;根据工程发承包模式考虑投标报价的费用内容和计算深度。

（4）以施工方案、技术措施等作为投标报价计算的基本条件；以反映企业技术和管理水平的企业定额作为计算人工、材料和机械台班消耗量的基本依据；充分利用现场考察、调研成果、市场价格信息和行情资料，编制基础标价。

（5）报价计算方法要科学严谨，简明适用。

2）投标报价的编制依据

《建设工程工程量清单计价规范》（GB 50500—2013）规定，投标报价应根据下列依据编制和复核：

（1）《建设工程工程量清单计价规范》。

（2）国家或省级、行业建设主管部门颁发的计价办法。

（3）企业定额，国家或省级、行业建设主管部门颁发的计价定额和计价办法。

（4）招标文件、招标工程量清单及其补充通知、答疑纪要。

（5）建设工程设计文件及相关资料。

（6）施工现场情况、工程特点及投标时拟定的施工组织设计或施工方案。

（7）与建设项目相关的标准、规范等技术资料。

（8）市场价格信息或工程造价管理机构发布的工程造价信息。

（9）其他的相关资料。

5.4.3　投标报价的编制方法和内容

投标报价的编制过程，应首先根据招标人提供的工程量清单编制分部分项工程和措施项目计价表、其他项目计价表、规费、税金项目计价表，计算完毕之后，汇总得到单位工程投标报价汇总表，再层层汇总，分别得出单项工程投标报价汇总表和工程项目投标总价汇总表。在编制过程中，投标人应按招标人提供的工程量清单填报价格。填写的项目编码、项目名称、项目特征、计量单位、工程量必须与招标人提供的一致。

1）分部分项工程和措施项目计价表的编制

（1）分部分项工程和单价措施项目清单与计价表的编制

承包人投标价中的分部分项工程费应按招标文件中分部分项工程和单价措施项目清单与计价表的特征描述确定综合单价计算。因此，确定综合单价是分部分项工程和单价措施项目清单与计价表编制过程中最主要的内容。综合单价包括完成一个规定清单项目所需的人工费、材料和工程设备费、施工机具使用费、企业管理费、利润，并考虑风险费用的分摊。

$$综合单价 = 人工费 + 材料和工程设备费 + 施工机具使用费 + 企业管理费 + 利润$$

$$(5-4)$$

① 确定综合单价时的注意事项

A. 以项目特征描述为依据。项目特征是确定综合单价的重要依据之一，投标人投标报价时应依据招标文件中清单项目的特征描述确定综合单价。在招标投标过程中，当出现招标工程量清单特征描述与设计图纸不符时，投标人应以招标工程量清单的项目特征描述为准，确定投标报价的综合单价。当施工中施工图纸或设计变更与招标工程量清单项目特征描述不一致时，发承包双方应按实际施工的项目特征，依据合同约定重新确定综合单价。

B. 材料、工程设备暂估价的处理。招标文件在其他项目清单中提供了暂估单价的材料和工程设备,应按其暂估的单价计入清单项目的综合单价中。

C. 考虑合理的风险。招标文件中要求投标人承担的风险费用,投标人应考虑进入综合单价。在施工过程中,当出现的风险内容及其范围(幅度)在招标文件规定的范围(幅度)内时,综合单价不得变动,合同价款不作调整。根据国际惯例并结合我国工程建设的特点,发承包双方对工程施工阶段的风险宜采用如下分摊原则:

a. 对于主要由市场价格波动导致的价格风险,如工程造价中的建筑材料、燃料等价格风险,发承包双方应当在招标文件中或在合同中对此类风险的范围和幅度予以明确约定,进行合理分摊。根据工程特点和工期要求,一般采取的方式是承包人承担5%以内的材料、工程设备价格风险,10%以内的施工机具使用费风险。

b. 对于法律、法规、规章或有关政策出台导致工程税金、规费、人工费发生变化,并由省级、行业建设行政主管部门或其授权的工程造价管理机构根据上述变化发布的政策性调整,以及由政府定价或政府指导价管理的原材料等价格进行了调整,承包人不应承担此类风险,应按照有关调整规定执行。

c. 对于承包人根据自身技术水平、管理、经营状况能够自主控制的风险,如承包人的管理费、利润的风险,承包人应结合市场情况,根据企业自身的实际合理确定,自主报价,该部分风险由承包人全部承担。

② 分部分项工程综合单价确定的步骤和方法

A. 确定计算基础。计算基础主要包括消耗量指标和生产要素单价。应根据本企业的企业实际消耗量水平,并结合拟定的施工方案确定完成清单项目需要消耗的各种人工、材料、机械台班的数量。计算时应采用企业定额,在没有企业定额或企业定额缺项时,可参照与本企业实际水平相近的国家、地区、行业定额,并通过调整来确定清单项目的人、材、机单位用量。各种人工、材料、机械台班的单价,则应根据询价的结果和市场行情综合确定。

B. 分析每一清单项目的工程内容。在招标文件提供的工程量清单中,招标人已对项目特征进行了准确、详细的描述,投标人根据这一描述,再结合施工现场情况和拟定的施工方案确定完成各清单项目实际应发生的工程内容。必要时可参照《建设工程工程量清单计价规范》(GB 50500—2013)中提供的工程内容,有些特殊的工程也可能出现规范列表之外的工程内容。

C. 计算工程内容的工程数量与清单单位的含量。每一项工程内容都应根据所选定额的工程量计算规则计算其工程数量,当定额的工程量计算规则与清单的工程量计算规则相一致时,可直接以工程量清单中的工程量作为工程内容的工程数量。

当采用清单单位含量计算人工费、材料费、施工机具使用费时,还需要计算每一计量单位清单项目所分摊的工程内容的工程数量,即清单单位含量。

$$清单单位含量 = \frac{某工程内容的定额工程量}{清单工程量} \tag{5-5}$$

D. 分部分项工程人工、材料、机械费用的计算。以完成每一计量单位的清单项目所需的人工、材料、机械用量为基础计算,即

$$\begin{matrix} 每一计量单位清单项目 \\ 某种资源的使用量 \end{matrix} = \begin{matrix} 该种资源的 \\ 定额单位用量 \end{matrix} \times \begin{matrix} 相应定额条目的 \\ 清单单位含量 \end{matrix} \tag{5-6}$$

再根据预先确定的各种生产要素的单位价格,计算出每一计量单位清单项目的分部分项工程的人工费、材料费与施工机具使用费。

$$人工费 = \genfrac{}{}{0pt}{}{完成单位清单项目}{所需人工的工日数量} \times 人工工日单价 \tag{5-7}$$

$$材料费 = \sum \genfrac{}{}{0pt}{}{完成单位清单项目所需}{各种材料、半成品的数量} \times 各种材料、半成品单价 \tag{5-8}$$

$$机械使用费 = \sum \genfrac{}{}{0pt}{}{完成单位清单项目所需}{各种机械的台班数量} \times 各种机械的台班单价 \tag{5-9}$$

当招标人提供的其他项目清单中列示了材料暂估价时,应根据招标人提供的价格计算材料费,并在分部分项工程量清单与计价表中表现出来。

E. 计算综合单价。企业管理费和利润的计算按人工费、材料费、施工机具使用费之和按照一定的费率计算。

$$企业管理费 = (人工费 + 施工机具使用费) \times 企业管理费费率(\%) \tag{5-10}$$

$$利润 = (人工费 + 施工机具使用费) \times 利润率(\%) \tag{5-11}$$

将上述 5 项费用汇总,并考虑合理的风险费用后,即可得到清单综合单价。根据计算出的综合单价,可编制分部分项工程量清单与计价表,如表 5-12 所示。

表 5-12　分部分项工程和单价措施项目清单与计价表(投标报价)

工程名称:××保障房一期住宅工程　　　　　标段:　　　　　　　　　　第　页共　页

序号	项目编码	项目名称	项目特征描述	计量单位	工程量	金额(元)		
						综合单价	合价	其中:暂估价
			…					
		0105 混凝土及钢筋混凝土工程						
6	010503001001	基础梁	C30 预拌混凝土,梁底标高−1.55 m	m³	208	356.14	74 077	
7	010515001001	现浇构件钢筋	螺纹钢 Q235、φ14	t	200	4 787.16	957 432	800 000
			…					
		分部小计					2 432 419	800 000
			…					
		0117 措施项目						
16	011701001001	综合脚手架	砖混、檐高 22 m	m²	10 940	19.80	216 612	
			…					
		分部小计					738 257	
合计							6 318 410	800 000

③ 工程量清单综合单价分析表的编制。为表明综合单价的合理性,投标人应对其进行单价分析,以作为评标时的判断依据。综合单价分析表的编制应反映上述综合单价的编制过程,并按照规定的格式进行,如表 5-13 所示。

表 5-13　工程量清单综合单价分析表

工程名称:××保障房一期住宅工程　　　　　　　标段:　　　　　　　　　　　第　页共　页

项目编码	010515001001		项目名称	现浇构件钢筋	计量单位	t	工程量	200

<table>
<tr><td colspan="13" align="center">清单综合单价组成明细</td></tr>
<tr><td rowspan="2">定额编号</td><td rowspan="2">定额名称</td><td rowspan="2">定额单位</td><td rowspan="2">数量</td><td colspan="4">单　价(元)</td><td colspan="4">合　价(元)</td></tr>
<tr><td>人工费</td><td>材料费</td><td>机械费</td><td>管理费和利润</td><td>人工费</td><td>材料费</td><td>机械费</td><td>管理费和利润</td></tr>
<tr><td>AD0899</td><td>现浇构件钢筋制安</td><td>t</td><td>1.07</td><td>294.75</td><td>4 327.70</td><td>62.42</td><td>102.29</td><td>294.75</td><td>4 327.70</td><td>62.42</td><td>102.29</td></tr>
<tr><td colspan="2" align="center">人工单价</td><td colspan="2" align="center">小计</td><td colspan="4"></td><td>294.75</td><td>4 327.70</td><td>62.42</td><td>102.29</td></tr>
<tr><td colspan="2" align="center">80 元/工日</td><td colspan="2" align="center">未计价材料费</td><td colspan="8"></td></tr>
<tr><td colspan="4" align="center">清单项目综合单价</td><td colspan="9">4</td></tr>
<tr><td rowspan="4">材料费明细</td><td colspan="3" align="center">主要材料名称、规格、型号</td><td colspan="2" align="center">单位</td><td colspan="2" align="center">数量</td><td align="center">单价(元)</td><td align="center">合价(元)</td><td align="center">暂估单价(元)</td><td align="center">暂估合价(元)</td></tr>
<tr><td colspan="3" align="center">螺纹钢 Q235,φ14</td><td colspan="2" align="center">t</td><td colspan="2" align="center">1.07</td><td></td><td></td><td>4 000.00</td><td>4 280.00</td></tr>
<tr><td colspan="3" align="center">焊条</td><td colspan="2" align="center">kg</td><td colspan="2" align="center">8.64</td><td>4.00</td><td>34.56</td><td></td><td></td></tr>
<tr><td colspan="7" align="center">其他材料费</td><td></td><td>13.14</td><td></td><td></td></tr>
<tr><td colspan="7" align="center">材料费小计</td><td></td><td>47.70</td><td></td><td>4 280.00</td></tr>
</table>

(2) 总价措施项目清单与计价表的编制

对于不能精确计量的措施项目,应编制总价措施项目清单与计价表。投标人对措施项目中的总价项目投标报价应遵循以下原则:

① 措施项目的内容应依据招标人提供的措施项目清单和投标人投标时拟定的施工组织设计或施工方案。

② 措施项目费由投标人自主确定,但其中安全文明施工费必须按照国家或省级、行业建设主管部门的规定计价,不得作为竞争性费用。招标人不得要求投标人对该项费用进行优惠,投标人也不得将该项费用参与市场竞争。

投标报价时总价措施项目清单与计价表的编制如表 5-14 所示。

表 5-14　总价措施项目清单与计价表

工程名称:××保障房一期住宅工程　　　　　　　标段:　　　　　　　　　　　第　页共　页

序号	项目编码	项目名称	计算基础	费率(%)	金额(元)	调整费率(%)	调整后金额(元)	备注
1	011707001001	安全文明施工费	定额人工费	25	209 650			
2	011707002001	夜间施工增加费	定额人工费	1.5	12 479			

续表 5-14

序号	项目编码	项目名称	计算基础	费率(%)	金额(元)	调整费率(%)	调整后金额(元)	备注
3	011707004001	二次搬运费	定额人工费	1	8 386			
4	011707005001	冬雨季施工增加费	定额人工费	0.6	5 032			
5	011707007001	已完工程及设备保护费			6 000			
		...						
合计					241 547			

2）其他项目清单与计价表的编制

其他项目费主要包括暂列金额、暂估价、计日工以及总承包服务费组成（如表 5-15 所示）。

表 5-15　其他项目清单与计价汇总表

工程名称：××保障房一期住宅工程　　　　　　　　标段：　　　　　　　　　　　第　页共　页

序号	项目名称	金额(元)	结算金额(元)	备注
1	暂列金额	350 000		明细详见表 5-4
2	暂估价	200 000		
2.1	材料(工程设备)暂估价/结算价			明细详见表 5-5
2.2	专业工程暂估价/结算价	200 000		明细详见表 5-6
3	计日工	26 528		明细详见表 5-7
4	总承包服务费	20 760		明细详见表 5-8
	...			
合计				

投标人对其他项目费投标报价时应遵循以下原则：

（1）暂列金额应按照招标人提供的其他项目清单中列出的金额填写，不得变动（如表 5-16）。

表 5-16　暂列金额明细表

工程名称：××保障房一期住宅工程　　　　　　　　标段：　　　　　　　　　　　第　页共　页

序号	项目名称	计量单位	暂定金额(元)	备注
1	自行车棚工程	项	100 000	
2	工程量偏差和设计、变更	项	100 000	
3	政策性调整和材料价格波动	项	100 000	
4	其他	项	50 000	
	...			
合计			350 000	...

（2）暂估价不得变动和更改。暂估价中的材料、工程设备暂估价必须按照招标人提供的

暂估单价计入清单项目的综合单价(如表5-17);专业工程暂估价必须按照招标人提供的其他项目清单中列出的金额填写(如表5-18)。材料、工程设备暂估单价和专业工程暂估价均由招标人提供,为暂估价格,在工程实施过程中,对于不同类型的材料与专业工程采用不同的计价方法。

表 5-17 材料(工程设备)暂估单价表

序号	材料(工程设备)名称、规格、型号	计量单位	数量		暂估(元)		确认(元)		差额±(元)		备注
			暂估	确认	单价	合价	单价	合价	单价	合价	
1	钢筋(规格见施工图)	t	200		4 000		800 000				用于现浇钢筋混凝土项目
2	低压开关柜(CGD190380/220 V)	台	1		45 00		45 000				用于低压开关柜安装项目
	...										
合 计							845 000				

表 5-18 专业工程暂估价表

序号	工程名称	工程内容	暂估金额(元)	结算金额(元)	差额±(元)	备注
1	消防工程	合同图纸中标明的以及消防工程规范和技术说明中规定的各系统中的设备、管道、阀门、线缆等的供应、安装和调试工作	200 000			
	...					
合 计			200 000			

(3)计日工应按照招标人提供的其他项目清单列出的项目和估算的数量,自主确定各项综合单价并计算费用(如表5-19)。

表 5-19 计日工表

工程名称:××保障房一期住宅工程　　　　　　标段:　　　　　　　　　第　页共　页

序号	项目名称	单位	暂定数量	实际数量(元)	综合单价(元)	合价(元)	
						暂定	实际
一	人工						
1	普工	工日	100		80	8 000	
2	技工	工日	60		110	6 600	
...							
人工小计						14 600	
二	材料						
1	钢筋(规格见施工图)	t	1		4 000	4 000	
2	水泥 42.5	t	2		600	1 200	

续表 5-19

序号	项目名称	单位	暂定数量	实际数量（元）	综合单价（元）	合价（元） 暂定	合价（元） 实际
3	中砂	m³	10		80	800	
4	藤石(5 mm×40 mm)	m³	5		42	210	
5	页岩砖(240 mm× 115 mm×53 mm)	千匹	1		300	300	
...							
	材料小计					6 510	
三	施工机械						
1	自升式塔吊起重机	台班	5		550	2 750	
2	灰浆搅拌机(400 L)	台班	2		20	40	
...							
	施工机械小计					2 790	
四	企业管理费和利润(按人工费18%)					2 628	
	总　计					26 528	

（4）总承包服务费应根据招标人在招标文件中列出的分包专业工程内容和供应材料、设备情况,按照招标人提出的协调、配合与服务要求和施工现场管理需要自主确定(如表5-20)。

表 5-20　总承包服务费计价表

工程名称：××保障房一期住宅工程　　　　　　　　标段：　　　　　　　　　　第　页共　页

序号	项目名称	项目价值(元)	服务内容	计算基础	费率(%)	金额(元)
1	发包人发包专业工程	200 000	1. 按专业工程承包人的要求提供施工工作面并对施工现场进行统一管理,对竣工资料进行统一整理汇总 2. 为专业工程承包人提供垂直运输机械和焊接电源接入点,并承担垂直运输费和电费	项目价值	7	14 000
2	发包人提供材料	845 000	对发包人供应的材料进行验收及保管和使用发放	项目价值	0.8	6 760
...						
	合计	—			—	20 760

3）规费、税金项目清单与计价表的编制

规费和税金应按国家或省级、行业建设主管部门的规定计算,不得作为竞争性费用。这是由于规费和税金的计取标准是依据有关法律、法规和政策规定制定的,具有强制性。因此,投标人在投标报价时必须按照国家或省级、行业建设主管部门的有关规定计算规费和税金。规

费、税金项目清单与计价表的编制如表 5-21 所示。

表 5-21 规费、税金项目清单与计价表

工程名称:××保障房一期住宅工程　　　　　　标段:　　　　　　　　　　第　页共　页

序号	项目名称	计算基础	计算基数	计算费率(%)	金额(元)
1	规费	定额人工费			239 001
1.1	社会保险费	定额人工费			188 685
(1)	养老保险费	定额人工费		14	117 404
(2)	失业保险费	定额人工费		2	16 772
(3)	医疗保险费	定额人工费		6	50 316
(4)	工伤保险费	定额人工费		0.25	2 096.5
(5)	生育保险费	定额人工费		0.25	2 096.5
1.2	住房公积金	定额人工费		6	50 316
1.3	工程排污费	按工程所在地环境保护部门收取标准,按实计入			
2	税金	分部分项工程费＋措施项目费＋其他项目费＋规费－按规定不计税的工程设备金额		3.48	268 284
合　计					507 285

4) 投标价的汇总

投标人的投标总价应当与组成工程量清单的分部分项工程费、措施项目费、其他项目费和规费、税金的合计金额相一致,即投标人在进行工程量清单招标的投标报价时,不能进行投标总价优惠(或降价、让利),投标人对投标报价的任何优惠(或降价、让利)均应反映在相应清单项目的综合单价中。

施工企业某单位工程投标报价汇总表,如表 5-22 所示。

表 5-22 单位工程投标报价汇总表

工程名称:××保障房一期住宅工程　　　　　　标段:　　　　　　　　　　第　页共　页

序号	工作内容	金额(元)	其中:暂估价
1	分部分项工程	6 134 749	845 000
0105	混凝土及钢筋混凝土工程	2 432 419	800 000
2	措施项目	738 257	
2.1	其中:安全文明施工费	209 650	
3	其他项目	597 288	
3.1	其中:暂列金额	350 000	

续表 5-22

序号	工作内容	金额(元)	其中:暂估价
3.2	其中:专业工程暂估价	200 000	
3.3	其中:计日工	26 528	
3.4	其中:总承包服务费	20 760	
4	规费	239 001	
5	税金(扣除不列入计税范围的工程设备金额)	268 284	
	投标报价合计＝1+2+3+4+5	7 977 579	845 000

5.5 土石方工程清单计价

1)土方工程

土方工程工程量清单项目设置、项目特征描述的内容、计量单位及工程量计算规则,应按表 5-23 的规定执行。

表 5-23 土方工程(编号:010101)

项目编码	项目名称	项目特征	计量单位	工程量计算规则	工作内容
010101001	平整场地	1. 土壤类别 2. 弃土运距 3. 取土运距	m²	按设计图示尺寸以建筑物首层建筑面积计算	1. 土方挖填 2. 场地找平 3. 运输
010101002	挖一般土方	1. 土壤类别 2. 挖土深度 3. 弃土运距	m³	按设计图示尺寸以体积计算	1. 排地表水 2. 土方开挖 3. 围护(挡土板)及拆除 4. 基底钎探 5. 运输
010101003	挖沟槽土方			按设计图示尺寸以基础垫层底面积乘以挖土深度计算	
010101004	挖基坑土方				
010101005	冻土开挖	1. 冻土厚度 2. 弃土运距		按设计图示尺寸开挖面积乘厚度以体积计算	1. 爆破 2. 开挖 3. 清理 4. 运输
010101006	挖淤泥、流砂	1. 挖掘深度 2. 弃淤泥、流砂距离	m³	按设计图示位置、界限以体积计算	1. 开挖 2. 运输
010101007	管沟土方	1. 土壤类别 2. 管外径 3. 挖沟深度 4. 回填要求	1. m 2. m³	1. 以米计量,按设计图示以管道中心线长度计算 2. 以立方米计量,按设计图示管底垫层面积乘以挖土深度计算;无管底垫层按管外径的水平投影面积乘以挖土深度计算。不扣除各类井的长度,井的土方并入	1. 排地表水 2. 土方开挖 3. 围护(挡土板)、支撑 4. 运输 5. 回填

续表 5-23

项目编码	项目名称	项目特征	计量单位	工程量计算规则	工作内容

注:(1) 挖土方平均厚度应按自然地面测量标高至设计地坪标高间的平均厚度确定。基础土方开挖深度应按基础垫层底表面标高至交付施工场地标高确定。无交付施工场地标高时,应按自然地面标高确定。

(2) 建筑物场地厚度≤±300 mm 的挖、填、运、找平,应按本表中平整场地项目编码列项。厚度>±300 mm 的竖向布置挖土或山坡切土应按本表中挖一般土方项目编码列项。

(3) 沟槽、基坑、一般土方的划分为:底宽≤7 m 且底长>3 倍底宽为沟槽;底长≤3 倍底宽且底面积≤150 m² 为基坑;超出上述范围则为一般土方。

(4) 挖土方如需截桩头时,应按桩基工程相关项目列项。

(5) 桩间挖土不扣除桩的体积,并在项目特征中加以描述。

(6) 弃、取土运距可以不描述,但应注明由投标人根据施工现场实际情况自行考虑,决定报价。

(7) 土壤的分类应按表 A.1-1 确定,如土壤类别不能准确划分时,招标人可注明为综合,由投标人根据地勘报告决定报价。

(8) 土方体积应按挖掘前的天然密实体积计算。非天然密实土方应按表 A.1-2 折算。

(9) 挖沟槽、基坑、一般土方因工作面和放坡增加的工程量(管沟工作面增加的工程量)是否并入各土方工程量中,应按各省、自治区、直辖市或行业建设主管部门的规定实施,如并入各土方工程量中,办理工程结算时,按经发包人认可的施工组织设计规定计算,编制工程量清单时,可按表 A.1-3~表 A1-5 规定计算。

(10) 挖方出现流砂、淤泥时,如设计未明确,在编制工程量清单时,其工程数量可为暂估量,结算时应根据实际情况由发包人与承包人双方现场签证确认工程量。

(11) 管沟土方项目适用于管道(给排水、工业、电力、通信)、光(电)缆沟[包括:人(手)孔、接口坑]及连接井(检查井)等。

2) 石方工程

石方工程工程量清单项目设置、项目特征描述的内容、计量单位及工程量计算规则,应按表 5-24 的规定执行。

表 5-24　石方工程(编号:010102)

项目编码	项目名称	项目特征	计量单位	工程量计算规则	工作内容
010102001	挖一般石方	1. 岩石类别 2. 开凿深度 3. 弃碴运距	m³	按设计图示尺寸以体积计算	1. 排地表水 2. 凿石 3. 运输
010102002	挖沟槽石方			按设计图示尺寸沟槽底面积乘以挖石深度以体积计算	
010102003	挖基坑石方			按设计图示尺寸基坑底面积乘以挖石深度以体积计算	
010102004	挖管沟石方	1. 岩石类别 2. 管外径 3. 挖沟深度	1. m 2. m³	1. 以米计量,按设计图示以管道中心线长度计算 2. 以立方米计量,按设计图示截面积乘以长度计算	1. 排地表水 2. 凿石 3. 回填 4. 运输

注:(1) 挖石应按自然地面测量标高至设计地坪标高的平均厚度确定。基础石方开挖深度应按基础垫层底表面标高至交付施工现场地标高确定,无交付施工场地标高时,应按自然地面标高确定。

(2) 厚度>±300 mm 的竖向布置挖石或山坡凿石应按本表中挖一般石方项目编码列项。

(3) 沟槽、基坑、一般石方的划分为:底宽≤7 m 且底长>3 倍底宽为沟槽;底长≤3 倍底宽且底面积≤150 m² 为基坑;超出上述范围则为一般石方。

(4) 弃碴运距可以不描述,但应注明由投标人根据施工现场实际情况自行考虑,决定报价。

(5) 岩石的分类应按表 A.2-1 确定。

(6) 石方体积应按挖掘前的天然密实体积计算。非天然密实石方应按表 A.2-2 折算。

(7) 管沟石方项目适用于管道(给排水、工业、电力、通信)、光(电)缆沟[包括:人(手)孔、接口坑]及连接井(检查井)等。

3）回填

回填工程量清单项目设置、项目特征描述的内容、计量单位及工程量计算规则,应按表 5-25 的规定执行。

表 5-25　回填(编号:010103)

项目编码	项目名称	项目特征	计量单位	工程量计算规则	工作内容
010103001	回填方	1.密实度要求 2.填方材料品种 3.填方粒径要求 4.填方来源、运距	m³	按设计图示尺寸以体积计算 1.场地回填:回填面积乘平均回填厚度 2.室内回填:主墙间面积乘回填厚度,不扣除间隔墙 3.基础回填:按挖方清单项目工程量减去自然地坪以下埋设的基础体积(包括基础垫层及其他构筑物)	1.运输 2.回填 3.压实
010103002	余方弃置	1.废弃料品种 2.运距		按挖方清单项目工程量减利用回填方体积(正数)计算	余方点装料运输至弃置点

注:(1) 填方密实度要求,在无特殊要求情况下,项目特征可描述为满足设计和规范的要求。
　　(2) 填方材料品种可以不描述,但应注明由投标人根据设计要求验方后方可填入,并符合相关工程的质量规范要求。
　　(3) 填方粒径要求,在无特殊要求情况下,项目特征可以不描述。
　　(4) 如需买土回填应在项目特征填方来源中描述,并注明买土方数量。

例题 5-2　某工程外墙外边线尺寸为 36.24 m×12.24 m,底层设有围护栏板的室外平台共 4 个,围护外围尺寸为 3.84 m×1.68 m,设计室外地坪土方标高为−0.15 m,现场自然地坪平均标高为−0.05 m,现场土方多余,需运至场外 5 km 处松散弃置,按规范编制该工程平整场地清单项目。

解答　该工程按自然标高计算,多余土方平均厚度 0.10 m,按题意需考虑外运。

平整场地:$S = 36.24 \times 12.24 + 3.84 \times 1.68 \times 4 = 469.38 (\text{m}^2)$

例题 5-3　某 11 层住宅楼工程,土质为三类土,基础为带形砖基础,垫层为 C15 混凝土垫层,垫层底宽为 1 400 mm,挖土深为 1 800 mm,基础总长为 220 m。室外设计地坪以下基础的体积为 227 m³,垫层体积为 31 m³,如图 5-2 所示。请编制挖基础土方、基础土方回填的分部分项工程量清单并计算分部分项工程费。

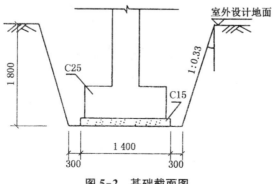

图 5-2　基础截面图

解答 (1)计算清单工程量

① 挖沟槽土方 010101003001

按照湖北省建设工程造价信息网中对挖沟槽土方清单工程量计算规则的说明,应将放坡及工作面增加的土方计入清单工程量中,查表可知,放坡系数为 0.33,工作面增加 0.3。

挖沟槽土方清单工程量 $V_1 = [(1.4+2\times0.3)+(1.4+2\times0.3+2\times0.33\times1.8)]\times1.8$ $\times220\times\dfrac{1}{2} = 1\,027.62(\text{m}^3)$

② 回填土方 010103001001

回填土方工程量 $V_2 = 1\,027.62-(227+31) = 769.62(\text{m}^3)$

表 5-26　分部分项工程量清单与计价表

序号	项目编码	项目名称	项目特征描述	计量单位	工程数量	金额(元)	
						综合单价	合价
1	010101003001	挖沟槽土方	1. 土壤类别:三类土 2. 基础类型:独立基础 3. 垫层宽度:1.4 m 4. 挖土深度:1.8 m 5. 弃土运距:40 m	m³	1 027.62		
2	010103001001	回填土方	1. 土质要求:原土 2. 夯填 3. 运输距离:5 m 以内	m³	769.62		

(2) 计算计价工程量

根据施工组织设计要求,采用人工挖土、双轮车运土。

① 根据清单的项目特征确定清单项目所组合的定额项目

清单项目 010101003001 挖沟槽土方对应的定额项目:G1-144 人工挖沟槽(三类土,2 m以内)、G1-297 基底钎探、G1-219 双轮车运土 50 m 内。

清单项目 010103001001 回填土方对应的定额项目:G1-281 槽内填土夯实。

② 计算计价项目的工程量

挖沟槽土方工程量定额与清单一致 $V_1 = 1\,027.62(\text{m}^3)$

基底钎探的工程量 $V_2 = 1.4\times220 = 308(\text{m}^2)$

回填土夯实与槽内填土夯实的工程量相等 $V_3 = 769.62(\text{m}^3)$

双轮车运土 50 m 内的工程量 $V_4 = 1\,027.62-769.62 = 258(\text{m}^3)$

(3) 计算综合单价

人材机消耗量按《2013 湖北省消耗量定额》确定,查《2013 湖北省建筑安装工程费用定额》管理费为 7.6%,利润率为 4.96%,以人工费和施工机具使用费之和为基数计算,假设人材机市场单价等于预算单价。

表5-27　分部分项工程量清单综合单价计算表

项目编码	010101003001		项目名称	挖沟槽土方	计量单位	m³	数量	1 027.62
清单综合单价组成明细								
定额编号	定额名称	定额单位	数量	单　价(元)				合　价(元)			

定额编号	定额名称	定额单位	数量	人工费	材料费	机械费	管理费和利润	人工费	材料费	机械费	管理费和利润
G1-144	G1-144人工挖沟槽三类土,2 m以内	100 m³	10.274	3 966.6	0	2.3	12.56%	40 752.85	0	23.63	5 121.53
G1-297	基底钎探	100 m²	3.08	55.2	0	0	12.56%	170.02	0	0	21.35
G1-219	双轮车运土50 m内	100 m³	2.58	957.0	0	0	12.56%	2 469.06	0	0	310.11
小计								43 391.93	0	23.63	5 452.99
清单项目综合单价								47.55	单位	元/m³	

表5-28　分部分项工程量清单综合单价计算表

项目编码	010103001001	项目名称	回填方	计量单位	m²	数量		769.62
清单综合单价组成明细								

定额编号	定额名称	定额单位	数量	单　价(元)				合　价(元)			
				人工费	材料费	机械费	管理费和利润	人工费	材料费	机械费	管理费和利润
G1-281	槽内填土夯实	100 m³	7.696	828.0	0	229.03	12.56%	6 372.29	0	1 762.16	1 021.74
小计								6 372.29	0	1 762.16	1 021.74
清单项目综合单价								11.90	单位	元/m³	

（4）编制分部分项工程量清单与计价表

表5-29　分部分项工程量清单与计价表

序号	项目编码	项目名称	项目特征描述	计量单位	工程数量	金额(元)	
						综合单价	合价
1	010101003001	挖沟槽土方	1. 土壤类别:三类土 2. 基础类型:独立基础 3. 垫层宽度:1.4 m 4. 挖土深度:1.8 m 5. 弃土运距:40 m	m³	1 027.62	47.55	48 863.33
2	010103001001	回填方	1. 土质要求:原土 2. 夯填 3. 运输距离:5 m以内	m³	769.62	11.90	9 158.48
			小计				58 021.81

5.6 地基处理与边坡支护工程清单计价

1）地基处理

地基处理工程量清单项目设置、项目特征描述的内容、计量单位及工程量计算规则，应按表 5-30 的规定执行。

表 5-30 地基处理（编号：010201）

项目编码	项目名称	项目特征	计量单位	工程量计算规则	工作内容
010201001	换填垫层	1. 材料种类及配比 2. 压实系数 3. 掺加剂品种	m^3	按设计图示尺寸以体积计算	1. 分层铺填 2. 碾压、振密或夯实 3. 材料运输
010201002	铺设土工合成材料	1. 部位 2. 品种 3. 规格		按设计图示尺寸以面积计算	1. 挖填锚固沟 2. 铺设 3. 固定 4. 运输
010201003	预压地基	1. 排水竖井种类、断面尺寸、排列方式、间距、深度 2. 预压方法 3. 预压荷载、时间 4. 砂垫层厚度	m^2	按设计图示处理范围以面积计算	1. 设置排水竖井、盲沟、滤水管 2. 铺设砂垫层、密封膜 3. 堆载、卸载或抽气设备安拆、抽真空 4. 材料运输
010201004	强夯地基	1. 夯击能量 2. 夯击遍数 3. 夯击点布置形式、间距 4. 地耐力要求 5. 夯填材料种类			1. 铺设夯填材料 2. 强夯 3. 夯填材料运输
010201005	振冲密实（不填料）	1. 地层情况 2. 振密深度 3. 孔距			1. 振冲加密 2. 泥浆运输
010201006	振冲桩（填料）	1. 地层情况 2. 空桩长度、桩长 3. 桩径 4. 填充材料种类	1. m 2. m^3	1. 以米计量，按设计图示尺寸以桩长计算 2. 以立方米计量，按设计桩截面乘以桩长以体积计算	1. 振冲成孔、填料、振实 2. 材料运输 3. 泥浆运输
010201007	砂石桩	1. 地层情况 2. 空桩长度、桩长 3. 桩径 4. 成孔方法 5. 材料种类、级配		1. 以米计量，按设计图示尺寸以桩长（包括桩尖）计算 2. 以立方米计量，按设计桩截面乘以桩长（包括桩尖）以体积计算	1. 成孔 2. 填充、振实 3. 材料运输

续表 5-30

项目编码	项目名称	项目特征	计量单位	工程量计算规则	工作内容
010201008	水泥粉煤灰碎石桩	1. 地层情况 2. 空桩长度、桩长 3. 桩径 4. 成孔方法 5. 混合料强度等级	m	按设计图示尺寸以桩长(包括桩尖)计算	1. 成孔 2. 混合料制作、灌注、养护 3. 材料运输
010201009	深层搅拌桩	1. 地层情况 2. 空桩长度、桩长 3. 桩截面尺寸 4. 水泥强度等级、掺量		按设计图示尺寸以桩长计算	1. 预搅下钻,水泥浆制作、喷浆搅拌提升成桩 2. 材料运输
010201010	粉喷桩	1. 地层情况 2. 空桩长度、桩长 3. 桩径 4. 粉体种类、掺量 5. 水泥强度等级、石灰粉要求			1. 预搅下钻、喷粉搅拌提升成桩 2. 材料运输
010201011	夯实水泥土桩	1. 地层情况 2. 空桩长度、桩长 3. 桩径 4. 成孔方法 5. 水泥强度等级 6. 混合料配比		按设计图示尺寸以桩长(包括桩尖)计算	1. 成孔、夯底 2. 水泥土拌和、填料、夯实 3. 材料运输
010201012	高压喷射注浆桩	1. 地层情况 2. 空桩长度、桩长 3. 桩截面 4. 注浆类型、方法 5. 水泥强度等级		按设计图示尺寸以桩长计算	1. 成孔 2. 水泥浆制作、高压喷射注浆 3. 材料运输
010201013	石灰桩	1. 地层情况 2. 空桩长度、桩长 3. 桩径 4. 成孔方法 5. 掺合料种类、配合比		按设计图示尺寸以桩长(包括桩尖)计算	1. 成孔 2. 混合料制作、运输、夯填
010201014	灰土(土)挤密桩	1. 地层情况 2. 空桩长度、桩长 3. 桩径 4. 成孔方法 5. 灰土级配	m		1. 成孔 2. 灰土拌和、运输、填充、夯实
010201015	柱锤冲扩桩	1. 地层情况 2. 空桩长度、桩长 3. 桩径 4. 成孔方法 5. 桩体材料种类、配合比		按设计图示尺寸以桩长计算	1. 安、拔套管 2. 冲孔、填料、夯实 3. 桩体材料制作、运输

续表 5-30

项目编码	项目名称	项目特征	计量单位	工程量计算规则	工作内容
010201016	注浆地基	1. 地层情况 2. 空钻深度、注浆深度 3. 注浆间距 4. 浆液种类及配比 5. 注浆方法 6. 水泥强度等级	1. m 2. m³	1. 以米计量,按设计图示尺寸以钻孔深度计算 2. 以立方米计量,按设计图示尺寸以加固体积计算	1. 成孔 2. 注浆导管制作、安装 3. 浆液制作、压浆 4. 材料运输
010201017	褥垫层	1. 厚度 2. 材料品种及比例	1. m² 2. m³	1. 以平方米计量,按设计图示尺寸以铺设面积计算 2. 以立方米计量,按设计图示尺寸以体积计算	材料拌和、运输、铺设、压实

注:(1) 地层情况按表 A.1-1 和表 A.2-1 的规定,并根据岩土工程勘察报告按单位工程各地层所占比例(包括范围值)进行描述。对无法准确描述的地层情况,可注明由投标人根据岩土工程勘察报告自行决定报价。

(2) 项目特征中的桩长应包括桩尖,空桩长度=孔深-桩长,孔深为自然地面至设计桩底的深度。

(3) 高压喷射注浆类型包括旋喷、摆喷、定喷,高压喷射注浆方法包括单管法、双重管法、三重管法。

(4) 如采用泥浆护壁成孔,工作内容包括土方、废泥浆外运,如采用沉管灌注成孔,工作内容包括桩尖制作、安装。

2) 基坑与边坡支护

基坑与边坡支护工程量清单项目设置、项目特征描述的内容、计量单位及工程量计算规则,应按表 5-31 的规定执行。

表 5-31　基坑与边坡支护(编码:010202)

项目编码	项目名称	项目特征	计量单位	工程量计算规则	工作内容
010202001	地下连续墙	1. 地层情况 2. 导墙类型、截面 3. 墙体厚度 4. 成槽深度 5. 混凝土种类、强度等级 6. 接头形式	m³	按设计图示墙中心线长乘以厚度乘以槽深以体积计算	1. 导墙挖填、制作、安装、拆除 2. 挖土成槽、固壁、清底置换 3. 混凝土制作、运输、灌注、养护 4. 接头处理 5. 土方、废泥浆外运 6. 打桩场地硬化及泥浆池、泥浆沟
010202002	咬合灌注桩	1. 地层情况 2. 桩长 3. 桩径 4. 混凝土种类、强度等级 5. 部位	1. m 2. 根	1. 以米计量,按设计图示尺寸以桩长计算 2. 以根计量,按设计图示数量计算	1. 成孔、固壁 2. 混凝土制作、运输、灌注、养护 3. 套管压拔 4. 土方、废泥浆外运 5. 打桩场地硬化及泥浆池、泥浆沟

续表 5-31

项目编码	项目名称	项目特征	计量单位	工程量计算规则	工作内容
010202003	圆木桩	1. 地层情况 2. 桩长 3. 材质 4. 尾径 5. 桩倾斜度	1. m 2. 根	1. 以米计量,按设计图示尺寸以桩长(包括桩尖)计算 2. 以根计量,按设计图示数量计算	1. 工作平台搭拆 2. 桩机移位 3. 桩靴安装 4. 沉桩
010202004	预制钢筋混凝土板桩	1. 地层情况 2. 送桩深度、桩长 3. 桩截面 4. 沉桩方法 5. 连接方式 6. 混凝土强度等级			1. 工作平台搭拆 2. 桩机移位 3. 沉桩 4. 板桩连接
010202005	型钢桩	1. 地层情况或部位 2. 送桩深度、桩长 3. 规格型号 4. 桩倾斜度 5. 防护材料种类 6. 是否拔出	1. t 2. 根	1. 以吨计量,按设计图示尺寸以质量计算 2. 以根计量,按设计图示数量计算	1. 工作平台搭拆 2. 桩机移位 3. 打(拔)桩 4. 接桩 5. 刷防护材料
010202006	钢板桩	1. 地层情况 2. 桩长 3. 板桩厚度	1. t 2. m²	1. 以吨计量,按设计图示尺寸以质量计算 2. 以平方米计量,按设计图示墙中心线长乘以桩长以面积计算	1. 工作平台搭拆 2. 桩机移位 3. 打拔钢板桩
010202007	锚杆(锚索)	1. 地层情况 2. 锚杆(索)类型、部位 3. 钻孔深度 4. 钻孔直径 5. 杆体材料品种、规格、数量 6. 预应力 7. 浆液种类、强度等级	1. m 2. 根	1. 以米计量,按设计图示尺寸以钻孔深度计算 2. 以根计量,按设计图示数量计算	1. 钻孔、浆液制作、运输、压浆 2. 锚杆(锚索)制作、安装 3. 张拉锚固 4. 锚杆(锚索)施工平台搭设、拆除
010202008	土钉	1. 地层情况 2. 钻孔深度 3. 钻孔直径 4. 置入方法 5. 杆体材料品种、规格、数量 6. 浆液种类、强度等级			1. 钻孔、浆液制作、运输、压浆 2. 土钉制作、安装 3. 土钉施工平台搭设、拆除
010202009	喷射混凝土、水泥砂浆	1. 部位 2. 厚度 3. 材料种类 4. 混凝土(砂浆)类别、强度等级	m²	按设计图示尺寸以面积计算	1. 修整边坡 2. 混凝土(砂浆)制作、运输、喷射、养护 3. 钻排水孔、安装排水管 4. 喷射施工平台搭设、拆除

续表 5-31

项目编码	项目名称	项目特征	计量单位	工程量计算规则	工作内容
010202010	钢筋混凝土支撑	1. 部位 2. 混凝土种类 3. 混凝土强度等级	m³	按设计图示尺寸以体积计算	1. 模板(支架或支撑)制作、安装、拆除、堆放、运输及清理模内杂物、刷隔离剂等 2. 混凝土制作、运输、浇筑、振捣、养护
010202011	钢支撑	1. 部位 2. 钢材品种、规格 3. 探伤要求	t	按设计图示尺寸以质量计算。不扣除孔眼质量,焊条、铆钉、螺栓等不另增加质量	1. 支撑、铁件制作(摊销、租赁) 2. 支撑、铁件安装 3. 探伤 4. 刷漆 5. 拆除 6. 运输

注:(1) 地层情况按本规范表 A.1-1 和表 A.2-1 的规定,并根据岩土工程勘察报告按单位工程各地层所占比例(包括范围值)进行描述。对无法准确描述的地层情况,可注明由投标人根据岩土工程勘察报告自行决定报价。

(2) 土钉置入方法包括钻孔置入、打入或射入等。

(3) 混凝土种类:指清水混凝土、彩色混凝土等,如在同一地区既使用预拌(商品)混凝土,又允许现场搅拌混凝土时,也应注明(下同)。

(4) 地下连续墙和喷射混凝土(砂浆)的钢筋网、咬合灌注桩的钢筋笼及钢筋混凝土支撑的钢筋制作、安装,按本规范附录 E 中相关项目列项。本分部未列的基坑与边坡支护的排桩按本规范附录 C 中相关项目列项。水泥土墙、坑内加固按本规范表 B.1 中相关项目列项。砖、石挡土墙,护坡,按本规范附录 D 中相关项目列项。混凝土挡土墙按本规范附录 E 中相关项目列项。

5.7 桩基础工程清单计价

1) 打桩

打桩工程量清单项目设置、项目特征描述的内容、计量单位及工程量计算规则,应按表 5-32 的规定执行。

表 5-32 打桩(编号:010301)

项目编码	项目名称	项目特征	计量单位	工程量计算规则	工作内容
010301001	预制钢筋混凝土方桩	1. 地层情况 2. 送桩深度、桩长 3. 桩截面 4. 桩倾斜度 5. 沉桩方法 6. 接桩方式 7. 混凝土强度等级	1. m 2. m³ 3. 根	1. 以米计量,按设计图示尺寸以桩长(包括桩尖)计算 2. 以立方米计量,按设计图示截面积乘以桩长(包括桩尖)以实体积计算 3. 以根计量,按设计图示以数量计算	1. 工作平台搭拆 2. 桩机竖拆、移位 3. 沉桩 4. 接桩 5. 送桩

续表 5-32

项目编码	项目名称	项目特征	计量单位	工程量计算规则	工作内容
010301002	预制钢筋混凝土管桩	1. 地层情况 2. 送桩深度、桩长 3. 桩外径、壁厚 4. 桩倾斜度 5. 沉桩方法 6. 桩尖类型 7. 混凝土强度等级 8. 填充材料种类 9. 防护材料种类	1. m 2. m³ 3. 根	1. 以米计量,按设计图示尺寸以桩长(包括桩尖)计算 2. 以立方米计量,按设计图示截面积乘以桩长(包括桩尖)以实体积计算 3. 以根计量,按设计图示以数量计算	1. 工作平台搭拆 2. 桩机竖拆、移位 3. 沉桩 4. 接桩 5. 送桩 6. 桩尖制作安装 7. 填充材料、刷防护材料
010301003	钢管桩	1. 地层情况 2. 送桩深度、桩长 3. 材质 4. 管径、壁厚 5. 桩倾斜度 6. 沉桩方法 7. 填充材料种类 8. 防护材料种类	1. t 2. 根	1. 以吨计量,按设计图示尺寸以质量计算 2. 以根计量,按设计图示以数量计算	1. 工作平台搭拆 2. 桩机竖拆、移位 3. 沉桩 4. 接桩 5. 送桩 6. 切割钢管、精割盖帽 7. 管内取土 8. 填充材料、刷防护材料
010301004	截(凿)桩头	1. 桩类型 2. 桩头截面、高度 3. 混凝土强度等级 4. 有无钢筋	1. m³ 2. 根	1. 以立方米计量,按设计桩截面乘以桩头长度以体积计算 2. 以根计量,按设计图示以数量计算	1. 截(切割)桩头 2. 凿平 3. 废料外运

注:(1) 地层情况按本规范表 A.1-1 和表 A.2-1 的规定,并根据岩土工程勘察报告按单位工程各地层所占比例(包括范围值)进行描述。对无法准确描述的地层情况,可注明由投标人根据岩土工程勘察报告自行决定报价。

(2) 项目特征中的桩截面、混凝土强度等级、桩类型等可直接用标准图代号或设计桩型进行描述。

(3) 预制钢筋混凝土方桩、预制钢筋混凝土管桩项目以成品桩编制,应包括成品桩购置费,如果用现场预制,应包括现场预制桩的所有费用。

(4) 打试验桩和打斜桩应按相应项目单独列项,并应在项目特征中注明试验桩或斜桩(斜率)。

(5) 截(凿)桩头项目适用于本规范附录 B、附录 C 所列桩的桩头截(凿)。

(6) 预制钢筋混凝土管桩桩顶与承台的连接构造按本规范附录 E 相关项目列项。

2) 灌注桩

灌注桩工程量清单项目设置、项目特征描述的内容、计量单位及工程量计算规则,应按表 5-33 的规定执行。

表 5-33　灌注桩(编号:010302)

项目编码	项目名称	项目特征	计量单位	工程量计算规则	工作内容
010302001	泥浆护壁成孔灌注桩	1. 地层情况 2. 空桩长度、桩长 3. 桩径 4. 成孔方法 5. 护筒类型、长度 6. 混凝土种类、强度等级	1. m 2. m³ 3. 根	1. 以米计量,按设计图示尺寸以桩长(包括桩尖)计算 2. 以立方米计量,按不同截面在桩上范围内以体积计算 3. 以根计量,按设计图示以数量计算	1. 护筒埋设 2. 成孔、固壁 3. 混凝土制作、运输、灌注、养护 4. 土方、废泥浆外运 5. 打桩场地硬化及泥浆池、泥浆沟

续表 5-33

项目编码	项目名称	项目特征	计量单位	工程量计算规则	工作内容
010302002	沉管灌注桩	1. 地层情况 2. 空桩长度、桩长 3. 复打长度 4. 桩径 5. 沉管方法 6. 桩尖类型 7. 混凝土种类、强度等级	1. m 2. m³ 3. 根	1. 以米计量，按设计图示尺寸以桩长（包括桩尖）计算 2. 以立方米计量，按不同截面在桩上范围内以体积计算 3. 以根计量，按设计图示以数量计算	1. 打（沉）拔钢管 2. 桩尖制作、安装 3. 混凝土制作、运输、灌注、养护
010302003	干作业成孔灌注桩	1. 地层情况 2. 空桩长度、桩长 3. 桩径 4. 扩孔直径、高度 5. 成孔方法 6. 混凝土种类、强度等级	1. m 2. m³ 3. 根	1. 以米计量，按设计图示尺寸以桩长（包括桩尖）计算 2. 以立方米计量，按不同截面在桩上范围内以体积计算 3. 以根计量，按设计图示以数量计算	1. 成孔、扩孔 2. 混凝土制作、运输、灌注、振捣、养护
010302004	挖孔桩土（石）方	1. 地层情况 2. 挖孔深度 3. 弃土（石）运距	m³	按设计图示尺寸（含护壁）截面积乘以挖孔深度以立方米计算	1. 排地表水 2. 挖土、凿石 3. 基底钎探 4. 运输
010302005	人工挖孔灌注桩	1. 桩芯长度 2. 桩芯直径、扩底直径、扩底高度 3. 护壁厚度、高度 4. 护壁混凝土种类、强度等级 5. 桩芯混凝土种类、强度等级	1. m³ 2. 根	1. 以立方米计量，按桩芯混凝土体积计算 2. 以根计量，按设计图示以数量计算	1. 护壁制作 2. 混凝土制作、运输、灌注、振捣、养护
010302006	钻孔压浆桩	1. 地层情况 2. 空桩长度、桩长 3. 钻孔直径 4. 水泥强度等级	1. m 2. 根	1. 以米计量，按设计图示尺寸以桩长计算 2. 以根计量，按设计图示以数量计算	钻孔、下注浆管、投放骨料、浆液制作、运输、压浆
010302007	灌注桩后压浆	1. 注浆导管材料、规格 2. 注浆导管长度 3. 单孔注浆量 4. 水泥强度等级	孔	按设计图示以注浆孔数计算	1. 注浆导管制作、安装 2. 浆液制作、运输、压浆

注：(1) 地层情况按本规范表 A.1-1 和表 A.2-1 的规定，并根据岩土工程勘察报告按单位工程各地层所占比例（包括范围值）进行描述。对无法准确描述的地层情况，可注明由投标人根据岩土工程勘察报告自行决定报价。

(2) 项目特征中的桩长应包括桩尖，空桩长度=孔深-桩长，孔深为自然地面至设计桩底的深度。

(3) 项目特征中的桩截面（桩径）、混凝土强度等级、桩类型等可直接用标准图代号或设计桩型进行描述。

(4) 泥浆护壁成孔灌注桩是指在泥浆护壁条件下成孔，采用水下灌注混凝土的桩。其成孔方法包括冲击钻成孔、冲抓锥成孔、回旋钻成孔、潜水钻成孔、泥浆护壁的旋挖成孔等。

(5) 沉管灌注桩的沉管方法包括锤击沉管法、振动沉管法、振动冲击沉管法、内夯沉管法等。

(6) 干作业成孔灌注桩是指不用泥浆护壁和套管护壁的情况下，用钻机成孔后，下钢筋笼，灌注混凝土的桩，适用于地下水位以上的土层使用。其成孔方法包括螺旋钻成孔、螺旋钻成孔扩底、干作业的旋挖成孔等。

(7) 混凝土种类：指清水混凝土、彩色混凝土、水下混凝土等，如在同一地区既使用预拌（商品）混凝土，又允许现场搅拌混凝土时，也应注明（下同）。

(8) 混凝土灌注桩的钢筋笼制作、安装，按本规范附录 E 中相关项目编码列项。

例题5-4 某工程110根C50预应力钢筋混凝土管桩,外径φ600,内径φ400,每根桩总长25 m;桩顶灌注C30混凝土1.5 m高;每根桩顶连接构造(假设)钢托板3.5 kg,圆钢骨架38 kg,设计桩顶标高为−3.5 m,现场自然地坪标高为−0.45 m,现场条件允许可以不发生场内运桩。按规范计算该管桩清单工程量。

解答 本例桩基需要描述的工程内容和项目特征有混凝土强度(C30),桩制作工艺(预应力管桩),截面尺寸(外径φ600,内径φ400),数量(计量单位按长度计算,则应注明共110根),单桩长度(25 m),桩顶标高(−3.5 m),自然地坪标高(−0.45 m),桩顶构造(灌注C30混凝土1.5 m高)。

工程量计算:110根 或 $110 \times 25 = 2\,750$(m)

例题5-5 某工程采用C30钻孔灌注桩80根,设计桩径1 200 mm,要求桩穿越碎卵石层后进入强度为280 kg/cm² 的中等风化岩层1.7 m,入岩深度下面部分做成200 mm深的凹底;桩底标高(凹底)−49.8 m,桩顶设计标高−4.8 m,现场自然地坪标高为−0.45 m,设计规定加灌长度1.5 m;废弃泥浆要求外运5 km处。试计算该桩基清单工程量。

解答 为简化工程实施过程中工程量变化以后价格的调整,选定按"m"为计量单位。按设计要求和现场条件涉及的工程描述内容有:

桩长45 m,桩基根数65根,桩截面φ1 200,成孔方法为钻孔,混凝土强度等级C30;桩顶、自然地坪标高、加灌长度及泥浆运输距离,其中设计穿过碎卵石层进入280 kg/cm² 的中等风化岩层,应考虑入岩因素及其工程量参数。

清单工程量$= 80 \times (49.8 - 4.8) = 3\,600$(m)

其中入岩$= 80 \times 1.7 = 136$(m)

例题5-6 某地下室工程采用地下连续墙作基坑挡土和地下室外墙。设计墙身长度纵轴线80 m两道、横轴线60 m两道围成封闭状态,墙底标高−12 m,墙顶标高−3.6 m,自然地坪标高−0.6 m,墙厚1 000 mm,C35混凝土浇捣。设计要求导墙采用C30混凝土浇筑,具体方案由施工方自行确定(根据地质资料已知导沟范围为三类土)。现场余土及泥浆必须外运5 km处弃置。试计算该连续墙清单工程量。

解答 连续墙长度$= (80 + 60) \times 2 = 280$(m)

成槽深度$= 12 - 0.6 = 11.4$(m)

墙高$= 12 - 3.6 = 8.4$(m)

$V = 280 \times 11.4 = 3\,192$(m³)

5.8 砌筑工程清单计价

1)砖砌体

砖砌体工程量清单项目设置、项目特征描述的内容、计量单位及工程量计算规则,应按表5-34的规定执行。

表 5-34　砖砌体(编号:010401)

项目编码	项目名称	项目特征	计量单位	工程量计算规则	工作内容
010401001	砖基础	1. 砖品种、规格、强度等级 2. 基础类型 3. 砂浆强度等级 4. 防潮层材料种类	m³	按设计图示尺寸以体积计算，包括附墙垛基础宽出部分体积，扣除地梁(圈梁)、构造柱所占体积，不扣除基础大放脚T形接头处的重叠部分及嵌入基础内的钢筋、铁件、管道、基础砂浆防潮层和单个面积≤0.3 m²的孔洞所占体积，靠墙暖气沟的挑檐不增加基础长度。外墙按外墙中心线，内墙按内墙净长线计算	1. 砂浆制作、运输 2. 砌砖 3. 防潮层铺设 4. 材料运输
010401002	砖砌挖孔桩护壁	1. 砖品种、规格、强度等级 2. 砂浆强度等级		按设计图示尺寸以立方米计算	1. 砂浆制作、运输 2. 砌砖 3. 材料运输
010401003	实心砖墙		m³	按设计图示尺寸以体积计算 扣除门窗、洞口、嵌入墙内的钢筋混凝土柱、梁、圈梁、挑梁、过梁及凹进墙内的壁龛、管槽、暖气槽、消火栓箱所占体积，不扣除梁头、板头、檩头、垫木、木楞头、沿缘木、木砖、门窗走头、砖墙内加固钢筋、木筋、铁件、钢管及单个面积≤	1. 砂浆制作、运输 2. 砌砖 3. 刮缝 4. 砖压顶砌筑 5. 材料运输
010401004	多孔砖墙	1. 砖品种、规格、强度等级 2. 墙体类型 3. 砂浆强度等级、配合比		0.3 m²的孔洞所占的体积。凸出墙面的腰线、挑檐、压顶、窗台线、虎头砖、门窗套的体积亦不增加。凸出墙面的砖垛并入墙体体积内计算 1. 墙长度:外墙按中心线、内墙按净长计算 2. 墙高度:	1. 砂浆制作、运输 2. 砌砖 3. 刮缝 4. 砖压顶砌筑 5. 材料运输
010401005	空心砖墙			(1)外墙:斜(坡)屋面无檐口天棚者算至屋面板底;有屋架且室内外均有天棚者算至屋架下弦底另加200 mm;无天棚者算至屋架下弦底另加300 mm,出檐宽度超过	1. 砂浆制作、运输 2. 砌砖 3. 刮缝 4. 砖压顶砌筑 5. 材料运输

续表 5-34

项目编码	项目名称	项目特征	计量单位	工程量计算规则	工作内容
010401005	空心砖墙		m³	600 mm 时按实砌高度计算;与钢筋混凝土楼板隔层者算至板顶。平屋顶算至钢筋混凝土板底 (2) 内墙:位于屋架下弦者,算至屋架下弦底;无屋架者算至天棚底另加 100 mm;有钢筋混凝土楼板隔层者算至楼板顶;有框架梁时算至梁底 (3) 女儿墙:从屋面板上表面算至女儿墙顶面(如有混凝土压顶时算至压顶下表面) (4) 内、外山墙:按其平均高度计算 3. 框架间墙:不分内外墙按墙体净尺寸以体积计算 4. 围墙:高度算至压顶上表面(如有混凝土压顶时算至压顶下表面);围墙柱并入围墙体积内	1. 砂浆制作、运输 2. 砌砖 3. 刮缝 4. 砖压顶砌筑 5. 材料运输
010401006	空斗墙	1. 砖品种、规格、强度等级 2. 墙体类型 3. 砂浆强度等级、配合比	m³	按设计图示尺寸以空斗墙外形体积计算。墙角、内外墙交接处、门窗洞口立边、窗台砖、屋檐处的实砌部分体积并入空斗墙体积内	1. 砂浆制作、运输 2. 砌砖 3. 装填充料 4. 刮缝 5. 材料运输
010401007	空花墙			按设计图示尺寸以空花部分外形体积计算,不扣除空洞部分体积	
010401008	填充墙	1. 砖品种、规格、强度等级 2. 墙体类型 3. 填充材料种类及厚度 4. 砂浆强度等级、配合比		按设计图示尺寸以填充墙外形体积计算	
010401009	实心砖柱	1. 砖品种、规格、强度等级 2. 柱类型 3. 砂浆强度等级、配合比		按设计图示尺寸以体积计算。扣除混凝土及钢筋混凝土梁垫、梁头、板头所占体积	1. 砂浆制作、运输 2. 砌砖 3. 刮缝 4. 材料运输
010401010	多孔砖柱				

续表 5-34

项目编码	项目名称	项目特征	计量单位	工程量计算规则	工作内容
010401011	砖检查井	1. 井截面、深度 2. 砖品种、规格、强度等级 3. 垫层材料种类、厚度 4. 底板厚度 5. 井盖安装 6. 混凝土强度等级 7. 砂浆强度等级 8. 防潮层材料种类	座	按设计图示以数量计算	1. 砂浆制作、运输 2. 铺设垫层 3. 底板混凝土制作、运输、浇筑、振捣、养护 4. 砌砖 5. 刮缝 6. 井池底、壁抹灰 7. 抹防潮层 8. 材料运输
010401012	零星砌砖	1. 零星砌砖名称、部位 2. 砖品种、规格、强度等级 3. 砂浆强度等级、配合比	1. m³ 2. m² 3. m 4. 个	1. 以立方米计量,按设计图示尺寸截面积乘以长度计算 2. 以平方米计量,按设计图示尺寸水平投影面积计算 3. 以米计量,按设计图示尺寸长度计算 4. 以个计量,按设计图示以数量计算	1. 砂浆制作、运输 2. 砌砖 3. 刮缝 4. 材料运输
10401013	砖散水、地坪	1. 砖品种、规格、强度等级 2. 垫层材料种类、厚度 3. 散水、地坪厚度 4. 面层种类、厚度 5. 砂浆强度等级	m²	按设计图示尺寸以面积计算	1. 土方挖、运、填 2. 地基找平、夯实 3. 铺设垫层 4. 砌砖散水、地坪 5. 抹砂浆面层
010401014	砖地沟、明沟	1. 砖品种、规格、强度等级 2. 沟截面尺寸 3. 垫层材料种类、厚度 4. 混凝土强度等级 5. 砂浆强度等级	m	以米计量,按设计图示以中心线长度计算	1. 土方挖、运、填 2. 铺设垫层 3. 底板混凝土制作、运输、浇筑、振捣、养护 4. 砌砖 5. 刮缝、抹灰 6. 材料运输

注:(1)"砖基础"项目适用于各种类型砖基础:柱基础、墙基础、管道基础等。

(2)基础与墙(柱)身使用同一种材料时,以设计室内地面为界(有地下室者,以地下室室内设计地面为界),以下为基础,以上为墙(柱)身。基础与墙身使用不同材料时,位于设计室内地面高度≤±300 mm时,以不同材料为分界线,高度>±300 mm时,以设计室内地面为分界线。

(3)砖围墙以设计室外地坪为界,以下为基础,以上为墙身。

(4)框架外表面的镶贴砖部分,按零星项目编码列项。

(5)附墙烟囱、通风道、垃圾道应按设计图示尺寸以体积(扣除孔洞所占体积)计算,并入所依附的墙体体积内。当墙体内规定孔洞内需抹灰时,应按本规范附录 M 中零星抹灰项目编码列项。

(6)空斗墙的窗间墙、窗台下、楼板下、梁头下等的实砌部分,按零星砌砖项目编码列项。

(7)"空花墙"项目适用于各种类型的空花墙,使用混凝土花格砌筑的空花墙,实砌墙体与混凝土花格应分别计算,混凝土花格按混凝土及钢筋混凝土中预制构件相关项目编码列项。

(8)台阶、台阶挡墙、梯带、锅台、炉灶、蹲台、池槽、池槽腿、砖胎模、花台、花池、楼梯栏板、阳台栏板、地垄墙、≤0.3 m² 的孔洞填塞等,应按零星砌砖项目编码列项。砖砌锅台与炉灶可按外形尺寸以个计算,砖砌台阶可按水平投影面积以平方米计算,小便槽、地垄墙可按长度计算,其他工程以立方米计算。

(9)砖砌体内钢筋加固,应按本规范附录 E 中相关项目编码列项。

(10)砖砌体勾缝按本规范附录 M 中相关项目编码列项。

(11)检查井内的爬梯按本附录 E 中相关项目编码列项;井内的混凝土构件按本附录 E 中混凝土及钢筋混凝土预制构件编码列项。

(12)如施工图设计标注做法见标准图集时,应在项目特征描述中注明标注图集的编码、页号及节点大样。

2）砌块砌体

砌块砌体工程量清单项目设置、项目特征描述的内容、计量单位及工程量计算规则,应按表 5-35 的规定执行。

表 5-35　砌块砌体(编号:010402)

项目编码	项目名称	项目特征	计量单位	工程量计算规则	工作内容
010402001	砌块墙	1. 砌块品种、规格、强度等级 2. 墙体类型 3. 砂浆强度等级	m³	按设计图示尺寸以体积计算 扣除门窗、洞口、嵌入墙内的钢筋混凝土柱、梁、圈梁、挑梁、过梁及凹进墙内的壁龛、管槽、暖气槽、消火栓箱所占体积,不扣除梁头、板头、檩头、垫木、木楞头、沿缘木、木砖、门窗走头、砌块墙内加固钢筋、木筋、铁件、钢管及单个面积≤0.3m² 的孔洞所占的体积。凸出墙面的腰线、挑檐、压顶、窗台线、虎头砖、门窗套的体积亦不增加。凸出墙面的砖垛并入墙体体积内计算 1. 墙长度:外墙按中心线、内墙按净长计算 2. 墙高度: (1) 外墙:斜(坡)屋面无檐口天棚者算至屋面板底;有屋架且室内外均有天棚者算至屋架下弦底另加 200 mm;无天棚者算至屋架下弦底另加 300 mm,出檐宽度超过 600 mm 按实砌高度计算;与钢筋混凝土楼板隔层者算至板顶。平屋顶算至钢筋混凝土板底。 (2) 内墙:位于屋架下弦者,算至屋架下弦底;无屋架者算至天棚底另加 100 mm;有钢筋混凝土楼板隔层者算至楼板顶;有框架梁时算至梁底 (3) 女儿墙:从屋面板上表面算至女儿墙顶面(如有混凝土压顶时算至压顶下表面) (4) 内、外出墙:按其平均高度计算 3. 框架间墙:不分内外墙按墙体净尺寸以体积计算 4. 围墙:高度算至压顶上表面(如有混凝土压顶时算至压顶下表面);围墙柱并入围墙体积内	1. 砂浆制作、运输 2. 砌砖、砌块 3. 勾缝 4. 材料运输

续表 5-35

项目编码	项目名称	项目特征	计量单位	工程量计算规则	工作内容
010402002	砌块柱	1. 砌块品种、规格、强度等级 2. 墙体类型 3. 砂浆强度等级	m³	按设计图示尺寸以体积计算扣除混凝土及钢筋混凝土梁垫、梁头、板头所占体积	1. 砌砖、砌块 2. 勾缝 3. 材料运输 4. 砂浆制作、运输

注:(1) 砌体内加筋、墙体拉结的制作、安装,应按本规范附录 E 中相关项目编码列项。

(2) 砌块排列应上、下错缝搭砌,如果搭错缝长度满足不了规定的压搭要求,应采取压砌钢筋网片的措施,具体构造要求按设计规定。若设计无规定时,应注明由投标人根据工程实际情况自行考虑;钢筋网片按本规范附录 F 中相应编码列项。

(3) 砌体垂直灰缝宽>30 mm 时,采用 C20 细石混凝土灌实。灌注的混凝土应按本规范附录 E 相关项目编码列项。

3) 石砌体

石砌体工程量清单项目设置、项目特征描述的内容、计量单位及工程量计算规则,应按表 5-36 的规定执行。

表 5-36　石砌体(编号:010403)

项目编码	项目名称	项目特征	计量单位	工程量计算规则	工作内容
010403001	石基础	1. 石料种类、规格 2. 基础类型 3. 砂浆强度等级	m³	按设计图示尺寸以体积计算包括附墙垛基础宽出部分体积,不扣除基础砂浆防潮层及单个面积≤0.3 m² 的孔洞所占体积,靠墙暖气沟的挑檐不增加体积。基础长度:外墙按中心线,内墙按净长计算	1. 砂浆制作、运输 2. 吊装 3. 砌石 4. 防潮层铺设 5. 材料运输
010403002	石勒脚		m³	按设计图示尺寸以体积计算,扣除单个面积>0.3 m² 的孔洞所占的体积	1. 砂浆制作、运输 2. 吊装 3. 砌石 4. 石表面加工 5. 勾缝 6. 材料运输
010403003	石墙	1. 石料种类、规格 2. 石表面加工要求 3. 勾缝要求 4. 砂浆强度等级、配合比	m³	按设计图示尺寸以体积计算扣除门窗、洞口、嵌入墙内的钢筋混凝土柱、梁、圈梁、挑梁、过梁及凹进墙内的壁龛、管槽、暖气槽、消火栓箱所占体积,不扣除梁头、板头、檩头、垫木、木楞头、沿缘木、木砖、门窗走头、石墙内加固钢筋、木筋、铁件、钢管及单个面积≤0.3 m² 的孔洞所占的体积。凸出墙面的腰线、挑檐、压顶、窗台线、虎头砖、门窗套	1. 砂浆制作、运输 2. 吊装 3. 砌石 4. 石表面加工 5. 勾缝 6. 材料运输

续表 5-36

项目编码	项目名称	项目特征	计量单位	工程量计算规则	工作内容
010403003	石墙	1. 石料种类、规格 2. 石表面加工要求 3. 勾缝要求 4. 砂浆强度等级、配合比	m³	的体积亦不增加。凸出墙面的砖垛并入墙体体积内计算 1. 墙长度：外墙按中心线、内墙按净长计算 2. 墙高度： (1) 外墙：斜(坡)屋面无檐口天棚者算至屋面板底；有屋架且室内外均有天棚者算至屋架下弦底另加 200 mm；无天棚者算至屋架下弦底另加 300 mm，出檐宽度超过 600 mm 按实砌高度计算；与钢筋混凝土楼板隔层者算至板顶。平屋顶算至钢筋混凝土板底。 (2) 内墙：位于屋架下弦者，算至屋架下弦底；无屋架者算至天棚底另加 100 mm；有钢筋混凝土楼板隔层者算至楼板顶；有框架梁时算至梁底。 (3) 女儿墙：从屋面板上表面算至女儿墙顶面(如有混凝土压顶时算至压顶下表面) (4) 内、外出墙：按其平均高度计算 3. 框架间墙：不分内外墙按墙体净尺寸以体积计算 4. 围墙：高度算至压顶上表面(如有混凝土压顶时算至压顶下表面)；围墙柱并入围墙体积内	1. 砂浆制作、运输 2. 吊装 3. 砌石 4. 石表面加工 5. 勾缝 6. 材料运输
010403004	石挡土墙	1. 石料种类、规格 2. 石表面加工要求 3. 勾缝要求 4. 砂浆强度等级、配合比	m³	按设计图示尺寸以体积计算	1. 砂浆制作、运输 2. 吊装 3. 砌石 4. 变形缝、泄水孔、压顶抹灰滤水层 5. 滤水层 6. 勾缝 7. 材料运输
010403005	石柱				
010403006	石栏杆		m	按设计图示以长度计算。	
010403007	石护坡	1. 垫层材料种类、厚度 2. 石料种类、规格 3. 护坡厚度、高度 4. 石表面加工要求 5. 勾缝要求 6. 砂浆强度等级、配合比	m³	按设计图示尺寸以体积计算。	1. 砂浆制作、运输 2. 吊装 3. 砌石 4. 石表面加工 5. 勾缝 6. 材料运输

续表 5-36

项目编码	项目名称	项目特征	计量单位	工程量计算规则	工作内容
010403008	石台阶	1. 垫层材料种类、厚度 2. 石料种类、规格 3. 护坡厚度、高度 4. 石表面加工要求 5. 勾缝要求 6. 砂浆强度等级、配合比	m³		1. 铺设垫层 2. 石料加工 3. 砂浆制作、运输 4. 砌石 5. 石表面加工 6. 勾缝 7. 材料运输
010403009	石坡道			按设计图示以水平投影面积计算。	
010403010	石地沟、明沟	1. 沟截面尺寸 2. 土壤类别、运距 4. 垫层材料种类、厚度 5. 石料种类、规格 6. 石表面加工要求 7. 勾缝要求 8. 砂浆强度等级、配合比	m	按设计图示以中心线长度计算	1. 土方挖、运 2. 砂浆制作、运输 3. 铺设垫层 4. 砌石 5. 石表面加工 6. 勾缝 7. 回填 8. 材料运输

注：(1) 石基础、石勒脚、石墙的划分：基础与勒脚应以设计室外地坪为界。勒脚与墙身应以设计室内地面为界。石围墙内外地坪标高不同时,应以较低地坪标高为界,以下为基础;内外标高之差为挡土墙时,挡土墙以上为墙身。

(2) "石基础"项目适用于各种规格(粗料石、细料石等)、各种材质(砂石、青石等)和各种类型(柱基、墙基、直形、弧形等)基础。

(3) "石勒脚""石墙"项目适用于各种规格(粗料石、细料石等)、各种材质(砂石、青石、大理石、花岗石等)和各种类型(直形、弧形等)勒脚和墙体。

(4) "石挡土墙"项目适用于各种规格(粗料石、细料石、块石、毛石、卵石等)、各种材质(砂石、青石、石灰石等)和各种类型(直形、弧形、台阶形等)挡土墙。

(5) "石柱"项目适用于各种规格、各种石质、各种类型的石柱。

(6) "石栏杆"项目适用于无雕饰的一般石栏杆。

(7) "石护坡"项目适用于各种石质和各种石料(粗料石、细料石、片石、块石、毛石、卵石等)。

(8) "石台阶"项目包括石梯带(垂带),不包括石梯膀,石梯膀应按本规范附录 C 石挡土墙项目编码列项。

(9) 如施工图设计标注做法见标准图集时,应在项目特征描述中注明标注图集的编码、页号及节点大样。

4）垫层

垫层工程量清单项目设置、项目特征描述的内容、计量单位及工程量计算规则,应按表 5-37 的规定执行。

表 5-37　垫层（编号：010404）

项目编码	项目名称	项目特征	计量单位	工程量计算规则	工作内容
010404001	垫层	垫层材料种类、配合比、厚度	m³	按设计图标注尺寸以立方米计算	1. 垫层材料的拌制 2. 垫层铺设 3. 材料运输

注：除混凝土垫层应按本规范附录 E 中相关项目编码列项外,没有包括垫层要求的清单项目应按本表垫层项目编码列项。

例题 5-7 如图 5-3 所示某工程 M7.5 水泥砂浆砌筑 MU15 水泥实心砖墙基(砖规格: 240 mm×115 mm×53 mm)。请编制该砖基础砌筑项目工程量清单。(提示:砖砌体内无混凝土构件)

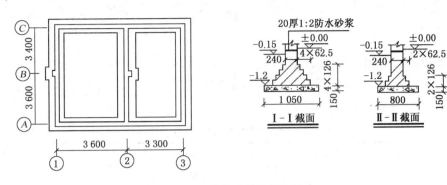

图 5-3 砖基础砌筑示意图

解答 该工程砖基础有两种截面规格,为避免工程局部变更引起整个砖基础报价调整的纠纷,应分别列项。工程量计算:

Ⅰ—Ⅰ截面砖基础长度;砖基础高度:$H_1 = 1.2$(m)

$L_1 = 7 \times 3 - 0.24 + 2 \times (0.365 - 0.24) \times 0.365 \div 0.24 = 21.14$(m)

其中:$(0.365 - 0.24) \times 0.365 \div 0.24$ 为砖垛折加长度

大放脚截面:$S_1 = n(n+1)ab = 4 \times (4+1) \times 0.126 \times 0.062\,5 = 0.157\,5$(m²)

砖基础工程量:$V_1 = L(Hd + s) - V_O = 21.14 \times (1.2 \times 0.24 + 0.157\,5)$
$$= 9.42\,(\text{m}^3)$$

垫层长度:$L = 7 \times 3 - 0.8 + 2 \times (0.365 - 0.24) \times 0.365 \div 0.24 = 20.58$(m)

Ⅱ—Ⅱ截面:砖基础高度:$H_2 = 1.2$ m,$L_2 = (3.6 + 3.3) \times 2 = 13.8$(m)

大放脚截面:$S_2 = 2 \times (2+1) \times 0.126 \times 0.062\,5 = 0.047\,3$(m²)

砖基础工程量:$V_2 = 13.8 \times (1.2 \times 0.24 + 0.047\,3) = 4.63$(m³)

工程量清单见表 5-38。

表 5-38 分部分项工程量清单

序号	项目编码	项目名称	项目特征描述	计量单位	工程数量
1	010401001001	Ⅰ—Ⅰ砖墙基础	1. 砖品种:水泥实心标准砖 2. 基础类型:四层等高式大放脚 3. 基础深度:1.2 m 4. 砂浆强度等级:M7.5 水泥砂浆 5. 防潮层:1:2 防水砂浆 20 mm	m³	9.42
2	010401001002	Ⅱ—Ⅱ砖墙基础	1. 砖品种:水泥实心标准砖 2. 基础类型:二层等高式大放脚 3. 基础深度:1.2 m 4. 砂浆强度等级:M7.5 水泥砂浆 5. 防潮层:1:2 防水砂浆 20 mm	m³	4.63

5.9 混凝土及钢筋混凝土工程清单计价

1）现浇混凝土基础

现浇混凝土基础工程量清单项目设置、项目特征描述的内容、计量单位及工程量计算规则应按表5-39的规定执行。

表5-39 现浇混凝土基础（编号：010501）

项目编码	项目名称	项目特征	计量单位	工程量计算规则	工作内容
010501001	垫层	1. 混凝土种类 2. 混凝土强度等级	m³	按设计图示尺寸以体积计算。不扣除伸入承台基础的桩头所占体积	1. 模板及支撑制作、安装、拆除、堆放、运输及清理模板内杂物、刷隔离剂等 2. 混凝土制作、运输、浇筑、振捣、养护
010501002	带形基础				
010501003	独立基础				
010501004	满堂基础				
010501005	桩承台基础				
010501006	设备基础	1. 混凝土种类 2. 混凝土强度等级 3. 灌浆材料及其强度等级			

注：(1) 有肋带形基础、无肋带形基础应按本表中相关项目列项，并注明肋高。
　　(2) 箱式满堂基础中柱、梁、墙、板按本附录表 E.2、表 E.3、表 E.4、表 E.5 相关项目分别编码列项；箱式满堂基础底板按本表的满堂基础项目列项。
　　(3) 框架式设备基础中柱、梁、墙、板分别按本附录表 E.2、表 E.3、表 E.4、表 E.5 相关项目分别编码列项；基础部分按本表相关项目编码列项。
　　(4) 如为毛石混凝土基础，项目特征应描述毛石所占比例。

2）现浇混凝土柱

现浇混凝土柱工程量清单项目设置、项目特征描述的内容、计量单位及工程量计算规则应按表5-40的规定执行。

表5-40 现浇混凝土柱（编号：010502）

项目编码	项目名称	项目特征	计量单位	工程量计算规则	工作内容
010502001	矩形柱	1. 混凝土种类 2. 混凝土强度等级	m³	按设计图示尺寸以体积计算柱高： 1. 有梁板的柱高，应自柱基上表面（或楼板上表面）至上一层楼板上表面之间的高度计算 2. 无梁板的柱高，应自柱基上表面（或楼板上表面）至柱帽下表面之间的高度计算	1. 模板及支撑制作、安装、拆除、堆放、运输及清理模板内杂物、刷隔离剂等 2. 混凝土制作、运输、浇筑、振捣、养护
010502002	构造柱				

续表 5-40

项目编码	项目名称	项目特征	计量单位	工程量计算规则	工作内容
010502003	异形柱	1. 柱形状 2. 混凝土种类 3. 混凝土强度等级	m³	3. 框架柱的柱高:应自柱基上表面至柱顶高度计算 4. 构造柱按全高计算,嵌接墙体部分(马牙槎)并入柱身体积 5. 依附柱上的牛腿和升板的柱帽,并入柱身体积计算	1. 模板及支撑制作、安装、拆除、堆放、运输及清理模板内杂物、刷隔离剂等 2. 混凝土制作、运输、浇筑、振捣、养护

注:混凝土种类,指清水混凝土、彩色混凝土等,如在同一地区既使用预拌(商品)混凝土,又允许现场搅拌混凝土时,也应注明(下同)。

3) 现浇混凝土梁

现浇混凝土梁工程量清单项目设置、项目特征描述的内容、计量单位及工程量计算规则应按表 5-41 的规定执行。

表 5-41　现浇混凝土梁(编号:010503)

项目编码	项目名称	项目特征	计量单位	工程量计算规则	工作内容
010503001	基础梁	1. 混凝土种类 2. 混凝土强度等级	m³	按设计图示尺寸以体积计算。伸入墙内的梁头、梁垫并入梁体积内 型钢混凝土梁扣除构件内型钢所占体积。 梁长: 1. 梁与柱连接时,梁长算至柱侧面 2. 主梁与次梁连接时,次梁长算至主梁侧面	1. 模板及支撑制作、安装、拆除、堆放、运输及清理模板内杂物、刷隔离剂等 2. 混凝土制作、运输、浇筑、振捣、养护
010503002	矩形梁				
010503003	异形梁				
010503004	圈梁				
010503005	过梁				
010503006	弧形、拱形梁	1. 混凝土种类 2. 混凝土强度等级	m³	按设计图示尺寸以体积计算。伸入墙内的梁头、梁垫并入梁体积内 梁长: 1. 梁与柱连接时,梁长算至柱侧面 2. 主梁与次梁连接时,次梁长算至主梁侧面	

4) 现浇混凝土墙

现浇混凝土墙工程量清单项目设置、项目特征描述的内容、计量单位及工程量计算规则应按表 5-42 的规定执行。

表 5-42　现浇混凝土墙(编号:010504)

项目编码	项目名称	项目特征	计量单位	工程量计算规则	工作内容
010504001	直形墙	1. 混凝土种类 2. 混凝土强度等级	m³	按设计图示尺寸以体积计算扣除门窗洞口及单个面积＞0.3 m² 的孔洞所占体积,墙垛及突出墙面部分并入墙体体积内计算	1. 模板及支撑制作、安装、拆除、堆放、运输及清理模板内杂物、刷隔离剂等 2. 混凝土制作、运输、浇筑、振捣、养护
010504002	弧形墙				
010504003	短肢剪力墙				
010504004	挡土墙				

注:短肢剪力墙是指截面厚度不大于 300 mm、各肢截面高度与厚度之比的最大值大于 4 但不大于 8 的剪力墙;各肢截面高度与厚度之比的最大值不大于 4 的剪力墙按项目编码列项。

5)现浇混凝土板

现浇混凝土板工程量清单项目设置、项目特征描述的内容、计量单位及工程量计算规则应按表 5-43 的规定执行。

表 5-43　现浇混凝土板(编号:010505)

项目编码	项目名称	项目特征	计量单位	工程量计算规则	工作内容
010505001	有梁板	1. 混凝土种类 2. 混凝土强度等级	m³	按设计图示尺寸以体积计算,不扣除单个面积≤0.3 m² 的柱、垛以及孔洞所占体积 压形钢板混凝土楼板扣除构件内压形钢板所占体积 有梁板(包括主、次梁与板)按梁、板体积之和计算,无梁板按板和柱帽体积之和计算,各类板伸入墙内的板头并入板体积内,薄壳板的肋、基梁并入薄壳体积内计算	1. 模板及支撑制作、安装、拆除、堆放、运输及清理模板内杂物、刷隔离剂等 2. 混凝土制作、运输、浇筑、振捣、养护
010505002	无梁板				
010505003	平板				
010505004	拱板				
010505005	薄壳板				
010505006	栏板				
010505007	天沟(檐沟)、挑檐板			按设计图示尺寸以体积计算	
010505008	雨篷、悬挑板、阳台板			按设计图示尺寸以墙外部分体积计算。包括伸出墙外的牛腿和雨篷反挑檐的体积	
010505009	空心板			按设计图示尺寸以体积计算。空心板(GBF 高强薄壁蜂巢芯板等)应扣除空心部分体积	
010505010	其他板			按设计图示尺寸以体积计算	

注:现浇挑檐、天沟板、雨篷、阳台与板(包括屋面板、楼板)连接时,以外墙外边线为分界线;与圈梁(包括其他梁)连接时,以梁外边线为分界线。外边线以外为挑檐、天沟、雨篷或阳台。

6）现浇混凝土楼梯

现浇混凝土楼梯工程量清单项目设置、项目特征描述的内容、计量单位及工程量计算规则应按表 5-44 的规定执行。

表 5-44　现浇混凝土楼梯（编号：010506）

项目编码	项目名称	项目特征	计量单位	工程量计算规则	工作内容
010506001	直形楼梯	1. 混凝土种类 2. 混凝土强度等级	1. m² 2. m³	1. 以平方米计量，按设计图示尺寸以水平投影面积计算。不扣除宽度≤500 mm 的楼梯井，伸入墙内部分不计算 2. 以立方米计量，按设计图示尺寸以体积计算	1. 模板及支撑制作、安装、拆除、堆放、运输及清理模板内杂物、刷隔离剂等 2. 混凝土制作、运输、浇筑、振捣、养护
010506002	弧形楼梯				

注：整体楼梯（包括直形楼梯、弧形楼梯）水平投影面积包括休息平台、平台梁、斜梁和楼梯的连接梁。当整体楼梯与现浇楼板无梯梁连接时，以楼梯的最后一个踏步边缘加 300 mm 为界。

7）现浇混凝土其他构件

现浇混凝土其他构件工程量清单项目设置、项目特征描述的内容、计量单位及工程量计算规则应按表 5-45 的规定执行。

表 5-45　现浇混凝土其他构件（编号：010507）

项目编码	项目名称	项目特征	计量单位	工程量计算规则	工作内容
010507001	散水、坡道	1. 垫层材料种类、厚度 2. 面层厚度 3. 混凝土种类 4. 混凝土强度等级 5. 变形缝填塞材料种类	m²	按设计图示尺寸以水平投影面积计算。不扣除单个≤0.3 m² 的孔洞所占面积	1. 地基夯实 2. 铺设垫层 3. 模板及支撑制作、安装、拆除、堆放、运输及清理模板内杂物、刷隔离剂等 4. 混凝土制作、运输、浇筑、振捣、养护 5. 变形缝填塞
010507002	室外地坪	1. 地坪厚度 2. 混凝土强度等级			
010507003	电缆沟、地沟	1. 土壤类别 2. 沟截面净空尺寸 3. 垫层材料种类、厚度 4. 混凝土种类 5. 混凝土强度等级 6. 防护材料种类	m	按设计图示以中心线长度计算	1. 挖填、运土石方 2. 铺设垫层 3. 模板及支撑制作、安装、拆除、堆放、运输及清理模板内杂物、刷隔离剂等 4. 混凝土制作、运输、浇筑、振捣、养护 5. 刷防护材料
010507004	台阶	1. 踏步高、宽 2. 混凝土种类 3. 混凝土强度等级	1. m² 2. m³	1. 以平方米计量，按设计图示尺寸水平投影面积计算 2. 以立方米计量，按设计图示尺寸以体积计算	1. 模板及支撑制作、安装、拆除、堆放、运输及清理模板内杂物、刷隔离剂等 2. 混凝土制作、运输、浇筑、振捣、养护

续表 5-45

项目编码	项目名称	项目特征	计量单位	工程量计算规则	工作内容
010507005	扶手、压顶	1. 断面尺寸 2. 混凝土种类 3. 混凝土强度等级	1. m 2. m³	1. 以米计量,按设计图示的中心线延长米计算 2. 以立方米计量,按设计图示尺寸以体积计算	1. 模板及支撑制作、安装、拆除、堆放、运输及清理模板内杂物、刷隔离剂等 2. 混凝土制作、运输、浇筑、振捣、养护
010507006	化粪池、检查井	1. 部位 2. 混凝土强度等级 3. 防水、抗渗要求	1. m³ 2. 座	1. 按设计图示尺寸以体积计算 2. 以座计量,按设计图示以数量计算	
010507007	其他构件	1. 构件的类型 2. 构件规格 3. 部位 4. 混凝土种类 5. 混凝土强度等级	m³		

注:(1) 现浇混凝土小型池槽、垫块、门框等,应按本表其他构件项目编码列项。
(2) 架空式混凝土台阶,按现浇楼梯计算。

8) 后浇带

后浇带工程量清单项目设置、项目特征描述的内容、计量单位及工程量计算规则应按表 5-46 的规定执行。

表 5-46　后浇带(编号:010508)

项目编码	项目名称	项目特征	计量单位	工程量计算规则	工作内容
010508001	后浇带	1. 混凝土种类 2. 混凝土强度等级	m³	按设计图示尺寸以体积计算	1. 模板及支撑制作、安装、拆除、堆放、运输及清理模板内杂物、刷隔离剂等 2. 混凝土制作、运输、浇筑、振捣、养护

9) 预制混凝土柱

预制混凝土柱工程量清单项目设置、项目特征描述的内容、计量单位及工程量计算规则应按表 5-47 的规定执行。

表 5-47　预制混凝土柱(编号:010509)

项目编码	项目名称	项目特征	计量单位	工程量计算规则	工作内容
010509001	矩形柱	1. 图代号 2. 单件体积 3. 安装高度 4. 混凝土强度等级 5. 砂浆(细石混凝土)强度等级、配合比	1. m³ 2. 根	1. 以立方米计量,按设计图示尺寸以体积计算 2. 以根计量,按设计图示以数量计算	1. 模板制作、安装、拆除、堆放、运输及清理模内杂物、刷隔离剂等 2. 混凝土制作、运输、浇筑、振捣、养护 3. 构件运输、安装 4. 砂浆制作、运输 5. 接头灌缝、养护
010509002	异形柱				

注:以根计量,必须描述单件体积。

10）预制混凝土梁

预制混凝土梁工程量清单项目设置、项目特征描述的内容、计量单位及工程量计算规则应按表 5-48 的规定执行。

表 5-48　预制混凝土梁（编号：010510）

项目编码	项目名称	项目特征	计量单位	工程量计算规则	工作内容
010510001	矩形梁	1. 图代号 2. 单件体积 3. 安装高度 4. 混凝土强度等级 5. 砂浆（细石混凝土）强度等级、配合比	1. m³ 2. 根	1. 以立方米计量，按设计图示尺寸以体积计算 2. 以根计量，按设计图示以数量计算	1. 模板制作、安装、拆除、堆放、运输及清理模内杂物、刷隔离剂等 2. 混凝土制作、运输、浇筑、振捣、养护 3. 构件运输、安装 4. 砂浆制作、运输 5. 接头灌缝、养护
010510002	异形梁				
010510003	过梁				
010510004	拱形梁				
010510005	鱼腹式吊车梁				
010510006	其他梁				

注：以根计量，必须描述单件体积。

11）预制混凝土屋架

预制混凝土屋架工程量清单项目设置、项目特征描述的内容、计量单位及工程量计算规则应按表 5-49 的规定执行。

表 5-49　预制混凝土屋架（编号：010511）

项目编码	项目名称	项目特征	计量单位	工程量计算规则	工作内容
010511001	折线形	1. 图代号 2. 单件体积 3. 安装高度 4. 混凝土强度等级 5. 砂浆（细石混凝土）强度等级、配合比	1. m³ 2. 榀	1. 以立方米计量，按设计图示尺寸以体积计算 2. 以榀计量，按设计图示尺寸以数量计算	1. 模板制作、安装、拆除、堆放、运输及清理模内杂物、刷隔离剂等 2. 混凝土制作、运输、浇筑、振捣、养护 3. 构件运输、安装 4. 砂浆制作、运输 5. 接头灌缝、养护
010511002	组合				
010511003	薄腹				
010511004	门式刚架				
010511005	天窗架				

注：(1) 以榀计量，必须描述单件体积。
　　(2) 三角形屋架按本表中折线形屋架项目编码列项。

12）预制混凝土板

预制混凝土板工程量清单项目设置、项目特征描述的内容、计量单位及工程量计算规则应按表 5-50 的规定执行。

表 5-50 预制混凝土板（编号：010512）

项目编码	项目名称	项目特征	计量单位	工程量计算规则	工作内容
010512001	平板	1. 图代号 2. 单件体积 3. 安装高度 4. 混凝土强度等级 5. 砂浆（细石混凝土）强度等级、配合比	1. m³ 2. 块	1. 以立方米计量，按设计图示尺寸以体积计算。不扣除单个面积≤300 mm×300 mm 的孔洞所占体积，扣除空心板空洞体积 2. 以块计量，按设计图示尺寸以数量计算	1. 模板制作、安装、拆除、堆放、运输及清理模内杂物、刷隔离剂等 2. 混凝土制作、运输、浇筑、振捣、养护 3. 构件运输、安装 4. 砂浆制作、运输 5. 接头灌缝、养护
010512002	空心板				
010512003	槽形板				
010512004	网架板				
010512005	折线板				
010512006	带肋板				
010512007	大型板				
010512008	沟盖板、井盖板、井圈	1. 单件体积 2. 安装高度 3. 混凝土强度等级 4. 砂浆强度等级、配合比	1. m³ 2. 块（套）	1. 以立方米计量，按设计图示尺寸以体积计算 2. 以块计量，按设计图示尺寸以数量计算	

注：(1) 以块、套计量，必须描述单件体积。
(2) 不带肋的预制遮阳板、雨篷板、挑檐板、栏板等，应按本表平板项目编码列项。
(3) 预制 F 形板、双 T 形板、单肋板和带反挑檐的雨篷板、挑檐板、遮阳板等，应按本表带肋板项目编码列项。
(4) 预制大型墙板、大型楼板、大型屋面板等，按本表中大型板项目编码列项。

13）预制混凝土楼梯

预制混凝土楼梯工程量清单项目设置、项目特征描述的内容、计量单位及工程量计算规则应按表 5-51 的规定执行。

表 5-51 预制混凝土楼梯（编号：010513）

项目编码	项目名称	项目特征	计量单位	工程量计算规则	工作内容
010513001	楼梯	1. 楼梯类型 2. 单件体积 3. 混凝土强度等级 4. 砂浆（细石混凝土）强度等级	1. m³ 2. 段	1. 以立方米计量，按设计图示尺寸以体积计算。扣除空心踏步板空洞体积 2. 以段计量，按设计图示以数量计算	1. 模板制作、安装、拆除、堆放、运输及清理模内杂物、刷隔离剂等 2. 混凝土制作、运输、浇筑、振捣、养护 3. 构件运输、安装 4. 砂浆制作、运输 5. 接头灌缝、养护

注：以块计量，必须描述单件体积。

14）其他预制构件

其他预制构件工程量清单项目设置、项目特征描述的内容、计量单位及工程量计算规则应按表 5-52 的规定执行。

表 5-52　其他预制构件(编号:010514)

项目编码	项目名称	项目特征	计量单位	工程量计算规则	工作内容
010514001	垃圾道、通风道、烟道	1. 单件体积 2. 混凝土强度等级 3. 砂浆强度等级	1. m³ 2. m² 3. 段(块、套)	1. 以立方米计量,按设计图示尺寸以体积计算。不扣除单个面积≤300 mm×300 mm的孔洞所占体积,扣除烟道、垃圾道、通风道的孔洞所占体积 2. 以平方米计量,按设计图示尺寸以面积计算。不扣除单个面积≤300 mm×300 mm的孔洞所占面积 3. 以根计量,按设计图示尺寸以数量计算	1. 模板制作、安装、拆除、堆放、运输及清理模内杂物、刷隔离剂等 2. 混凝土制作、运输、浇筑、振捣、养护 3. 构件运输、安装 4. 砂浆制作、运输 5. 接头灌缝、养护
010514002	其他构件	1. 单件体积 2. 构件的类型 3. 混凝土强度等级 4. 砂浆强度等级			

注:(1) 以块、根计量,必须描述单件体积。
　　(2) 预制钢筋混凝土小型池槽、压顶、扶手、垫块、隔热板、花格等,按本表中其他构件项目编码列项。

15) 钢筋工程

钢筋工程工程量清单项目设置、项目特征描述的内容、计量单位及工程量计算规则应按表 5-53 的规定执行。

表 5-53　钢筋工程(编号:010515)

项目编码	项目名称	项目特征	计量单位	工程量计算规则	工作内容
010515001	现浇构件钢筋	钢筋种类、规格	t	按设计图示钢筋(网)长度(面积)乘单位理论质量计算	1. 钢筋制作、运输 2. 钢筋安装 3. 焊接(绑扎)
010515002	预制构件钢筋				
010515003	钢筋网片				1. 钢筋网制作、运输 2. 钢筋网安装 3. 焊接(绑扎)
010515004	钢筋笼			按设计图示钢筋长度乘单位理论质量计算	1. 钢筋笼制作、运输 2. 钢筋笼安装 3. 焊接(绑扎)
010515005	先张法预应力钢筋	1. 钢筋种类、规格 2. 锚具种类			1. 钢筋制作、运输 2. 钢筋张拉
010515006	后张法预应力钢筋	1. 钢筋种类、规格 2. 钢丝种类、规格 3. 钢绞线种类、规格 4. 锚具种类 5. 砂浆强度等级		按设计图示钢筋(丝束、绞线)长度乘单位理论质量计算 1. 低合金钢筋两端采用螺杆锚具时,钢筋长度按孔道长度减 0.35 m计算,螺杆另行计算	1. 钢筋、钢丝、钢绞线制作、运输 2. 钢筋、钢丝、钢绞线安装 3. 预埋管孔道铺设 4. 锚具安装 5. 砂浆制作、运输 6. 孔道压浆、养护

续表 5-53

项目编码	项目名称	项目特征	计量单位	工程量计算规则	工作内容
010515007	预应力钢丝	1. 钢筋种类、规格 2. 钢丝种类、规格 3. 钢绞线种类、规格 4. 锚具种类 5. 砂浆强度等级	t	2. 低合金钢筋一端采用镦头插片、另一端采用螺杆锚具时,钢筋长度按孔道长度计算,螺杆另行计算 3. 低合金钢筋一端采用镦头插片、另一端采用帮条锚具时,钢筋增加 0.15 m 计算;两端均采用帮条锚具时,钢筋长度按孔道长度增加 0.3 m 计算 4. 低合金钢筋采用后张混凝土自锚时,钢筋长度按孔道长度增加 0.35 m 计算 5. 低合金钢筋(钢绞线)采用 JM、XM、QM 型锚具,孔道长度≤20 m 时,钢筋长度增加 1 m 计算,孔道长度>20 m 时,钢筋长度增加 1.8 m 计算 6. 碳素钢丝采用锥形锚具,孔道长度≤20 m 时,钢丝束长度按孔道长度增加 1 m 计算,孔道长度>20 m 时,钢筋束长度增加 1.8 m 计算 7. 碳素钢丝采用镦头锚具时,钢丝束长度按孔道长度增加 0.35 m 计算	1. 钢筋、钢丝、钢绞线制作、运输 2. 钢筋、钢丝、钢绞线安装 3. 预埋管孔道铺设 4. 锚具安装 5. 砂浆制作、运输 6. 孔道压浆、养护
010515008	预应力钢绞线				
010515009	支撑钢筋(铁马)	1. 钢筋种类 2. 规格		按钢筋长度乘单位理论质量计算	钢筋制作、焊接、安装
010515010	声测管	1. 材质 2. 规格型号		按设计图示尺寸以质量计算	1. 检测管截断、封头 2. 套管制作、焊接 3. 定位、固定

注:(1) 现浇构件中伸出构件的锚固钢筋应并入钢筋工程量内。除设计(包括规范规定)标明的搭接外,其他施工搭接不计算工程量,在综合单价中综合考虑。

(2) 现浇构件中固定位置的支撑钢筋、双层钢筋用的"铁马"在编制工程量清单时,如果设计未明确,其工程数量可为暂估量,结算时按现场签证数量计算。

16) 螺栓、铁件

螺栓、铁件工程量清单项目设置、项目特征描述的内容、计量单位及工程量计算规则应按表 5-54 的规定执行。

表 5-54　螺栓、铁件（编号：010516）

项目编码	项目名称	项目特征	计量单位	工程量计算规则	工作内容
010516001	螺栓	1. 螺栓种类 2. 规格	t	按设计图示尺寸以质量计算	1. 螺栓、铁件制作、运输 2. 螺栓、铁件安装
010516002	预埋铁件	1. 钢材种类 2. 规格 3. 铁件尺寸			
010516003	机械连接	1. 连接方式 2. 螺纹套筒种类 3. 规格	个	按数量计算	1. 钢筋套丝 2. 套筒连接

注：编制工程量清单时，如果设计未明确，其工程数量可为暂估算，实际工程量按现场签证数量计算。

17）相关问题及说明

（1）预制混凝土构件或预制钢筋混凝土构件，如施工图设计标注做法见标准图集时，项目特征注明标准图集的编码、页号及节点大样即可。

（2）现浇或预制混凝土和钢筋混凝土构件，不扣除构件内钢筋、螺栓、预埋铁件、张拉孔道所占体积，但应扣除劲性骨架的型钢所占体积。

5.10　木结构工程清单计价

1）木屋架

木屋架工程量清单项目设置、项目特征描述、计量单位及工程量计算规则应按表 5-55 的规定执行。

表 5-55　木屋架（编号：010701）

项目编码	项目名称	项目特征	计量单位	工程量计算规则	工作内容
010701001	木屋架	1. 跨度 2. 材料品种、规格 3. 刨光要求 4. 拉杆及夹板种类 5. 防护材料种类	1. 榀 2. m³	以榀计量，按设计图示以数量计算 以立方米计量，按设计图示以数量计算	1. 制作 2. 运输 3. 安装 4. 刷防护材料
010701001	钢木屋架	1. 跨度 2. 材料品种、规格 3. 刨光要求 4. 拉杆及夹板种类 5. 防护材料种类	榀	1. 以榀计量，按设计图示以数量计算	

注：（1）屋架的跨度应以上、下弦中心线两交点之间的距离计算。
　　（2）带气楼的屋架和马尾、折角以及正交部分的半屋架，按相关屋架项目编码列项。
　　（3）以榀计量，按标准图设计的应注明标准图代号，按非标准图设计的项目特征必须按本表要求加以描述。

2）木构件

木屋架工程量清单项目设置、项目特征描述、计量单位及工程量计算规则应按表 5-56 的规定执行。

表 5-56　木构件（编号：010702）

项目编码	项目名称	项目特征	计量单位	工程量计算规则	工作内容
010702001	木柱	1. 构件规格尺寸 2. 木材种类 3. 刨光要求 4. 防护材料种类	m³	按设计图示尺寸以体积计算	1. 制作 2. 运输 3. 安装 4. 刷防护材料
010702002	木梁		1. m³ 2. m	1. 以立方米计量,按设计图示尺寸以体积计算 2. 以米计量,按设计图示尺寸以长度计算	
010702003	木檩				
010702004	木楼梯	1. 楼梯形式 2. 木材种类 3. 刨光要求 4. 防护材料种类	m²	按设计图示尺寸以水平投影面积计算。不扣除宽度≤300 mm 的楼梯井,伸入墙内部分不计算	
010702005	其他木构件	1. 构件名称 2. 构件规格尺寸 3. 木材种类 4. 刨光要求 5. 防护材料种类	1. m³ 2. m	1. 以立方米计量,按设计图示尺寸以体积计算 2. 以米计量,按设计图示尺寸以长度计算	

注:(1) 木楼梯的栏杆(栏板)、扶手,应按本规范附录 Q 中的相关项目编码列项。
　　(2) 以米计量,项目特征必须描述构件规格尺寸。

3）屋面木基层

木屋架工程量清单项目设置、项目特征描述、计量单位及工程量计算规则应按表 5-57 的规定执行。

表 5-57　屋面木基层（编号：010703）

项目编码	项目名称	项目特征	计量单位	工程量计算规则	工作内容
010703001	屋面木基层	1. 椽子断面尺寸及椽距 2. 望板材料种类、厚度 3. 防护材料种类	m²	按设计图示尺寸以斜面积计算 不扣除房上烟囱、风帽底座、风道、小气窗、斜沟等所占面积。小气窗的出檐部分不增加面积	1. 椽子制作、安装 2. 望板制作、安装 3. 顺水条和挂瓦条制作、安装 4. 刷防护材料

注:(1) 屋架的跨度应以上、下弦中心线两交点之间的距离计算。
　　(2) 带气楼的屋架和马尾、折角以及正交部分的半屋架,按相关屋架项目编码列项。
　　(3) 以榀计量,按标准图设计的应注明标准图代号,按非标准图设计的项目特征必须按本表要求加以描述。

5.11　金属结构工程清单计价

1）钢网架

钢网架工程量清单项目设置、项目特征描述、计量单位及工程量计算规则应按表 5-58 的规定执行。

表 5-58　钢网架（编号：010601）

项目编码	项目名称	项目特征	计量单位	工程量计算规则	工作内容
010601001	钢网架	1. 钢材品种、规格 2. 网架节点形式、连接方式 3. 网架跨度、安装高度 4. 探伤要求 5. 防火要求	t	按设计图示尺寸以质量计算。不扣除孔眼的质量，焊条、铆钉等不另增加质量	1. 拼装 2. 安装 3. 探伤 4. 补刷油漆

2）钢屋架、钢托架、钢桁架、钢架桥

钢屋架、钢托架、钢桁架、钢架桥工程量清单项目设置、项目特征描述、计量单位及工程量计算规则应按表 5-59 的规定执行。

表 5-59　钢屋架、钢托架、钢桁架、钢架桥（编号：010602）

项目编码	项目名称	项目特征	计量单位	工程量计算规则	工作内容
010602001	钢屋架	1. 钢材品种、规格 2. 单榀质量 3. 安装高度 4. 螺栓种类 5. 探伤要求 6. 防火要求	1. 榀 2. t	1. 以榀计量，按设计图示以数量计算 2. 以吨计量，按设计图示尺寸以质量计算。不扣除孔眼的质量，焊条、铆钉、螺栓等不另增加质量	1. 拼装 2. 安装 3. 探伤 4. 补刷油漆
010602002	钢托架	1. 钢材品种、规格 2. 单榀质量 3. 安装高度 4. 螺栓种类 5. 探伤要求 6. 防火要求	t	按设计图示尺寸以质量计算。不扣除孔眼的质量，焊条、铆钉、螺栓等不另增加质量	
010602003	钢桁架				
010602004	钢架桥	1. 桥类型 2. 钢材品种、规格 3. 单榀质量 4. 安装高度 5. 螺栓种类 6. 防火要求			

注：以榀计量，按标准图设计的应注明标准图代号，按非标准图设计的项目特征必须描述单榀屋架的质量。

3）钢柱

钢柱工程量清单项目设置、项目特征描述、计量单位及工程量计算规则应按表 5-60 的规定执行。

表 5-60　钢柱（编号：010603）

项目编码	项目名称	项目特征	计量单位	工程量计算规则	工作内容
010603001	实腹钢柱	1. 柱类型 2. 钢材品种、规格 3. 单根柱质量 4. 螺栓种类 5. 探伤要求 6. 防火要求	t	按设计图示尺寸以质量计算。不扣除孔眼的质量，焊条、铆钉、螺栓等不另增加质量，依附在钢柱上的牛腿及悬臂梁等并入钢柱工程量内	1. 拼装 2. 安装 3. 探伤 4. 补刷油漆
010603002	空腹钢柱				
010603003	钢管柱	1. 钢材品种、规格 2. 单根柱质量 3. 螺栓种类 4. 探伤要求 5. 防火要求		按设计图示尺寸以质量计算。不扣除孔眼的质量，焊条、铆钉、螺栓等不另增加质量，钢管柱上的节点板、加强环、内衬管、牛腿等并入钢管柱工程量内	

注：(1) 实腹钢柱类型指十字、T、L、H 形等。
　　(2) 空腹钢柱类型指箱形、格构等。
　　(3) 型钢混凝土柱浇筑钢筋混凝土，其混凝土和钢筋应按本规范附录 E 混凝土及钢筋混凝土工程中相关项目编码列项。

4）钢梁

钢梁工程量清单项目设置、项目特征描述、计量单位及工程量计算规则应按表 5-61 的规定执行。

表 5-61　钢梁（编号：010604）

项目编码	项目名称	项目特征	计量单位	工程量计算规则	工作内容
010604001	钢梁	1. 梁类型 2. 钢材品种、规格 3. 单根质量 4. 螺栓种类 5. 安装高度 6. 探伤要求 7. 防火要求	t	按设计图示尺寸以质量计算。不扣除孔眼的质量，焊条、铆钉、螺栓等不另增加质量，制动梁、制动板、制动桁架、车挡并入钢吊车梁工程量内	1. 拼装 2. 安装 3. 探伤 4. 补刷油漆
010604002	钢吊车梁	1. 钢材品种、规格 2. 单根质量 3. 螺栓种类 4. 安装高度 5. 探伤要求 6. 防火要求			

注：(1) 梁类型指 H、L、T 形、箱形、格构式等。
　　(2) 型钢混凝土梁浇筑钢筋混凝土，其混凝土和钢筋应按本规范附录 E 混凝土及钢筋混凝土工程中相关项目编码列项。

5）钢板楼板、墙板

钢板楼板、墙板工程量清单项目设置、项目特征描述、计量单位及工程量计算规则应按表 5-62 的规定执行。

表 5-62　钢板楼板、墙板（编号：010605）

项目编码	项目名称	项目特征	计量单位	工程量计算规则	工作内容
010605001	钢板楼板	1. 钢材品种、规格 2. 钢板厚度 3. 螺栓种类 4. 防火要求	m²	按设计图示尺寸以铺设水平投影面积计算。不扣除单个面积≤0.3 m² 柱、垛及孔洞所占面积	1. 拼装 2. 安装 3. 探伤 4. 补刷油漆
010605002	钢板墙板	1. 钢材品种、规格 2. 钢板厚度、复合板厚度 3. 螺栓种类 4. 复合板夹芯材料种类、层数、型号、规格 5. 防火要求		按设计图示尺寸以铺挂展开面积计算。不扣除单个面积≤0.3 m² 的梁、孔洞所占面积,包角、包边、窗台泛水等不另加面积	

注：（1）钢板楼板上浇筑钢筋混凝土,其混凝土和钢筋应按本规范附录 E 混凝土及钢筋混凝土工程中相关项目编码列项。
　　（2）压型钢楼板按本表中钢板楼板项目编码列项。

6）钢构件

钢构件工程量清单项目设置、项目特征描述、计量单位及工程量计算规则应按表 5-63 的规定执行。

表 5-63　钢构件（编号：010606）

项目编码	项目名称	项目特征	计量单位	工程量计算规则	工作内容
010606001	钢支撑、钢拉条	1. 钢材品种、规格 2. 构件类型 3. 安装高度 4. 螺栓种类 5. 探伤要求 6. 防火要求			
010606002	钢檩条	1. 钢材品种、规格 2. 构件类型 3. 单根质量 4. 安装高度 5. 螺栓种类 6. 探伤要求 7. 防火要求	t	按设计图示尺寸以质量计算,不扣除孔眼的质量,焊条、铆钉、螺栓等不另增加质量	1. 拼装 2. 安装 3. 探伤 4. 补刷油漆
010606003	钢天窗架	1. 钢材品种、规格 2. 单榀质量 3. 安装高度 4. 螺栓种类 5. 探伤要求 6. 防火要求			

续表 5-63

项目编码	项目名称	项目特征	计量单位	工程量计算规则	工作内容
010606004	钢挡风架	1. 钢材品种、规格 2. 单榀质量 3. 螺栓种类 4. 探伤要求 5. 防火要求	t	按设计图示尺寸以质量计算,不扣除孔眼的质量,焊条、铆钉、螺栓等不另增加质量	1. 拼装 2. 安装 3. 探伤 4. 补刷油漆
010606005	钢墙架				
010606006	钢平台	1. 钢材品种、规格 2. 螺栓种类 3. 防火要求			
010606007	钢走道				
010606008	钢梯	1. 钢材品种、规格 2. 钢梯形式 3. 螺栓种类 4. 防火要求			
010606009	钢护栏	1. 钢材品种、规格 2. 防火要求			
010606010	钢漏斗	1. 钢材品种、规格 2. 漏斗、天沟形式 3. 安装高度 4. 探伤要求	t	按设计图示尺寸以质量计算,不扣除孔眼的质量,焊条、铆钉、螺栓等不另增加质量,依附漏斗或天沟的型钢并入漏斗或天沟工程量内	1. 拼装 2. 安装 3. 探伤 4. 补刷油漆
010606011	钢板天沟				
010606012	钢支架	1. 钢材品种、规格 2. 安装高度 3. 防火要求		按设计图示尺寸以质量计算,不扣除孔眼的质量,焊条、铆钉、螺栓等不另增加质量	
010606013	零星钢构件	1. 构件名称 2. 钢材品种、规格			

注:(1) 钢墙架项目包括墙架柱、墙架梁和连接杆件。
　　(2) 钢支撑、钢拉条类型指单式、复式;钢檩条类型指钢式、格构式;钢漏斗形式指方形、圆形;天沟形式指矩形沟或半圆形沟。
　　(3) 加工铁件等小型构件,按本表中零星钢构件项目编码列项。

7) 金属制品

金属制品工程量清单项目设置、项目特征描述、计量单位及工程量计算规则应按表 5-64 的规定执行。

表 5-64　金属制品(编号:010607)

项目编码	项目名称	项目特征	计量单位	工程量计算规则	工作内容
010607001	成品空调金属百叶护栏	1. 材料品种、规格 2. 边框材质	m²	按设计图示尺寸以框外围展开面积计算	1. 安装 2. 校正 3. 预埋铁件及安螺栓
010607002	成品栅栏	1. 材料品种、规格 2. 边框及立柱型钢品种、规格			1. 安装 2. 校正 3. 预埋铁件 4. 安螺栓及金属立柱

续表 5-64

项目编码	项目名称	项目特征	计量单位	工程量计算规则	工作内容
010607003	成品雨篷	1. 材料品种、规格 2. 雨篷宽度 3. 晾衣竿品种、规格	1. m 2. m²	1. 以米计量,按设计图示接触边以米计算 2. 以平方米计量,按设计图示尺寸以展开面积计算	1. 安装 2. 校正 3. 预埋铁件及安螺栓
010607004	金属网栏	1. 材料品种、规格 2. 边框及立柱型钢品种、规格		按设计图示尺寸以框外围展开面积计算	1. 安装 2. 校正 3. 安螺栓及金属立柱
010607005	砌块墙钢丝网加固	1. 材料品种、规格 2. 加固方式	m²	按设计图示尺寸以面积计算	1. 铺贴 2. 铆固
010607006	后浇带金属网				

注:抹灰钢丝网加固按本表中砌块墙钢丝加固项目编码列项。

8）相关问题及说明

（1）金属构件的切边,不规则及多边形钢板发生的损耗在综合单价中考虑。

（2）防火要求指耐火极限。

5.12 屋面及防水工程清单计价

1）瓦、型材及其他屋面

瓦、型材及其他屋面工程量清单项目设置、项目特征描述、计量单位及工程量计算规则应按表 5-65 的规定执行。

表 5-65　瓦、型材及其他屋面（编号:010901）

项目编码	项目名称	项目特征	计量单位	工程量计算规则	工作内容
010901001	瓦屋面	1. 瓦品种、规格 2. 粘结层砂浆的配合比		按设计图示尺寸以斜面积计算 不扣除房上烟囱、风帽底座、风道、小气窗、斜沟等所占面积。小气窗的出檐部分不增加面积	1. 砂浆制作、运输、摊铺、养护 2. 安瓦、作瓦脊
010901002	型材屋面	1. 型材品种、规格 2. 金属檩条材料品种、规格 3. 接缝、嵌缝材料种类	m²		1. 檩条制作、运输、安装 2. 屋面型材安装 3. 接缝、嵌缝
010901003	阳光板屋面	1. 阳光板品种、规格 2. 骨架材料品种、规格 3. 接缝、嵌缝材料种类 4. 油漆品种、刷漆遍数		按设计图示尺寸以斜面积计算 不扣除屋面面积小于等于0.3 m² 的孔洞所占面积	1. 清理基层 2. 面层制安 3. 嵌缝、塞口 4. 清洗

续表 5-65

项目编码	项目名称	项目特征	计量单位	工程量计算规则	工作内容
010901004	玻璃钢屋面	1. 玻璃钢品种、规格 2. 骨架材料品种、规格 3. 玻璃钢固定方式 4. 接缝、嵌缝材料种类 5. 油漆品种、刷漆遍数	m²	按设计图示尺寸以斜面积计算 不扣除屋面面积小于等于 0.3 m² 的孔洞所占面积	1. 骨架制作、运输、安装、刷防护材料、油漆 2. 玻璃钢制作、安装 3. 接缝、嵌缝
010901005	膜结构屋面	1. 膜布品种、规格 2. 支柱(网架)钢材品种、规格 3. 钢丝绳品种、规格 4. 锚固基座做法 5. 油漆品种、刷漆遍数	m²	按设计图示尺寸以膜布展开面积计算	1. 膜布热压胶接 2. 支柱(网架)制作、安装 3. 膜布安装 4. 穿钢丝绳、锚头锚固 5. 锚固基座挖土、回填 6. 刷防护材料、油漆

注:(1) 瓦屋面若是在木基层上铺瓦,项目特征不必描述粘结层砂浆的配合比,瓦屋面铺防水层,按本附录表 J.2 屋面防水及其他相关项目编码列项。
(2) 型材屋面,阳光板屋面,玻璃钢屋面的柱、梁、屋架,按本规范附录 F 金属结构工程、附录 G 木结构工程中相关项目编码列项。

2)屋面防水及其他

屋面防水及其他工程量清单项目设置、项目特征描述、计量单位及工程量计算规则应按表 5-66 的规定执行。

表 5-66　屋面防水及其他(编号:010902)

项目编码	项目名称	项目特征	计量单位	工程量计算规则	工作内容
010902001	屋面卷材防水	1. 卷材品种、规格、厚度 2. 防水层数 3. 防水层做法	m²	按设计图示尺寸以面积计算 1. 斜屋顶(不包括平屋顶找坡)按斜面积计算,平屋顶按水平投影面积计算	1. 基层处理 2. 刷底油 3. 铺油毡卷材、接缝
010902002	屋面涂膜防水	1. 防水膜品种 2. 涂膜厚度、遍数 3. 增强材料种类	m²	2. 不扣除房上烟囱、风帽底座、风道、屋面小气窗和斜沟所占面积 3. 屋面的女儿墙、伸缩缝和天窗等处的弯起部分,并入屋面工程量内	1. 基层处理 2. 刷基层处理剂 3. 铺布、喷涂防水层
010902003	屋面刚性层	1. 刚性层厚度 2. 混凝土种类 3. 混凝土强度等级 4. 嵌缝材料种类 5. 钢筋规格、型号		按设计图示尺寸以面积计算。不扣除房上烟囱、风帽底座、风道等所占面积	1. 基层处理 2. 混凝土制作、运输、铺筑、养护 3. 钢筋制安
010902004	屋面排水管	1. 排水管品种、规格 2. 雨水斗、上墙出水口品种、规格 3. 接缝、嵌缝材料种类 4. 油漆品种、刷漆遍数	m	按设计图示尺寸以长度计算。如设计为标注尺寸,以檐口至设计室外散水上表面垂直距离计算	1. 排水管及配件安装、固定 2. 雨水斗、上墙出水口、雨水篦子安装 3. 接缝、嵌缝 4. 刷漆

续表 5-66

项目编码	项目名称	项目特征	计量单位	工程量计算规则	工作内容
010902005	屋面排(透)气管	1. 排(透)气管品种、规格 2. 接缝、嵌缝材料种类 3. 油漆品种、刷漆遍数	m	按设计图示尺寸以长度计算	1. 排(透)气管及配件安装、固定 2. 铁件制作、安装 3. 接缝、嵌缝 4. 刷漆
010902006	屋面(廊、阳台)泄(吐)水管	1. 泄(吐)水管品种、规格 2. 接缝、嵌缝材料种类 3. 泄(吐)水管长度 4. 油漆品种、刷漆遍数	根(个)	按设计图示以数量计算	1. 水管及配件安装、固定 2. 接缝、嵌缝 3. 刷漆
010902007	屋面天沟、檐沟	1. 材料品种、规格 2. 接缝、嵌缝材料种类	m	按设计图示尺寸以长度计算	1. 天沟材料铺设 2. 天沟配件安装 3. 接缝、嵌缝 4. 刷防护材料
010902008	屋面变形缝	1. 嵌缝材料种类 2. 止水带材料种类 3. 盖缝材料 4. 防护材料种类	m	按设计图示以长度计算	1. 清缝 2. 填塞防水材料 3. 止水带安装 4. 盖缝制作、安装 5. 刷防护材料

注:(1) 屋面刚性层无钢筋,其钢筋项目特征不必描述。
　　(2) 屋面找平层按本规范附录 L 楼地面装饰工程"平面砂浆找平层"项目编码列项。
　　(3) 屋面防水搭接及附加层用量不另行计算,在综合单价中考虑。
　　(4) 屋面保温找坡层按本规范附录 K 保温、隔热、防腐工程"保温隔热屋面"项目编码列项。

3) 墙面防水、防潮

墙面防水、防潮工程量清单项目设置、项目特征描述、计量单位及工程量计算规则应按表 5-67 的规定执行。

表 5-67　墙面防水、防潮(编号:010903)

项目编码	项目名称	项目特征	计量单位	工程量计算规则	工作内容
010903001	墙面卷材防水	1. 卷材品种、规格、厚度 2. 防水层数 3. 防水层做法	m²	按设计图示尺寸以面积计算	1. 基层处理 2. 刷粘结剂 3. 铺防水卷材 4. 接缝、嵌缝
010903002	墙面涂膜防水	1. 防水膜品种 2. 涂膜厚度、遍数 3. 增强材料种类	m²	按设计图示尺寸以面积计算	1. 基层处理 2. 刷基层处理剂 3. 铺布、喷涂防水层
010903003	墙面砂浆防水(防潮)	1. 防水层做法 2. 砂浆厚度、配合比 3. 钢丝网规格			1. 基层处理 2. 挂钢丝网片 3. 设置分格缝 4. 砂浆制作、运输、摊铺、养护
010903004	墙面变形缝	1. 嵌缝材料种类 2. 止水带材料种类 3. 盖缝材料 4. 防护材料种类	m	按设计图示以长度计算	1. 清缝 2. 填塞防水材料 3. 止水带安装 4. 盖缝制作、安装 5. 刷防护材料

注:(1) 墙面防水搭接及附加层用量不另行计算,在综合单价中考虑。
　　(2) 墙面变形缝,若做双面,工程量乘系数 2。
　　(3) 墙面找平层按本规范附录 M 墙、柱面装饰与隔断、幕墙工程"立面砂浆找平层"项目编码列项。

4) 楼（地）面防水、防潮

楼（地）面防水、防潮工程量清单项目设置、项目特征描述、计量单位及工程量计算规则应按表5-68的规定执行。

表5-68　楼（地）面防水、防潮（编号：010904）

项目编码	项目名称	项目特征	计量单位	工程量计算规则	工作内容
010904001	楼（地）面卷材防水	1. 卷材品种、规格、厚度 2. 防水层数 3. 防水层做法 4. 反边高度	m²	按设计图示尺寸以面积计算 1. 楼（地）面防水：按主墙间净空面积计算，扣除凸出地面的构筑物、设备基础等所占面积，不扣除间壁墙及单个面积≤0.3 m²柱、垛、烟囱和孔洞所占面积 2. 楼（地）面防水反边高度≤300 mm算作地面防水，反边高度＞300 mm按墙面防水计算	1. 基层处理 2. 刷粘结剂 3. 铺防水卷材 4. 接缝、嵌缝
010904002	楼（地）面涂膜防水	1. 防水膜品种 2. 涂膜厚度、遍数 3. 增强材料种类 4. 反边高度			1. 基层处理 2. 刷基层处理剂 3. 铺布、喷涂防水层
010904003	楼（地）面砂浆防水（防潮）	1. 防水层做法 2. 砂浆厚度、配合比 3. 反边高度			1. 基层处理 2. 砂浆制作、运输、摊铺、养护
010904004	楼（地）面变形缝	1. 嵌缝材料种类 2. 止水带材料种类 3. 盖缝材料 4. 防护材料种类	m	按设计图示以长度计算	1. 清缝 2. 填塞防水材料 3. 止水带安装 4. 盖缝制作、安装 5. 刷防护材料

注：(1) 楼（地）面防水找平层按本规范附录L楼地面装饰工程"平面砂浆找平层"项目编码列项。
　　(2) 楼（地）面防水搭接及附加层用量不另行计算，在综合单价中考虑。

例题5-8　工程屋面如图5-4所示，设计为：水泥珍珠岩块保温层最薄处80 mm厚，1：3水泥砂浆找平层20 mm厚，三元乙丙橡胶卷材防水层（满铺），女儿墙四周弯起高度为300 mm。试计算屋面防水清单工程量。

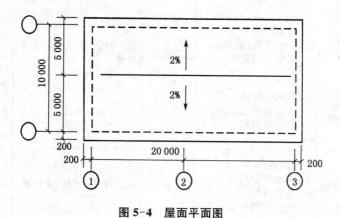

图5-4　屋面平面图

解答　屋面卷材防水清单工程量 $S = 20 \times 10 + 0.3 \times (20 + 10) \times 2 = 218(\text{m}^2)$

5.13 保温、隔热、防腐工程清单计价

1）保温、隔热

保温、隔热工程量清单项目设置、项目特征描述、计量单位及工程量计算规则应按表5-69的规定执行。

表5-69 保温、隔热（编号：011001）

项目编码	项目名称	项目特征	计量单位	工程量计算规则	工作内容
011001001	保温隔热屋面	1. 保温隔热材料品种、规格、厚度 2. 隔气层材料品种、厚度 3. 粘结材料种类、做法 4. 防护材料种类、做法		按设计图示尺寸以面积计算。扣除面积＞0.3 m²孔洞及所占面积	1. 基层清理 2. 刷粘结材料 3. 铺粘保温层 4. 铺、刷（喷）防护材料
011001002	保温隔热天棚	1. 保温隔热面层材料品种、规格、性能 2. 保温隔热材料品种、规格及厚度 3. 粘结材料种类及做法 4. 防护材料种类及做法		按设计图示尺寸以面积计算。扣除面积＞0.3 m²上柱、垛、孔洞所占面积，与天棚相连的梁按展开面积计算，并入天棚工程量内	
011001003	保温隔热墙面	1. 保温隔热部位 2. 保温隔热方式 3. 踢脚线、勒脚线保温做法	m²	按设计图示尺寸以面积计算。扣除门窗洞口以及面积＞0.3 m²梁、孔洞所占面积；门窗洞口侧壁以及与墙相连的柱，并入保温墙体工程量内	1. 基层清理 2. 刷界面剂 3. 安装龙骨
011001004	保温柱、梁、墙	4. 龙骨材料品种、规格 5. 保温隔热面层材料品种、规格、性能 6. 保温隔热材料品种、规格及厚度 7. 增强网及抗裂防水砂浆种类 8. 粘结材料种类及做法 9. 防护材料种类及做法		按设计图示尺寸以面积计算 1. 柱按设计图示柱断面保温层中心线展开长度乘保温层高度以面积计算，扣除面积＞0.3 m²梁所占面积 2. 梁按设计图示梁断面保温层中心线展开长度乘保温层长度以面积计算	4. 填贴保温材料 5. 保温板安装 6. 粘贴面层 7. 铺设增强格网，抹抗裂、防水砂浆面层 8. 嵌缝 9. 铺、刷（喷）防护材料
011001005	保温隔热楼地面	1. 保温隔热部位 2. 保温隔热材料品种、规格、厚度 3. 隔气层材料品种、厚度 4. 粘结材料种类、做法 5. 防护材料种类、做法	m²	按设计图示尺寸以面积计算。扣除面积＞0.3 m²柱、垛、孔洞等所占面积。门洞、空圈、暖气包槽、壁龛的开口部分不增加面积	1. 基层清理 2. 刷粘结材料 3. 铺粘保温层 4. 铺、刷（喷）防护材料

续表 5-69

项目编码	项目名称	项目特征	计量单位	工程量计算规则	工作内容
011001006	其他保温隔热	1. 保温隔热部位 2. 保温隔热方式 3. 隔气层材料品种、厚度 4. 保温隔热面层材料品种、规格、性能 5. 保温隔热材料品种、规格及厚度 6. 粘结材料种类及做法 7. 增强网及抗裂防水砂浆种类 8. 防护材料种类及做法	m²	按设计图示尺寸以展开面积计算。扣除面积>0.3 m²孔洞及占位面积	1. 基层清理 2. 刷界面剂 3. 安装龙骨 4. 填贴保温材料 5. 保温板安装 6. 粘贴面层 7. 铺设增强格网、抹抗裂防水砂浆面层 8. 嵌缝 9. 铺、刷(喷)防护材料

注:(1) 保温隔热装饰面层,按本规范附录 L、M、N、P、Q 中相关项目编码列项;仅做找平层按本规范附录 L 楼地面装饰工程"平面砂浆找平层"或附录 M 墙、柱面装饰与隔断、幕墙工程"立面砂浆找平层"项目编码列项。

(2) 柱帽保温隔热应并入天棚保温隔热工程量内。

(3) 池槽保温隔热应按其他保温隔热项目编码列项。

(4) 保温隔热方式:指内保温、外保温、夹心保温。

(5) 保温柱、梁适用于不与墙、天棚相连的独立柱、梁。

2)防腐面层

防腐面层工程量清单项目设置、项目特征描述、计量单位及工程量计算规则应按表 5-70 的规定执行。

表 5-70　防腐面层(编号:011002)

项目编码	项目名称	项目特征	计量单位	工程量计算规则	工作内容
011002001	防腐混凝土面层	1. 防腐部位 2. 面层厚度 3. 混凝土种类 4. 胶泥种类、配合比	m²	按设计图示尺寸以面积计算 1. 平面防腐:扣除凸出地面的构筑物、设备基础等以及面积>0.3 m²孔洞、柱、垛等所占面积,门洞、空圈、暖气包槽、壁龛的开口部分不增加面积 2. 立面防腐:扣除门、窗、洞口以及面积>0.3 m²孔洞、梁所占面积,门、窗、洞口侧壁、垛突出部分按展开面积并入墙面积内	1. 基层清理 2. 基层刷稀胶泥 3. 混凝土制作、运输、摊铺、养护
011002002	防腐砂浆面层	1. 防腐部位 2. 面层厚度 3. 砂浆、胶泥种类、配合比			1. 基层清理 2. 基层刷稀胶泥 3. 砂浆制作、运输、摊铺、养护
011002003	防腐胶泥面层	1. 防腐部位 2. 面层厚度 3. 胶泥种类、配合比			1. 基层清理 2. 胶泥调制、摊铺
011002004	玻璃钢防腐面层	1. 防腐部位 2. 玻璃钢种类 3. 贴布材料的种类、层数 4. 面层材料品种			1. 基层清理 2. 刷底漆、刮腻子 3. 胶浆配制、涂刷 4. 粘布、涂刷面层

续表 5-70

项目编码	项目名称	项目特征	计量单位	工程量计算规则	工作内容
011002005	聚氯乙烯板面层	1. 防腐部位 2. 面层材料品种、厚度 3. 粘结材料种类			1. 基层清理 2. 配料、涂胶 3. 聚氯乙烯板铺设
011002006	块料防腐面层	1. 防腐部位 2. 块料品种、规格 3. 粘结材料种类 4. 勾缝材料种类			1. 基层清理 2. 铺贴块料 3. 胶泥调制、勾缝
011002007	池、槽块料防腐面层	1. 防腐池、槽名称、代号 2. 块料品种、规格 3. 粘结材料种类 4. 勾缝材料种类	m²	按设计图示尺寸以展开面积计算	1. 基层清理 2. 铺贴块料 3. 胶泥调制、勾缝

注:防腐踢脚线,应按本规范附录 L 楼地面装饰工程"踢脚线"项目编码列项。

3)其他防腐

其他防腐工程量清单项目设置、项目特征描述、计量单位及工程量计算规则应按表 5-71 的规定执行。

表 5-71　其他防腐(编号:011003)

项目编码	项目名称	项目特征	计量单位	工程量计算规则	工作内容
011003001	隔离层	1. 隔离层部位 2. 隔离层材料品种 3. 隔离层做法 4. 粘贴材料种类	m²	按设计图示尺寸以面积计算 1. 平面防腐:扣除凸出地面的构筑物、设备基础等以及面积>0.3 m² 孔洞、柱、垛等所占面积,门洞、空圈、暖气包槽、壁龛的开口部分不增加面积 2. 立面防腐:扣除门、窗、洞口以及面积>0.3 m² 孔洞、梁所占面积,门、窗、洞口侧壁、垛突出部分按展开面积并入墙面积内	1. 基层清理、刷油 2. 煮沥青 3. 胶泥调制 4. 隔离层铺设
011003002	砌筑沥青浸渍砖	1. 砌筑部位 2. 浸渍砖规格 3. 胶泥种类 4. 浸渍砖砌法	m³	按设计图示尺寸以体积计算	1. 基层清理 2. 胶泥调制 3. 浸渍砖铺砌

续表 5-71

项目编码	项目名称	项目特征	计量单位	工程量计算规则	工作内容
011003003	防腐涂料	1. 涂刷部位 2. 基层材料类型 3. 刮腻子的种类、遍数 4. 涂料品种、刷涂遍数	m²	按设计图示尺寸以面积计算 1. 平面防腐:扣除凸出地面的构筑物、设备基础等以及面积＞0.3 m²孔洞、柱、垛等所占面积,门洞、空圈、暖气包槽、壁龛的开口部分不增加面积 2. 立面防腐:扣除门、窗、洞口以及面积＞0.3 m²孔洞、梁所占面积,门、窗、洞口侧壁及垛突出部分按展开面积并入墙面积内	1. 基层清理 2. 刮腻子 3. 刷涂料

注:浸渍砖砌法指平砌、立砌。

例题 5-9 依据例题 5-8 所提供的资料,编制保温隔热工程量清单。

解答 保温隔热工程清单工程量 $S = 20 \times 10 = 200(\text{m}^2)$

表 5-72 分部分项工程量清单

序号	项目编码	项目名称	项目特征描述	计量单位	工程数量
1	011001001001	保温隔热屋面	1. 保温隔热材料:水泥珍珠岩块 2. 保温层厚度:80 mm	m²	200

例题 5-10 根据例题 5-9 保温隔热屋面的工程量清单,假定人材机市场单价与预算单价相等,试计算该清单的综合单价。

解答 屋面保温层平均厚度 $h_{\text{平}} = h + a\% \times A \div 2 = 0.08 + 2\% \times 5 \div 2 = 0.13(\text{m})$

保温隔热的定额工程量 $V = 20 \times 10 \times 0.13 = 26(\text{m}^3)$

综合单价见表 5-73。

表 5-73　分部分项工程量清单综合单价计算表

项目编码	011001001001	项目名称	保温隔热屋面	计量单位	m²	数量	200

清单综合单价组成明细

定额编号	定额名称	定额单位	数量	单价				合价			
				人工费	材料费	机械费	管理费和利润	人工费	材料费	机械费	管理费和利润
A6-5	水泥珍珠岩块屋面保温	10 m³	2.6	444.44	3324.88	0	42.01%	1 155.54	8 644.69	0	485.44
			小计					1 155.54	8 644.69	0	485.44
	清单项目综合单价							51.43	单位	元/m²	

5.14　措施项目清单计价

1）脚手架工程

脚手架工程工程量清单项目设置、项目特征描述的内容、计量单位及工程量计算规则应按表 5-74 的规定执行。

表 5-74　脚手架工程（编号：011701）

项目编码	项目名称	项目特征	计量单位	工程量计算规则	工作内容
011701001	综合脚手架	1. 建筑结构形式 2. 檐口高度	m²	按建筑面积计算	1. 场内、场外材料搬运 2. 搭、拆脚手架、斜道、上料平台 3. 安全网的铺设 4. 选择附墙点与主体连接 5. 测试电动装置、安全锁等 6. 拆除脚手架后材料的堆放
011701002	外脚手架	1. 搭设方式 2. 搭设高度 3. 脚手架材质	m²	按所服务对象的垂直投影面积计算	1. 场内、场外材料搬运 2. 搭、拆脚手架、斜道、上料平台 3. 安全网的铺设 4. 拆除脚手架后材料的堆放
011701003	里脚手架				
011701004	悬空脚手架	1. 搭设方式 2. 悬挑宽度 3. 脚手架材质		按搭设的水平投影面积计算	
011701005	挑脚手架		m	按搭设长度乘以搭设层数以延长米计算	
011701006	满堂脚手架	1. 搭设方式 2. 搭设高度 3. 脚手架材质	m²	按搭设的水平投影面积计算	

续表 5-74

项目编码	项目名称	项目特征	计量单位	工程量计算规则	工作内容
011701007	整体提升架	1. 搭设方式及启动装置 2. 搭设高度	m²	按所服务对象的垂直投影面积计算	1. 场内、场外材料搬运 2. 选择附墙点与主体连接 3. 搭、拆脚手架、斜道、上料平台 4. 安全网的铺设 5. 测试电动装置、安全锁等 6. 拆除脚手架后材料的堆放
011701008	外装饰吊篮	1. 升降方式及启动装置 2. 搭设高度及吊篮型号	m²	按所服务对象的垂直投影面积计算	1. 场内、场外材料搬运 2. 吊篮的安装 3. 测试电动装置、安全锁、平衡控制器等 4. 吊篮的拆卸

注:(1) 使用综合脚手架时,不再使用外脚手架、里脚手架等单项脚手架;综合脚手架适用于能够按"建筑面积计算规则"计算建筑面积的建筑工程脚手架,不适用于房屋加层、构筑物及附属工程脚手架。

(2) 同一建筑物有不同檐高时,按建筑物竖向切面分别按不同檐高编列清单项目。

(3) 整体提升架已包括 2 m 高的防护架体设施。

(4) 脚手架材质可以不描述,但应注明由投标人根据工程实际情况按照国家现行标准《建筑施工扣件式钢管脚手架安全描述规范》(JGJ 130)、《建筑施工附着升降脚手架管理暂行规定》(建建〔2000〕230号)等规范自行确定。

2) 混凝土模板及支架(撑)

混凝土模板及支架工程量清单项目设置、项目特征描述的内容、计量单位及工程量计算规则应按表 5-75 的规定执行。

表 5-75　混凝土模板及支架(撑)(编号:011702)

项目编码	项目名称	项目特征	计量单位	工程量计算规则	工作内容
011702001	基础	基础类型	m²	按模板与现浇混凝土构件的接触面积计算 1. 现浇钢筋混凝土墙、板单孔面积≤0.3 m² 的孔洞不予扣除,洞侧壁模板亦不增加;单孔面积>0.3 m² 时应扣除,洞侧壁模板面积并入墙、板工程量内计算 2. 现浇框架分别按梁、板、柱有关规定计算;附墙柱、暗梁、暗柱并入墙内工程量内计算	1. 模板制作 2. 模板安装、拆除、整理堆放及场内外运输 3. 清理模板粘结物及模内杂物、刷隔离剂等
011702002	矩形柱				
011702003	构造柱				
011702004	异形柱	柱截面形状			
011702005	基础梁	梁截面形状			
011702006	矩形梁	支撑高度			
011702007	异形梁	1. 梁截面形状 2. 支撑高度			

续表 5-75

项目编码	项目名称	项目特征	计量单位	工程量计算规则	工作内容
011702008	圈梁		m²	3. 柱、梁、墙、板相互连接的重叠部分面积在0.3 m²以内的,均不扣除模板面积 4. 构造柱按图示外露部分计算模板面积	
011702009	过梁				
011702010	弧形、拱形梁	1. 梁截面形状 2. 支撑高度			
011702011	直形墙			按模板与现浇混凝土构件的接触面积计算 1. 现浇钢筋混凝土墙、板单孔面积≤0.3 m²的孔洞不予扣除,洞侧壁模板亦不增加;单孔面积>0.3 m²时应予扣除,洞侧壁模板面积并入墙、板工程量内计算 2. 现浇框架分别按梁、板、柱有关规定计算;附墙柱、暗梁、暗柱并入墙内工程量内计算 3. 柱、梁、墙、板相互连接的重叠部分面积在0.3 m²以内的,均不扣除模板面积 4. 构造柱按图示外露部分计算模板面积	
011702012	弧形墙				
011702013	短肢剪力墙、电梯井壁				
011702014	有梁板	支撑高度			1. 模板制作 2. 模板安装、拆除、整理、堆放及场内外运输 3. 清理模板粘结物及模内杂物、刷隔离剂等
011702015	无梁板				
011702016	平板				
011702017	拱板				
011702018	薄壳板				
011702019	空心板				
011702020	其他板				
011702021	栏板		m²		
011702022	天沟、檐沟	构件类型		按模板与现浇混凝土构件的接触面积计算	
011702023	雨篷、悬挑板、阳台板	1. 构件类型 2. 板厚度		按图示外挑部分尺寸的水平投影面积计算,挑出墙外的悬臂梁及板边不另计算	
011702024	楼梯	类型		按楼梯(包括休息平台、平台梁、斜梁和楼层板的连接梁)的水平投影面积计算,不扣除宽度≤500 mm的楼梯井所占面积,楼梯踏步、踏步板、平台梁等侧面模板不另计算,伸入墙内部分亦不增加	
011702025	其他现浇构件	构件类型		按模板与现浇混凝土构件的接触面积计算	
011702026	电缆沟、地沟	1. 沟类型 2. 沟截面		按模板与电缆沟、地沟的接触面积计算	

续表 5-75

项目编码	项目名称	项目特征	计量单位	工程量计算规则	工作内容
011702027	台阶	台阶踏步宽	m²	按图示台阶水平投影面积计算,台阶端头两侧不另计算模板面积。架空式混凝土台阶,按现浇楼梯计算	
011702028	扶手	扶手断面尺寸		按模板与扶手的接触面积计算	
011702029	后浇带	后浇带部位		按模板与后浇带的接触面积计算	
011702030	化粪池	1. 化粪池部位 2. 化粪池规格		按模板与混凝土接触面积计算	
011702031	检查井	1. 检查井部位 2. 检查井规格		按模板与混凝土接触面积计算	

注:(1) 原槽浇灌的混凝土基础,不计算模板。
　　(2) 混凝土模板及支撑(架)项目,只适用于以平方米计量,按模板与混凝土构件的接触面积计算。以立方米计量的模板及支撑(支架),按混凝土及钢筋混凝土实体项目执行,其综合单价中应包含模板及支撑(支架)。
　　(3) 采用清水模板时,应在特征中注明。
　　(4) 若现浇混凝土梁、板支撑高度超过 3.6 m 时,项目特征应描述支撑高度。

3) 垂直运输

垂直运输工程量清单项目设置、项目特征描述的内容、计量单位及工程量计算规则应按表 5-76 的规定执行。

表 5-76　垂直运输(编号:011703)

项目编码	项目名称	项目特征	计量单位	工程量计算规则	工作内容
011703001	垂直运输	1. 建筑物建筑类型及结构形式 2. 地下室建筑面积 3. 建筑物檐口高度、层数	1. m² 2. 天	1. 按建筑面积计算 2. 按施工工期日历天数计算	1. 垂直运输机械的固定装置、基础制作、安装 2. 行走式垂直运输机械轨道的铺设、拆除、摊销

注:(1) 建筑物的檐口高度是指设计室外地坪至檐口滴水的高度(平屋顶系指屋面板底高度),突出主体建筑物屋顶的电梯机房、楼梯出口间、水箱间、瞭望塔、排烟机房等不计入檐口高度。
　　(2) 垂直运输指施工工程在合理工期内所需垂直运输机械。
　　(3) 同一建筑物有不同檐高时,按建筑物的不同檐高做纵向分割,分别计算建筑面积,以不同檐高分别编码列项。

4) 超高施工增加

超高施工增加工程量清单项目设置、项目特征描述的内容、计量单位及工程量计算规则应按表 5-77 的规定执行。

表 5-77　超高施工增加(编号:011704)

项目编码	项目名称	项目特征	计量单位	工程量计算规则	工作内容
011704001	超高施工增加	1. 建筑物建筑类型及结构形式 2. 建筑物檐口高度、层数 3. 单层建筑物檐口高度超过 20 m,多层建筑物超过 6 层部分的建筑面积	m²	按建筑物超高部分的建筑面积计算	1. 建筑物超高引起的人工工效降低以及由于人工工效降低引起的机械降效 2. 高层施工用水加压水泵的安装、拆除及工作台班 3. 通讯联络设备的使用及摊销

注:(1) 单层建筑物檐口高度超过 20 m,多层建筑物超过 6 层时,可按超高部分的建筑面积计算超高施工增加。计算层数时,地下室不计入层数。

(2) 同一建筑物有不同檐高时,可按不同高度的建筑面积分别计算建筑面积,以不同檐高分别编码列项。

5) 大型机械设备进出场及安拆

大型机械设备进出场及安拆工程量清单项目设置、项目特征描述的内容及计量单位及工程量计算规则应按表 5-78 的规定执行。

表 5-78　大型机械设备进出场及安拆(编号:011705)

项目编码	项目名称	项目特征	计量单位	工程量计算规则	工作内容
011705001	大型机械设备进出场及安拆	1. 机械设备名称 2. 机械设备规格型号	台次	按使用机械设备的数量计算	1. 安拆费包括施工机械、设备在现场进行安装拆卸所需人工、材料、机械和试运转费用以及机械辅助设施的折旧、搭设、拆除等费用 2. 进出场费包括施工机械、设备整体或分体自停放地点运至施工现场或由一施工地点运至另一施工地点所发生的运输、装卸、辅助材料等费用

6) 施工排水、降水

施工排水、降水工程量清单项目设置、项目特征描述的内容、计量单位及工程量计算规则应按表 5-79 的规定执行。

表 5-79　施工排水、降水（编号：011706）

项目编码	项目名称	项目特征	计量单位	工程量计算规则	工作内容
011706001	成井	1. 成井方式 2. 地层情况 3. 成井直径 4. 井（滤）管类型、直径	m	按设计图示尺寸以钻孔深度计算	1. 准备钻孔机械、埋设护筒、钻机就位；泥浆制作、固壁；成孔、出渣、清孔等 2. 对接上、下井管（滤管），焊接，安放，下滤料，洗井，连接试抽等
011706002	排水、降水	1. 机械规格型号 2. 降排水管规格	昼夜	按排水、降水日历天数计算	1. 管道安装、拆除，场内搬运等 2. 抽水、降水设备维修等

注：相应专项设计不具备时，可按暂估量计算。

7）安全文明施工及其他措施项目

安全文明施工及其他措施项目工程量清单项目设置、计量单位、工作内容及包含范围应按表 5-80 的规定执行。

表 5-80　安全文明施工及其他措施项目（编号：011707）

项目编码	项目名称	工作内容及包括范围
011707001	安全文明施工	1. 环境保护：现场施工机械设备降低噪音、防扰民措施；水泥和其他易飞扬细颗粒建筑材料密闭存放或采取覆盖措施等；工程防扬尘洒水；土石方、建渣外运车辆防护措施等；现场污染源的控制、生活垃圾清理外运、场地排水排污措施；其他环境保护措施，本省除垃圾外运另行计算外，其他包括在按费率计算的安全文明施工费中。 2. 文明施工："五牌一图"；现场围挡的墙面美化（包括内外粉刷、刷白、标语等）、压顶装饰；现场厕所便槽刷白、贴面砖，水泥砂浆地面或地砖，建筑物内临时便溺设施；其他施工现场临时设施的装饰装修、美化措施；现场生活卫生设施；符合卫生要求的饮水设备、淋浴、消毒等设施；生活用洁净燃料；防煤气中毒、防蚊虫叮咬等措施；施工现场操作场地的硬化；现场绿化、治安综合治理；现场配备医药保健器材、物品和急救人员培训；现场工人的防暑降温、电风扇、空调等设备及用电；其他文明施工措施 3. 安全施工：安全资料、特殊作业专项方案的编制，安全施工标志的购置及安全宣传；"三宝"（安全帽、安全带、安全网）、"四口"（楼梯口、电梯井口、通道口、预留洞口）、"五临边"（阳台围边、楼板围边、屋面围边、槽坑围边、卸料平台两侧），水平防护架、垂直防护架、外架封闭等防护；施工安全用电，包括配电箱三级配电、两级保护装置要求、外电防护措施；起重机、塔吊等起重设备（含井架、门架）、外用电梯的安全防护措施（含警示标志）及卸料平台的临边防护、层间安全门、防护棚等设施；建筑工地起重机械的检验检测；施工机具防护棚及其围栏的安全保护设施；施工安全防护通道；工人的安全防护用品、用具购置；消防设施与消防器材的配置；电气保护、安全照明设施；其他安全防护措施，本省除建筑物四周垂直封闭安全网另行计算外，其他包括在按费率计算的安全文明施工费中。

续表 5-80

项目编码	项目名称	工作内容及包括范围
011707001	安全文明施工	4. 临时设施：施工现场采用彩色、定型钢板，砖、混凝土砌块等围挡的安砌、维修、拆除；施工现场临时建筑物、构筑物的搭设、维修、拆除，如临时宿舍、办公室、食堂、厨房、厕所、诊疗所、文化福利用房、仓库、加工场、搅拌台、简易水塔、水池等；施工现场临时设施的搭设、维修、拆除，如临时供水管道、临时供电管线、小型临时设施等；施工现场规定范围内临时简易道路铺设，临时排水沟、排水设施安砌、维修、拆除；其他临时设施搭设、维修、拆除
011707002	夜间施工	1. 夜间固定照明灯具和临时可移动照明灯具的设置、拆除 2. 夜间施工时，施工现场交通标志、安全标牌、警示灯等的设置、移动、拆除 3. 包括夜间照明设备摊销及照明用电、施工人员夜班补助、夜间施工劳动效率降低等
011707003	非夜间施工照明	为保证工程施工正常进行，在地下室等特殊施工部位施工时所采用的照明设备的安拆、维护及照明用电等，本省按自然层建筑面积以 3 元/m² 计算
011707004	二次搬运	由于施工场地条件限制而发生的材料、成品、半成品等一次运输不能到达堆放地点，必须进行的二次或多次搬运
011707005	冬雨季施工	1. 冬雨(风)季施工时增加的临时设施(防守保温、防雨、防风设施)的搭设、拆除 2. 冬雨(风)季施工时，对砌体、混凝土等采用的特殊加温、保温和养护措施 3. 冬雨(风)季施工时，施工现场的防滑处理，对影响施工的雨雪的清除 4. 包括冬雨(风)季施工时增加的临时设施、施工人员的劳动保护用品、冬雨(风)季施工劳动效率降低等
011707006	地上、地下设施，建筑物的临时保护设施	在工程施工过程中，对已建成的地上、地下设施和建筑物进行的遮盖、封闭、隔离等必要的保护措施，按湖北省定额规定计算
011707007	已完工程及设备保护	对已完工程及设备采取的覆盖、包裹、封闭、隔离等必要保护措施

注：本表所列项目应根据工程实际情况计算措施项目费用，需分摊的应合理计算摊销费用。

思考题

1. 阐述工程量清单计价和定额计价的区别。
2. 简述工程量清单计价的计价程序。
3. 清单的综合单价由哪几部分组成？如何进行计算？
4. 招标工程量清单的编制包括哪些内容？
5. 简述工程量清单计价的作用。
6. 简述招标控制价的编制依据。
7. 简述投标报价的编制内容。
8. 简述投标报价的计价程序。

6 建设工程项目设计概算

6.1 设计概算概述

建设工程项目设计概算是设计文件的重要组成部分，是确定和控制建设工程项目全部投资的文件，是编制固定资产投资计划、实行建设项目投资包干、签订承发包合同的依据，是签订贷款合同、项目实施全过程造价控制管理以及考核项目经济合理性的依据。设计概算投资一般应控制在立项批准的投资控制额以内；如果设计概算值超过控制额，必须修改设计或重新立项审批；设计概算批准后不得任意修改和调整；如需修改或调整，须经原批准部门重新审批。设计概算应按编制时项目所在地的价格水平编制，总投资应完整地反映编制时建设项目的实际投资；设计概算应考虑建设项目施工条件等因素对投资的影响；还应按项目合理工期预测建设期价格水平，以及资产租赁和贷款的时间价值等动态因素对投资的影响；设计概算由项目设计单位负责编制，并对其编制质量负责。

6.1.1 设计概算的内容

设计概算是设计文件的重要组成部分，是由设计单位根据初步设计（或技术设计）图纸及说明、概算定额（或概算指标）、各项费用定额或取费标准（指标）、设备、材料预算价格等资料或参照类似工程预决算文件，编制和确定的建设工程项目从筹建至竣工交付使用所需全部费用的文件。

设计概算可分为单位工程概算、单项工程综合概算和建设工程项目总概算 3 级。各级概算之间的相互关系如图 6-1 所示。

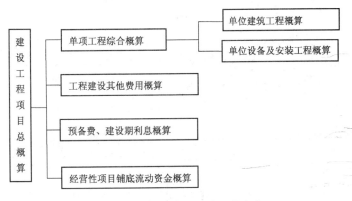

图 6-1　设计概算文件的组成内容

（1）单位工程概算

单位工程概算是确定各单位工程建设费用的文件，它是根据初步设计或扩大初步设计图纸和概算定额或概算指标以及市场价格信息等资料编制而成的。

对于一般工业与民用建筑工程而言，单位工程概算按其工程性质分为建筑工程概算和设备及安装工程概算两大类。建筑工程概算包括土建工程概算、给排水采暖工程概算、通风空调工程概算、电气照明工程概算、弱电工程概算、特殊构筑物工程概算等；设备及安装工程概算包括机械设备及安装工程概算、电气设备及安装工程概算、热力设备及安装工程概算以及工器具及生产家具购置费概算等。

单位工程概算只包括单位工程的工程费用，由人、料、机费用和企业管理费、利润、规费、税金组成。

（2）单项工程综合概算

单项工程综合概算是确定一个单项工程所需建设费用的文件，是由单项工程中的各单位工程概算汇总编制而成的，是建设工程项目总概算的组成部分。对于一般工业与民用建筑工程而言，单项工程综合概算的组成内容如图 6-2 所示。

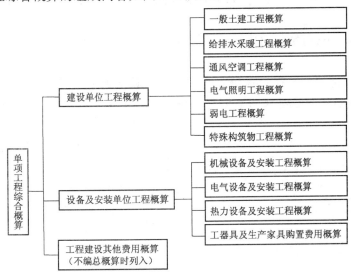

图 6-2　单项工程综合概算的组成内容

（3）建设工程项目总概算

建设工程项目总概算是确定整个建设工程项目从筹建开始到竣工验收、交付使用所需的全部费用的文件，它由各单项工程综合概算，工程建设其他费用概算，预备费、建设期利息概算，以及经营性项目铺底流动资金概算等汇总编制而成，如图6-3所示。

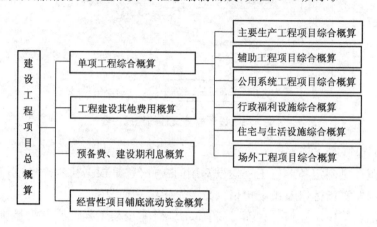

图6-3　建设工程项目总概算的组成内容

6.1.2　设计概算的作用

（1）设计概算是制定和控制建设投资的依据。对于使用政府资金的建设项目按照规定报请有关部门或单位批准初步设计及总概算，一经上级批准，总概算就是总造价的最高限额，不得任意突破，如有突破须报原审批部门批准。

（2）设计概算是编制建设计划的依据。建设工程项目年度计划的安排、其投资需要量的确定、建设物资供应计划和建筑安装施工计划等，都以主管部门批准的设计概算为依据。若实际投资超出了总概算，设计单位和建设单位需要共同提出追加投资的申请报告，经上级计划部门批准后方能追加投资。

（3）设计概算是进行贷款的依据。银行根据批准的设计概算和年度投资计划进行贷款，并严格监督控制。

（4）设计概算是签订工程总承包合同的依据。对于施工期限较长的大中型建设工程项目，可以根据批准的建设计划、初步设计和总概算文件确定工程项目的总承包价，采用工程总承包的方式进行建设。

（5）设计概算是考核设计方案的经济合理性和控制施工图预算、施工图设计的依据。

（6）设计概算是考核和评价建设工程项目成本和投资效果的依据。可以将以概算造价为基础计算的项目技术经济指标与以实际发生造价为基础计算的指标进行对比，从而对建设工程项目成本及投资效果进行评价。

6.2　设计概算文件的编制

6.2.1　设计概算的编制依据

设计概算编制依据主要包括以下方面：

(1) 批准的可行性研究报告。

(2) 设计工程量。

(3) 项目涉及的概算指标或定额。

(4) 国家、行业和地方政府有关法律法规或规定。

(5) 资金筹措方式。

(6) 常规的施工组织设计。

(7) 项目涉及的设备材料供应及价格。

(8) 项目的管理(含监理)、施工条件。

(9) 项目所在地区有关的气候、水文、地质、地貌等自然条件。

(10) 项目所在地区有关的经济、人文等社会条件。

(11) 项目的技术复杂程度，以及新技术、专利使用情况。

(12) 有关文件、合同、协议等。

6.2.2　设计概算的编制方法

设计概算包括单位工程概算、单项工程综合概算和建设工程项目总概算3级。首先编制单位工程概算，然后逐级汇总编制综合概算和总概算。

1) 单位工程概算的编制方法

单位工程概算分建筑工程概算和设备及安装工程概算两大类。建筑工程概算的编制方法有概算定额法、概算指标法、类似工程预算法；设备及安装工程概算的编制方法有预算单价法、扩大单价法、设备价值百分比法和综合吨位指标法等。

单位建筑工程概算编制方法如下：

(1) 概算定额法

概算定额法又称为扩大单价法或扩大结构定额法。它与利用预算定额编制单位建筑工程施工图预算的方法基本相同。不同之处在于编制概算所采用的依据是概算定额，所采用的工程量计算规则是概算工程量计算规则。该方法要求初步设计达到一定深度，建筑结构比较明确时方可采用。

利用概算定额法编制设计概算的具体步骤如下：

① 按照概算定额分部分项顺序，列出各分项工程的名称。工程量计算应按概算定额中规定的工程量计算规则进行，并将计算所得各分项工程量按概算定额编号顺序填入工程概算表内。

② 确定各分部分项工程项目的概算定额单价(基价)。工程量计算完毕后,逐项套用相应概算定额单价和人工、材料消耗指标,然后分别将其填入工程概算表和工料分析表中。如遇设计图中的分项工程项目名称、内容与采用的概算定额手册中相应的项目有某些不相符时,则按规定对定额进行换算后方可套用。

有些地区根据地区人工工资、物价水平和概算定额编制了与概算定额配合使用的扩大单位估价表,该表确定了概算定额中各扩大分部分项工程或扩大结构构件所需的全部人工费、材料费、机械台班使用费之和,即概算定额单价。在采用概算定额法编制概算时,可以将计算出的扩大分部分项工程的工程量,乘以扩大单位估价表中的概算定额单价进行人、料、机费用的计算。概算定额单价的计算公式为

$$概算定额单价 = 概算定额人工费 + 概算定额材料费 + 概算定额机械台班使用费$$

$$= \sum (概算定额中人工消耗量 \times 人工单价)$$

$$+ \sum (概算定额中材料消耗量 \times 材料预算单价)$$

$$+ \sum (概算定额中机械台班消耗量 \times 机械台班单价) \quad (6-1)$$

③ 计算单位工程人、料、机费用和直接费。将已算出的各分部分项工程项目的工程量分别乘以概算定额单价、单位人工、材料消耗指标,即可得出各分项工程的人、料、机费用和人工、材料消耗量。再汇总各分项工程的人、料、机费用及人工、材料消耗量,即可得到该单位工程的人、料、机费用和工料总消耗量。最后,再汇总措施费即可得到该单位工程的直接费。如果规定有地区的人工、材料价差调整指标,计算人、料、机费用时,按规定的调整系数或其他调整方法进行调整计算。

④ 根据人、料、机费用,结合其他各项取费标准,分别计算企业管理费、利润和税金。

⑤ 计算单位工程概算造价,其计算公式为

$$单位工程概算造价 = 人、料、机费用 + 企业管理费 + 利润 + 规费 + 税金 \quad (6-2)$$

采用概算定额法编制的某中心医院急救中心病原实验楼土建单位工程概算书具体参见表6-1所示。

表 6-1 某中心医院急救中心病原实验楼土建单位工程概算书

工程定额编号	工程费用名称	计量单位	工程量	金额(元) 概算定额基价	金额(元) 合 价
3-1	实心砖基础(含土方工程)	10 m³	19.60	1 722.55	33 761.98
3-27	多孔砖外墙	100 m²	20.78	4 048.42	84 126.17
3-29	多孔砖内墙	100 m²	21.45	5021.47	107 710.53
4-21	无筋混凝土带基	m³	521.16	566.74	295 362.22
4-33	现浇混凝土矩形梁	m³	637.23	984.22	627 174.51
……	……	……	……	……	……
(一)	项目人、料、机费用小计	元			7 893 244.79
(二)	项目定额人工费	元			1 973 311.20

续表 6-1

工程定额编号	工程费用名称	计量单位	工程量	金额(元)	
				概算定额基价	合　价
(三)	企业管理费[(一)×5%]	元			394 662.24
(四)	利润[(一)+(三)]×8%	元			663 032.56
(五)	规费[(二)×38%]	元			749 858.26
(六)	税金[(一)+(三)+(四)+(五)]×5%	元			330 797.21
(七)	造价总计[(一)+(三)+(四)+(五)+(六)]	元			10 031 595.06

(2) 概算指标法

当初步设计深度不够,不能准确地计算工程量,但工程设计采用的技术比较成熟而又有类似工程概算指标可以利用时,可以采用概算指标法编制工程概算。概算指标法将拟建厂房、住宅的建筑面积或体积乘以技术条件相同或基本相同的概算指标而得出人、料、机费用。然后按规定计算出措施费、间接费、利润和税金等。概算指标法计算精度较低,但由于其编制速度快,因此对一般附属、辅助和服务工程等项目,以及住宅和文化福利工程项目或投资比较小、比较简单的工程项目投资概算有一定实用价值。

① 拟建工程结构特征与概算指标相同时的计算

在使用概算指标法时,如果拟建工程在建设地点、结构特征、地质及自然条件、建筑面积等方面与概算指标相同或相近,就可直接套用概算指标编制概算。

根据概算指标的内容,可选用两种套算方法。

一种方法是以指标中所规定的工程每平方米或立方米的人、料、机费用单价,乘以拟建单位工程建筑面积或体积,得出单位工程的人、料、机费用,再计算其他费用,即可求出单位工程的概算造价。人、料、机费用计算公式为

$$人、料、机费用 = 概算指标每平方米(立方米)人、料、机费用单价 \times$$
$$拟建工程建筑面积(体积) \tag{6-3}$$

这种简化方法的计算结果参照的是概算指标编制时期的价格标准,未考虑拟建工程建设时期与概算指标编制时期的价差,所以在计算人、料、机费用后还应用物价指数另行调整。

另一种方法是以概算指标中规定的每 100 m² 建筑物面积(或 1 000 m³ 体积)所耗人工工日数、主要材料数量为依据,首先计算拟建工程人工、主要材料消耗量,再计算人、料、机费用,并取费。在概算指标中,一般规定了 100 m² 建筑物面积(或 1 000 m³ 体积)所耗工日数、主要材料数量,通过套用拟建地区当时的人工工资单价和主材预算价格,便可得到每 100 m² (或 1 000 m³)建筑物的人工费和主材费而无需再做价差调整。计算公式为

$$100 \text{ m}^2 建筑物面积的人工费 = 指标规定的工日数 \times 本地区人工日单价 \tag{6-4}$$

$$100 \text{ m}^2 建筑物面积的主要材料费 = \sum(指标规定的主要材料数量 \times 地区材料预算单价) \tag{6-5}$$

$$100 \text{ m}^2 建筑物面积的其他材料费 = 主要材料费 \times 其他材料费占主要材料费的百分比 \tag{6-6}$$

$$100 \text{ m}^2 \text{ 建筑物面积的机械使用费} = （人工费＋主要材料费＋其他材料费）$$
$$\times \text{机械使用费所占百分比} \tag{6-7}$$

$$\text{每} 1 \text{ m}^2 \text{ 建筑面积的人、料、机费用} = （人工费＋主要材料费＋$$
$$\text{其他材料费＋机械使用费}）\div 100 \tag{6-8}$$

根据人、料、机费用,结合其他各项取费方法,分别计算企业管理费、规费、利润和税金,得到每 1 m^2 建筑面积的概算单价,乘以拟建单位工程的建筑面积,即可得到单位工程概算造价。

② 拟建工程结构特征与概算指标有局部差异时的调整

由于拟建工程往往与类似工程概算指标的技术条件不尽相同,而且概算编制年份的设备、材料、人工等价格与拟建工程当时当地的价格也会不同,在实际工作中,还经常会遇到拟建对象的结构特征与概算指标中规定的结构特征有局部不同的情况,因此必须对概算指标进行调整后方可套用。调整方法如下所述。

a. 调整概算指标中每 1 m^2 (1 m^3) 造价

当设计对象的结构特征与概算指标有局部差异时需要进行这种调整。这种调整方法是将原概算指标中的单位造价进行调整(仍使用人、料、机费用指标),扣除每 1 m^2 (1 m^3) 原概算指标中与拟建工程结构不同部分的造价,增加每 1 m^2 (1 m^3) 拟建工程与概算指标结构不同部分的造价,使其成为与拟建工程结构相同的工程单位人、料、机费用造价。计算公式为

$$\text{结构变化修正概算指标(元}/\text{m}^2) = J + Q_1 P_1 - Q_2 P_2 \tag{6-9}$$

式中:J—— 原概算指标;

Q_1—— 概算指标中换入结构的工程量;

Q_2—— 概算指标中换出结构的工程量;

P_1—— 换入结构的人、料、机费用单价;

P_2—— 换出结构的人、料、机费用单价。

则拟建单位工程的人、料、机费用为

$$\text{人、料、机费用} = \text{修正后的概算指标} \times \text{拟建工程建筑面积(或体积)} \tag{6-10}$$

求出人、料、机费用后,再按照规定的取费方法计算其他费用,最终得到单位工程概算价值。

b. 调整概算指标中的工、料、机数量

这种方法是将原概算指标中每 100 m^2 ($1\,000 \text{ m}^3$) 建筑面积(体积)中的工、料、机数量进行调整,扣除原概算指标中与拟建工程结构不同部分的工、料、机消耗量,增加拟建工程与概算指标结构不同部分的工、料、机消耗量,使其成为与拟建工程结构相同的每 100 m^2 ($1\,000 \text{ m}^3$) 建筑面积(体积)工、料、机数量。计算公式为

结构变化修正概算指标的工、料、机数量 = 原概算指标的工、料、机数量＋换入结构件工程量 × 相应定额工、料、机消耗量 － 换出结构件工程量 × 相应定额工、料、机消耗量 (6-11)

以上两种方法,前者是直接修正概算指标单价,后者是修正概算指标的工、料、机数量。修正之后,方可按上述第一种情况分别套用。

例题 6-1 某新建住宅的建筑面积为 $4\,000 \text{ m}^2$,按概算指标和地区材料预算价格等算出一般土建工程单位造价为 680.00 元/m^2(其中人、料、机费用为 480.00 元/m^2),采暖工程

34.00 元/m²,给排水工程 38.00 元/m²,照明工程 32.00 元/m²。按照当地造价管理部门规定,土建工程措施费费率为 8%,间接费费率为 15%,利润率为 7%,税率为 3.4%。但新建住宅的设计资料与概算指标相比较,其结构构件有部分变更,设计资料表明外墙为 1 砖半,而概算指标中外墙为 1 砖,根据当地土建工程预算定额,外墙带形毛石基础的预算单价为 150 元/m³,1 砖外墙的预算单价为 176 元/m³,1 砖半外墙的预算单价为 178 元/m³;概算指标中每 100 m² 建筑面积中含外墙带形毛石基础为 18 m³,1 砖外墙为 46.5 m³,新建工程设计资料表明,每 100 m² 中含外墙带形毛石基础为 19.6 m³,1 砖半外墙为 61.2 m³。计算调整后的概算单价和新建宿舍的概算造价。

解答　对土建工程中结构构件的变更和单价调整过程如表 6-2 所示。

表 6-2　土建工程概算指标调整表

序号	结构名称	单位	数量 (每 100 m² 含量)	单价(元)	合价(元)
1	土建工程单位人、料、机费用造价换出部分				480.00
	外墙带形毛石基础	m³	18.00	150.00	2 700.00
	1 砖外墙	m³	46.50	177.00	8 230.50
	合计	元			10 930.50
2	换入部分:				
	外墙带形毛石基础	m³	19.60	150.00	2 940.00
	1 砖半外墙	m³	61.20	178.00	10 893.60
	合计	元			13 833.60
	结构变化修正指标		480.00－10 930.50/100＋13 833.60/100＝509.00(元)			

以上计算结果为人、料、机费用单价,需取费得到修正后的土建单位工程造价,即

509.00×(1＋8%)×(1＋15%)×(1＋7%)×(1＋3.4%)＝699.43(元 /m²)

其余工程单位造价不变,因此经过调整后的概算单价为

699.43＋34.00＋38.00＋32.00＝803.43(元 /m²)

新建宿舍楼概算造价为

803.43×4 000＝3 213 720(元)

(3)类似工程预算法

类似工程预算法是利用技术条件与设计对象相类似的已完工程或在建工程的工程造价资料来编制拟建工程设计概算的方法。该方法适用于拟建工程初步设计与已完工程或在建工程的设计相类似且没有可用的概算指标的情况,但必须对建筑结构差异和价差进行调整。

2)设备及安装工程概算编制方法

设备及安装工程概算费用由设备购置费和安装工程费组成。

(1)设备购置费概算

设备购置费是指为项目建设而购置或自制的达到固定资产标准的设备、工器具、交通运输

设备、生产家具等本身及其运杂费用。

设备购置费由设备原价和运杂费组成。设备购置费是根据初步设计的设备清单计算出设备原价,并汇总求出设备总价,然后按有关规定的设备运杂费率乘以设备总价,两项相加即为设备购置费概算,计算公式为

$$设备购置费概算 = \sum(设备清单中的设备数量 \times 设备原价) \times (1 + 运杂费率)$$

(6-12)

或　　　　$$设备购置费概算 = \sum(设备清单中的设备数量 \times 设备预算价格)$$　　(6-13)

国产标准设备原价可根据设备型号、规格、性能、材质、数量及附带的配件,向制造厂家询价或向设备、材料信息部门查询或按主管部门规定的现行价格逐项计算。

国产非标准设备原价在编制设计概算时可以根据非标准设备的类别、重量、性能、材质等情况,以每台设备规定的估价指标计算原价,也可以以某类设备所规定吨重估价指标计算。

工具、器具及生产家具购置费一般以设备购置费为计算基数,按照部门或行业规定的工具、器具及生产家具费率计算。

(2) 设备安装工程概算的编制方法

设备安装工程费包括用于设备、工器具、交通运输设备、生产家具等的组装和安装,以及配套工程安装而发生的全部费用。

① 预算单价法。当初步设计有详细设备清单时,可直接按预算单价(预算定额单价)编制设备安装工程概算。根据计算的设备安装工程量,乘以安装工程预算单价,经汇总求得。用预算单价法编制概算,计算比较具体,精确性较高。

② 扩大单价法。当初步设计的设备清单不完备,或仅有成套设备的重量时,可采用主体设备、成套设备或工艺线的综合扩大安装单价编制概算。

③ 概算指标法。当初步设计的设备清单不完备,或安装预算单价及扩大综合单价不全,无法采用预算单价法和扩大单价法时,可采用概算指标编制概算。概算指标形式较多,概括起来主要可按以下几种指标进行计算:

a. 按占设备价值的百分比(安装费率)的概算指标计算。

$$设备安装费 = 设备原价 \times 设备安装费率$$　　(6-14)

b. 按每吨设备安装费的概算指标计算。

$$设备安装费 = 设备总吨数 \times 每吨设备安装费$$　　(6-15)

c. 按座、台、套、组、根或功率等为计量单位的概算指标计算。如工业炉,按每台安装费指标计算;冷水箱,按每组安装费指标计算安装费,等等。

d. 按设备安装工程每平方米建筑面积的概算指标计算。设备安装工程有时可按不同的专业内容(如通风、动力、管道等)采用每平方米建筑面积的安装费用概算指标计算安装费。

6.2.3　单项工程综合概算的编制方法

单项工程综合概算是以其所包含的建筑工程概算表和设备及安装工程概算表为基础汇总

编制的。当建设工程项目只有一个单项工程时,单项工程综合概算(实为总概算)还应包括工程建设其他费用概算(含建设期利息、预备费和固定资产投资方向调节税)。

单项工程综合概算文件一般包括编制说明和综合概算表两部分。

1）编制说明

主要包括编制依据、编制方法、主要设备和材料的数量及其他有关问题。

2）综合概算表

综合概算表是根据单项工程所管辖范围内的各单位工程概算等基础资料,按照国家规定的统一表格进行编制。综合概算表如表 6-3 所示。

表 6-3　综合概算表

建设工程项目名称:×××

单项工程名称:×××　　　　　　　　　　　　　　　　　　　　　　　概算价值:×××元

序号	综合概算编号	工程或费用名称	概算价值(万元)						技术经济指标			占投资总额(%)	备注
			建筑工程费	安装工程费	设备购置费	工器具及生产家具购置费	其他费用	合计	单位	数量	单位价值(元)		
1	2	3	4	5	6	7	8	9	10	11	12	13	14
		一、建筑工程											
1	6-1	土建工程	×					×	×	×	×	×	
2	6-2	给水工程	×					×	×	×	×	×	
3	6-3	排水工程	×					×	×	×	×	×	
4	6-4	采暖工程	×					×	×	×	×	×	
5	6-5	电气照明工程	×					×	×	×	×	×	
		……											
		小计	×					×	×	×	×	×	
		二、设备及安装工程											
6	6-7	机械设备及安装工程		×	×			×	×	×	×	×	
7	6-7	电气设备及安装工程		×	×			×	×	×	×	×	
8	6-8	热力设备及安装工程		×	×			×	×	×	×	×	
		小计											
9	6-9	三、工器具及生产家具购置费				×		×	×	×	×	×	
		总计	×	×	×	×		×	×	×	×	×	

审核:　　　　　　校对:　　　　　　编制:　　　　　　年　月　日

6.2.4 建设工程项目总概算的编制方法

总概算是以整个建设工程项目为对象,确定项目从立项开始,到竣工交付使用整个过程的全部建设费用的文件。

1）总概算书的内容

建设项目总概算是设计文件的重要组成部分,它由各单项工程综合概算、工程建设其他费用、建设期利息、预备费和经营性项目的铺底流动资金组成,并按主管部门规定的统一表格编制而成。

设计概算文件一般应包括以下 6 部分。

（1）封面、签署页及目录。

（2）编制说明。

编制说明应包括下列内容:

① 工程概况。简述建设项目性质、特点、生产规模、建设周期、建设地点等主要情况。对于引进项目要说明引进内容及与国内配套工程等主要情况。

② 资金来源及投资方式。

③ 编制依据及编制原则。

④ 编制方法。说明设计概算是采用概算定额法还是采用概算指标法等。

⑤ 投资分析。主要分析各项投资的比重、各专业投资的比重等经济指标。

⑥ 其他需要说明的问题。

（3）总概算表。总概算表应反映静态投资和动态投资两个部分。静态投资是按设计概算编制期价格、费率、利率、汇率等因素确定的投资;动态投资则是指概算编制期到竣工验收前的工程和价格变化等多种因素所需的投资。

（4）工程建设其他费用概算表。工程建设其他费用概算按国家或地区或部委所规定的项目和标准确定,并按统一表式编制。

（5）单项工程综合概算表。

（6）单位工程概算表。

（7）附录:补充估价表。

2）总概算表的编制方法

将各单项工程综合概算及其他工程和费用概算等汇总即为建设工程项目总概算。总概算由以下四部分组成:①工程费用;②其他费用;③预备费;④应列入项目概算总投资的其他费用,包括建设期利息和铺底流动资金。

编制总概算表的基本步骤如下:

（1）按总概算组成的顺序和各项费用的性质,将各个单项工程综合概算及其他工程和费用概算汇总列入总概算表,参见表6-4所示。

表 6-4 建设工程总概算表

建设工程项目:×××
总概算价值:×××其中回收金额:×××××

| 序号 | 综合概算编号 | 工程或费用名称 | 概算价值(万元) | | | | | | 技术经济指标 | | | 占投资总额(%) | 备注 |
			建筑工程费	安装工程费	设备购置费	工器具及生产家具购置费	其他费用	合计	单位	数量	单位价值(元)		
1	2	3	4	5	6	7	8	9	10	11	12	13	14
		第一部分工程费用											
		一、主要生产工程项目											
1		×××厂房	×	×	×	×		×	×	×	×	×	
2		×××厂房	×	×	×	×		×	×	×	×	×	
		······											
		小计	×	×	×	×		×	×	×	×	×	
		二、辅助生产车间											
3		机修车间	×	×	×	×		×	×	×	×	×	
4		木工车间	×	×	×	×		×	×	×	×	×	
		······											
		小计	×	×	×	×		×	×	×	×	×	
		三、公用设施工程项目											
5		变电所	×	×	×	×		×	×	×	×	×	
6		锅炉房	×	×	×	×		×	×	×	×	×	
		······											
		小计	×	×	×	×		×	×	×	×	×	
		四、生活、福利、文化教育及服务项目											
7		职工住宅	×					×	×	×	×	×	
8		办公楼	×			×		×	×	×	×	×	
		······											
		小计	×			×		×	×	×	×	×	
		第一部分工程费用合计	×	×	×	×		×					
		第二部分其他工程和费用项目											
9		土地使用费					×	×					

续表 6-4

序号	综合概算编号	工程或费用名称	概算价值（万元）						技术经济指标			占投资总额（%）	备注
			建筑工程费	安装工程费	设备购置费	工器具及生产家具购置费	其他费用	合计	单位	数量	单位价值（元）		
10		勘察设计费					×	×					
		……											
		第二部分其他工程和费用合计					×	×					
		第一、二部分工程费用总计	×	×	×	×	×	×					
11		预备费					×	×	×				
12		建设期利息	×	×	×	×	×	×					
13		铺底流动资金	×	×	×	×	×	×					
14		总概算价值											
15		其中：回收金额											
16		投资比例（%）											

审核：　　　　　校对：　　　　　编制：　　　　　　　　　　　年　　月　　日

（2）将工程项目和费用名称及各项数值填入相应各栏内，然后按各栏分别汇总。

（3）以汇总后总额为基础，按取费标准计算预备费用、建设期利息、固定资产投资方向调节税、铺底流动资金。

（4）计算回收金额。回收金额是指在整个基本建设过程中所获得的各种收入。如原有房屋拆除所回收的材料和1日设备等的变现收入、试车收入大于支出部分的价值等。回收金额的计算方法，应按地区主管部门的规定执行。

（5）计算总概算价值。

总概算价值 ＝ 工程费用＋其他费用＋预备费＋建设期利息＋铺底流动资金－回收金额

(6－16)

（6）计算技术经济指标。整个项目的技术经济指标应选择有代表性和能说明投资效果的指标填列。

（7）投资分析。为对基本建设投资分配、构成等情况进行分析，应在总概算表中计算出各项工程和费用投资占总投资比例，在表的末栏计算出每项费用的投资占总投资的比例。

6.3　设计概算的审查

6.3.1　设计概算审查的意义

（1）审查设计概算有助于促进概算编制人员严格执行国家有关概算的编制规定和费用标准，提高概算的编制质量。

（2）审查设计概算有利于合理分配投资资金，加强投资计划管理。设计概算编制得偏高或偏低，都会影响投资计划的真实性，影响投资资金的合理分配。进行设计概算审查是遵循客观经济规律的需要，通过审查可以提高投资的准确性与合理性。

（3）审查设计概算，有助于促进设计的技术先进性与经济合理性的统一。概算中的技术经济指标，是概算水平的综合反映，合理、准确的设计概算是技术经济协调统一的具体体现，与同类工程对比，便可看出它的先进与合理程度。

（4）审查设计概算，有利于核定建设项目的投资规模，可以使建设项目总投资力求做到准确、完整，防止任意扩大投资规模或出现漏项，从而减少投资缺口，缩小概算与预算之间的差距，避免故意压低概算投资，搞钓鱼项目，最后导致实际造价大幅度突破概算。

（5）经审查的概算，有利于为建设项目投资的落实提供可靠的依据。打足投资，不留缺口，有助于提高建设工程项目的投资效益。

6.3.2　设计概算审查的内容

1）审查设计概算的编制依据

（1）合法性审查

采用的各种编制依据必须经过国家或授权机关的批准，符合国家的编制规定。未经过批准的不得采用，不得强调特殊理由擅自提高费用标准。

（2）时效性审查

对定额、指标、价格、取费标准等各种依据，都应根据国家有关部门的现行规定执行。对颁发时间较长、已不能全部适用的应按有关部门规定的调整系数执行。

（3）适用范围审查

各主管部门、各地区规定的各种定额及其取费标准均有其各自的适用范围，特别是各地区间的材料预算价格区域性差别较大，在审查时应给予高度重视。

2）单位工程设计概算构成的审查

（1）建筑工程概算的审查

① 工程量审查。根据初步设计图纸、概算定额、工程量计算规则的要求进行审查。

② 采用的定额或指标的审查。审查定额或指标的使用范围、定额基价、指标的调整、定额或指标缺项的补充等。其中，审查补充的定额或指标时，其项目划分、内容组成、编制原则等须与现行定额水平相一致。

③ 材料预算价格的审查。以耗用量最大的主要材料作为审查的重点,同时着重审查材料原价、运输费用及节约材料运输费用的措施。

④ 各项费用的审查。审查各项费用所包含的具体内容是否重复计算或遗漏,取费标准是否符合国家有关部门或地方规定的标准。

(2) 设备及安装工程概算的审查

设备及安装工程概算审查的重点是设备清单与安装费用的计算。

① 标准设备原价,应根据设备被管辖的范围,审查各级规定的价格标准。

② 非标准设备原价,除审查价格的估算依据、估算方法外还要分析研究非标准设备估价准确度的有关因素及价格变动规律。

③ 设备运杂费审查,需注意:a. 设备运杂费率应按主管部门或省、自治区、直辖市规定的标准执行;b. 若设备价格中已包括包装费和供销部门手续费时不应重复计算,应相应降低设备运杂费率。

④ 进口设备费用的审查,应根据设备费用各组成部分及国家设备进口、外汇管理、海关、税务等有关部门不同时期的规定进行。

⑤ 设备安装工程概算的审查,除编制方法、编制依据外,还应注意审查:a. 采用预算单价或扩大综合单价计算安装费时的各种单价是否合适、工程量计算是否符合规则要求、是否准确无误;b. 当采用概算指标计算安装费时采用的概算指标是否合理、计算结果是否达到精度要求;c. 审查所需计算安装费的设备数量及种类是否符合设计要求,避免某些不需安装的设备安装费计入在内。

3) 综合概算和总概算的审查

(1) 审查概算的编制是否符合国家经济建设方针、政策的要求,根据当地自然条件、施工条件和影响造价的各种因素,实事求是地确定项目总投资。

(2) 审查概算的投资规模、生产能力、设计标准、建设用地、建筑面积、主要设备、配套工程、设计定员等是否符合原批准可行性研究报告或立项批文的标准。如概算总投资超过原批准投资估算10%以上,应进一步审查超估算的原因。

(3) 审查其他具体项目:①审查各项技术经济指标是否经济合理;②审查费用项目是否按国家统一规定计列,具体费率或计取标准是否按国家、行业或有关部门规定计算,有无随意列项,有无多列、交叉计列和漏项等。

4) 财政部对设计概算评审的要求

根据财政部办公厅财办建〔2002〕619号文件《财政投资项目评审操作规程》(试行)的规定,对建设工程项目概算的评审包括以下内容:

(1) 项目概算评审包括对项目建设程序、建筑安装工程概算、设备投资概算、待摊投资概算和其他投资概算等的评审。

(2) 项目概算应由项目建设单位提供,项目建设单位委托其他单位编制项目概算的,由项目单位确认后报送评审机构进行评审。项目建设单位没有编制项目概算的,评审机构应督促项目建设单位尽快编制。

(3) 项目建设程序评审包括对项目立项、项目可行性研究报告、项目初步设计概算、项目征地拆迁及开工报告等批准文件的程序性评审。

（4）建筑安装工程概算评审包括对工程量计算、概算定额选用、取费及材料价格等进行评审。

① 工程量计算的评审包括：a. 审查工程量计算规则的选用是否正确；b. 审查工程量的计算是否存在重复计算现象；c. 审查工程量汇总计算是否正确；d. 审查施工图设计中是否存在擅自扩大建设规模、提高建设标准等现象。

② 定额套用、取费和材料价格的评审包括：a. 审查是否存在高套、错套定额现象；b. 审查是否按照有关规定计取工程间接费用及税金；c. 审查材料价格的计取是否正确。

（5）设备投资概算评审，主要对设备型号、规格、数量及价格进行评审。

（6）待摊投资概算和其他投资概算的评审，主要对项目概算中除建筑安装工程概算、设备投资概算之外的项目概算投资进行评审。评审内容包括：

① 建设单位管理费、勘察设计费、监理费、研究试验费、招投标费、贷款利息等待摊投资概算，按国家规定的标准和范围等进行评审；对土地使用权费用概算进行评审时，应在核定用地数量的基础上，区别土地使用权的不同取得方式进行评审。

② 其他投资的评审，主要评审项目建设单位按概算内容发生并构成基本建设实际支出的房屋购置和基本禽畜、林木等购置、饲养、培育支出以及取得各种无形资产和其他资产等发生的支出。

（7）部分项目发生的特殊费用，应视项目建设的具体情况和有关部门的批复意见进行评审。

（8）对已招投标或已签订相关合同的项目进行概算评审时，应对招投标文件、过程和相关合同的合法性进行评审，并据此核定项目概算。对已开工的项目进行概算评审时，应对截止评审日的项目建设实施情况，分别按已完、在建和未建工程进行评审。

（9）概算评审时需要对项目投资细化、分类的，按财政细化基本建设投资项目概算的有关规定进行评审。

6.3.3　设计概算审查的方法

1）对比分析法

对比分析法主要是指通过建设规模、标准与立项批文对比，工程数量与设计图纸对比，综合范围、内容与编制方法、规定对比，各项取费与规定标准对比，材料、人工单价与统一信息对比，技术经济指标与同类工程对比，等等，通过以上对比分析，容易发现设计概算存在的主要问题和偏差。

2）查询核实法

查询核实法是对一些关键设备和设施、重要装置、引进工程图纸不全、难以核算的较大投资进行多方查询核对，逐项落实的方法。主要设备的市场价向设备供应部门或招标公司查询核实；重要生产装置、设施向同类企业（工程）查询了解；进口设备价格及有关费税向进出口公司调查落实；复杂的建安工程向同类工程的建设、承包、施工单位征求意见；深度不够或不清楚的问题直接向原概算编制人员、设计者询问。

3）联合会审法

联合会审前，可先采取多种形式分头审查，包括：设计单位自审，主管、建设、承包单位初审,工程造价咨询公司评审,邀请同行专家预审,审批部门复审等,经层层审查把关后,由有关单位和专家进行联合会审。在会审大会上,由设计单位介绍概算编制情况及有关问题,各有关单位、专家汇报初审及预审意见。然后进行认真的分析、讨论,结合对各专业技术方案的审查意见所产生的投资增减,逐一核实原概算出现的问题。经过充分协商,认真听取设计单位意见后实事求是地处理、调整。

小 结

本章主要阐述了设计概算的概念;设计概算文件的组成内容;设计概算文件的编制方法及设计概算的审查。

练习题

1. 何谓设计概算?
2. 简述设计概算的作用。
3. 简述设计概算的编制依据。
4. 简述设计概算文件的组成内容。
5. 简述单位工程设计概算的编制方法。
6. 简述单项工程综合概算的编制方法。
7. 阐述设计概算审查的意义。
8. 简述设计概算审查的内容。

7

工程结算和竣工决算

学习目标

- 理解工程结算的概念,常见结算方式
- 掌握工程预付款计算方式,特别是起扣点的计算
- 掌握按月结算方式下工程结算的计算方法
- 熟悉竣工决算的文件及其具体内容

7.1 工程结算

7.1.1 工程结算

工程结算,广义理解就是工程价款支付的各种计算总称。主要包括工程预付款(也称备料款)的计算、工程进度价款的结算、竣工后工程价款的结算以及保修金(也称保留金)的扣留计算等工程价款的结清计算。因此,工程结算是工程价款支付的重要经济依据。

7.1.2 工程价款结算的方式

我国现行工程价款结算根据不同情况,可以采取多种方式。

1) 按月结算

采取旬末或月中预支,月终结算,竣工后清算的办法。即每月月末由承包方提出已完工程月报表以及工程款结算清单,交现场监理工程师审查签证并经过业主确认之后,办理已完工程的工程价款月终结算。跨年度竣工的工程,在年终进行工程盘点,办理年度结算。目前,我国建安工程项目中,大多采用按月结算的办法。

2) 竣工后一次结算

当建设项目或单位工程全部建筑安装工程建设期在 12 个月以内时,或者工程承包合同价值在 100 万元以下的,可采取工程价款每月月中预支,竣工后一次性结算。

3）分段结算

对当年开工,但当年不能竣工的单项工程或单位工程,可以按照工程形象进度,划分不同阶段进行结算。分段结算可按月预支工程款,分段的划分标准由各部门、自治区、直辖市、计划单列市规定。

4）目标结算

即在工程合同中,将承包工程的内容分解成不同的控制界面,以业主验收控制界面作为支付工程价款的前提条件。换言之,是将合同中的工程内容分解为不同的验收单元,当承包商完成单元工程内容并经业主验收后,业主支付构成单元工程内容的工程价款。

在目标结算方式下,承包商欲得到工程款,必须履行合同约定的质量标准,完成界面内的工程内容,否则承包商会遭受损失。

目标结算方式中,对控制界面的设定应明确描述,以便量化和质量控制,同时也要适应项目资金的供应周期和支付频率。

5）其他结算方式

承发包双方可以根据工程性质,在合同中约定其他的方式办理结算,但前提是有利于工程质量、进度及造价管理等因素,并且双方同意。

工程价款结算的作用:

(1)工程价款结算是办理已完工程的工程价款,确定施工企业的货币收入,补充施工生产过程中的资金消耗。

(2)工程价款结算是统计施工企业完成生产计划和建设单位完成建设任务的依据。

(3)工程价款结算的完成,标志着甲、乙双方所承担的合同义务和经济责任的结果。

7.1.3 工程预付款及其计算

我国目前工程承发包中,大部分工程实行包工包料,就是说承包商必须有一定数量的备料周转金。通常在工程承包合同中,会明确规定发包方(甲方)在开工前拨付给承包方(乙方)一定数额的工程预付备料款。该预付款构成承包商为工程项目储备主要材料、构件所需要的流动资金。

我国《建筑工程施工合同文本》规定,甲乙双方应当在专门条款内约定甲方向乙方预付工程款的时间和数额,开工后按约定的时间和比例逐次扣回。预付时间应不迟于约定的开工日期前 7 天。甲方不按约定预付,乙方在约定预付时间 7 天后向甲方发出要求预付的通知,甲方收到通知后仍不能按要求预付,乙方可在发出通知后 7 天停止施工,甲方应从约定应付之日起向乙方支付应付款的贷款利息,并承担违约责任。

建设部颁布的《招标文件范本》中明确规定,工程预付款仅用于乙方支付施工开始时与本工程有关的动员费用。如乙方滥用此款,甲方有权立即收回。在乙方向甲方提交金额等于预付款数额(甲方认可的银行开出)的银行保函后,甲方按规定的金额和规定的时间向乙方支付预付款,在甲方全部扣回预付款之前,该银行保函将一直有效。当预付款被甲方扣回时,银行保函金额相应递减。

1）预付备料款的限额

预付备料款的限额可由以下主要因素决定：主要材料（包括外购构件）占工程造价的比重；材料储备期；施工工期。

对于施工企业常年应备的备料款限额，可以按照下面的公式计算：

$$备料款限额 = \frac{年度承包工程总值 \times 主要材料所占比重}{年度施工日历天数} \times 材料储备天数 \qquad (7-1)$$

一般情况下建筑工程不得超过当年建安工作量（包括水、电、暖）的30%、安装工程按年安装工程量的10%、材料所占比重较多的安装工程按年计划产值的15%左右拨付。

实际工程中，备料款的数额，亦可根据各工程类型、合同工期、承包方式以及供应体制等不同条件来确定。如工业项目中钢结构和管道安装所占比重较大的工程，其主要材料所占比重比一般安装工程高，故备料款的数额亦相应提高。

例题 7-1 某住宅工程，年度计划完成建筑安装工作量321万元，年度施工天数为350天，材料费占造价的比重为60%，材料储备期为110天，试确定工程备料款数额。

解答 根据上述公式，工程备料款数额为

$$(321 \times 0.6 \div 350) \times 110 = 60.53（万元）$$

2）备料款的扣回

由于发包方拨付给承包方的备料款属于预支性质，那么在工程进行中，随着工程所需主要材料储备的逐步减少，应以抵充工程价款的方式扣回。其扣款方式有两种：

(1) 可从未施工工程尚需要的主要材料以及构件的价值相当于备料款数额时起扣，从每次结算工程价款中，按材料比重扣抵工程价款，在竣工前全部扣清。备料款起扣点按以下公式计算：

$$T = P - \frac{M}{N} \qquad (7-2)$$

式中：T——起扣点，即预付备料款开始扣回时的累计完成工作量金额；

M——预付备料款的限额；

N——主材比重；

P——承包工程价款总额。

$$主材比重 = \frac{主要材料费}{工程承包合同造价}$$

例题 7-2 某工程合同总额200万元，工程预付款为24万元，主要材料、构件所占比重为60%，问：从什么时候开始以后的工程价款支付中要考虑扣除工程预付款，即起扣点为多少万元？

解答 按起扣点计算公式：$T = P - \dfrac{M}{N} = 200 - 24/60\% = 160（万元）$

则当工程完成160万元时，本项工程预付款开始起扣。

(2) 中华人民共和国住房与城乡建设部《建设工程施工招标文件范本》中规定，在承包人完成金额累计达到合同总价的10%后，由承包人开始向发包人还款，发包人从每次应付给承

包人的金额中扣回工程预付款,发包人至少在合同规定的完工期前3个月将工程预付款的总计金额按逐次分摊的办法扣回。当发包人一次付给承包人的余额少于规定扣回的金额时,其差额应转入下一次支付中作为债务结转。

在实际经济活动中,情况比较复杂,有些工程工期较短,就无需分期扣回。有些工程工期较长,如跨年度施工,在上一年预付备料款可以不扣或少扣,并于次年按应付备料款调整,多退少补。具体来说,跨年度工程,预计次年承包工程价值大于或相当于当年承包工程价值时,可以不扣回当年的工程预付款;如小于当年承包工程价值,应按实际承包工程价值进行调整,在当年扣回部分工程预付款,并将未扣回部分转入次年,直到竣工年度,再按上述办法扣回。

7.1.4　工程进度款的支付

建安企业在工程施工中,按照每月形象进度或者控制界面等完成的工程数量计算各项费用,向建设单位(业主)办理工程进度款的支付(即中间结算)。

以按月结算为例,现行的中间结算办法是,施工企业在旬末或月中向建设单位提出预支工程款账单,预支一旬或半月的工程款,月终再提出工程款结算账单和已完工程月报表,收取当月工程价款,并通过银行结算,按月进行结算,并对现场已完工程进行盘点,有关资料要提交监理工程师和建设单位审查签证。多数情况下是以施工企业提出的统计进度月报表为支取工程款的凭证,即工程进度款。其支付步骤如图7-1所示。

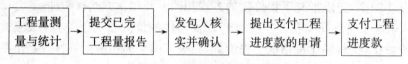

图7-1　工程进度款支付步骤

工程进度款支付过程中,需遵循以下要求:

1) 工程量的确认

根据《建设工程价款结算暂行办法》的规定,工程量计算的主要规定是:

(1) 承包人应按约定的时间,向发包人提交已完工程量的报告。发包人接到报告后14天内按设计图纸核实已完工程量,并在核实前1天通知承包人,承包人应提供条件并派人参加。承包人收到通知后不参加核实,以发包人核实的工程量作为工程价款支付的依据。若发包人不按约定时间通知承包人,致使承包人未能参加核实,核实结果无效。

(2) 发包人收到承包人报告后14天内未进行计算,从第15天起,承包人报告中开列的工程量即视为被确认,作为工程价款支付的依据。双方合同另有约定的,按合同执行。

(3) 对承包人超出设计图纸(含设计变更)范围和因承包人原因造成返工的工程量,发包人不予计量。

2) 合同收入的组成

财政部制定的《企业会计准则——建造合同》中对合同收入的组成内容进行了解释。合同收入包括两部分内容:

(1) 合同中规定的初始收入,即建造承包商与客户在双方签订的合同中最初商订的合同总金额,它构成合同收入的基本内容。

(2) 因合同变更、索赔,奖励等构成的收入,这部分收入并不构成合同双方在签订合同时已在合同中商订的合同总金额,而是在执行合同过程中由于合同变更、索赔、奖励等原因而形成的追加收入。

3) 工程进度款支付

(1) 根据确定的工程计量结果,承包人向发包人提出支付工程进度款申请,14 天内,发包人应按不低于工程价款的 60%、不高于工程价款的 90% 向承包人支付工程进度款。按约定时间发包人应扣回的预付款,与工程进度款同期结算抵扣。

(2) 发包人超过约定的支付时间不支付工程进度款,承包人应及时向发包人发出要求付款的通知,发包人收到承包人通知后仍不能按要求付款,可与承包人协商签订延期付款协议,经承包人同意后可延期支付,协议应明确延期支付的时间和从工程计量结果确认后第 15 天起计算应付款的利息(利率按同期银行贷款利率计)。

(3) 发包人不按合同约定支付工程进度款,双方又未达成延期付款协议,导致施工无法进行,承包人可停止施工,由发包人承担违约责任。

7.1.5 质量保证金

根据《建设工程质量保证金管理暂行办法》(建质〔2005〕7 号),建设工程质量保证金(保修金)(以下简称保证金)是指发包人与承包人在建设工程承包合同中约定,从应付的工程款中预留,用以保证承包人在缺陷责任期内对建设工程出现的缺陷进行维修的资金。

1) 缺陷和缺陷责任期

(1) 缺陷。缺陷是指建设工程质量不符合工程建设强制性标准、设计文件,以及承包合同的约定。

(2) 缺陷责任期。缺陷责任期一般为 6 个月、12 个月或 24 个月,具体可由发、承包双方在合同中约定。缺陷责任期从工程通过竣(交)工验收之日起计。由于承包人原因导致工程无法按规定期限进行竣(交)工验收的,缺陷责任期从实际通过竣(交)工验收之日起计。由于发包人原因导致工程无法按规定期限进行竣(交)工验收的,在承包人提交竣(交)工验收报告 90 天后,工程自动进入缺陷责任期。

2) 保证金的预留和返还

(1) 承发包双方的约定。发包人应当在招标文件中明确保证金预留、返还等内容,并与承包人在合同条款中对涉及保证金的下列事项进行约定:

① 保证金预留、返还方式。

② 保证金预留比例、期限。

③ 保证金是否计付利息,如计付利息,利息的计算方式。

④ 缺陷责任期的期限及计算方式。

⑤ 保证金预留、返还及工程维修质量、费用等争议的处理程序。

⑥ 缺陷责任期内出现缺陷的索赔方式。

(2) 保证金的预留。建设工程竣工结算后,发包人应按照合同约定及时向承包人支付工程结算价款并预留保证金。全部或者部分使用政府投资的建设项目,按工程价款结算总额5%左右的比例预留保证金。社会投资项目采用预留保证金方式的,预留保证金的比例可参照执行。

（3）保证金的返还。缺陷责任期内承包人认真履行合同约定的责任,到期后,承包人向发包人申请返还保证金。发包人在接到承包人返还保证金申请后,应于14日内会同承包人按照合同约定的内容进行核实。如无异议,发包人应当在核实后14日内将保证金返还给承包人,逾期支付的,从逾期之日起,按照同期银行贷款利率计付利息,并承担违约责任。发包人在接到承包人返还保证金申请后14日内不予答复,经催告后14日内仍不予答复,视同认可承包人的返还保证金申请。

3）保证金的管理和缺陷修复

（1）保证金的管理

缺陷责任期内,实行国库集中支付的政府投资项目,保证金的管理应按国库集中支付的有关规定执行。其他政府投资项目,保证金可以预留在财政部门或发包方。缺陷责任期内,如发包方被撤销,保证金随交付使用资产一并移交使用单位管理,由使用单位代行发包人职责。社会投资项目采用预留保证金方式的,发、承包双方可以约定将保证金交由金融机构托管;采用工程质量保证担保、工程质量保险等其他保证方式的,发包人不得再预留保证金,并按照有关规定执行。

（2）缺陷责任期内缺陷责任的承担

缺陷责任期内,由承包人原因造成的缺陷,承包人应负责维修,并承担鉴定及维修费用。如承包人不维修也不承担费用,发包人可按合同约定扣除保证金,并由承包人承担违约责任。承包人维修并承担相应费用后,不免除对工程的一般损失赔偿责任。

由他人原因造成的缺陷,发包人负责组织维修,承包人不承担费用,且发包人不得从保证金中扣除费用。

7.1.6 工程竣工结算及其审查

1）工程竣工结算的涵义及要求

工程竣工结算指施工企业按照合同规定的内容全部完成所承包的工程,经验收质量合格,并符合合同要求之后,对照原设计施工图,根据增减变化内容,编制调整预算,作为向发包单位进行的最终工程价款结算。

《建设工程施工合同文本》中对竣工结算作了如下规定:

（1）工程竣工验收报告经甲方认可后28天内,乙方向甲方递交竣工结算报告以及完整的结算资料,甲乙双方按照协议书约定的合同价款及专用条款约定的合同价款调整内容,进行工程竣工结算。

（2）甲方收到乙方递交的竣工结算报告及结算资料后28天内进行核实,给予确认或者提出修改意见。甲方确认竣工结算报告后通知经办银行向乙方支付工程竣工结算价款。乙方收到竣工结算价款后14天内将竣工工程交付甲方。

（3）甲方收到竣工结算报告及结算资料后28天内无正当理由不支付工程竣工结算价款,

从第 29 天起按乙方同期向银行贷款利率支付拖欠工程价款的利息,并承担违约责任。

(4) 甲方收到竣工结算报告及结算资料后 28 天内不支付工程竣工结算价款,乙方可以催告甲方支付结算价款。甲方在收到竣工结算报告及结算资料后 56 天内仍不支付的,乙方可以与甲方协议将该工程折价,也可以由乙方申请人民法院将该工程依法拍卖,乙方就该工程折价或者拍卖的价款优先受偿。

(5) 工程竣工验收报告经甲方认可后 28 天内,乙方未能向甲方递交竣工结算报告及完整的结算资料,造成工程竣工结算不能正常进行或工程竣工结算价款不能及时支付,甲方要求交付工程的,乙方应当交付;甲方不要求交付工程的,乙方承担保管责任。

(6) 甲乙双方对工程竣工结算价款发生争议时,按争议的约定处理。

在实际工作中,当年开工、当年竣工的工程,只需要办理一次性结算。跨年度的工程,在年终办理一次年终结算,将未完工程结转到下一年度,此时竣工结算等于各年度结算的总和。

办理工程价款竣工结算的一般公式为

$$竣工结算工程价款 = 合同价款 + 施工过程中合同价款调整数额 -$$
$$预付及已结算工程价款 - 质量保证金 \qquad (7-3)$$

2) 工程竣工结算的编制原则

(1) 已具备结算条件。竣工图纸完整无误,竣工报告及所有验收资料完整无误。业主或委托工程建设监理单位对结算项目逐一核实,是否符合设计及验收规范要求,不符合不予结算,需返工的,应返工后结算。

(2) 实事求是,正确确定造价。施工单位要有对国家负责的态度认真编制竣工结算。

3) 工程竣工结算的作用

(1) 工程竣工结算可作为考核业主投资效果,核定新增固定资产价值的依据。

(2) 工程竣工结算亦可作为双方统计部门确定建安工作量和实物量完成情况的依据。

(3) 工程竣工结算还可作为造价部门经建设银行终审定案,确定工程最终造价,实现双方合同约定的责任依据。

(4) 工程竣工结算可作为承包商确定最终收入,进行经济核算,考核工程成本的依据。

4) 工程竣工结算的编制依据

(1) 原施工图预算及其工程承包合同。

(2) 竣工报告和竣工验收资料,如基础竣工图和隐蔽资料等。

(3) 经设计单位签证后的设计变更通知书、图纸会审纪要、施工记录、业主委托监理工程师签证后的工程量清单。

(4) 预算定额及其有关技术、经济文件。

5) 工程竣工结算的编制内容

(1) 工程量增减调整

这是编制工程竣工结算的主要部分,即所谓量差,就是说所完成的实际工程量与施工图预算工程量之间的差额。量差主要表现为:

① 设计变更和漏项。因实际图纸修改和漏项等而产生的工程量增减,该部分可依据设计变更通知书进行调整。

② 现场工程更改。实际工程中施工方法出现不符、基础超深等均可根据双方签证的现场记录,按照合同或协议的规定进行调整。

③ 施工图预算错误。在编制竣工结算前,应结合工程的验收和实际完成工程量情况,对施工图预算中存在的错误予以纠正。

(2) 价差调整

工程竣工结算可按照地方预算定额或基价表的单价编制,因当地造价部门文件调整发生的人工、计价材料和机械费用的价差均可以在竣工结算时加以调整。未计价材料则可根据合同或协议的规定按实调整价差。

(3) 费用调整

属于工程数量的增减变化,需要相应调整安装工程费的计算;属于价差的因素,通常不调整安装工程费,但要计入计费程序中,换言之,该费用应反映在总造价中;属于其他费用,如停窝工费用、大型机械进出场费用等,应根据各地区定额和文件规定,一次结清,分摊到工程项目中去。

6) 工程竣工结算的编制方式

(1) 以施工图预算为基础编制竣工结算

对增减项目和费用等,经业主或业主委托的监理工程师审核签证后,编制的调整预算。

(2) 包干承包结算方式编制竣工结算

这种方式实际上是按照施工图预算加系数包干编制的竣工结算。依据合同规定,若尚未发生包干范围以外的工程增减项目,包干造价就是最终结算造价。

(3) 以房屋建筑面积造价为基础编制竣工结算

这种方式是双方根据施工图和有关技术经济资料,经计算确定出每平方米造价,在此基础上,按实际完成的面积数量进行结算。

(4) 以投标的造价为基础编制竣工结算

如果工程实行招、投标时,承包方可对报价采取合理浮动。通常中标一方根据工期、质量、奖惩、双方所承担的责任签订工程合同,对工程实行造价一次性包干。合同所规定的造价就是竣工结算造价。在结算时只需将双方在合同中约定的奖惩费用和包干范围以外的增减工程项目列入,并作为"合同补充说明"进入工程竣工结算。

7) 工程价款和工程竣工结算编制实例

例题 7-3 工程价款结算:某工程业主与承包商签订了施工合同,合同中含有两个子项工程,估算工程量 A 项为 2 300 m³,B 项为 3 200 m³,经协商,合同价 A 项为 180 元/m³,B 项为 160 元/m³。合同还规定:

开工前业主应向承包商支付合同价 20% 的预付款;

业主自第一个月起,从承包商的工程款中,按 5% 的比例扣留保留金;

当子项工程实际工程量超过估算工程量 10% 时,可进行调价,调整系数为 0.9;

根据市场情况规定价格调整系数平均按照 1.2 计算;

工程师签发月度付款最低金额为 25 万元;

预付款在最后 2 个月扣除,每月扣 50%。

承包商每月实际完成并经工程师签证确认的工程量如表 7-1 所示。

表 7-1 某工程每月实际完成并经工程师签证确认的工程量 单位:m²

月份	1 月	2 月	3 月	4 月
A 项	500	800	800	600
B 项	700	900	800	600

第一个月,工程量价款为 $500 \times 180 + 700 \times 160 = 20.2$(万元)

应签的工程款为:$20.2 \times 1.2 \times (1 - 5\%) = 23.028$(万元)

由于合同规定工程师签发的最低金额为 25 万元,故本月工程师不予签发付款凭证。

求预付款、从第二个月起每月工程量价款、工程师应签证的工程款、实际签发的付款凭证金额各是多少?

解答 (1) 预付款金额为:$(2\ 300 \times 180 + 3\ 200 \times 160) \times 20\% = 18.52$(万元)

(2) 第二个月,工程量价款为:$800 \times 180 + 900 \times 160 = 28.80$(万元)

应签证的工程款为:$28.8 \times 1.2 \times 0.95 = 32.832$(万元)

本月工程师实际签发的付款凭证金额为:$23.028 + 32.832 = 55.86$(万元)

(3) 第三个月,工程量价款为:$800 \times 180 + 800 \times 160 = 27.20$(万元)

应签证的工程款为:$27.20 \times 1.2 \times 0.95 = 31.008$(万元)

应扣预付款为:$18.52 \times 50\% = 9.26$(万元)

应付款为:$31.008 - 9.26 = 21.748$(万元)

因本月应付款金额小于 25 万元,故工程师不予签发付款凭证。

(4) 第四个月,A 项工程累计完成工程量为 $2\ 700$ m³,比原估算工程量 $2\ 300$ m³ 超出 400 m³,已超过估算工程量的 10%,超出部分的单价应进行调整,超过估算工程量 10% 的工程量为:$2\ 700 - 2\ 300 \times (1 \times 10\%) = 170$ (m³)

该部分工程量单价应调整为:$180 \times 0.9 = 162$(元 /m³)

A 项工程工程量价款为:$(600 - 170) \times 180 + 170 \times 162 = 10.494$(万元)

B 项工程累计完成工程量为 $3\ 000$ m³,比原估算工程量 $3\ 200$ m³ 减少 200 m³,不超过估算工程量,其单价不予调整。

B 项工程工程量价款为:$600 \times 160 = 9.60$(万元)

本月完成 A、B 两项工程量价款合计为:$10.494 + 9.60 = 20.094$(万元)

应签证的工程款为:$20.094 \times 1.2 \times 0.95 = 22.907$(万元)

本月工程师实际签发的付款凭证金额为:$21.748 + 22.907 - 18.52 \times 50\% = 35.395$(万元)

例题 7-4 某厂房电气照明、防雷工程,从项目分析表增减调整得到该单位工程人工费、计价材料费、机械费和未计价材料费汇总数据,如表 7-2 所示。

表 7-2 工程结算直接费增减调整表 单位:元

序号	项目名称	人工费合价	计价材料费合价	机械费合价	未计价材料费合价
1	原预算审定直接费	8 416.01	16 901.16	2 969.44	271 597.19
2	结算调增直接费	3 128.43	6 235.62	1 229.86	50 056.82
3	结算调减直接费	−776.78	−1 165.14	−118.73	−30 225.74
∑ 合计 = (1+2+3)		10 767.66	2 197.64	4 080.57	291 428.28

将以上数据带入计费程序表中,计算方法同施工图预算。

8）工程竣工结算的审查

工程竣工结算审查是竣工结算阶段的一项重要工作。审查工作通常由业主、监理公司或审计部门把关进行。审核内容通常有以下方面:

（1）核对合同条款。主要针对工程竣工是否验收合格,竣工内容是否符合合同要求,结算方式是否按合同规定进行;套用定额、计费标准、主要材料调差等是否按约定实施。

（2）审查隐蔽资料和有关签证等是否符合规定要求。

（3）审查设计变更通知是否符合手续程序,加盖公章否。

（4）根据施工图核实工程量。

（5）审核各项费用计算是否准确。主要从费率、计算基础、价差调整、系数计算、计费程序等方面着手进行。

7.1.7 设备、工器具及材料价款的支付与结算

1）国内设备、工器具价款的支付与结算

按照我国现行规定,银行、单位和个人办理结算都必须遵循结算原则:要守信用,付款及时;谁的钱进谁的账,由谁支配;银行不垫款。

业主对订购的设备、工器具通常不预付定金,只对制造期在半年以上的专用设备和船舶的价款,按照合同规定分期付款。比如上海市对大型机械设备结算进度的规定为:当设备开始制造时,收取 20％货款;设备制造进行 60％时,收取 40％货款;设备制造完毕托运时,再收取40％货款。一些合同规定,设备购置方扣留 5％的质量保证金,待设备运至现场验收合格或质量保证期到来时再返还质量保证金。

业主收到设备工器具后,要按合同规定及时结算付款,不得无故拖欠。若因资金不足延期付款者,要支付一定的赔偿金。

2）国内材料价款的支付与结算

建安工程承发包方的材料往来,可按如下方式结算:

（1）由承包单位自行采购建筑材料者,发包方可以在双方签订工程承包合同后按年度工作量的一定比例向承包方预付备料款,并应在一个月内付清。建筑工程一般不应超过当年建筑（包括水、电、暖、卫等）工作量的 30％。大量采用预制构件以及工期在 6 个月以内的工程,可适当增加;安装工程一般不应超过当年安装工程量的 10％,安装材料用量较大的工程,可适当增加。

预付的备料款,可从竣工前未完工程所需材料价值相当于预付备料款额度时起,在工程价款结算时按材料款占结算价款的比重陆续抵扣;也可按照有关文件规定办理。

（2）按照工程承包合同规定,由承包方包工包料的,则由承包方负责购货付款,并按照规定向发包方收取备料款。

（3）按照工程承包合同规定,由发包方供应材料的,其材料可按照材料预算价格转给承包方。材料价款在结算工程款时陆续抵扣,这部分材料,承包方不应收取备料款。

7.2 竣工决算

7.2.1 建设项目竣工决算和分类

建设项目竣工决算指在竣工验收交付使用阶段,由建设单位编制的建设项目从筹建到竣工投产或使用全过程的全部实际支出费用的经济文件。该文件是竣工验收报告的重要组成部分。

国家规定,所有新建、扩建、改建和恢复项目竣工后均要编制竣工决算。根据建设项目规模的大小,可分为大、中型建设项目竣工决算和小型建设项目竣工决算两大类。

施工企业在竣工后,也要编制单位工程(或单项工程)竣工成本决算,用作预算和实际成本的核算比较,以便总结经验,提高管理水平。但两者在概念和内容上存在着不同。

7.2.2 竣工决算的作用

(1)竣工决算是国家对基本建设投资实行计划管理的重要手段。根据国家基本建设投资的规定,在批准基本建设项目计划任务书时,可依据投资估算来估计基本建设计划投资额。在确定基本建设项目设计方案时,可依据设计概算决定建设项目计划总投资最高数额。在施工图设计时,可编制施工图预算,用以确定单项工程或单位工程的计划价格,同时规定其不得超过相应的设计概算。因此,竣工决算可反映出固定资产计划完成情况以及节约或超支原因,从而控制投资费用。

(2)竣工决算是竣工验收的主要依据。我国基本建设程序规定,对于批准的设计文件规定的工业项目经负荷运转和试生产,生产出合格产品,民用项目符合设计要求,能够正常使用时,应及时组织竣工验收工作,并全面考核建设项目,按照工程不同情况,由负责验收委员会或小组进行验收。

(3)竣工决算是确定建设单位新增固定资产价值的依据。竣工决算中需要详细计算建设项目所有的建筑工程费、安装工程费、设备费和其他费用等新增固定资产总额及流动资金,以作为建设管理部门向企、事业使用单位移交财产的依据。

(4)竣工决算是基本建设成果和财务的综合反映。建设项目竣工决算包括项目从筹建到建成投产(或使用)的全部费用。除了采用货币形式表示基本建设的实际成本和有关指标外,同时包括建设工期、工程量和资产的实物量以及技术经济指标,并综合了工程的年度财务决算,全面反映了基本建设的主要情况。

7.2.3 竣工决算的编制依据

竣工决算的编制依据主要有:

（1）建设项目计划任务书和有关文件。

（2）建设项目总概算书以及单项工程综合概算书。

（3）建设项目设计图纸以及说明，其中包括总平面图、建筑工程施工图、安装工程施工图以及相关资料。

（4）设计交底或者图纸会审纪要。

（5）招投标标底、工程承包合同以及工程结算资料。

（6）施工记录或者施工签证以及其他工程中发生的费用记录，如工程索赔报告和记录、停（交）工报告等。

（7）竣工图以及各种竣工验收资料。

（8）设备、材料调价文件和相关记录。

（9）历年基本建设资料和历年财务决算及其批复文件。

（10）国家和地方主管部门颁布的有关建设工程竣工决算的文件。

7.2.4 竣工决算的内容

竣工决算的内容包括竣工决算报表、竣工决算报告说明书、工程竣工图和工程造价比较分析四部分。大中型建设项目竣工决算报表通常包括建设项目竣工财务决算审批表、竣工工程概况表、竣工财务决算表、建设项目交付使用资产总表以及明细表、建设项目建成交付使用后的投资效益表等；小型建设项目竣工决算报表由建设项目竣工财务决算审批表、竣工财务决算总表和交付使用资产明细表组成。

1）竣工决算报告说明书

竣工决算报告说明书概括了竣工工程建设成果和经验，是全面考核分析工程投资与造价的书面总结，也是竣工决算报告的重要组成部分，主要内容如下：

（1）建设项目概况及评价。

（2）会计财务的处理、财产物资情况及债权债务的清偿情况。

（3）资金节余、基建结余资金等的上交分配情况。

（4）主要技术经济指标的分析、计算情况。

（5）基本建设项目管理以及决算中存在的问题以及建议。

（6）需要说明的其他事项。

2）竣工决算报表结构

根据国家财政部财基字〔1998〕4号关于《基本建设财务管理若干规定》的通知以及财基字〔1998〕498号文《基本建设项目竣工财务决算报表》和《基本建设项目竣工财务决算报表填表说明》的通知，建设项目竣工财务决算报表格式有：建设项目竣工财务决算审批表；大、中型建设项目概况表；大、中型建设项目竣工财务决算表；大、中型建设项目交付使用资产总表；建设项目交付使用资产明细表等（略）。小型建设项目竣工财务决算报表有：建设项目竣工财务决算审批表；小型建设项目竣工财务决算总表；建设项目交付使用资产明细表等。

3）工程竣工图

工程竣工图是真实记录和反映各种建筑物、构筑物等情况的技术文件，是工程交工验收、

改建和扩建的依据,是国家的重要技术档案。对竣工图的要求是:

（1）根据原施工图未变动的,由施工单位在原施工图上加盖"竣工图"图章标志后即可作为竣工图。

（2）施工过程中尽管发生了一些设计变更,但可以将原施工图加以修改补充作为竣工图的,可以不重新绘制,由施工单位负责在原施工图(必须是新蓝图)上注明修改的部分,并附以设计变更通知单和施工说明,加盖"竣工图"图章标志后作为竣工图。

（3）凡结构形式改变、工艺变化、平面布置改变、项目改变以及有其他重大改变时,不宜再在原施工图上修改、补充者,应重新绘制改变后的竣工图。属设计原因造成的,由设计单位负责重新绘制;属施工原因造成的,由施工单位负责重新绘制;属其他原因造成的,由建设单位自行绘制或委托设计单位绘图,施工单位负责在新图上加盖"竣工图"图章标志,并附以记录和说明,作为竣工图。

（4）为满足竣工验收和竣工决算需要,应绘制能反映竣工工程全部内容的工程设计平面示意图。

7.2.5 竣工决算书的编制步骤和方法

（1）收集、整理和分析有关依据资料。收集和整理出一套较为完整的相关资料是编制竣工决算的必要条件。在工程进行的过程中应注意保存和收集资料,在竣工验收阶段则要系统地整理出所有技术资料、工程结算经济文件、施工图纸和各种变更与签证资料,分析其准确性。

（2）清理各项账务、债务和结余物资。在收集、整理和分析资料过程中,应注意建设工程从筹建到竣工投产(或使用)全部费用的各项账务、债权和债务的清理,既要核对账目,又要查点库存实物的数量,做到账物相等、相符;对结余的各种材料、工器具和设备要逐项清点核实,妥善管理,且按照规定及时处理、收回资金;对各种往来款项要及时进行全面清理,为编制竣工决算提供准确的数据依据。

（3）填写竣工决算报表。依照建设项目竣工决算报表的内容,根据编制依据中有关资料进行统计或计算各个项目的数量,并将结果填入相应表格栏目中,完成所有报表的填写。这是编制工程竣工决算的主要工作。

（4）编写建设项目竣工决算说明书。根据建设项目竣工决算说明的内容、要求以及编制依据材料和填写在报表中的结果编写说明。

（5）上报主管部门审查。以上编写的文字说明和填写的表格经核对无误后可装订成册,即可作为建设项目竣工文件,并报主管部门审查,同时把其中财务成本部分送交开户银行签证。竣工决算在上报主管部门的同时,抄送设计单位,大、中型建设项目的竣工决算还需抄送财政部、建设银行总行以及省、市、自治区财政局和建设银行分行各一份。

建设项目竣工决算编制的一般程序如图 7-2 所示。

图 7-2　建设项目竣工决算编制程序

建设项目竣工决算的文件,由建设单位负责组织人员编制,在竣工建设项目办理验收使用1个月之内完成。

7.2.6 新增资产的确定

竣工决算是作为办理交付使用财产价值的依据,因此,正确核定新增资产的价值,不但有利于建设项目交付使用后的财务管理,而且还可作为建设项目经济后评估的依据。

1) 新增资产的分类

根据财务制度和企业会计准则的新规定,新增资产可以按照资产的性质分为固定资产、流动资产、无形资产、递延资产和其他资产五大类。

(1) 固定资产。固定资产指使用期限超过1年,单位价值在规定标准以上,并且在使用过程中保持原有物质形态的资产,包括房屋以及建筑物、机电设备、运输设备、工具器具等。不同时具备以上2个条件的资产为低值易耗品,应列入流动资产范围内,如企业自身使用的工具、器具、家具等。

(2) 流动资产。流动资产指可以在1年内或超过1年的一个营业周期内变现或者运用的资产,包括现金以及各种存货、应收及预付款项等。

(3) 无形资产。无形资产指企业长期使用但没有实物形态的资产,包括专利权、著作权、非专利技术、商誉等。

(4) 递延资产。递延资产指不能全部计入当年损益,应当在以后年度分期摊销的各项费用,包括开办费、租入固定资产的改良工程支出等。

(5) 其他资产。其他资产指具有专门用途,但不参加生产经营的经国家批准的特种物资、银行冻结存款和冻结物资、涉及诉讼的财产等。

2) 新增固定资产价值的确定

(1) 新增固定资产价值的含义

新增固定资产亦称交付使用的固定资产,是投资项目竣工投产后所增加的固定资产价值,是以价值形态表示的固定资产投资最终成果的综合性指标。其内容包括:

① 已经投入生产或交付使用的建筑安装工程造价。

② 达到固定资产标准的设备工器具的购置费用。

③ 增加固定资产价值的其他费用,包括土地征用以及迁移补偿费、联合试运转费、勘察设计费、项目可行性研究费、施工机构迁移费、报废工程损失、建设单位管理费等。

(2) 新增固定资产的核算

新增固定资产是工程建设项目最终成果的体现,核定其价值和完成情况,是加强工程造价全过程管理工作的重要方面。单项工程建成后,经过有关部门验收鉴定合格,正式移交生产或使用,即应计算其新增固定资产价值。一次性交付生产或使用的工程一次性计算新增固定资产价值,分期分批交付生产或使用的工程应分期分批计算新增固定资产价值。计算时应注意以下几种情况:

① 新增固定资产价值的计算应以单项工程为对象。

② 对于为提高产品质量、改善劳动条件、节约材料消耗、保护环境而建设的附属辅助工

程,只要全部建成,正式验收或交付使用后就要计入新增固定资产价值。

③ 对于单项工程中不构成生产系统,但能独立发挥效益的非生产性工程,如住宅、食堂、医务所、托儿所、生活服务网点等,在建成并交付使用后,也要计算新增固定资产价值。

④ 凡购置达到固定资产标准不需要安装的设备、工器具,应在交付使用后计入新增固定资产价值。

⑤ 属于新增固定资产的其他投资,应随同受益工程交付使用时一并计入。

（3）交付使用财产成本计算

交付使用财产的成本应按照以下内容计算:

① 建筑物、构筑物、管道、线路等固定资产的成本包括建筑工程成本和应分摊的待摊投资。

② 动力设备和生产设备等固定资产的成本包括:需要安装设备的采购成本;安装工程成本;设备基础支柱等建筑工程成本或砌筑锅炉以及各种特殊炉的建设工程成本;应分摊的待摊投资。

③ 运输设备及其他不需要安装的设备、工具、器具、家具等固定资产一般仅计算采购成本,不分摊"待摊投资"。

（4）待摊投资的分摊方法

增加固定资产的其他费用,如果是属于整个建设项目或2个以上单项工程的,在计算新增固定资产价值时,应在各单项工程中按照比例分摊。在分摊时,什么费用应由什么工程负担,又有具体的规定。一般情况下,建设单位管理费按建筑工程、安装工程、需要安装设备价值总额按比例分摊;土地征用费、勘察设计费则只按照建筑工程造价分摊。

例题7-5 某建设项目及其第一车间的建筑工程费、安装工程费、需安装设备费以及应摊入费用如表7-3所示。

表7-3　第一车间的建筑工程费、安装工程费、需安装设备费以及应摊入费用　　　　单位:万元

决算项目	决算内容					
	建筑工程费	安装工程费	需安装设备费	建设单位管理费	土地征用费	勘察设备费
建设项目竣工决算	2 000	800	1 200	60	120	40
第一车间竣工决算	400	200	400	—	—	—

解答　现对以上资料计算如下:

$$应分摊建设单位管理费 = \frac{400+200+400}{2\,000+800+1\,200} \times 60 = 15(万元)$$

$$应分摊土地征用费 = \frac{400}{2\,000} \times 120 = 24(万元)$$

$$应分摊勘察设计费 = \frac{400}{2\,000} \times 40 = 8(万元)$$

则第一车间新增固定资产价值 = (400+200+400)+(15+24+8) = 1 047(万元)

3）流动资产价值的确定

（1）货币资金。货币资金就是现金、银行存款和其他货币资金(包括在外埠存款、还未收

到的在途资金、银行汇票和本票等资金），一律按照实际入账价值核定计入流动资产。

（2）应收及预付款项。应收及预付款项包括应收票据、应收账款、其他应收、预付货款和待摊费用。通常情况下，应收及预付款项按企业销售商品、产品或提供劳务时的实际成交金额入账核算。

（3）各种存货应当按照取得时的实际成本计价。存货的形成，主要有外购和自制两个途径。外购的，可按照买价加运输费、装卸费、保险费、途中合理损耗、入库前加工、整理及挑选费用以及缴纳的税金等计价；自制的，可按制造过程中的各项实际支出计价。

4）无形资产价值的确定

无形资产指企业长期使用但没有实物形态的资产，包括专利权、商标权、著作权、土地使用权、非专利技术、商誉等。无形资产的计价，原则上应按照取得时的实际成本计价。企业取得无形资产的途径不同，所发生的支出不一样，无形资产的计价也不相同。新财务制度按照以下原则来确定无形资产的价值。

（1）无形资产的计价原则

① 投资者将无形资产作为资本金或者合作条件投入的，按照评估确认或合同协议约定的金额计价。

② 购入的无形资产，按照实际支付的价款计价。

③ 企业自创并依法申请取得的，可按照开发过程中的实际支出计价。

④ 企业接受捐赠的无形资产按照发票账单所持金额或者同类无形资产市场价计价。

根据以上原则，无形资产的计价方式有几种。

（2）无形资产的计价

① 专利权的计价。专利权分自创和外购两类。自创专利权，其价值为开发过程中的实际支出，主要包括专利的研究开发费用、专利登记费用、专利年费和法律诉讼费等各项费用。专利转让时（包括购入和卖出），其费用主要包括转让价格和手续费。由于专利是具有专有性并能带来超额利润的生产要素，因而其转让价格不按照其成本估价，而是根据其所能带来的超额收益估价。

② 非专利技术的计价。如果非专利技术是自创的，通常不得作为无形资产入账，自创过程中发生的费用，新财务制度允许作当期费用处理，这是因为非专利技术自创时难以确定是否成功，这样处理符合稳定性原则。购入非专利技术时，应由法定评估机构确认后再进一步估价，一般通过其生产的收益估价，其思路同专利权的计价方法。

③ 商标权的计价。如果是自创的，尽管商标设计、制作注册和保护、广告宣传都花费一定的费用，但其一般不作为无形资产入账，而是直接作为销售费用计入当期损益。只有当企业购入和转让商标时才需要对商标权计价。商标权的计价一般根据被许可方新增的收益来确定。

④ 土地使用权的计价。根据取得土地使用权的方式，计价有两种情况：一是建设单位向土地管理部门申请土地使用权并为之支付一笔出让金，在这种情况下，应作为无形资产进行核算；二是建设单位获得土地使用权是原先通过行政划拨的，这时就不能作为无形资产核算，只有在将土地使用权有偿转让、出租、抵押、作价入股和投资，按规定补交土地出让价款时，才能作为无形资产核算。

无形资产计价入账后，应在其有限使用期内分期摊销。

5）递延资产的确定

递延资产指不能全部计入当年损益,应在以后年度内分期摊销的各项费用,包括开办费、租入固定资产的改良支出等。

（1）开办费的计价。指在筹建期间发生的费用,包括筹建期间人员工资、办公费、培训费、差旅费、印刷费、注册登记费以及不计入固定资产和无形资产构建成本的汇兑损益、利息等支出。根据新财务制度的规定,除了筹建期间不计入资产价值的汇兑净损失外,开办费从企业开始经营月份的次月起,按照不短于5年的期限平均摊入管理费用。

（2）以经营租赁方式租入的固定资产改良工程支出的计价,应在租赁有效期限内分期摊入制造费用或者管理费用中去。

6）其他资产计价

其他资产包括特准储备物资等,主要以实际入账价值核算。

思考题

1. 何谓工程结算?
2. 工程价款结算有哪几种方式?
3. 工程预付备料款的计算受哪些因素制约?
4. 工程备料款的起扣点如何计算?
5. 简述工程进度款的支付步骤。
6. 简述工程竣工结算的编制原则。
7. 简述工程竣工结算的编制依据。
8. 简述建设项目竣工决算的含义及分类。
9. 简述建设项目竣工决算的作用。
10. 简述建设项目竣工决算的编制依据。
11. 简述建设项目竣工决算的内容。

8

计算机辅助软件介绍

学习目标

- 熟悉计算机辅助软件的发展概况
- 熟悉广联达算量软件
- 熟悉广联达钢筋翻样软件
- 掌握广联达计价软件

8.1 计算机辅助软件的发展概况

8.1.1 国外发展现状

从 20 世纪 60 年代开始,工业发达国家已经开始利用计算机做估价工作,这比我国要早 10 年左右。他们的造价软件一般都重视已完工程数据的利用、价格管理、造价估计和造价控制等方面。由于各国的造价管理具有不同的特点,造价软件也体现出不同的特点,这也说明了应用软件的首要原则应是满足用户的需求。

在已完工程数据利用方面,英国的 BCIS(Building Cost Information Service,建筑成本信息服务部)是英国建筑业最权威的信息中心,它专门收集已完工程的资料,存入数据库,并随时向其成员单位提供。当成员单位要对某些新工程估算时,可选择最类似的已完工程数据估算工程成本。

价格管理方面,PSA(Property Services Agency,物业服务社)是英国的一家官方建筑业物价管理部门,在许多价格管理领域都成功地应用了计算机,如建筑投标价格管理。该组织收集投标文件,对其中各项目造价进行加权平均,求得平均造价和各种投标价格指数,并定期发布,供招标者和投标者参考。类似的,BCIS 则要求其成员单位定期向自己报告各种工程造价信息,也向成员单位提供他们需要的各种信息。由于国际间工程造价彼此关系密切,欧洲建筑经济委员会(CEEC)在 1980 年 6 月成立造价分委会(Cost Commission),专门从事各成员国之间的工程造价信息交换服务工作。

造价估计方面,英美等国都有自己的软件,他们一般针对计划阶段、草图阶段、初步设计阶段、详细设计和开标阶段分别开发有不同功能的软件。其中预算阶段的软件开发也存在一些困难。例如工程量计算方面,国外在与 CAD 的结合问题上,从目前资料来看,并未获得大的突破。造价控制方面,加拿大 Revay 公司开发的 CT4(成本与工期综合管理软件)则是一个比较优秀的代表。

8.1.2　国内发展现状

我国造价管理软件的情况是,各省市的造价管理机关在不同时期也编制了当地的工程造价软件。20 世纪 90 年代,一些从事软件开发的专业公司开始研制工程造价软件,如武汉海文公司、海口神机公司等。北京广联达公司先后在 DOS 平台和 Windows 平台上研制了工程造价的系列软件,如工程概预算软件、广联达工程量自动计算软件、广联达钢筋计算软件、广联达施工统计软件、广联达概预算审核软件等。这些产品的应用,基本可以解决目前的概预算编制、概预算审核、工程量计算、统计报表以及施工过程中的预算问题,也使我国的造价软件进入了工程计价的实用阶段。

我国工程造价管理体制是建立在定额管理体制基础上的。建筑安装工程预算定额和间接费定额由各省、自治区和直辖市负责管理,有关专业定额由中央各部负责修订、补充和管理,形成了各地区、各行业定额的不统一。这种现状,使得全国各地的定额差异较大,且由于各地区材料价格不同、取费的费率差异较大等地方特点,使得编制造价软件解决全国通用性问题非常困难。目前有些适用性较强的软件,往往设置的参数较多,功能使用上较复杂;适用性较差的软件可能在遇到不同情况时难以使用,或者需要修改软件,软件的维护代价相对较高。解决这个问题比较可行的一种办法是通用性软件要开发,专用性软件也要开发。

如果客观地分析一下工程造价的编制办法就会发现,虽然各地、各行业的定额差异较大,但计价的基本方法相同。通用的造价软件,可以使定额库和计价程序分离,做到使用统一的造价计算程序外挂不同地区、不同行业的定额库,用户可任意选用不同的定额库,相应地,操作界面也符合该定额特点的变化,各种参数的调整由软件自动完成,不增加用户的负担,给用户的感觉是该软件的操作比较简单。

对于一些特殊的定额,由于其编制程序、定额取费、调价方式差异太大,例如房屋修缮定额、公路定额等,如果还要强行做到软件的通用化,编程的难度会更大,所以必要的专业化软件仍然需要。

北京广联达公司的软件解决方案正是这种思路,该公司不但有通用化的造价软件,还提供配套使用的全国各地区、各行业和各时期的定额 100 多套,因此一套软件可以在全国各地区、各行业使用。同时,该公司还有一些专用的软件,例如房屋修缮概预算软件等。

8.2　广联达图像算量软件介绍

1996 年,北京广联达公司推出了图形算量软件 GCL。该软件在画图和工程量解决方法上有多项创新。在产品结构设计上,它采用了通用的绘图平台与各地计算规则相对分离的方式,成功地解决了各地计算规则不一致的问题;该软件计算规则按各地定额规则制定,经实践检验可行。操作人员只要将图纸信息如实地描述到系统内,软件就能自动按所选的定额计算规则计算出各种实体的工程量,各种扣减关系在三维的数学模型中都能得到精确计算。

(1) 采用与定额库的挂接。在定义工程对象的同时能够查套定额子目,所以当做完一个工程后,软件提供的不单是工程量清单,而且能够提供一份完整的预算书。

(2) 提供标准图集的处理功能。在定义如门窗、装修、标准构件等标准设计实体时,只要输入标准代号,软件就能够自动检索定额子目和相关工程量。

(3) 标准单元拼接功能。提供了标准单元的复制、镜像、移动等功能,大大提高了采用标准单元设计的工程(如住宅等)的画图速度和精度。

(4) 快速布置工程实体功能。例如只要生成轴线网后,可以快速地布置内外墙、柱网;当画好墙后,能够布置生成梁、房间、条基、板等;画好柱后,可以快速布置柱基等。

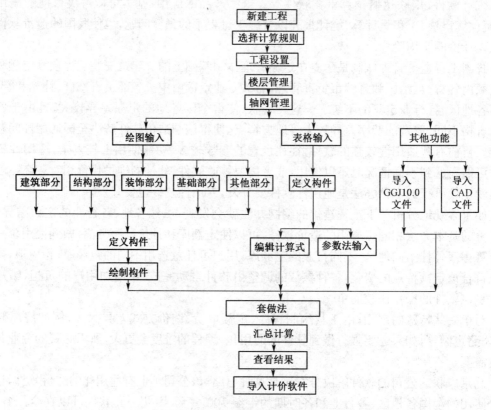

图 8-1　图形算量软件操作流程

8.3　广联达钢筋翻样软件介绍

建筑结构中普遍采用钢筋混凝土结构,钢筋用量大且单价高,钢筋计算的准确程度直接影响着造价的准确度,因此钢筋计算越来越受到业内的广泛重视,钢筋计算软件的研制也成为工程造价领域的一个研究热点。

钢筋计算软件需要解决的问题主要如下:

(1) 计算过程要严格遵循有关规范。例如,钢筋计算过程中,各种长度之间需要进行多值比较,如构造长度和锚固长度比较等。手工计算时,由于投标时间短,计算人员不得不采取粗略的计算或估算方法,难以达到准确的要求。软件则不同,它的优势就在于计算速度和准确性,因此,如何利用计算机解决准确性问题是钢筋计算软件的一个基础。

(2) 输入构件数据,自动计算锚固长度,而非输入钢筋本身的长度。

(3) 解决各种钢筋表示法的问题。结构施工图中,常见的钢筋表示方式有 3 种:一是传统的剖面表示法;二是表格表示法;三是平面整体表示法。如果钢筋软件不能按照图纸表示的方法输入,那么需要人工整理加工的工作量就太大了。

(4) 解决和造价软件的接口问题。招投标阶段计算钢筋量主要是为了计算工程造价,所以抽取钢筋量后,自动查套定额子目,并将结果传递到工程造价软件中也非常重要。

(5) 提供特殊钢筋的直接计算方法。一些特殊构配件采用表格法或平面整体法目前还难以解决问题,必须提供大量钢筋图样,并提供一些钢筋根数计算方法以及缩尺配筋计算功能。北京广联达公司开发的钢筋软件中提供了 500 多种钢筋图样,已能满足工作的需要。

由于国内设计方法仍然在变化,平面整体法所能设计的构件数量依然有限,造成了钢筋软件编制难度较大。下一步,钢筋软件作为工程量计算的一部分,需要和工程量计算软件以及设计软件结合使用,以提高软件之间的数据共享。

8.4　广联达计价软件介绍

工程计价是一项十分细致而又复杂的工作,计算过程中往往会出现一些错、漏和重复计算,所以搞好造价审核工作,保证造价文件的质量,对加强工程建设管理、杜绝浪费、提高基本建设投资效益等具有非常重要的意义。工程造价审核是依据招标文件、设计图纸以及相关定额,并结合类似工程数据进行分析审核。人工审核时,计算量大,工作时间长,功效低,容易受到人为因素的影响,同时不便于历史数据的积累和统计工作。一般来说,投标书手工审核过程如下:标书上报→指标计算→指标分析→结论。从这个过程中我们可以看出:

(1) 上报的标书大多是一些造价软件产生的报表,这些报表中包含着大量的数据。审核时需要再次用人工进行查阅和计算,显然是一次重复劳动。

(2) 进行审核指标计算时,计算机计算将比人工计算快速、准确,不会产生人工偏差。

(3) 对各种指标的分析,人工分析的过程一般是根据计算结果先进行经验性判断,或者查阅以前的类似工程进行对比分析。多个工程的比较对人来讲是一项很烦琐的工作,需要查阅大量资料,速度比较慢。如果能利用计算机强大的计算和比较功能来做这项工作,相信我们可以很方便地得到满意的分析结果。

(4) 这里还涉及一个问题,即对历史造价资料的管理,如何更方便地查阅? 计算机强大的存储功能和检索手段为我们提供了帮助。

GBQ 4.0 是广联达推出的融计价、招标管理、投标管理于一体的全新计价软件,旨在帮助工程造价人员解决电子招投标环境下的工程计价、招投标业务问题,使计价更高效、招标更便捷、投标更安全。

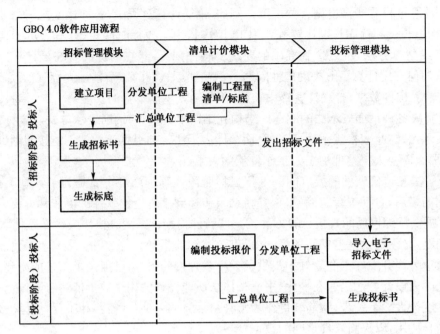

图 8-2

附录

广联达办公大厦图纸

工程设计图纸目录及选用标准图集目录

工程名称 __广联达办公大厦__ 　工程编号 __GLD06-01__ 　工程造价 _____ 万元

项目名称 __广联达办公大厦__ 　建筑面积 _____ 　出图日期 __年　月　日__

	日期	内容摘要	经办人		日期	内容摘要	经办人
作废				作废			
变更				变更			
记录				记录			

建筑设计说明

一、设计依据

1. 本工程在设计以及多个深入及其建设的基本依据国家现行的有关建筑设计规范及图集。

门窗数量及尺寸门窗规格一览表

编号	名称	宽	高	地下室	一层	二层	三层	四层	总计	备注

室内装修做法表

房间名称	楼地/地面	踢脚/墙裙	内墙面	顶棚	备注

工程做法

一、室外装修设计

1）、屋面：上人屋面

1、8~10厚地砖铺实拍平拍实，用水泥浆擦缝，干水泥擦缝
2、撒素水泥面
3、3厚纸筋灰隔离层
4、20厚1:2.5水泥砂浆找平层
5、最薄30厚1:0.2:3.5水泥石灰膏页岩陶粒找2%坡
6、40厚现喷硬泡聚氨酯保温层
7、现浇混凝土屋面板

2）、墙面：

1、涂料饰面护墙
1.5厚聚合物水泥防水层（刷三遍），最外一层毛坯
2、20厚1:3水泥砂浆找平层
3、20厚1:3水泥砂浆找坡层
4、40厚现喷硬泡聚氨酯保温层
5、现浇混凝土屋面板

3）、屋面：不上人屋面

1、柔性防水护坡
2、1.5厚聚氨酯涂膜防水层（刷三遍），最外一层毛坯
3、20厚1:3水泥砂浆找平层
4、40厚现喷硬泡聚氨酯保温层
5、现浇混凝土屋面板

二、室内装修设计

1.室内地面

1）、细石混凝土地面
1、40厚C20细石混凝土随打随抹（内配钢筋）
2、150厚5~32卵石灌M2.5混合砂浆，平板振捣器振实
3、素土夯实，压实系数0.95

2）、水泥地面
1、20厚1:2.5水泥砂浆压实赶光
2、素水泥浆一道（内掺建筑胶）
3、50厚C10混凝土
4、150厚5~32卵石灌M2.5混合砂浆，平板振捣器振实
5、素土夯实，压实系数0.95

2.墙面：防滑地砖楼面（每块800X400）：

1、5~10厚防滑地砖，稀水泥浆擦缝
2、6厚建筑胶水泥
3、素水泥浆一道（内掺建筑胶）
4、最薄20厚1:3水泥砂浆找坡层
5、现浇混凝土楼板

2）、楼面2：防滑地砖楼面（每块400X400）：

1、5~10厚防滑地砖，稀水泥浆擦缝
2、撒素水泥面
3、20厚1:4干硬性水泥砂浆结合层
4、1.5厚聚氨酯涂膜防水层
5、20厚1:3水泥砂浆找坡层，四周及竖管根部往上卷起150
6、素水泥浆一道
7、最薄30厚C15细石混凝土从门口向地漏找1%坡
8、现浇混凝土楼板

3）、楼面3：大理石楼面（大理石尺寸800X800）：

1、20厚大理石板，稀水泥擦缝
2、撒素水泥面
3、30厚1:3干硬性水泥砂浆结合层
4、素水泥浆一道
5、钢筋混凝土楼板

3.踢脚

1）、踢脚1：水泥砂浆踢脚（高度为100MM）：
1、6厚1:2.5水泥砂浆罩面压实赶光
2、素水泥浆一道
3、8厚1:3水泥砂浆打底扫毛或划出纹道
4、素水泥浆一道（内掺建筑胶）

2）、踢脚2：地砖踢脚（料用200X100高为地砖，高度为100）：
1、5~10厚防滑地砖踢脚，稀水泥浆擦缝
2、5厚水泥胶
3、撒素水泥面

3）、踢脚3：大理石踢脚（踢脚300高）：
1、10~15厚大理石踢脚，稀水泥擦缝
2、10厚1:2水泥砂浆（内掺建筑胶）打底
3、素水泥浆一道（内掺建筑胶）

4.内墙面

1）、内墙面1：水泥砂浆墙面
1、喷水性耐擦洗涂料
2、5厚1:2.5水泥砂浆找平
3、9厚1:3水泥砂浆打底扫毛
4、素水泥浆一道
5、素水泥浆一道（内掺建筑胶）

2）、内墙面2：瓷砖墙面（面层用200X300面砖）：
1、白水泥擦缝
2、5厚1:2水泥砂浆粘贴层
3、素水泥浆一道
4、9厚1:3水泥砂浆打底压实抹平
5、素水泥浆一道（内掺建筑胶）
6、涂塑中碱玻璃纤维网格布一层

5.顶棚

1）、顶棚1：抹灰顶棚
1、喷水性耐擦洗涂料
2、2厚纸筋灰罩面
3、5厚1:0.5:3水泥石灰膏砂浆打底扫毛
4、素水泥浆一道甩毛（内掺建筑胶）
5、涂料顶棚

2）、顶棚2：涂料顶棚
1、喷水性耐擦洗涂料
2、3厚1:0.5:2.5水泥石灰膏砂浆找平
3、5厚1:0.5:3水泥石灰膏砂浆打底扫毛
4、素水泥浆一道甩毛（内掺建筑胶）

6.吊顶

1）、吊顶1：铝合金条板吊顶，燃烧性能加A级
1、铝合金条板，燃烧性能为A级，其结构构造由生产厂制作
2、U型轻钢龙骨中距B45X48，中距≤1500与钢承重龙骨固定
3、U型轻钢龙骨中距TB38X12，中距≤1500，龙骨中距≤1200
4、钢筋吊杆中距横向≤1500横向≤1200
5、现浇混凝土板底预留Φ10钢筋吊杆，双向中距≤1500

2）、吊顶2：岩棉板吊顶，燃烧性能加A级
1、12厚岩棉板面层，燃烧A级，规格592X592
2、T型主龙骨TB24X28，中距≤1500
3、T型横撑龙骨TB24X38，中距600，龙骨中距≤1200
4、Φ6钢筋吊杆中距横向≤1200
5、现浇混凝土板底预留Φ10钢筋吊杆，双向中距≤1200

7.油漆工程做法

除已特别注明的部位外，其他要求油漆的做法均为：

1）、金属面油漆工程做法：
1、刷一遍一次罩面
2、满刮腻子，刷第一遍调合漆
3、金属面防锈漆
4、涂刷一遍

2）、木材面油漆工程做法：选用96.0002-P119～图41.
1、局部批腻子磨砂找平磨光
2、局部批腻子磨平
3、全批腻子，磨光、砂纸打磨

其他未说明油漆由色由设计定
8、混凝土表面合格做法：
1、每层12水泥一道≈20灰水泥，内掺≈砂浆
9、水泥砂浆合格做法：
1、见88BJ1-1台1B

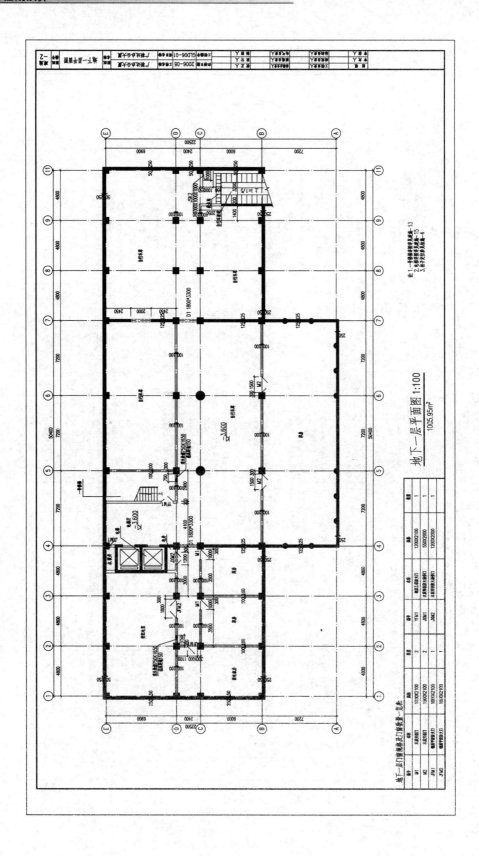

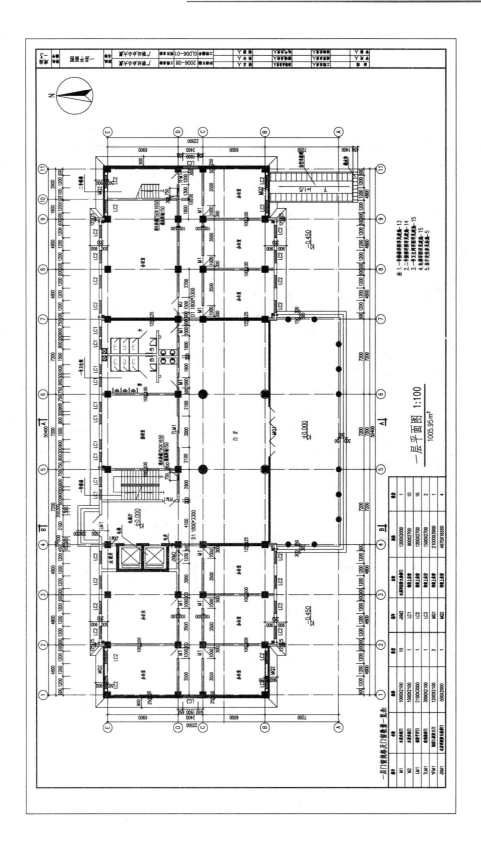

一层平面图 1:100

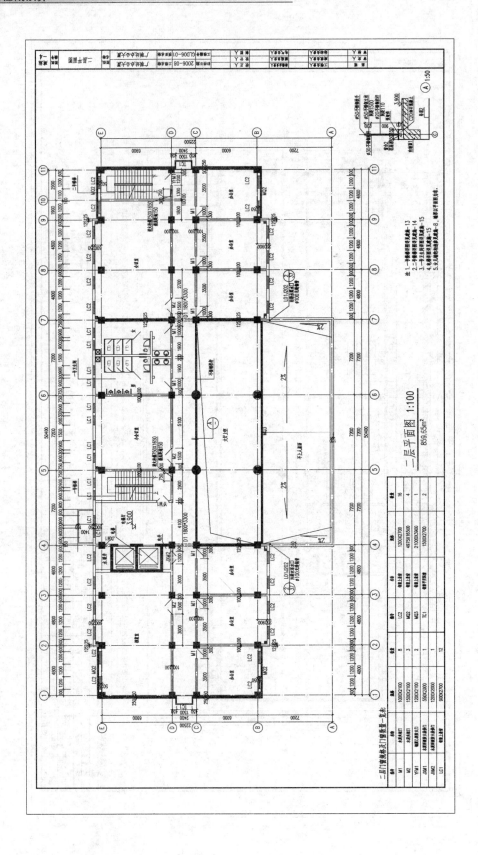

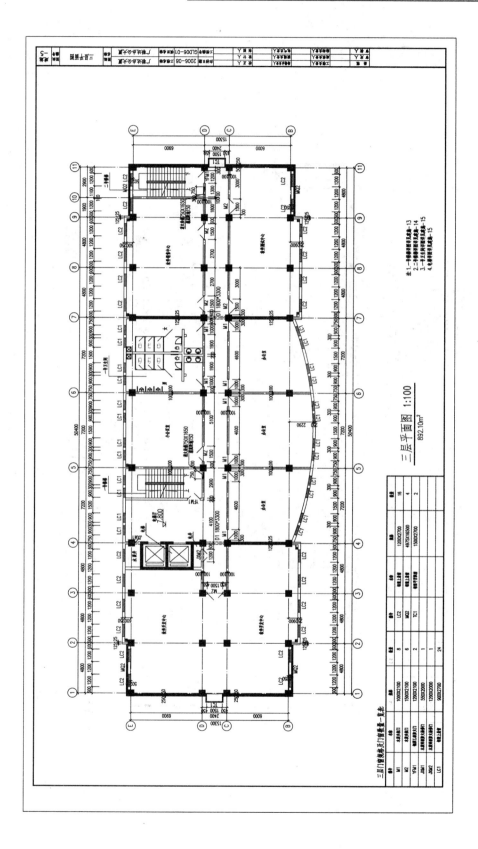

三层平面图 1:100
892.10m²

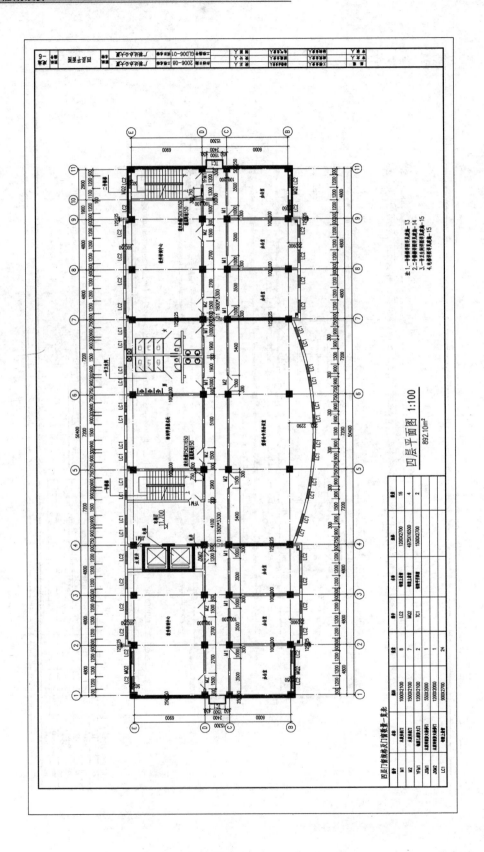

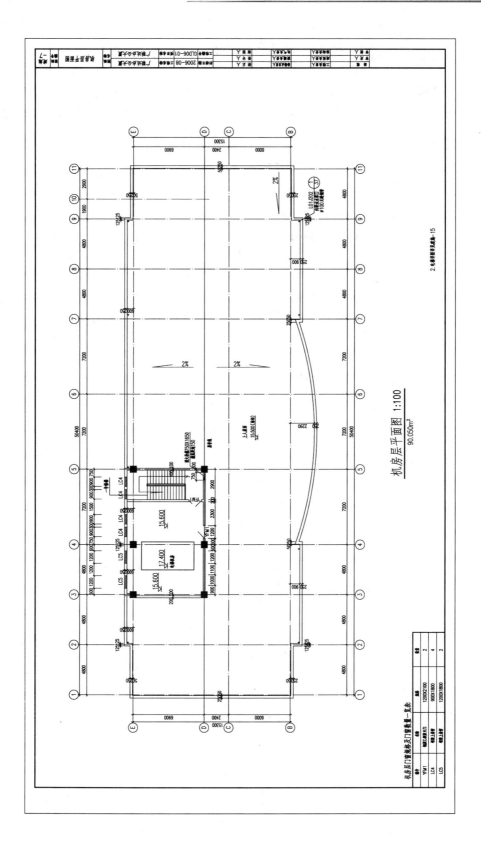

机房层平面图 1:100
90.050m²

2.电梯详样详见建施-15

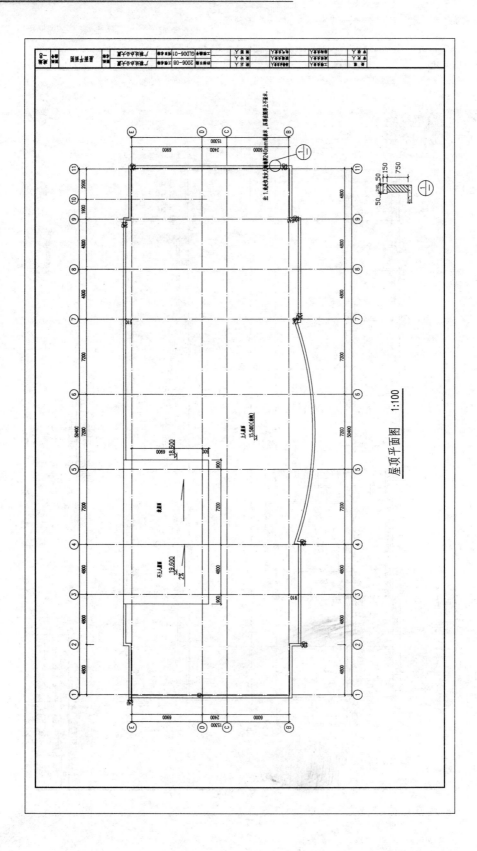

屋顶平面图 1:100

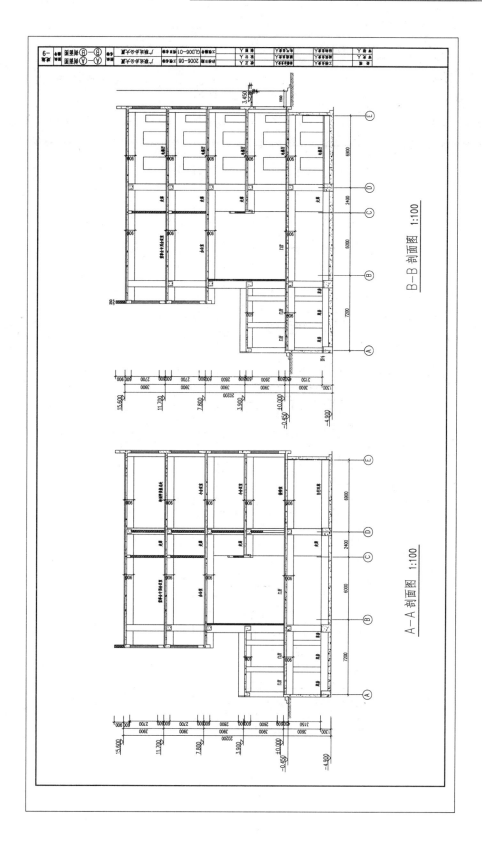

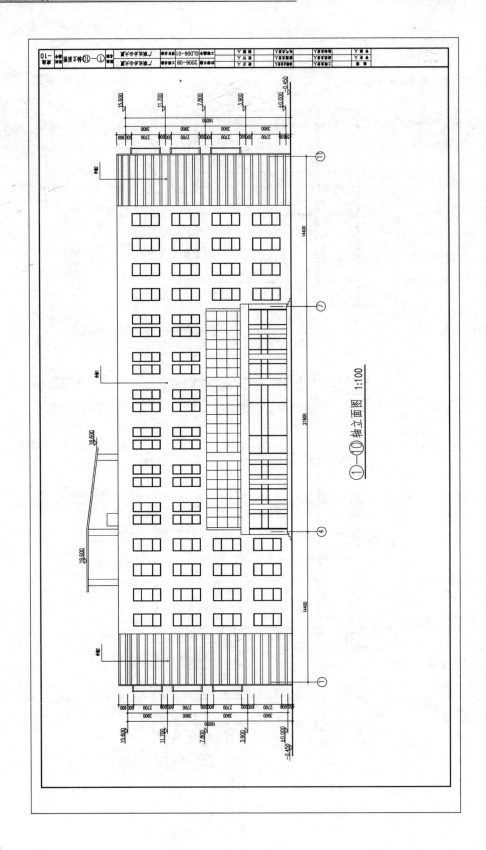

①—⑩轴立面图 1:100

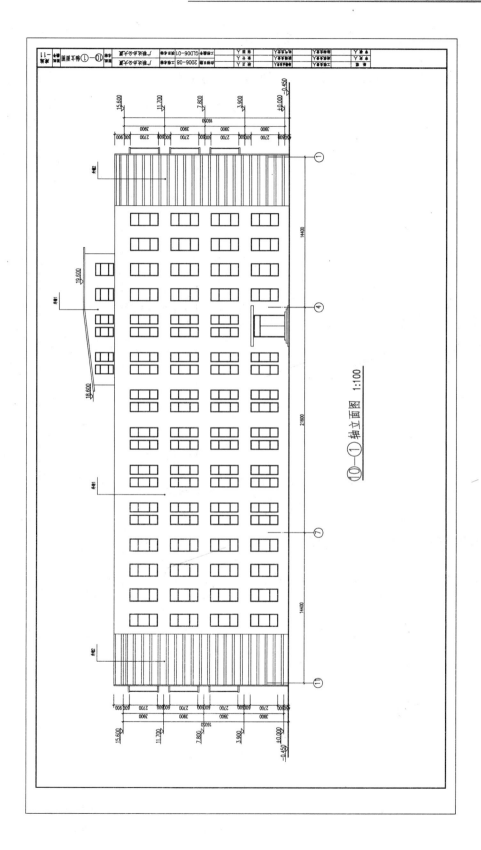

①—① 轴立面图 1:100

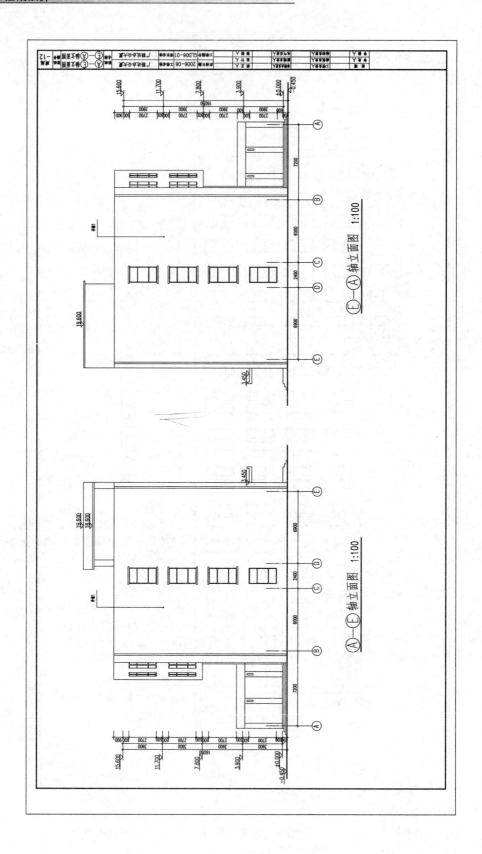

⑤—Ⓐ轴立面图 1:100

Ⓐ—⑤轴立面图 1:100

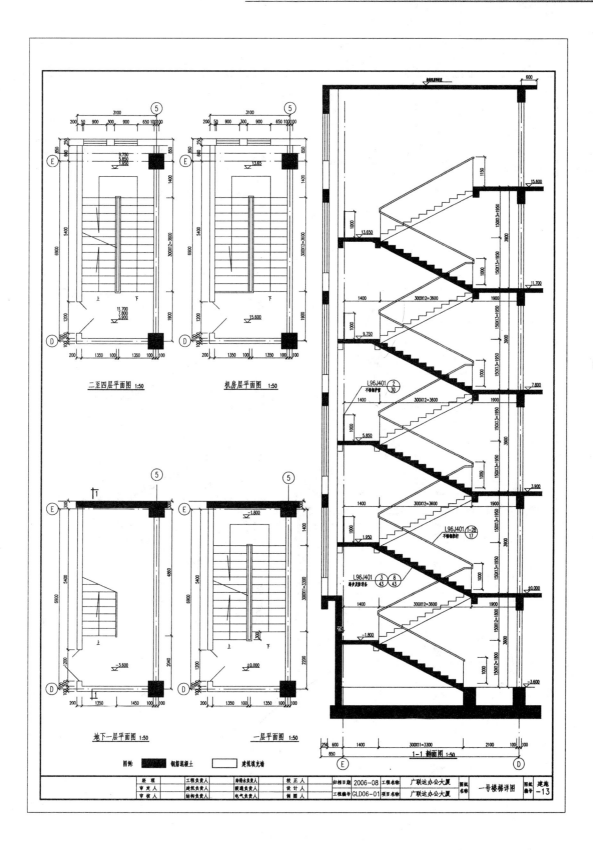

二至四层平面图 1:50

机房层平面图 1:50

地下一层平面图 1:50

一层平面图 1:50

图例： ▉ 钢筋混凝土 □ 建筑填充墙

1-1 剖面图 1:50

经 理	工程负责人	给排水负责人	校 正 人	归档日期	2006-08	工程名称	广联达办公大厦	图纸名称	一号楼楼梯详图	图纸编号	建施 -13
审 定 人	建筑负责人	暖通负责人	设 计 人	工程编号	GLD06-01	项目名称	广联达办公大厦				
审 核 人	结构负责人	电气负责人	制 图 人								

307

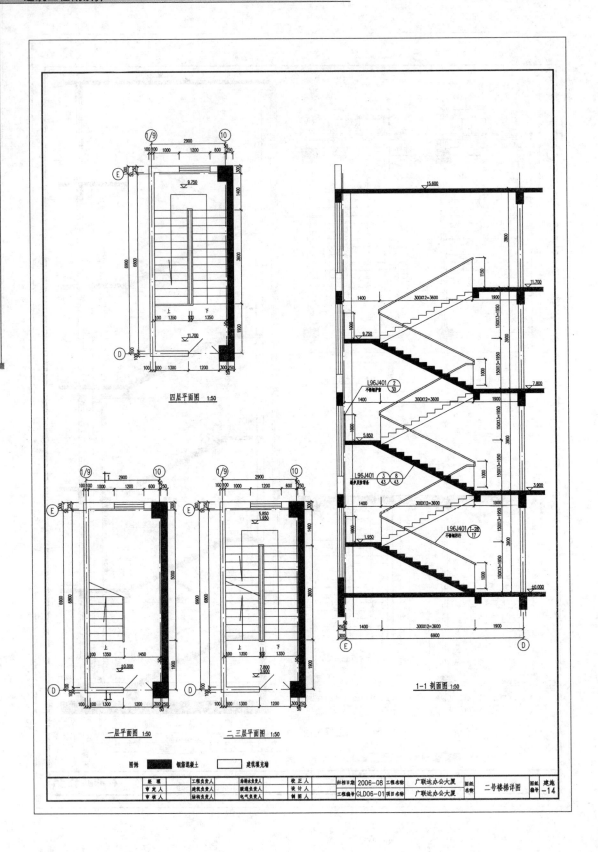

四层平面图 1:50

一层平面图 1:50

二、三层平面图 1:50

1-1 剖面图 1:50

图例　■ 钢筋混凝土　□ 建筑填充墙

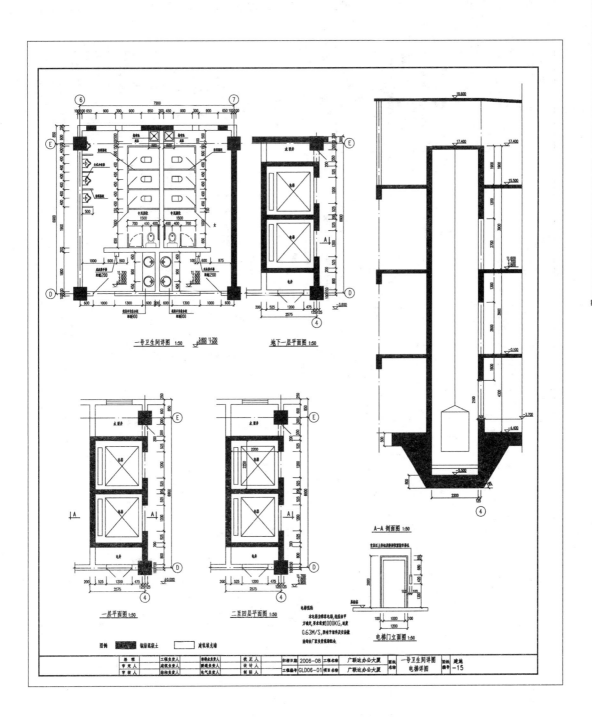

一号卫生间详图 1:50

地下一层平面图 1:50

一层平面图 1:50

二至四层平面图 1:50

A-A 剖面图 1:50

电梯门立面图 1:50

建筑工程概预算

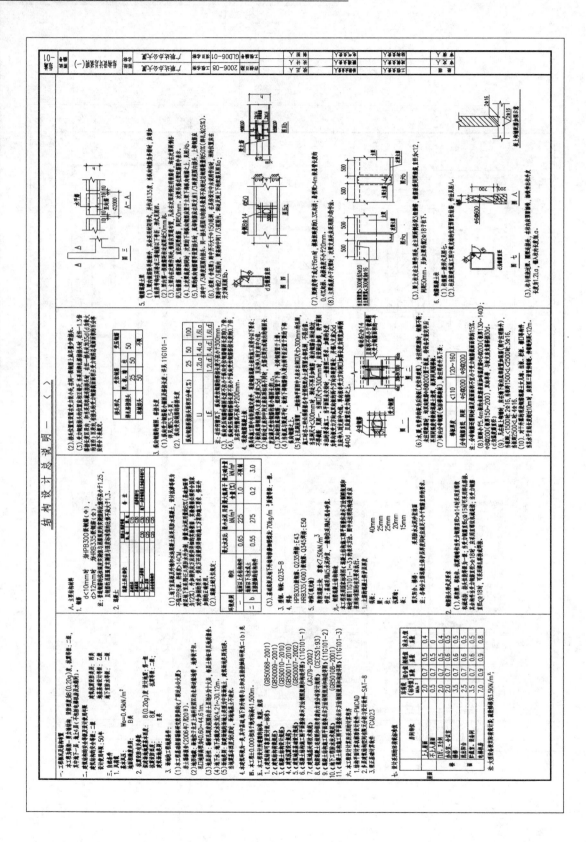

310

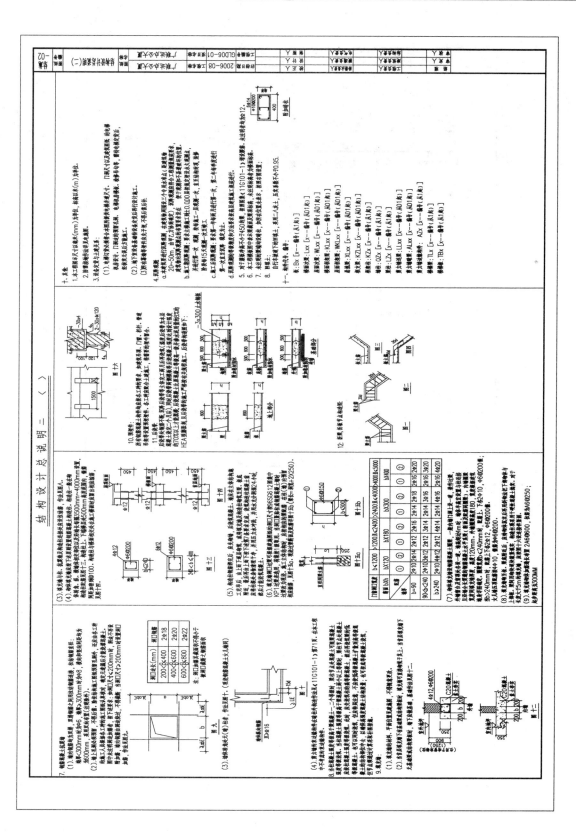

结构设计总说明二（〉）

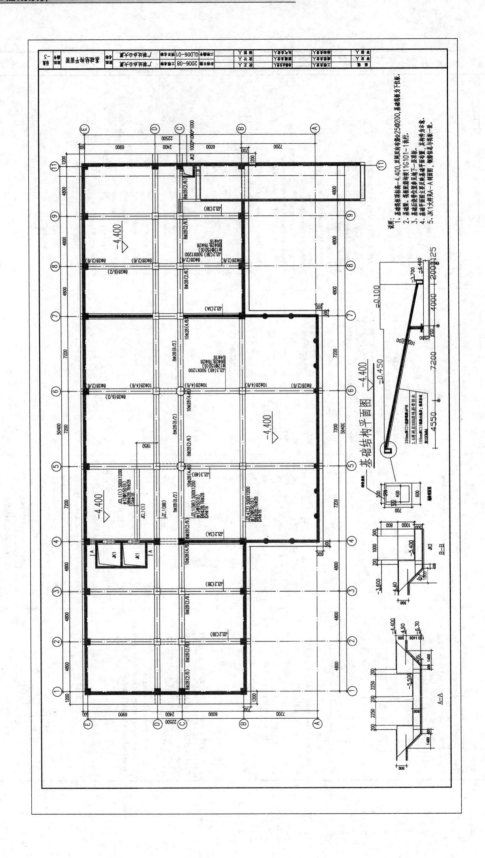

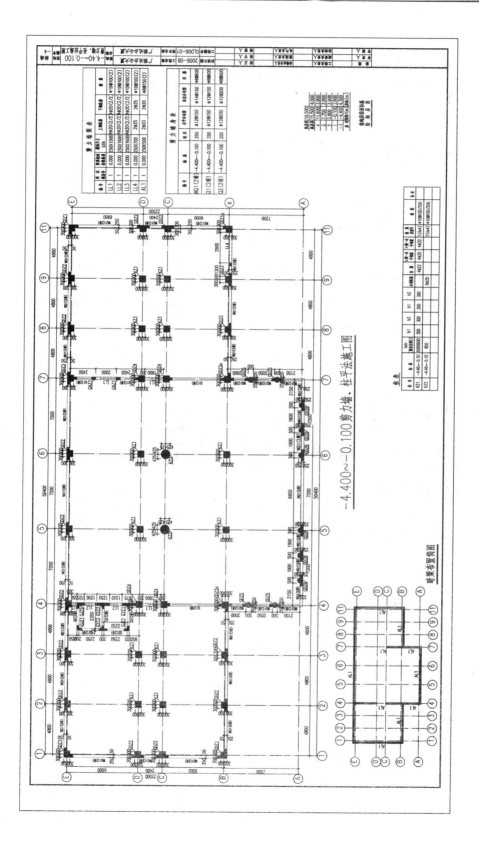

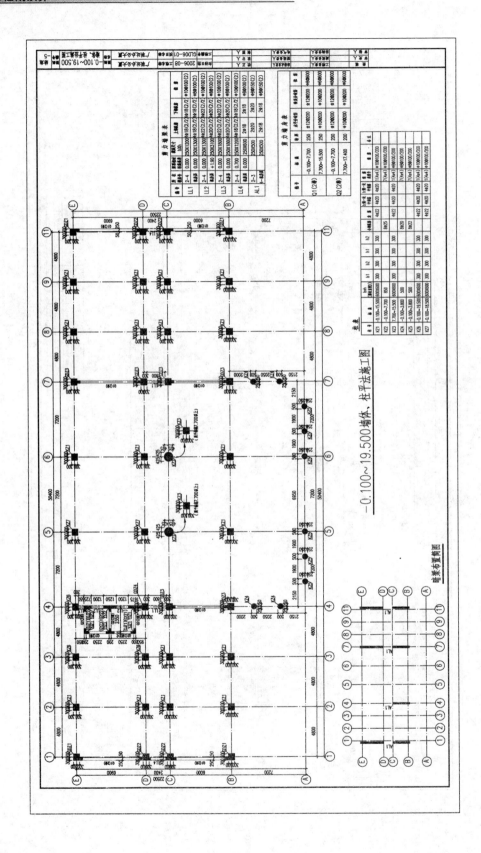

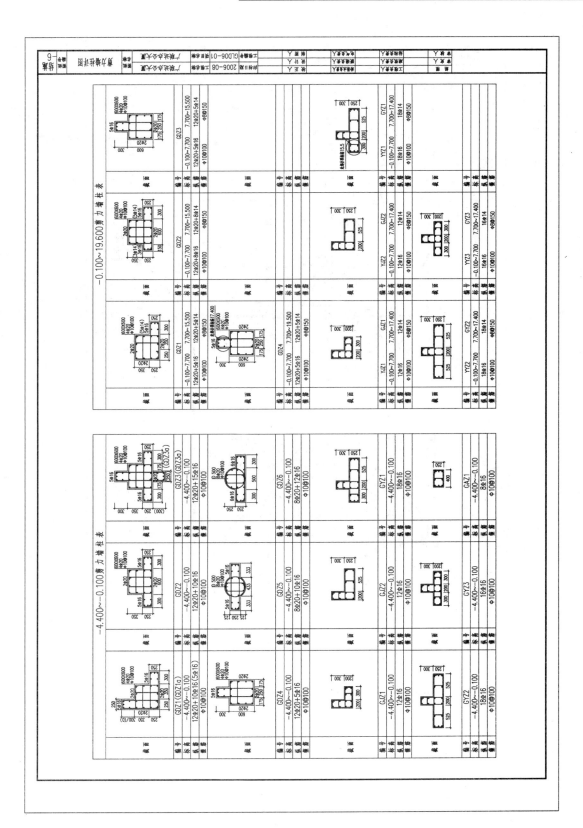

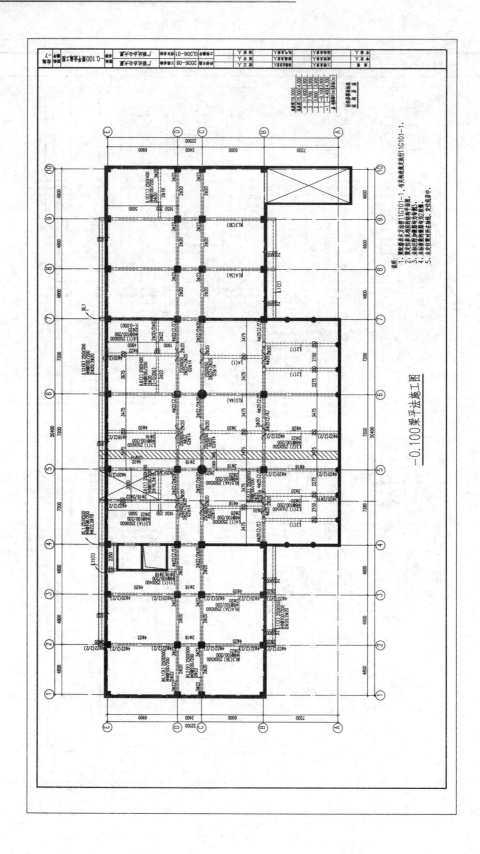

−0.100梁平法施工图

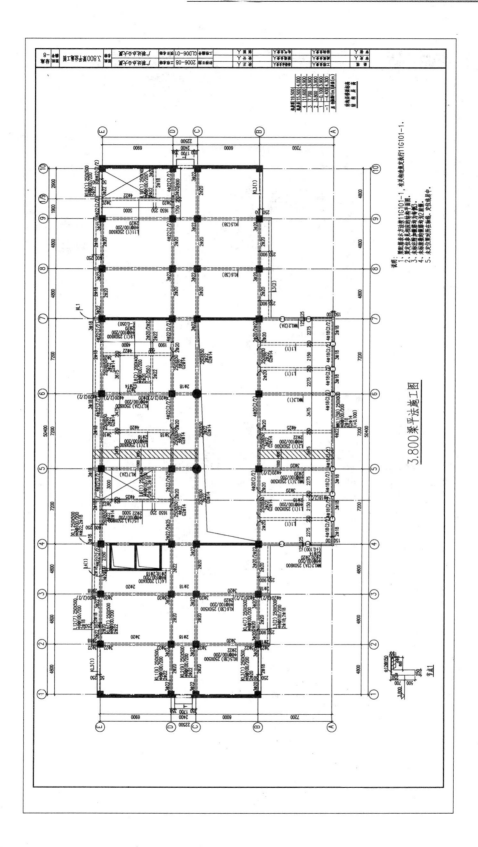

3.800梁平法施工图

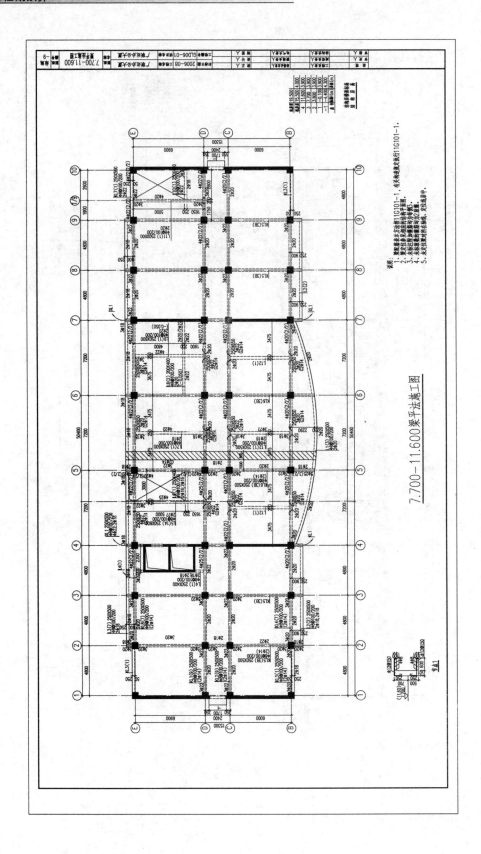

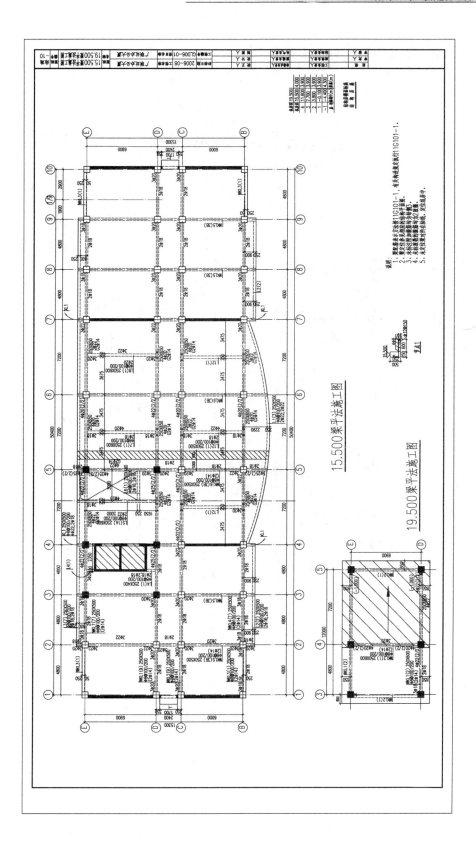

15.500梁平法施工图

19.500梁平法施工图

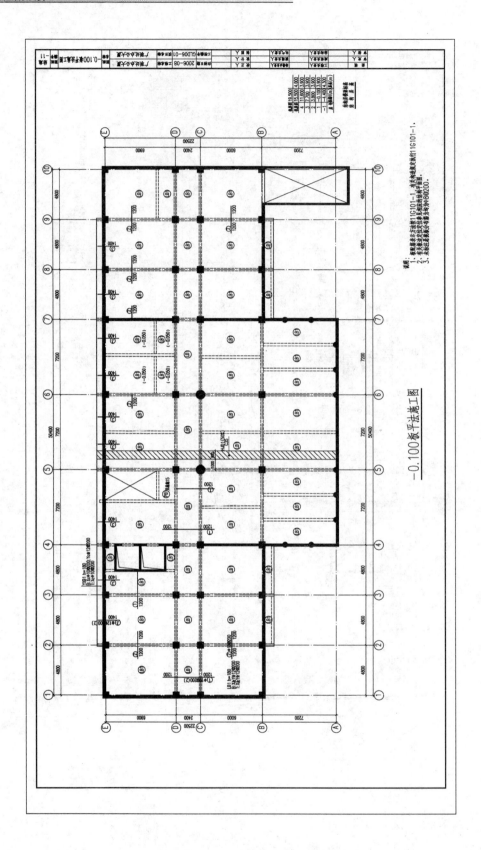

-0.100板平法施工图

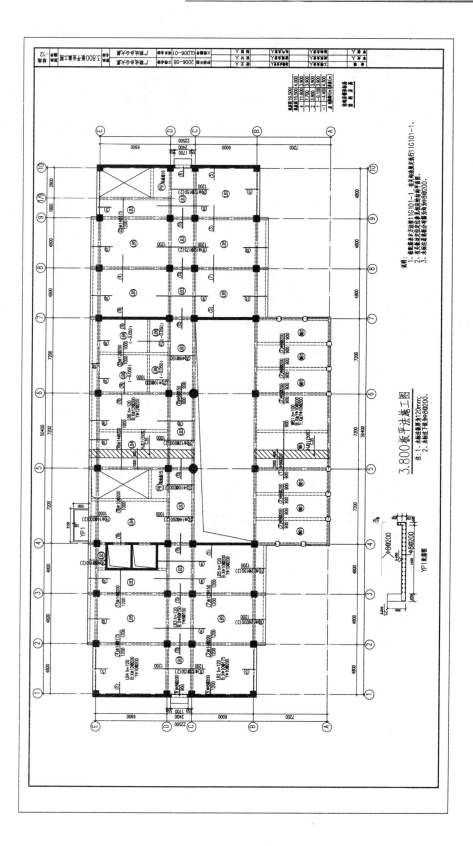

3.800板平法施工图

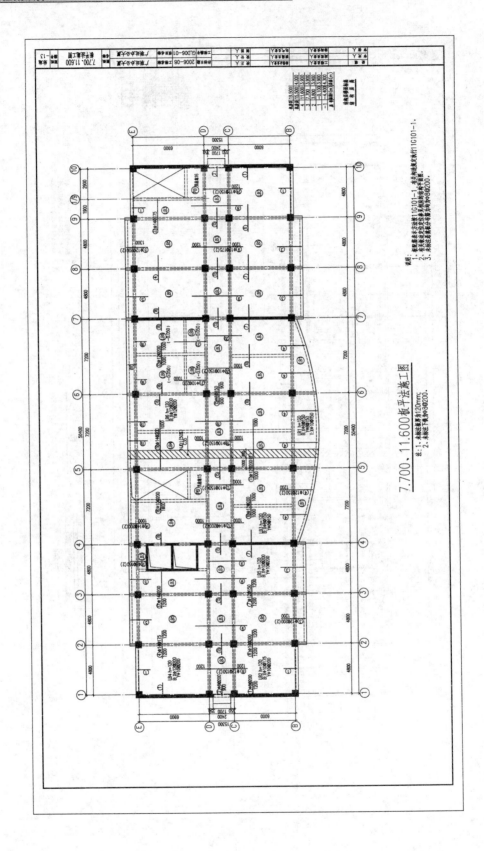

7.700、11.600板平法施工图

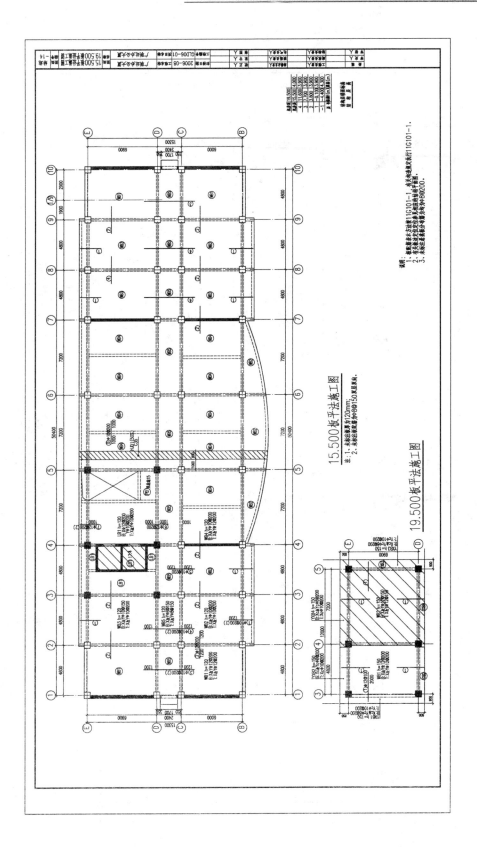

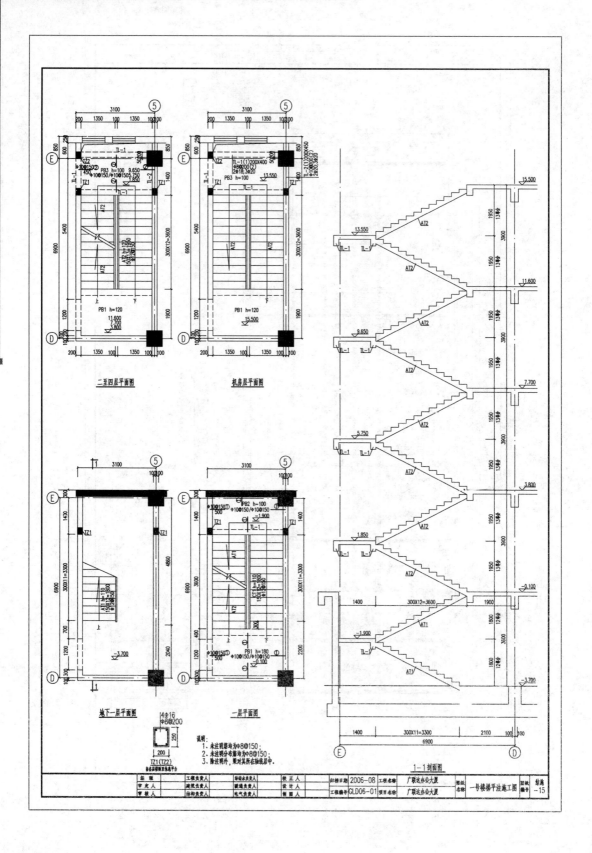

二至四层平面图

机房层平面图

地下一层平面图

一层平面图

1-1 剖面图

说明：
1、未注明墙均为φ8@150；
2、未注明分布筋均为φ8@150；
3、除注明外，梯对其所在轴线层中。

TZ1(TZ2)

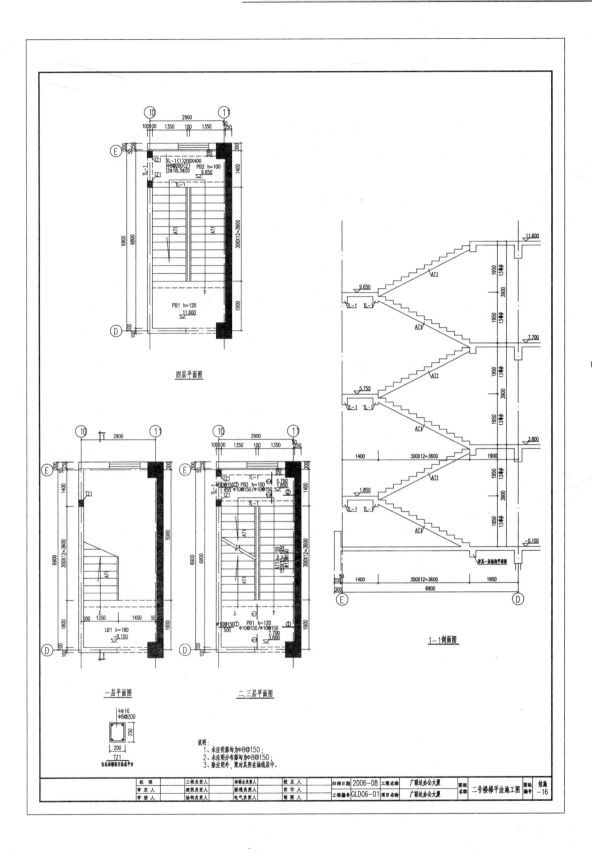

四层平面图

一层平面图

二、三层平面图

1—1剖面图

说明：
1、未注明箍筋均为Φ8@150；
2、未注明分布筋均为Φ8@150；
3、除注明外，梁对其所在轴线居中。

参考文献

[1] 住房和城乡建设部. 建设工程工程量清单计价规范(GB 50500—2013)[M]. 北京:中国计划出版社,2013.

[2] 全国造价工程师执业资格考试培训教材编审委员会. 建设工程计价[M]. 北京:中国计划出版社,2013.

[3] 全国造价工程师执业资格考试培训教材编审委员会. 建设工程造价管理[M]. 北京:中国计划出版社,2013.

[4] 湖北省建设工程标准定额管理总站. 湖北省建筑安装工程费用定额(2013版)[M]. 武汉:长江出版社,2013.

[5] 湖北省建设工程标准定额管理总站. 湖北省房屋建筑与装饰工程消耗量定额及基价表(公用、建筑装饰)[M]. 武汉:长江出版社,2013.

[6] 湖北省建设工程标准定额管理总站. 湖北省建筑工程计价定额编制说明[M]. 武汉:长江出版社,2013.

[7] 住房和城乡建设部. 建筑工程建筑面积计算规范(GB/T 50353—2013)[M]. 北京:中国计划出版社,2014.

[8] 住房和城乡建设部. 建筑工程施工质量验收统一标准(GB 50300—2013)[M]. 北京:中国建筑工业出版社,2014.

[9] 戴晓燕,贺瑶瑶. 工程造价[M]. 北京:化学工业出版社,2016.

[10] 叶良,刘薇. 土木工程概预算与投标报价[M]. 北京:北京大学出版社,2008.

[11] 谷洪雁. 建筑工程计量与计价[M]. 武汉:武汉大学出版社,2015.

[12] 肖茜,肖毓珍. 建筑工程预算[M]. 武汉:武汉大学出版社,2014.